安徽省高等学校"十一五"省级规划教材

大学数学系列规划教材

高 等 数 学

（经济管理类）

主　编　孙国正　杜先能
副主编　蒋　威　侯为波
　　　　束立生　殷晓斌

北京师范大学出版集团
BEIJING NORMAL UNIVERSITY PUBLISHING GROUP
安徽大学出版社

图书在版编目(CIP)数据

高等数学:经济管理类/孙国正,杜先能主编.—2版.—合肥:安徽大学出版社,2011.8(2016.6重印)

大学数学系列规划教材

ISBN 978-7-5664-0288-2

Ⅰ.①高… Ⅱ.①孙…②杜… Ⅲ.①高等数学—高等学校—教材 Ⅳ.①O13

中国版本图书馆 CIP 数据核字(2011)第 165312 号

高等数学(经济管理类)
(大学数学系列规划教材) 　　　　　主编　孙国正　杜先能

出版发行:	北京师范大学出版集团 安 徽 大 学 出 版 社 (安徽省合肥市肥西路3号 邮编230039) www.bnupg.com.cn www.ahupress.com.cn
经　　销:	全国新华书店
印　　刷:	合肥华星印务有限责任公司
开　　本:	170mm×240mm
印　　张:	23.25
字　　数:	403 千字
版　　次:	2011年8月第2版
印　　次:	2016年6月第4次印刷
定　　价:	37.00元

ISBN 978-7-5664-0288-2

责任编辑:钟　蕾　陈志兴　　　　装帧设计:张同龙　李　军
责任印制:赵明炎

版权所有　侵权必究

反盗版、侵权举报电话:0551—5106311
外埠邮购电话:0551—5107716
本书如有印装质量问题,请与印制管理部联系调换。
印制管理部电话:0551—5106311

高等数学教材编审委员会

马阳明　叶　鸣　孙国正　许志才
杜先能　张从军　陈松林　陈　秀
姚云飞　侯为波　费为银　祝家贵
钱　云　黄己立　梁仁臣　蒋　威

高等数学教材参编人员

王良龙　孙国正　刘树德　朱春华
张敬和　束立生　何江宏　杜先能
宋寿柏　陆　斌　郭大伟　侯为波
祝东进　赵礼峰　胡舒合　徐建华
徐德璋　殷晓斌　蒋　威　葛茂荣
雍锡琪

前　言

数学科学在经济科学、社会科学、人文科学的发展中发挥着越来越大的作用．数学的应用越来越广泛，数学在形成人类思维和促进个人智力发展的过程中发挥着独特的、不可替代的作用．

为适应科技、经济和社会的发展对高层次人才的需求，为适应高等教育教学内容和课程体系改革的要求，以及培养"厚基础、宽口径、强能力、高素质"人才的需要，根据教育部颁发的《高等数学》教学大纲和2003年、2004年《全国硕士研究生入学统一考试数学考试大纲》，我们编写了《高等数学》（经济管理类）一书，作为高等院校经济类和管理类专业"高等数学"课程的教材，理工类学时少的，也可使用，同时可作为硕士研究生入学统一考试的参考书．

本书在内容选择上力求简明扼要，通俗易懂，但同时注意保持数学学科自身的内在规律性和系统性．本书注重加强基本概念、基本方法和基本思想的讲述，并注意介绍基本理论在经济学中的一些简单应用，由此提高学生分析和解决实际问题的能力．

本书的总体框架与编写大纲由省内多所学校的老师反复讨论后确定，全书共计10章．第1章、第2章介绍函数和极限理论，并介绍了经济学中几种常见函数；第3章、第4章是一元函数微分学，介绍了导数、微分及其应用；第5章、第6章是一元函数积分学，介绍了不定积分和定积分；第7章是多元函数微积分学，由浅入深地介绍了空间解析几何基础知识、多元函数的微分和二重积分；第8章介绍了级数及其收敛判别法，重点讨论了幂级数与泰勒级数；第9章、第10章介绍了微分方程和差分方程的初步知识．

本书的编写是在安徽师范大学、安徽大学、淮北师范大学三校数学系、教务处的领导和许多教师的大力支持下完成的，在此表示感谢．

在本书的编写过程中，我们参阅了国内外许多教材，谨表诚挚的谢意．

囿于编者学识，编写时间也比较仓促，书中错误与缺陷在所难免，恳请同行、读者提出宝贵意见，以使本书在今后的教学实践中不断完善．

编　者

2011年8月

目 录

第1章 函数 ··· 1

§1.1 实数集 ·· 1
§1.2 函数 ··· 5
§1.3 反函数 ·· 12
§1.4 复合函数 ··· 14
§1.5 初等函数 ··· 16
§1.6 经济学中几种常见的函数 ·· 21
习题1 ··· 24

第2章 极限与连续 ··· 28

§2.1 数列极限 ··· 28
§2.2 函数极限 ··· 37
§2.3 无穷小量与无穷大量 ·· 49
§2.4 函数的连续性 ··· 52
习题2 ··· 59

第3章 导数与微分 ··· 63

§3.1 导数概念 ··· 63
§3.2 求导法则 ··· 68
§3.3 微分及其计算 ··· 76
§3.4 高阶导数与高阶微分 ·· 80
§3.5 导数与微分在经济学中的简单应用 ·· 83
习题3 ··· 85

第 4 章　中值定理与导数的应用 …… 90

§ 4.1　微分中值定理 …… 90
§ 4.2　洛必达法则 …… 96
§ 4.3　泰勒公式 …… 100
§ 4.4　函数的单调性与极值 …… 105
§ 4.5　函数图形的讨论 …… 110
习题 4 …… 115

第 5 章　不定积分 …… 120

§ 5.1　不定积分概念 …… 120
§ 5.2　基本积分公式 …… 123
§ 5.3　换元积分法 …… 125
§ 5.4　分部积分法 …… 140
习题 5 …… 145

第 6 章　定积分 …… 150

§ 6.1　定积分的概念与性质 …… 150
§ 6.2　微积分学基本定理 …… 157
§ 6.3　定积分的换元积分法与分部积分法 …… 161
§ 6.4　定积分的应用 …… 168
§ 6.5　反常积分初步 …… 178
习题 6 …… 186

第 7 章　多元函数微积分学 …… 195

§ 7.1　空间解析几何简介 …… 195
§ 7.2　多元函数的概念 …… 206
§ 7.3　偏导数与全微分 …… 210
§ 7.4　多元复合函数与隐函数微分法 …… 215
§ 7.5　高阶偏导数与高阶全微分 …… 221
§ 7.6　多元函数的极值 …… 225
§ 7.7　二重积分 …… 233
习题 7 …… 254

第 8 章 无穷级数 ………………………………………………… 259

§ 8.1 常数项级数的概念和性质 ……………………………… 259
§ 8.2 常数项级数收敛判别法 ………………………………… 264
§ 8.3 幂级数 …………………………………………………… 275
§ 8.4 泰勒级数 ………………………………………………… 282
习题 8 ………………………………………………………… 289

第 9 章 微分方程初步 …………………………………………… 295

§ 9.1 微分方程的基本概念 …………………………………… 295
§ 9.2 一阶微分方程 …………………………………………… 298
§ 9.3 二阶常系数线性微分方程 ……………………………… 304
§ 9.4 微分方程在经济学中的应用 …………………………… 312
习题 9 ………………………………………………………… 316

第 10 章 差分方程简介 …………………………………………… 319

§ 10.1 差分方程的基本概念 …………………………………… 319
§ 10.2 一阶常系数线性差分方程 ……………………………… 323
§ 10.3 二阶常系数线性差分方程 ……………………………… 327
§ 10.4 差分方程在经济学中的简单应用 ……………………… 333
习题 10 ………………………………………………………… 336

参考答案 …………………………………………………………… 338

第1章

函 数

函数是微积分学研究的基本对象,函数概念是高等数学中最重要的概念之一.本章我们将介绍函数概念、函数的基本性质、基本初等函数与初等函数等有关知识.

§1.1 实数集

微积分学研究的基本对象主要是在实数集上定义的函数.因此,我们先简单介绍实数的有关概念.

1. 实数与数轴

元素是实数的集合称为**实数集**,或简称为数集.通常约定将所有非负整数、整数、有理数、实数之集分别记为 **N**,**Z**,**Q**,**R**.在右上角加上"+"或"-"表示它们的正或负元素之集,例如 $\mathbf{Q}^+$ 表示所有正有理数集,等等.

在中学数学中,我们曾学过集合的初步知识.根据集合的包含关系,显然有

$$\mathbf{N} \subset \mathbf{Z} \subset \mathbf{Q} \subset \mathbf{R}$$

实数由有理数与无理数两部分组成.全体实数之集(即为 **R**)称为**实数系**.每个有理数都可表示为既约分数 p/q,其中 $p \in \mathbf{Z}, q \in \mathbf{N}$,且 $q \neq 0$,也可表示为有限十进小数或无限十进循环小数.无限十进不循环小数则表示一个无理数.

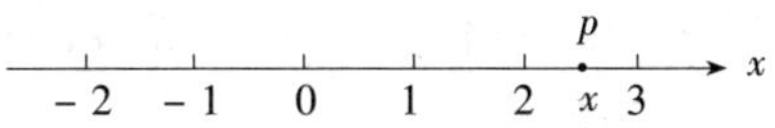

图 1-1

规定了原点、正方向(通常取由原点向右的方向为正方向)和单位长度的直线(通常画成水平直线)称为**数轴**.每一个实数 x 都对应数轴上唯一的

一个点 p,即如果实数 $x>0$,则可在数轴上原点右方取点 p,使得线段 Op 的长度 $|Op|$ 就是 x;如果 $x<0$,则可在数轴上原点的左方取点 p,使得线段 Op 的长度的相反数 $-|Op|$ 就是 x;如果 $x=0$,则取点 p 为数轴的原点. 显然,这样取得的点 p 是唯一的. 反之,数轴上的每一个点 p 都唯一地对应一个实数 x. 于是,全体实数与整个数轴上的点之间构成了一一对应关系. 正因为如此,通常把数轴上的点和实数不加区别,数轴上的点 p 直接用按上述对应方法所对应的实数 x 标出,该实数 x 也称为点 p 的坐标. 这正表明,我们为什么要将一条规定了原点、正方向和单位长度的直线叫做"数轴".

2. 绝对值及其基本性质

实数 x 的绝对值定义为

$$|x| = \begin{cases} x, & x \geqslant 0, \\ -x, & x < 0. \end{cases}$$

从几何上看,实数 x 的绝对值 $|x|$ 就是数轴上点 x 到原点的距离,而绝对值 $|x-y|$ 则表示数轴上点 x 与点 y 之间的距离.

绝对值有如下基本性质:设 $x,y \in \mathbf{R}$,则

(1) $|x| = |-x| \geqslant 0$;$|x| = 0$ 当且仅当 $x = 0$.

(2) $-|x| \leqslant x \leqslant |x|$.

(3) 不等式 $|x|<a$ 和 $|x| \leqslant a$ 分别等价于不等式 $-a<x<a$ 和 $-a \leqslant x \leqslant a$(其中 $a>0$).

(4) 三角不等式成立,即有
$$||x|-|y|| \leqslant |x \pm y| \leqslant |x|+|y|.$$

(5) $|xy| = |x||y|$.

(6) $\left|\dfrac{x}{y}\right| = \dfrac{|x|}{|y|}$ $(y \neq 0)$.

下面仅证明性质(4),其余性质的证明由读者自行完成.

由性质(2)有
$$-|x| \leqslant x \leqslant |x|, \quad -|y| \leqslant y \leqslant |y|,$$
两式相加,得
$$-(|x|+|y|) \leqslant x+y \leqslant |x|+|y|. \tag{1.1}$$
根据性质(3),(1.1)式等价于
$$|x+y| \leqslant |x|+|y|. \tag{1.2}$$
在(1.1)式中以 $-y$ 代 y,(1.1)式仍成立,故有
$$|x-y| \leqslant |x|+|y|. \tag{1.3}$$

这便证明了性质(4)中不等式的右半部分.

其次,由上述结果可得
$$|x|=|x-y+y|\leqslant|x-y|+|y|,$$
因此
$$|x|-|y|\leqslant|x-y|. \tag{1.4}$$
在上式中对调 x 与 y 得
$$|y|-|x|\leqslant|y-x|,$$
由性质(1)得
$$|x|-|y|\geqslant-|x-y|. \tag{1.5}$$
由(1.4),(1.5)式得
$$-|x-y|\leqslant|x|-|y|\leqslant|x-y|,$$
从而
$$||x|-|y||\leqslant|x-y|.$$
在上式中以 $-y$ 代 y,便得
$$||x|-|y||\leqslant|x+y|,$$
于是性质(4)的左半部分得证.

3. 区间与邻域

区间和邻域是今后我们经常遇到的两类重要的数集.

设 $a,b\in\mathbf{R}$,且 $a<b$,称数集 $\{x\mid a<x<b\}$ 为开区间,记为 (a,b),即
$$(a,b)=\{x\mid a<x<b\}.$$

从几何上看,开区间 (a,b) 表示数轴上以 a,b 为端点但不包括端点 a 和 b 的线段上点的全体,如图 1-2 所示. 数集 $\{x\mid a\leqslant x\leqslant b\}$ 称为闭区间,记为 $[a,b]$,即
$$[a,b]=\{x\mid a\leqslant x\leqslant b\}.$$

图 1-2

图 1-3

从几何上看,闭区间 $[a,b]$ 表示数轴上以 a,b 为端点而包括端点 a 和 b 的线段上点的全体,如图 1-3 所示. 数集 $\{x\mid a\leqslant x<b\}$ 和 $\{x\mid a<x\leqslant b\}$ 分别称为左闭右开区间和左开右闭区间,分别记为 $[a,b)$ 和 $(a,b]$. 它们统称为半开半闭区间. 半开半闭区间也有类似于开区间与闭区间的几何意义. 上述四

种区间统称为有限区间.

除上述有限区间外,还有五种无穷区间:
$$(-\infty,a)=\{x|-\infty<x<a\},$$
$$(-\infty,a]=\{x|-\infty<x\leqslant a\},$$
$$(a,+\infty)=\{x|a<x<+\infty\},$$
$$[a,+\infty)=\{x|a\leqslant x<+\infty\},$$
$$(-\infty,+\infty)=\{x|-\infty<x<+\infty\}=\mathbf{R}.$$

这里"$-\infty$"与"$+\infty$"分别读作"负无穷大"与"正无穷大",它们仅是一个符号,不是实数.

上述各种区间统称为**区间**,通常用 I 表示.

设 $x\in\mathbf{R}$,$\delta>0$,满足不等式 $|x-x_0|<\delta$ 的实数 x 的全体称为点 x_0 的 δ 邻域,记为 $U(x_0,\delta)$,或简记为 $U(x_0)$.点 x_0 称为该邻域的中心,δ 称为该邻域的半径.由定义立知
$$U(x_0,\delta)=\{x||x-x_0|<\delta\}.$$

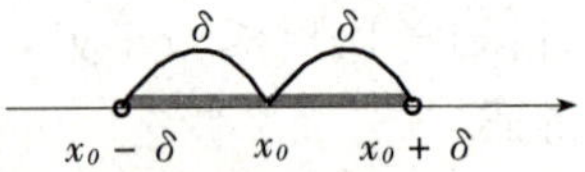

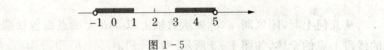

图 1-4

$U(x_0,\delta)$ 在数轴上的表示如图 1-4 所示.将点 x_0 的 δ 邻域去掉中心点 x_0 所得的实数 x 全体称为点 x_0 的去心 δ 邻域,记为 $\mathring{U}(x_0,\delta)$,或简记为 $\mathring{U}(x_0)$,即有
$$\mathring{U}(x_0,\delta)=\{x|0<|x-x_0|<\delta\}.$$

另外,开区间 $(x_0-\delta,x_0)$ 称为点 x_0 的 δ 左邻域,记为 $U_-(x_0,\delta)$ 或 $U_-(x_0)$;$(x_0,x_0+\delta)$ 称为点 x_0 的 δ 右邻域,记为 $U_+(x_0,\delta)$ 或 $U_+(x_0)$.

对于充分大的正数 M,我们定义
$$U(\infty,M)=\{x||x|>M\},\quad U(-\infty,M)=\{x|x<-M\},$$
$$U(+\infty,M)=\{x|x>M\},$$

分别称它们为 ∞(读作无穷大)邻域,$-\infty$ 邻域,$+\infty$ 邻域.

例 1 解不等式 $1\leqslant|x-2|<3$,并用区间表示其解集.

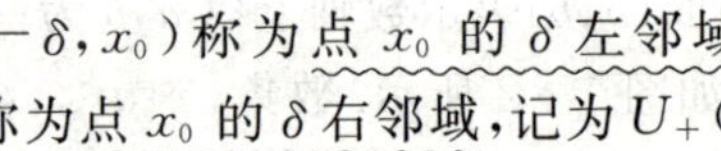

图 1-5

解 根据绝对值的几何意义,欲求解的不等式表示 x 到 2 的距离不小于 1 而小于 3.易知,数轴上点 1 与 3 到 2 的距离均为 1,点 -1 与 5 到 2 的

距离均为 3,故所求不等式解集为 $\{x \mid -1 < x \leqslant 1 \text{ 或 } 3 \leqslant x < 5\}$,用区间来表示为 $(-1,1] \cup [3,5)$. 如图 1-5 所示.

例 2 满足不等式 $|x-3| < \dfrac{1}{5}$ 的实数 x 的全体,即是以 $x_0 = 3$ 为中心,$\delta = \dfrac{1}{5}$ 为半径的邻域,用开区间表示即为 $U\left(3, \dfrac{1}{5}\right) = (2.8, 3.2)$.

§1.2 函数

当我们考察某个自然现象、社会经济现象或生产过程时,常常会遇到一些不同的量. 这些量有的在某个过程中一直保持不变的数值,这种量我们称其为常量;有的却在变化着,这种量我们称其为变量,并且这些量的变化不是孤立的,而是彼此相互联系并遵循某个确定的变化规律. 例如圆的面积 A 与它的半径 r 之间的关系为 $A = \pi r^2$,这里的 A 与 r 都是变量(r 在区间 $(0, +\infty)$ 内任意取值),而 π 则是一个常量;又如,在自由落体运动中,物体下落的距离 s 与下落的时间 t,设开始下落的时刻 $t = 0$,它们之间的关系为 $s = \dfrac{1}{2} g t^2$,这里的 s 与 t 都是变量,而重力加速度 g 是常量.

任何变量都有一定的取值范围. 一变量所取到的全部数值组成的集合,称为该变量的变域. 变量的变域常常是实数集 **R** 的一个子集,甚至是一个区间. 例如前面所述的圆半径 r 的变域就是区间 $(0, +\infty)$.

在关系式 $A = \pi r^2$ 与 $s = \dfrac{1}{2} g t^2$ 中,抽去其中各个量的实际意义,可以看出它们的一个共同特征:它们都表达了两个变量之间的相互依赖关系,其中一个量的变化,导致另一个量有确定的值与之对应. 把这种确定的依赖关系抽象出来,就是函数的概念.

1. 函数概念

定义 1.2.1 设 $D \subset \mathbf{R}$ 是一个给定的非空数集,如果存在一个对应法则 f,使得对 D 内每个数 x,都有唯一的一个数 y 与之对应,则称该对应法则 f 为定义在数集 D 上的函数,简称为函数. 数集 D 称为该函数的定义域,通常记作 $D(f)$,x 称为自变量,y 称为因变量. 对每个 $x \in D$,由法则 f 所对应的实数 y 称为 f 在 x 处的函数值,记作 $y = f(x)$. 函数值全体之集称为函数 f 的值域,记作 $R(f)$(或 $f(D)$),即有

$$R(f) = \{y \mid y = f(x), x \in D\}.$$

注1 确定一个函数有两个重要因素:定义域 $D(f)$ 和对应关系 f. 因此,我们通常用

$$y = f(x), \quad x \in D(f)$$

来表示一个函数.函数的这种表示,使得 x 与 y 这两个变量之间的对应关系明晰,运算方便,但严格说来,这是把函数与函数值混用的记法.

注2 既然定义域和对应关系是确定一个函数的两要素,因此,我们说某两个函数相同,是指它们有相同的定义域和相同的对应法则,否则,该两函数就是不相同的.例如 $f(x) = x, x \in (-\infty, +\infty)$ 与 $g(x) = \sqrt{x^2}$, $x \in (-\infty, +\infty)$ 是不相同的两个函数,而 $\varphi(x) = 1, x \in (-\infty, +\infty)$ 与 $\psi(x) = \sin^2 x + \cos^2 x, x \in (-\infty, +\infty)$ 是相同的函数.由此可见,相同的函数其对应法则的表达形式可以不同.

注3 给定一个函数 f,实际上是给出了 x 轴上的点集 $D(f)$ 到 y 轴上的点集 $R(f)$ 之间的单值对应,这种对应也称为<u>映射</u>.对于 $x \in D(f)$,有 $f(x) \in R(f)$,我们称 $f(x)$ 为 x 在映射 f 下的<u>像</u>,x 称为 $f(x)$ 的<u>原像</u>.按照映射的表示方法,函数 f 又可表示为

$$f: D \to \mathbf{R}, x \mapsto f(x), \quad x \in D.$$

2. 函数的表示法

表示函数的方法主要有三种,即列表法、图像法和解析法.

(1) 列表法.

在许多实际问题中,常常把自变量所取的值与对应的函数值列成表格,用以表示自变量与因变量之间的函数关系.函数的这种表示法称为<u>列表法</u>.

例1 某化工公司某年农用化肥月生产量统计如下表:

月	1	2	3	4	5	6	7	8	9	10	11	12
月产量(万吨)	5.1	5.2	5.6	6.2	5.9	5.5	5.8	5.0	6.1	5.4	4.2	4.1

从上表可以看出,该公司化肥月产量 y 与月份 t 之间有着确定的对应关系,月份 t 在 1 到 12 之间每取一个整数值,由表可得月产量 y 有唯一的一个对应值,从而表格确定了一个函数,其定义域是数集 $\{t \mid 1 \leqslant t \leqslant 12, t \in \mathbf{Z}\}$.

(2) 图像法.

集 $\mathrm{Gr} f = \{(x, f(x)) \mid x \in D(f)\}$ 称为 f 的<u>图像</u>(或图形).一元函数的图像是平面点集.

将两个变量之间的对应关系在平面直角坐标系中用图形表示出来,这

种表示函数的方法称为图像法.

例 2 某气象站利用自动温度记录仪记下某地一天 24 小时的气温变化,如图 1-6 所示.

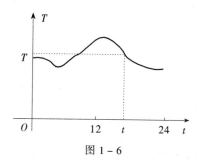

图 1-6

由图可见,对于一昼夜内任一时刻 t,都有唯一确定的温度 T 与之对应,从而该曲线便确定了区间 $[0,24]$ 上的一个函数.

(3) 解析法.

将两个变量之间的对应关系利用一定的数学运算式——解析表达式表示出来,这种表示函数的方法称为解析法.用解析法表示函数,应该使得对自变量的每一个值,通过解析表达式能确定唯一的因变量的值.

例 3 某工厂每天生产某产品最多为 5000 件,固定成本为 2000 元,单位可变成本为 100 元,则每天该产品的日产量 x(件)与日总成本 y(元)可建立如下函数关系:

$$y = 2000 + 100x, \quad x \in D(f) = \{x \mid 0 \leqslant x \leqslant 5000, x \in \mathbf{N}\}.$$

上式表明了 y 是 x 的函数,它的解析式是 $f(x) = 2000 + 100x$.

以上表示函数的三种方法各有其特点,列表法和图像法直观,而解析法便于更进一步研究函数(如施行运算等),因此,今后主要是利用解析式来表示函数.

用解析式表示函数,并不要求函数在整个定义域 $D(f)$ 上有唯一的解析表达式,往往在 $D(f)$ 的不同子集上,函数的解析式是不一样的,这相当于将 $D(f)$ 分成若干"段"(部分),每一"段"有其一个解析式,这些解析式合起来表示了一个函数,通常称这种函数为分段函数.

例 4 (1) 符号函数

$$\operatorname{sgn} x = \begin{cases} 1, & x > 0, \\ 0, & x = 0, \\ -1, & x < 0. \end{cases}$$

(2) 取整函数

$$f(x)=[x]=n, \quad n \leqslant x < n+1, \quad n=0, \pm 1, \pm 2, \cdots.$$

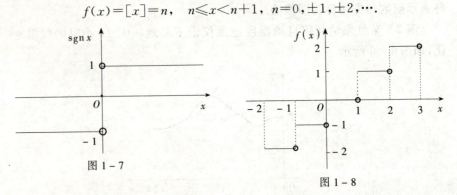

图 1-7   图 1-8

需要注意,分段函数的解析式不止一个,但它是一个函数,其定义域是"各段"之并集;分段函数的图像应分段作出,但不要认为图像分段的函数就是分段函数;求函数值 $f(x_0)$ 时,应先判明 x_0 属于定义域中哪一个子集,再将 x_0 代入相应的表达式计算.

3. 函数定义域

函数的定义域是确定一个函数起决定作用的两个要素之一. 一般地,表示一个函数,不仅要给出自变量与因变量的对应法则,同时要标明函数的定义域,即自变量的变化范围. 在利用解析法表示函数时,有时只写出函数 $f(x)$ 的解析表达式,并不标明定义域,此时函数的定义域指的是使解析表达式有意义的自变量 x 全体之集,这种定义域也叫做<u>自然定义域</u>,或<u>存在域</u>.

例 5 求函数 $f(x)=\sqrt{x+4}+\dfrac{1}{x^2-1}$ 的定义域.

解 所求的定义域即为自然定义域,故应有
$$x+4 \geqslant 0 \text{ 且 } x^2-1 \neq 0.$$
由 $x+4 \geqslant 0$ 得 $x \geqslant -4$,即 $x \in [-4, +\infty)$;由 $x^2-1 \neq 0$ 得 $x \neq \pm 1$,即 $x \in [-4, -1) \cup (-1, 1) \cup (1, +\infty)$. 故 $f(x)$ 的定义域为
$$D(f)=[-4, -1) \cup (-1, 1) \cup (1, +\infty).$$

对于由实际应用问题所确定的函数,它的定义域不仅要保证函数的表达式有意义,还要使得实际问题有意义. 通常称这种符合实际问题的定义域为实际定义域.

例 6 物体在 $t=0$ 时从高度为 h 处自由落下,设在时间 t 时落下的距离为 s,则 s 是 t 的函数,其表达式为

$$s = \frac{1}{2}gt^2,$$

其中 g 为重力加速度(为常数).函数的实际定义域是区间 $\left[0, \sqrt{\frac{2h}{g}}\right]$,如果不考虑变量 t 与 s 的实际意义,则函数 $s = \frac{1}{2}gt^2$ 的自然定义域为 $(-\infty, +\infty)$.

4. 函数的简单性质

函数的有界性.

定义 1.2.2 设 $f(x)$ 在数集 D 上有定义,若存在数 $M(L)$,对每一个 $x \in D$,都有
$$f(x) \leqslant M \quad (f(x) \geqslant L),$$
则称 $f(x)$ 在 D 上有上(下)界,$M(L)$ 称为 $f(x)$ 的一个上(下)界.特别地,当 D 就是 $f(x)$ 的定义域 $D(f)$ 时,称 $f(x)$ 为有上(下)界函数.

由定义立知,若 $M(L)$ 为 $f(x)$ 的上(下)界,则任何大(小)于 $M(L)$ 的数都是 $f(x)$ 的上(下)界;若 $f(x)$ 为有上(下)界函数,则 $f(x)$ 必是有上(下)界的.反之,若 $f(x)$ 在某个数集 D 上有上(下)界,则 $f(x)$ 不一定是有上(下)界函数.

定义 1.2.3 设 $f(x)$ 在数集 D 上有定义,若存在正数 M,对每一个 $x \in D$,都有
$$|f(x)| \leqslant M,$$
则称 $f(x)$ 在 D 上是有界的.特别地,当 D 就是 $f(x)$ 的定义域 $D(f)$ 时,称 $f(x)$ 为有界函数.

根据定义,$f(x)$ 在 D 上有界,意味着 $f(x)$ 在 D 上既有上界 M,又有下界 $-M$,此时 $f(x)$ 的上(下)界并不是唯一的.反之,若 $f(x)$ 在 D 上既有上界又有下界(上下界不一定互为相反数),则 $f(x)$ 在 D 上必是有界的.

函数 $f(x)$ 在 D 上无上界(无下界、无界),是指 $f(x)$ 不满足上述相应的定义.可以给出这个概念的正面陈述:

设 $f(x)$ 在 D 上有定义,若对任意正数 M,总存在 $x_0 \in D$,使得
$$f(x_0) > M \quad (f(x_0) < -M, |f(x_0)| > M),$$
则称 $f(x)$ 在 D 上无上界(无下界、无界).特别地,如果 $D = D(f)$,则称 $f(x)$ 为无上界函数(无下界函数、无界函数).

例 7 $f(x) = \dfrac{1}{1+x^2}$ 是有界函数.

这是因为对任意 $x \in D(f) = (-\infty, +\infty)$,有

$$0 < \frac{1}{1+x^2} \leqslant 1.$$

例 8 证明函数 $f(x) = \frac{1}{x}$ 在区间 $[1,2]$ 上有界,但它是无界函数.

证 $D(f) = (-\infty, 0) \cup (0, +\infty)$,$[1,2] \subset D(f)$. 对每个 $x \in [1,2]$,有 $\frac{1}{2} \leqslant f(x) \leqslant 1$,所以 $f(x)$ 在 $[1,2]$ 上有界. 其次,对任意 $M > 0$,取 $x_M = \frac{1}{2M}$,则 $x_M \in D(f)$,而 $|f(x_M)| = 2M > M$,故 $f(x)$ 是无界函数.

函数的单调性.

定义 1.2.4 设函数 $f(x)$ 在 D 上有定义,若对 D 内任意两点 x_1, x_2,当 $x_1 < x_2$ 时,总有 $f(x_1) \leqslant f(x_2)$ $(f(x_1) \geqslant f(x_2))$,则称 $f(x)$ 在 D 上是<u>单调递增(单调递减)</u>的,简称为<u>单增(单减)</u>的. 如果总有
$$f(x_1) < f(x_2) \quad (f(x_1) > f(x_2)),$$
则称 $f(x)$ 在 D 上是<u>严格单增(严格单减)</u>的.

若 $D = D(f)$,则相应地称 $f(x)$ 为<u>单增(单减)</u>函数,或<u>严格单增(严格单减)</u>函数. 单增和单减函数统称为<u>单调函数</u>,严格单增和严格单减函数统称为<u>严格单调函数</u>.

根据定义,严格单调函数是单调函数,反之不真. 常函数既是单增函数,又是单减函数,但不是严格单调函数.

例 9 函数 $y = x^3$,$x \in (-\infty, +\infty)$ 是严格单增函数. 因为对任意 $x_1, x_2 \in (-\infty, +\infty)$,$x_1 < x_2$,若 x_1, x_2 异号,则总有 $x_1^3 < x_2^3$;若 x_1, x_2 同号,则
$$x_1^3 - x_2^3 = (x_1 - x_2)(x_1^2 + x_1 x_2 + x_2^2) < 0,$$
故亦有 $x_1^3 < x_2^3$. 从而 $y = x^3$ 是严格单增函数.

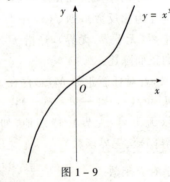

图 1-9

例 10 符号函数 $y = \text{sgn} x$ 在 $(-\infty, +\infty)$ 上是单增的,但不是严格单

增的.

例 11 函数 $y=x^2$ 在 $(-\infty,0)$ 上是严格单减的,在 $[0,+\infty)$ 上是严格单增的,但它不是单调函数.

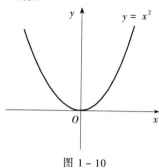

图 1-10

函数的奇偶性.

定义 1.2.5 设函数 $f(x)$ 的定义域 D 为关于原点对称的数集(即若 $x\in D$,有 $-x\in D$),若对任意 $x\in D$,总有
$$f(x)=-f(-x) \quad (f(x)=f(-x)),$$
则称 $f(x)$ 为 D 上的奇(偶)函数.

从几何上看,奇函数的图形关于原点对称,偶函数的图形关于 y 轴对称. 如图 1-11(1)与(2)所示.

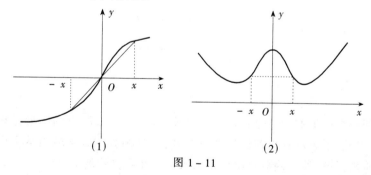

图 1-11

函数 $y=x^3$,正弦函数 $y=\sin x$ 等都是奇函数;$y=x^2$,余弦函数 $y=\cos x$ 等都是偶函数;函数 $y=x^2+x$ 既不是奇函数,也不是偶函数.

例 12 判定函数 $f(x)=\dfrac{a^x+1}{a^x-1}$ $(a>0,a\neq 1)$ 的奇偶性.

解 $D(f)=(-\infty,0)\cup(0,+\infty)$ 关于原点对称. 任意 $x\in D(f)$,则
$$f(-x)=\frac{a^{-x}+1}{a^{-x}-1}=\frac{1+a^x}{1-a^x}=-f(x),$$

故 $f(x) = \dfrac{a^x+1}{a^x-1}$ 是奇函数.

函数的周期性.

定义 1.2.6 设函数 $f(x)$ 定义于 D 上,T 是一个正数.若对任意 $x \in D, x+T \in D$,有
$$f(x+T) = f(x)$$
成立,则称 $f(x)$ 为周期函数,T 称为 $f(x)$ 的一个周期.

由定义可知,若 T 为 $f(x)$ 的一个周期,则 $nT(n = \pm 1, \pm 2, \cdots)$ 也是 $f(x)$ 的周期.因此,周期函数的周期有无穷多个.如果其中有一个是最小的正的周期,则称这个周期是基本周期,简称为周期.一般说函数的周期都指基本周期(即最小正周期).必须注意,并非所有周期函数都有基本周期.例如,常函数 $f(x) = c$ 是周期函数,任意正实数都是它的周期,因而不存在基本周期.

函数 $f(x) = \sin x$ 是周期函数,其周期为 2π;$f(x) = \tan x, x \neq k\pi + \dfrac{\pi}{2}$,$k \in \mathbf{Z}$ 是周期函数,其周期为 π;$f(x) = x - [x], x \in (-\infty, +\infty)$ 也是周期函数,其周期为 1,如图 1-12 所示.

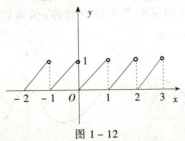

图 1-12

周期函数图形的特点是:$[x, x+T]$ 与 $[x+T, x+2T]$ 上的图形是重复出现的.因此,了解函数周期性有如下好处:一旦函数在定义域内某个周期段的性质被了解,那么函数在整个定义域上的性质也就被了解.

§1.3 反函数

定义 1.3.1 设函数 $y = f(x)$ 的定义域为 $D(f)$,值域为 $R(f)$.若对每一个 $y \in R(f)$,都有唯一确定的 $x \in D(f)$ 与 y 相对应,且这个 x 与 y 满足
$$f(x) = y,$$
则 x 确定为 $R(f)$ 上以 y 为自变量的函数,称此函数为函数 $y = f(x)$ 的**反函**

数,记为 $x=f^{-1}(y)$,而原来的函数 $y=f(x)$ 称为<u>直接函数</u>.

反函数 $x=f^{-1}(y)$ 的定义域和值域分别是 $y=f(x)$ 的值域和定义域. $y=f(x)$ 与 $x=f^{-1}(y)$ 互为反函数.

习惯上以 x 表示自变量,以 y 表示因变量,因此 $y=f(x)$ 的反函数常记为
$$y=f^{-1}(x), \quad x\in R(f).$$
于是 $y=f^{-1}(x)$ 的图像为
$$Grf^{-1}=\{(x,y)\mid x\in R(f), y=f^{-1}(x)\},$$
并且 $(x,y)\in Grf$ 等价于 $(y,x)\in Grf^{-1}$. 由此可得,$y=f^{-1}(x)$ 与 $y=f(x)$ 的图像关于直线 $y=x$ 对称.

例 1 设函数 $y=f(x)$ 由下表给出:

x	1	2	3	4	5
y	4	1	3	5	2

其反函数是

x	1	2	3	4	5
y	2	5	3	1	4

例 2 函数 $y=e^x$ 的反函数为 $y=\ln x$,它们的图像如图 1-13 所示.

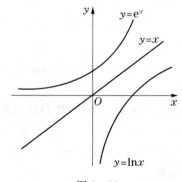

图 1-13

例 3 函数 $y=\begin{cases}\dfrac{x}{2}, & 0\leqslant x\leqslant 1,\\ \dfrac{5-x}{2}, & 2\leqslant x\leqslant 3\end{cases}$ 的值域为 $\left[0,\dfrac{1}{2}\right]\cup\left[1,\dfrac{3}{2}\right]$,解方程可得反函数

$$f^{-1}(x) = \begin{cases} 2x, & 0 \leqslant x \leqslant \dfrac{1}{2}, \\ 5-2x, & 1 \leqslant x \leqslant \dfrac{3}{2}. \end{cases}$$

由上例可知,若 $y=f(x)$ 作为 x 的方程可以解出 x,并且只有唯一解时,将这个解中 x 与 y 对调,便得到所求的反函数.但是,方程并不是都能解得出的,况且在许多问题中,只需知道有反函数存在,并不一定非要有反函数的表达式不可.于是我们需要了解什么样的函数有反函数.

定理 1.3.1 严格单增(减)函数必有反函数,且反函数也是严格单增(减)的.

证 设 $y=f(x)$ 是严格单增函数,对任意 $y \in R(f)$,由值域的意义,必有 $x \in D(f)$,使得 $y=f(x)$.又对任意 $x_1, x_2 \in D(f)$,$x_1 \neq x_2$,由 $f(x)$ 严格单增,当 $x_1 < x_2$ 时 $f(x_1) < f(x_2)$;当 $x_1 > x_2$ 时 $f(x_1) > f(x_2)$,总之有 $f(x_1) \neq f(x_2)$.综上知,与 y 相应的 x 是唯一确定的,故 $y=f(x)$ 的反函数存在.

其次,对任意 $y_1, y_2 \in R(f)$,$y_1 < y_2$,则存在 $x_1, x_2 \in D(f)$,使 $y_1=f(x_1), y_2=f(x_2)$,故 $f(x_1) < f(x_2)$.由 $f(x)$ 严格单增得 $x_1 < x_2$,即 $f^{-1}(y_1) < f^{-1}(y_2)$,故 $y=f(x)$ 的反函数也严格单增.

同理可证严格单减情形.

更一般地,我们有反函数存在的如下充要条件.

定理 1.3.2 函数 $y=f(x)$ 具有反函数的充要条件是对应法则 f 使得 $D(f)$ 中点与 $R(f)$ 中点为一对一的(称为<u>一一对应</u>).

例 4 函数 $y=\ln x + x^3$ 是两个严格单增函数之和,因而也是严格单增的,由定理 1,它有反函数.

例 4 中的反函数表达式是求不出来的,我们只能说反函数是存在的,或者说方程

$$\ln y + y^3 - x = 0$$

确定了一个 y 关于 x 的函数.

一般地,我们称由方程 $F(x,y)=0$ 所确定的函数为<u>隐函数</u>,而把能够表示为 $y=f(x)$ 这种形式的函数称为<u>显函数</u>.

§1.4 复合函数

定义 1.4.1 设有两个函数

$$y = f(u), u \in D(f); \quad u = g(x), x \in D(g).$$

若 $E = \{x \mid x \in D(g) \text{ 且 } g(x) \in D(f)\} \neq \varnothing$,则对每个 $x \in E$,通过函数对应 g 可确定 $D(f)$ 中唯一的值 u,再通过函数对应 f 又确定唯一的值 y,这样便确定了一个定义于 E 上,以 x 的自变量、以 y 为因变量的函数,称此函数为由函数 $y = f(u)$ 与 $u = g(x)$ 复合而成的**复合函数**,记为

$$y = f(g(x)), x \in E \quad \text{或} \quad y = (f \circ g)(x), x \in E.$$

其中数集 E 称为复合函数 $y = f(g(x))$ 的定义域,$f(u)$ 称为**外函数**,$g(x)$ 称为**内函数**,u 称为**中间变量**.

根据定义,两个函数 $y = f(u)$ 与 $u = g(x)$ 可复合成复合函数当且仅当 $D(f) \cap R(g) \neq \varnothing$.

例1 (1) 设 $y = f(u) = e^u, u = g(x) = \sqrt{x}$,则 $D(f) = (-\infty, +\infty)$,$R(g) = [0, +\infty)$,而 $D(f) \cap R(g) = [0, +\infty) \neq \varnothing$,故 $y = e^u$ 与 $u = \sqrt{x}$ 可以复合成复合函数,复合函数为

$$y = e^{\sqrt{x}}, \quad x \in [0, +\infty).$$

(2) 设 $y = f(u) = \sqrt{u^2 - 2}, u = g(x) = \sin x$,则

$$D(f) = (-\infty, \sqrt{2}] \cup [\sqrt{2}, +\infty), \quad R(g) = [-1, 1],$$

但 $D(f) \cap R(g) = \varnothing$,故 $y = \sqrt{u^2 - 2}$ 与 $u = \sin x$ 不能构成复合函数.

求两个函数的复合函数,实际上就是将外函数表达式中的自变量用内函数表达式代替,从而得到复合函数表达式.在复合函数概念中,涉及外函数、内函数和复合函数,我们常常可以通过已知其中的某两个函数,去求另一个函数.

例2 (1) 已知

$$f(x) = \begin{cases} 1 + x, & x < 0, \\ x^2, & x \geq 0, \end{cases}$$

求 $f(x-1), f(-x)$.

(2) 已知 $f(e^x + 1) = e^{2x} + e^x + 1$,求 $f(x)$.

解 (1) 这是已知外函数 f 和内函数,求复合函数的问题,直接代入即可.

$$f(x-1) = \begin{cases} 1 + (x-1), & x - 1 < 0, \\ (x-1)^2, & x - 1 \geq 0 \end{cases} = \begin{cases} x, & x < 1, \\ x^2 - 2x + 1, & x \geq 1, \end{cases}$$

$$f(-x) = \begin{cases} 1 + (-x), & -x < 0, \\ (-x)^2, & -x \geq 0 \end{cases} = \begin{cases} 1 - x, & x > 0, \\ x^2, & x \leq 0. \end{cases}$$

(2) 这是已知内函数和复合函数求外函数的问题.

令 $u=e^x+1$,解得反函数为 $x=\ln(u-1)$,因为 $u-1=e^x>0$,故由已知,有
$$f(u)=e^{2\ln(u-1)}+e^{\ln(u-1)}+1=(u-1)^2+(u-1)+1$$
$$=u^2-u+1,$$
从而 $f(x)=x^2-x+1$.

例3 设 $f\left(x+\dfrac{1}{x}\right)=x^2+\dfrac{1}{x^2}+3$,求 $f(x)$.

解 若仿例2(2)令 $u=x+\dfrac{1}{x}$,则反解 x 较繁,可将已知复合函数直接凑成 $x+\dfrac{1}{x}$ 的函数.
$$f\left(x+\dfrac{1}{x}\right)=x^2+2+\dfrac{1}{x^2}+1=\left(x+\dfrac{1}{x}\right)^2+1,$$
从而 $f(x)=x^2+1$.

以上讨论的是两个函数的复合函数.类似地可定义两个以上函数的复合函数.例如
$$y=f(u)=e^u,\quad u=g(v)=\sin v,\quad v=h(x)=\sqrt{x},$$
则它们的复合函数为
$$y=(f\circ g\circ h)(x)=f[g(h(x))]=e^{\sin\sqrt{x}},\quad x\in[0,+\infty).$$

§1.5 初等函数

1. 基本初等函数

基本初等函数是指常函数、幂函数、指数函数、对数函数、三角函数和反三角函数这六类函数.

常函数 $y=c$(c 为常数).

常函数的定义域 $D(f)=(-\infty,+\infty)$,值域 $R(f)=\{c\}$,它的图像是一条水平直线,如图1-14所示.

幂函数 $y=x^\alpha$,α 为实数.

幂函数的定义域依 α 的值而定,但不论 α 取何值,当 $x>0$ 时,它总是有定义的,其图像都经过 $(1,1)$ 点.α 取一些特殊值时函数的图像如图1-15(a),(b)所示.

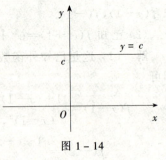

图1-14

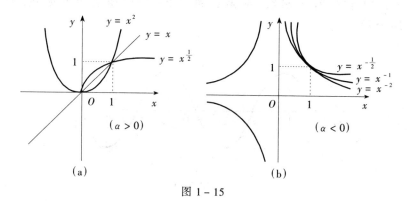

图 1 - 15

指数函数 $y=a^x(a>0, a\neq 1)$.

指数函数的定义域 $D(f)=(-\infty,+\infty)$, 值域 $R(f)=(0,+\infty)$. 不论 a 为何值, 函数图像均经过 $(0,1)$ 点. 当 $a>1$ 时, a^x 为严格单增函数; 当 $0<a<1$ 时, a^x 为严格单减函数. 如图 1-16 所示.

特别地, 当 $a=\mathrm{e}(\mathrm{e}=2.718281\cdots$ 为无理数$)$时, 指数函数 $y=\mathrm{e}^x$ 是今后常讨论的函数.

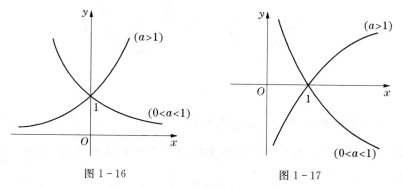

图 1 - 16 图 1 - 17

对数函数 $y=\log_a x(a>0, a\neq 1)$.

它是指数函数 $y=a^x$ 的反函数, 其定义域 $D(f)=(0,+\infty)$, 值域 $R(f)=(-\infty,+\infty)$. 不论 a 取何值, 函数图像均经过 $(1,0)$ 点. 当 $a>0$ 时, $\log_a x$ 为严格单增函数; 当 $0<a<1$ 时, $\log_a x$ 为严格单减函数. 如图 1-17 所示.

特别地, $a=10$ 时, 对数函数记为 $y=\lg x$, 称为常用对数函数; $a=\mathrm{e}$ 时, 对数函数记为 $y=\ln x$, 称为自然对数函数.

三角函数.

三角函数包括以下六种:

(1) 正弦函数 $y=\sin x$, 其定义域 $D(f)=(-\infty,+\infty)$, 值域 $R(f)$

=$[-1,1]$.它是有界函数、奇函数和以 2π 为周期的周期函数.如图 1-18 所示.

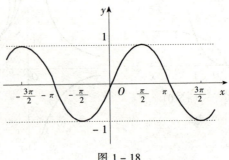

图 1-18

(2) 余弦函数 $y=\cos x$,其定义域 $D(f)=(-\infty,+\infty)$,值域 $R(f)$ =$[-1,1]$.它是有界函数、偶函数和以 2π 为周期的周期函数.如图 1-19 所示.

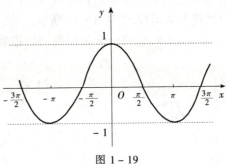

图 1-19

(3) 正切函数 $y=\tan x$,其定义域 $D(f)=\left\{x \mid x \neq k\pi+\dfrac{\pi}{2}, k \in \mathbf{Z}\right\}$,值域 $R(f)=(-\infty,+\infty)$.它是奇函数和以 π 为周期的周期函数.如图 1-20 所示.

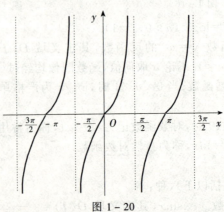

图 1-20

(4) 余切函数 $y=\cot x$,其定义域 $D(f)=\{x\mid x\neq k\pi,k\in \mathbf{Z}\}$,值域 $R(f)=(-\infty,+\infty)$. 它是奇函数和以 π 为周期的周期函数. 如图 1-21 所示.

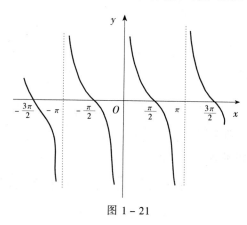

图 1-21

(5) 正割函数 $y=\sec x=\dfrac{1}{\cos x}$,其定义域与正切函数的定义域相同,值域 $R(f)=(-\infty,-1]\cup[1,+\infty)$. 它是偶函数和以 2π 为周期的周期函数.

(6) 余割函数 $y=\csc x=\dfrac{1}{\sin x}$,它与余切函数有相同的定义域,值域 $R(f)=(-\infty,-1]\cup[1,+\infty)$. 它是奇函数和以 2π 为周期的周期函数.

反三角函数.

反三角函数是三角函数的反函数. 由于三角函数都是周期函数,故对于值域的每个 y 值,与之对应的 x 值有无穷多个,因此,在三角函数的整个定义域上,其反函数是不存在的,必须限制在三角函数的单调区间上才能建立反三角函数.

(1) 反正弦函数

正弦函数 $y=\sin x$ 在区间 $\left[-\dfrac{\pi}{2},\dfrac{\pi}{2}\right]$ 上严格单增,故其反函数存在,称此反函数为反正弦函数,记为 $y=\arcsin x$,其定义域 $D(f)=[-1,1]$,值域 $R(f)=\left[-\dfrac{\pi}{2},\dfrac{\pi}{2}\right]$. 它是奇函数,且是严格单增的,其图像如图 1-22 所示.

(2) 反余弦函数

余弦函数 $y=\cos x$ 在区间 $[0,\pi]$ 上严格单增,故其反函数存在,称此反函数为反余弦函数,记为 $y=\arccos x$,其定义域 $D(f)=[-1,1]$,值域 $R(f)=[0,\pi]$. 它是严格单减的,其图像如图 1-23 所示.

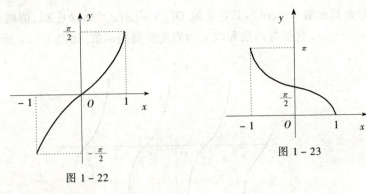

图 1-22

图 1-23

(3) 反正切函数

正切函数 $y=\tan x$ 在区间 $\left(-\dfrac{\pi}{2},\dfrac{\pi}{2}\right)$ 上严格单增,其反函数称为**反正切函数**,记为 $y=\arctan x$,其定义域 $D(f)=(-\infty,+\infty)$,值域 $R(f)=\left(-\dfrac{\pi}{2},\dfrac{\pi}{2}\right)$. 它是奇函数,并且是严格单增的. 如图 1-24 所示.

(4) 反余切函数

余切函数 $y=\cot x$ 在区间 $(0,\pi)$ 上严格单减,其反函数称为**反余切函数**,记为 $y=\operatorname{arccot} x$,它的定义域 $D(f)=(-\infty,+\infty)$,值域 $R(f)=(0,\pi)$,是严格单减函数. 如图 1-25 所示.

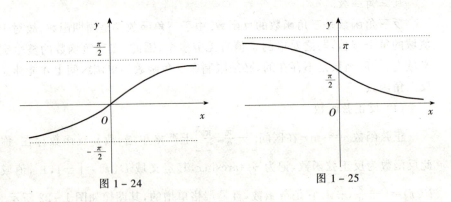

图 1-24

图 1-25

2. 初等函数

由六类基本初等函数经过有限次四则运算与复合运算等所得的函数,统称为**初等函数**.

例如,$y=\sin\sqrt{\mathrm{e}^x+1}$,$y=\arctan\dfrac{1+x^2}{1-x^2}$ 等都是初等函数.

初等函数是微积分学研究的主要对象. 掌握初等函数, 除了了解其性质、特征外, 确定其定义域是非常重要的. 一个初等函数的定义域除由于自变量的实际意义另有限制外, 通常指该初等函数的存在域. 例如初等函数 $y = \dfrac{\ln(x+1)}{x-1}$, 为使表达式有意义, 必须 $x+1>0$ 且 $x \neq 1$, 即 $x > -1$ 且 $x \neq 1$. 于是该函数的定义域为 $D(f) = (-1, 1) \cup (1, +\infty)$.

并非所有函数皆为初等函数. 分段函数一般不是初等函数. 不是初等函数的函数称为<u>非初等函数</u>.

§1.6 经济学中几种常见的函数

1. 需求函数

需求是社会经济活动中的一种现象, 它的含义指消费者同时具备两个条件, 即既有购买商品的愿望, 又有购买商品的能力. 需求与许多因素有关, 如收入、人口、消费的时间和商品价格等等. 如果我们只考虑价格变化的因素, 其他诸因素都作为不变的因素, 则需求量(记为 D)可视为价格(记为 p)的函数, 称其为<u>需求函数</u>, 记为

$$D = f(p).$$

需求函数一般是价格的单减函数, 即当价格增加(上涨)时, 需求量减少.

最简单的需求函数为线性函数

$$D = a - bp \quad (a>0, b>0, 皆为常数).$$

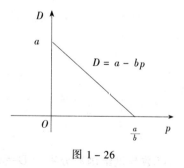

图 1-26

当 $p=0$ 时, $D=a$, 表示当价格为零时, 消费者对该商品的需求量为 a, a 通常称为该商品的市场饱和需求量. 当 $p = \dfrac{a}{b}$ 时, $D=0$, 表示当价格上涨到 $\dfrac{a}{b}$

时,无人购买该商品.

例 1 某商品定价 20 元,每月预测可卖出 300 件;若降价 25%,每月预测可卖出 500 件.求需求函数(假定为线性函数).

解 设所求线性需求函数为
$$D = a - bp.$$
由已知可得
$$\begin{cases} 300 = a - 20b, \\ 500 = a - 20(1-25\%)b. \end{cases}$$
由此解得 $a = 1100, b = 40$. 故所求函数为
$$D = 1100 - 40p, p \in [0, 27.5].$$

2. 供给函数

供给是与需求相对的概念,它指生产者在某时间内,相对于各种价格水平等诸多因素,对某商品愿意并且能够提供出售的数量.如果只考虑价格因素,则供给量(记为 Q)可视为价格的函数,称其为供给函数,记为
$$Q = f(p).$$

供给函数一般是价格的单增函数,即当价格增加(上涨)时,供给量增加.

最简单的供给函数为线性函数
$$Q = dp - c \quad (d > 0, c > 0,\text{皆为常数}).$$

由上式可知,$\dfrac{c}{d}$ 为价格的最低限,只有当价格大于 $\dfrac{c}{d}$ 时,生产者才会提供该商品于市场.

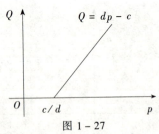

图 1-27

设某商品的需求函数与供给函数分别为 $D = a - bp$ 与 $Q = dp - c$ (其中 a, b, c, d 均为正的常数). 若供给量与需求量相等,我们说此时该商品供需平衡,使得供需平衡的价格称为平衡价格,记为 p_0,此时 $p_0 = \dfrac{a+c}{b+d}$.

3. 总成本函数

任何生产或经营活动都离不开成本的投入. 商品的成本就是产品生产和商业流通的总投入. 总成本一般由固定成本与可变成本两部分构成. 产品的固定成本与产量无关(如企业的厂房、机器设备投入等), 可变成本则与产量有关(如原材料、能源、人力消耗等). 如果记总成本为 C, 产量为 x, 固定成本为 C_0, 可变成本为 C_v, 则总成本函数可表为

$$C = C(x) = C_0 + C_v.$$

总成本关于产量的平均值称为平均成本, 记为 $\overline{C}$, 即

$$\overline{C} = \frac{C(x)}{x}.$$

例 2　某电信公司规定每台话机每月通话不超过 100 次时收费为 25 元, 超过 100 次时超过部分每次收费 0.2 元, 试求通话总费用 y 与通话次数 x 的函数关系.

解　每台话机每月的固定费用为 25 元, 可变费用为 $0.2(x-100)$ 元 $(x>100)$. 故总费用函数为

$$y = \begin{cases} 25, & 0 \leqslant x \leqslant 100, \\ 25 + 0.2(x-100), & x > 100. \end{cases}$$

4. 总收入函数与总利润函数

产品的销售量 x 与销售单价 p 的乘积即为总收入. 如果固定销售单价 p, 则总投入是销售量 x 的函数, 称为总收入函数, 记为 R, 即

$$R = R(x) = px.$$

总收入函数减去总成本函数, 称为总利润函数, 记为 L, 即有

$$L = L(x) = R(x) - C(x).$$

例 3　某食品厂生产一种食品, 每千克售价为 2 元. 如果每天生产 x 吨, 则其成本函数为 $C(x) = 1000 + 1300x + 100x^2$. 试求

(1) 该厂的日利润函数.

(2) 产量在什么范围内有盈利? 在什么范围内要亏本?

解　(1) 如果每天生产 x 吨, 则日总收入为 $R(x) = 2000x$ (元), 于是日利润函数为

$$L(x) = 2000x - 1000 - 1300x - 100x^2$$
$$= -100x^2 + 700x - 1000.$$

(2) 对于产量 x 的值,若 $L(x)>0$,则表明该厂有盈利;若 $L(x)<0$,则表明要亏本. 由

$$L(x)=-100x^2+700x-1000>0,$$

即

$$x^2-7x+10<0,$$

也即

$$(x-2)(x-5)<0,$$

由此可得,当 $x\in(2,5)$,也即产量安排在 2 吨到 5 吨之间时,该厂有盈利; 而产量低于 2 吨或高于 5 吨时要亏本.

注 在上例中,当产量 $x=2$ 或 5(吨)时,$L(x)=0$,此时利润为零. 一般地,使得利润等于零的产量称为<u>保本产量</u>,经济学中也叫<u>损益平衡点</u>.

习题 1

1. 用区间表示下列 x 的变化范围:
   (1) $|x-2|\leqslant 1$;
   (2) $2\leqslant x<5$;
   (3) $x\leqslant 0$;
   (4) $0<|x|<2$;
   (5) $|x-a|<\varepsilon$ (a 为常数,$\varepsilon>0$);
   (6) $|x+1|>1$.

2. 解下列不等式,用区间表示其解集:
   (1) $|x+2|<3$;
   (2) $0<(x-2)^2<4$;
   (3) $|x-1|<|2x+1|$;
   (4) $|2x-1|>2x$;
   (5) $\sqrt{x-1}-\sqrt{2x-1}\geqslant\sqrt{3x-2}$.

3. 在数轴上表示满足不列条件中的所有 x 的集合:
   (1) $0<|x-a|<\delta$ (a 为常数,$\delta>0$);
   (2) $x(x^2-1)>0$.

4. 下列各对函数是否相同,说明理由:
   (1) $y=\ln x^2$ 与 $y=2\ln x$;
   (2) $y=x$ 与 $y=\sqrt{x^2}$;
   (3) $y=e^{\ln x}$ 与 $y=x$;
   (4) $y=\arctan(\tan x)$ 与 $y=x$;
   (5) $y=\tan(\arctan x)$ 与 $y=x$;
   (6) $y=f(x)$ 与 $x=f(y)$.

5. 设 $f(x)=\sqrt{x^2+1}$,求 $f(0),f(1),f(-1),f\left(\dfrac{1}{a}\right),f(a+h)$.

6. 求下列函数的定义域:
   (1) $y=\dfrac{1}{\sqrt{4-x^2}}$;
   (2) $y=\ln(2x-3)$;

(3) $y = \dfrac{\sqrt{|x|-2}}{|x|-x}$; (4) $y = \dfrac{1}{2x+3} + \sqrt{x^2-3}$;

(5) $y = \sqrt{\ln\dfrac{5x-x^2}{4}}$; (6) $y = \lg[\lg(x^2+5x+94)-2]$.

7. 设 $f(x)=\begin{cases} x-1, & -2\leqslant x<-1, \\ x^2-2x+3, & -1\leqslant x\leqslant 3, \end{cases}$ 求 $f(x)$ 的定义域、值域、函数值 $f(-2)$，$f\left(-\dfrac{3}{2}\right)$，$f(-1)$，$f(0)$.

8. 设 $f(x)=\begin{cases} 3x-1, & x<0, \\ x^2, & x\geqslant 0, \end{cases}$ 求 $f(-x)$，$f(x-2)$.

9. 在 $f(x)=1+\ln x$ 的定义域内，求方程 $f(e^{x^2})-5=0$ 的根.

10. 讨论下列函数的单调性，并指出其单增、单减区间：

(1) $y=2x^3-1$; (2) $y=e^{2x}$;

(3) $y=\log_a(3x+1)$ ($a>0, a\neq 1$); (4) $y=|x^2-1|$.

11. 讨论下列函数在其指定区间上的有界性，若有界，求出上下界：

(1) $y=\dfrac{2x^2}{1+x^2}$, $x\in(-\infty,+\infty)$; (2) $y=\ln(1+x)$, $x\in(0,1)$;

(3) $y=2^{-x}$, $x\in(0,+\infty)$; (4) $y=e^{\frac{1}{x}}$, $x\in(0,+\infty)$.

12. 判定下列函数的奇偶性：

(1) $y=x|x|$; (2) $y=x\sin x+\sqrt{x^2-1}$;

(3) $y=\dfrac{1}{2}(e^x-e^{-x})$; (4) $y=\ln\dfrac{1-x}{1+x}$;

(5) $y=\sin x+\cos x$; (6) $y=\dfrac{e^x+1}{e^x-1}$;

(7) $f(x)=\begin{cases} 1-x, & x<0, \\ 1+x, & x\geqslant 0; \end{cases}$ (8) $y=\cos(\sin x)$.

13. 设 $f(x)$ 为 $(-\infty,+\infty)$ 上的任意函数，证明 $f(x)+f(-x)$ 为偶函数，$f(x)-f(-x)$ 为奇函数.

14. 下列函数中哪些是周期函数？对于周期函数求出其周期：

(1) $y=\sin^3 x$; (2) $y=\cos(2x)$;

(3) $y=2+|\sin x|$; (4) $y=x-[x]$;

(5) $y=\cos\dfrac{1}{x}$.

15. 求下列函数的反函数及其定义域：

(1) $y=2x+1$; (2) $y=e^{x-2}$;

(3) $y=3\sin 2x$; (4) $y=\dfrac{1-x}{1+x}$;

(5) $y=\dfrac{e^x-e^{-x}}{2}$; (6) $y=\begin{cases} x-1, & x<0, \\ x^2, & x\geq 0. \end{cases}$

16. 设 $f(x)=\dfrac{ax+b}{cx+d}$,问

(1) a,b,c,d 满足什么条件时,$f(x)$ 有反函数?并求出其反函数.

(2) 在何条件下,$f(x)$ 与 $f^{-1}(x)$ 相同?

17. 在下列各题中,求由所给函数的复合函数:

(1) $y=\sqrt{u}, u=1+e^x$;

(2) $y=\arcsin u, u=\dfrac{x^2}{1+x^2}$;

(3) $y=e^u, u=\sin v, v=x^2+1$;

(4) $y=\ln u, u=\sqrt{v}, v=2^x+1$.

18. 下列各函数是由哪些基本初等函数复合而成的:

(1) $y=\sin\sqrt{x}$; (2) $y=e^{\arctan x^2}$;

(3) $y=(\ln\sqrt{x})^2$; (4) $y=\dfrac{1}{2^{x^3}}$.

19. (1) 设 $f(x)=\dfrac{x}{x-1}$,求 $f\{f[f(x)]\}$.

(2) 设 $f\left(\dfrac{x+1}{x}\right)=\dfrac{x+1}{x^2}$ ($x\neq 0$),求 $f(x)$.

20. 已知 $f(x^2-1)=\ln\dfrac{x^2}{x^2-2}$,且 $f(\varphi(x))=x\ln x$,求 $\varphi(x)$.

21. 设 $y=f(x)$ 的定义域为 $[0,1]$,求下列函数的定义域:

(1) $f(\sin x)$; (2) $f(x^2)$;

(3) $f\left(x+\dfrac{1}{3}\right)+f\left(x-\dfrac{1}{3}\right)$.

22. 设 $f(x)=ax^2+bx+2$,而 $f(x+1)-f(x)=2x+3$,求 a,b.

23. 某商品定价 20 元/件,每月预测可卖出 300 件;若定价降低 25%,每月预测可卖出 500 件.试求:

(1) 需求量 Q 为价格 p 的函数(假定为线性函数);

(2) 收入 R 为价格 p 的函数;

(3) 收入 R 为需求量 Q 的函数.

24. 用铁皮制作容积为 V 的圆柱形罐头筒,试将其表面积表示为底半径的函数,并确定此函数的定义域.

25. 某单位买进汽车一辆,一年中的税收、保险费及司机工资共计 8000 元,每行驶一公里油费为 0.3 元.假定无其他费用,试将该车辆每年的总费用表示为行驶公里数的函数.

26. 已知水渠的横断面为等腰梯形,斜角 $\theta=40°$(图 2-10). 当过水断面 $ABCD$ 的面积为定值 A_0 时,求湿周 $L(L=AB+BC+CD)$ 与水深 h 之间的函数关系式及其定义域.

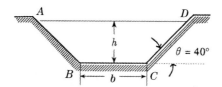

27. 设生产与销售某产品的总收入 R 是产量 x 的二次函数,经统计得知,当产量 $x=0,2,4$ 时,总收入 R 分别为 $0,6,8$. 试确定总收入 R 与产量 x 的函数关系.

28. 设某商品的市场供应函数为 $Q=80+4p$,其中 Q 为供应量,p 代表市场价格. 商品的每单位生产成本是 1.5 元. 问要想利润达到 240 元,应规定怎样的价格?

29. 设某商品的需求量 Q 与价格 p 的函数关系为 $Q=300-2p$.
    (1) 求出收入 R 为价格 p 的函数关系式;
    (2) 当成本函数 $C=90Q+Q^2$ 时,求出利润函数;
    (3) 当价格上涨到多少时,需求量为零?

30. 使用现行生产方法,某产品的不合格率为 20%,这时的固定成本是 1000 元,而可变成本是每单位 2 元,销售单价为 6 元. 现提出另一生产方案,固定成本是 2000 元,可变成本是每单位 1.5 元,不合格率是 15%. 无论哪种方案,不合格产品每只再花上 0.75 元即可成为正品出售. 为使利润最大,在什么条件下,应采取新方案来代替原方案?

第 2 章

极限与连续

在微积分学中,除了函数概念外,另一个重要的基本概念就是极限概念.高等数学中其他一些如微分、积分与无穷级数等重要概念,都是利用极限来定义的.本章我们先讨论数列极限,然后讨论函数极限,并在此基础上讨论函数的连续性.

§2.1 数列极限

1. 数列极限的定义

全体正整数集 Z^+ 上定义的函数 $a_n = f(n)$ 称为一个数列.由于正整数集 Z^+ 的元素可按大小次序排列,所以数列 $a_n = f(n)$ 也可记为

$$a_1, a_2, \cdots, a_n, \cdots$$

或简记为 $\{a_n\}$.数列中的每一个数称为数列的项,a_n 称为数列的一般项或通项.

下面给出一些数列的例子.

例1 (1) $\left\{\dfrac{1}{n}\right\}: 1, \dfrac{1}{2}, \dfrac{1}{3}, \cdots, \dfrac{1}{n}, \cdots$

(2) $\left\{1+(-1)^n \dfrac{1}{2^n}\right\}: \dfrac{1}{2}, \dfrac{5}{4}, \dfrac{7}{8}, \cdots, 1+(-1)^n \dfrac{1}{2^n}, \cdots$

(3) $\{(-1)^{n-1}\}: 1, -1, 1, \cdots, (-1)^{n-1}, \cdots$

(4) $\{2n\}: 2, 4, 6, \cdots, 2n, \cdots$

从上述这些数列不难看出,随着 n 的不断增大,它们都有着各自的变化趋势,但这些变化趋势,往往有着本质的差异.如数列(1),当 n 不断增大时,数列的项不断地趋向于 0;数列(2)当 n 不断增大时,其项不断地趋于 1.而数列(3),(4)则不一样,当 n 同样不断增大时,它们却不向任何定数接近.进

一步分析,数列(1),(2)有着共同的本质特征,即数列的项与某个相应的定数的距离可以充分小,只要 n 足够大.例如数列(1),欲使数列的项 $\frac{1}{n}$ 与定数 0 的距离 $|\frac{1}{n}-0|$ 小于 0.1,只需 n 大于 10 即可;欲使 $|\frac{1}{n}-0|$ 小于 0.001,只需 n 大于 1000 即可.精确地描述这一本质,便有下面的数列极限定义.

定义 2.1.1 设 $\{a_n\}$ 是一个数列,a 是一个定数.若对任意正数 ε,总存在某个自然数 N,使得当 $n > N$ 时,总有
$$|a_n - a| < \varepsilon$$
成立,则称数列 $\{a_n\}$ 收敛于 a,a 称为数列 $\{a_n\}$ 的极限,记为
$$\lim_{n \to \infty} a_n = a, \quad 或 \quad a_n \to a \ (n \to \infty).$$
否则,称数列 $\{a_n\}$ 发散,或 $\lim_{n \to \infty} a_n$ 不存在.

注 定义 2.1.1 通常叫做数列极限的 $\varepsilon - N$ 定义.对于该定义,我们应注意以下几点:

(1) 正数 ε 可以任意给定是非常重要的,只有这样,不等式 $|a_n - a| < \varepsilon$ 才能表达 a_n 与 a 的距离可以趋向于零.另外,ε 虽可以任意给定,但给定后便是一个固定的数,由此可确定自然数 N.

(2) 定义中的自然数 N 与 ε 有关.一般说来,正数 ε 越小,N 则越大,但这种关系只反映 N 对于 ε 的依赖性,由给定的正数 ε 而存在的自然数 N 并不是唯一的.

(3) 定义 2.1.1 的几何意义是,对于 a 的任何 ε 邻域 $U(a, \varepsilon)$,总存在自然数 N,所有下标大于 N 的 a_n,都落在 a 的 ε 邻域内,即 $a_n \in U(a, \varepsilon)$,$n > N$.如图 2-1 所示.

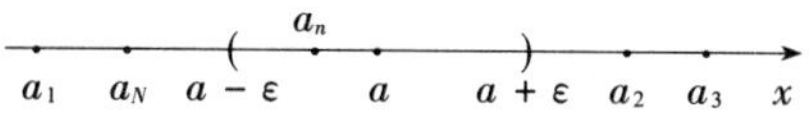

图 2-1

下面我们举例利用 $\varepsilon - N$ 定义证明数列极限.

例 2 证明 $\lim_{n \to \infty} \frac{1}{n} = 0$.

[**分析**] 根据定义,对任意给定的 $\varepsilon > 0$,要使 $\left|\frac{1}{n} - 0\right| = \frac{1}{n} < \varepsilon$,只要 $n > \frac{1}{\varepsilon}$ 即可.如果取 $N = \left[\frac{1}{\varepsilon}\right]$.因为 x 的取整函数满足不等式 $[x] \leq x < [x] + 1$,所以当 $n > N$,便有 $n \geq N + 1 = \left[\frac{1}{\varepsilon}\right] + 1 > \frac{1}{\varepsilon}$.

证 对任意 $\varepsilon>0$,取 $N=\left[\dfrac{1}{\varepsilon}\right]$,当 $n>N$ 时,有 $n>\dfrac{1}{\varepsilon}$,即 $\dfrac{1}{n}<\varepsilon$,故
$$\left|\dfrac{1}{n}-0\right|=\dfrac{1}{n}<\varepsilon.$$

由定义 2.1.1 知 $\lim\limits_{n\to\infty}\dfrac{1}{n}=0$.

例3 $\lim\limits_{n\to\infty}q^n=0\ (|q|<1).$

证 若 $q=0$,则结论是显然的. 设 $0<|q|<1$. 对任意 $\varepsilon(0<\varepsilon<1)$,要使 $|q^n-0|<\varepsilon$,即 $|q|^n<\varepsilon$,只要 $n\ln|q|<\ln\varepsilon$. 由于 $|q|<1$,故 $\ln|q|<0$,于是有 $n>\dfrac{\ln\varepsilon}{\ln|q|}$. 取 $N=\left[\dfrac{\ln\varepsilon}{\ln|q|}\right]$,当 $n>N$ 时,必有 $|q|^n<\varepsilon$,即
$$|q^n-0|<\varepsilon.$$

由定义 2.1.1 知 $\lim\limits_{n\to\infty}q^n=0\ (|q|<1).$

例 1(3) 中数列 $a_n=(-1)^{n-1}$,当 n 为奇数不断增大时,a_n 总等于 1,当 n 为偶数不断增大时,a_n 总等于 -1,即数列 a_n 始终在 1 与 -1 两个点上来回跳动,与任何数的距离都不趋向于 0,因而数列 $\{(-1)^{n-1}\}$ 是发散的. 这种形式的发散常称为<u>摆动发散</u>. 例 1(4) 中数列 $a_n=2n$,当 n 不断增大时,a_n 也无限增大,它与任何数的距离也都不趋向于 0,因而数列 $\{2n\}$ 也是发散的. 这种形式的发散常称为<u>定向发散</u>,此时可记其为 $\lim\limits_{n\to\infty}2n=+\infty.$

由此可见,数列 $\{a_n\}$ 发散,就是指任何数都不是 $\{a_n\}$ 的极限. 即数列 $\{a_n\}$ 发散当且仅当对任意 $a\in\mathbf{R}$,都有 $\lim\limits_{n\to\infty}a_n\neq a$.

那么,$\lim\limits_{n\to\infty}a_n\neq a$ 的涵义又是什么呢?

$\lim\limits_{n\to\infty}a_n\neq a$ 是指:存在正数 ε_0,对任意自然数 N,都存在 $n_0>N$,使得 $|a_{n_0}-a|\geqslant\varepsilon_0.$

例4 证明 $\lim\limits_{n\to\infty}\left(1+(-1)^n\dfrac{1}{2^n}\right)\neq 0.$

证 $\left|1+(-1)^n\dfrac{1}{2^n}-0\right|=1+(-1)^n\dfrac{1}{2^n}\geqslant\dfrac{1}{2}$,对一切 $n\in\mathbf{N}$ 成立. 故取 $\varepsilon_0=\dfrac{1}{2}>0$,对任意自然数 N,取 $n_0=N+1$,则 $n_0>N$,且
$$|a_{n_0}-0|=\left|1+(-1)^{n_0}\dfrac{1}{2^{n_0}}\right|\geqslant\dfrac{1}{2}=\varepsilon_0,$$

从而 $\lim\limits_{n\to\infty}\left(1+(-1)^n\dfrac{1}{2^n}\right)\neq 0.$

值得注意的是,例 4 只是肯定了数列 $a_n=1+(-1)^n\dfrac{1}{2^n}$ 不收敛于 0,并

不意味着 $\{a_n\}$ 发散. 事实上, 该数列是收敛的(极限为 1). 因此, $\lim\limits_{n\to\infty}a_n \neq a$ (a 为某个定数)与数列 $\{a_n\}$ 发散两者不是一回事.

2. 收敛数列的性质

定理 2.1.1(极限的唯一性) 若数列 $\{a_n\}$ 收敛, 则其极限是唯一的.

证 用反证法. 假定 $\lim\limits_{n\to\infty}a_n=a$ 且 $\lim\limits_{n\to\infty}a_n=b$, $a\neq b$, 不妨设 $a<b$. 由 $\lim\limits_{n\to\infty}a_n=a$ 及数列极限定义, 对 $\varepsilon=\dfrac{b-a}{2}>0$, 存在自然数 N_1, 当 $n>N_1$ 时, 有

$$|a_n-a|<\frac{b-a}{2},$$

于是当 $n>N_1$ 时, 有

$$a_n<\frac{b-a}{2}+a=\frac{b+a}{2}. \tag{1.1}$$

同理, 由 $\lim\limits_{n\to\infty}a_n=b$, 对 $\varepsilon=\dfrac{b-a}{2}$, 存在自然数 N_2, 当 $n>N_2$ 时, 有

$$|a_n-b|<\frac{b-a}{2},$$

于是当 $n>N_2$ 时, 有

$$a_n>b-\frac{b-a}{2}=\frac{b+a}{2}. \tag{1.2}$$

令 $N=\max\{N_1,N_2\}$, 则当 $n>N$ 时, (1.1), (1.2)式同时成立, 即有

$$\frac{b+a}{2}<a_n<\frac{b+a}{2}.$$

矛盾. 从而数列 $\{a_n\}$ 的极限是唯一的.

定理 2.1.2(收敛数列的有界性) 若数列 $\{a_n\}$ 收敛, 则 $\{a_n\}$ 是有界的, 即存在正数 M, 对一切正整数 n, 总有 $|a_n|\leqslant M$(称此数列为有界数列).

证 由数列 $\{a_n\}$ 收敛, 不妨设 $\lim\limits_{n\to\infty}a_n=a$. 由数列极限定义, 对 $\varepsilon=1$, 存在自然数 N, 当 $n>N$ 时, 总有 $|a_n-a|<1$, 即

$$|a_n|<1+|a|, n>N.$$

令 $M=\max\{|a_1|,|a_2|,\cdots,|a_N|,1+|a|\}$, 则对一切正整数 n, 有

$$|a_n|\leqslant M.$$

定理 2.1.2 反之不真, 即有界数列未必收敛. 如例 1 中数列(3), $a_n=(-1)^{n-1}$, 虽对一切 n, 有 $|a_n|\leqslant 1$, 但 $\{(-1)^{n-1}\}$ 发散.

定理 2.1.3(夹逼准则) 设数列 $\{a_n\},\{b_n\},\{c_n\}$ 满足: 存在自然数 N_0, 当 $n\geqslant N_0$ 时, 总有

$$a_n \leqslant c_n \leqslant b_n. \tag{1.3}$$

若 $\lim\limits_{n\to\infty} a_n = a$ 且 $\lim\limits_{n\to\infty} b_n = a$，则 $\{c_n\}$ 收敛，且

$$\lim_{n\to\infty} c_n = a.$$

证 对任意 $\varepsilon > 0$，由 $\lim\limits_{n\to\infty} a_n = a$，则存在自然数 N_1，当 $n > N_1$ 时，有 $|a_n - a| < \varepsilon$，从而有

$$a_n - a > -\varepsilon. \tag{1.4}$$

同理由 $\lim\limits_{n\to\infty} b_n = a$，存在自然数 N_2，当 $n > N_2$ 时，有 $|b_n - a| < \varepsilon$，从而有

$$b_n - a < \varepsilon. \tag{1.5}$$

令 $N = \max\{N_0, N_1, N_2\}$，则当 $n > N$ 时，(1.3)，(1.4)，(1.5)式同时成立，于是

$$-\varepsilon < a_n - a \leqslant c_n - a \leqslant b_n - a < \varepsilon,$$

即 $|c_n - a| < \varepsilon$. 故 $\{c_n\}$ 收敛，且 $\lim\limits_{n\to\infty} c_n = a$.

定理 2.1.4（不等式性） 设 $\{a_n\}$ 与 $\{b_n\}$ 均为收敛数列. 若存在 N_0，当 $n > N_0$ 时，有 $a_n \leqslant b_n$，则

$$\lim_{n\to\infty} a_n \leqslant \lim_{n\to\infty} b_n.$$

证 设 $\lim\limits_{n\to\infty} a_n = a$，$\lim\limits_{n\to\infty} b_n = b$. 由极限定义，任给 $\varepsilon > 0$，存在正整数 N_1，当 $n > N_1$ 时有

$$a - \varepsilon < a_n; \tag{1.6}$$

又存在自然数 N_2，当 $n > N_2$ 时有

$$b_n < b + \varepsilon. \tag{1.7}$$

令 $N = \max\{N_0, N_1, N_2\}$，则当 $n > N$ 时，由假设及(1.6)，(1.7)式有

$$a - \varepsilon \leqslant a_n \leqslant b_n < b + \varepsilon.$$

由此得 $a < b + 2\varepsilon$. 由 ε 的任意性得 $a \leqslant b$，即

$$\lim_{n\to\infty} a_n \leqslant \lim_{n\to\infty} b_n.$$

定义 2.1.2 设 $\{a_n\}$ 是一个数列，$\{n_i\}$ 是正整数集 $\mathbf{Z}^+$ 的一个无限子集，且 $n_1 < n_2 < \cdots < n_i < \cdots$，则数列

$$a_{n_1}, a_{n_2}, \cdots a_{n_i}, \cdots$$

称为数列 $\{a_n\}$ 的一个子列，简记为 $\{a_{n_i}\}$.

注 子列 $\{a_{n_i}\}$ 中各项保持它在 $\{a_n\}$ 中的先后顺序. a_{n_k} 在子列 $\{a_{n_i}\}$ 中是第 k 项，在原数列 $\{a_n\}$ 中是第 n_k 项，且总有 $n_k \geqslant k$.

例如，数列 $\{a_{2n}\}$ 是数列 $\{a_n\}$ 的偶标子列，$\{a_{2n-1}\}$ 是 $\{a_n\}$ 的奇标子列. 特别地，$\{a_n\}$ 本身是 $\{a_n\}$ 的一个子列，此时 $n_k = k$.

关于收敛数列与其子列间的关系,我们有如下结论.

定理 2.1.5 数列 $\{a_n\}$ 收敛的充要条件是 $\{a_n\}$ 的任一子列都收敛,且有相同的极限.

证 充分性是显然的.

现证明必要性. 设 $\lim\limits_{n\to\infty} a_n = a$,$\{a_{n_k}\}$ 是 $\{a_n\}$ 的任一子列. 由极限定义,任给 $\varepsilon > 0$,存在正整数 N,使得当 $k > N$ 时,有
$$|a_k - a| < \varepsilon,$$
由于 $n_k \geq k$,故当 $k > N$ 时,更有 $n_k > N$,从而
$$|a_{n_k} - a| < \varepsilon.$$
于是子列 $\{a_{n_k}\}$ 收敛,且 $\lim\limits_{k\to\infty} a_{n_k} = a$.

对于两个特殊的子列 $\{a_{2n}\}$ 与 $\{a_{2n-1}\}$,我们有如下结论:
$\lim\limits_{n\to\infty} a_n = a$ 的充要条件是 $\lim\limits_{n\to\infty} a_{2n} = a$ 且 $\lim\limits_{n\to\infty} a_{2n-1} = a$.

3. 数列极限的四则运算法则

定理 2.1.6 设 $\lim\limits_{n\to\infty} a_n = a$,$\lim\limits_{n\to\infty} b_n = b$,则

(1) 对任意常数 c,数列 $\{ca_n\}$ 也收敛,且
$$\lim\limits_{n\to\infty} ca_n = ca \quad (= c \lim\limits_{n\to\infty} a_n);$$

(2) 数列 $\{a_n \pm b_n\}$ 收敛,且
$$\lim\limits_{n\to\infty}(a_n \pm b_n) = a \pm b \quad (= \lim\limits_{n\to\infty} a_n \pm \lim\limits_{n\to\infty} b_n);$$

(3) 数列 $\{a_n b_n\}$ 收敛,且
$$\lim\limits_{n\to\infty}(a_n b_n) = ab \quad (= \lim\limits_{n\to\infty} a_n \cdot \lim\limits_{n\to\infty} b_n);$$

(4) 当 $b \neq 0$ 时,数列 $\left\{\dfrac{a_n}{b_n}\right\}$ 收敛,且
$$\lim\limits_{n\to\infty} \frac{a_n}{b_n} = \frac{a}{b} \left(= \frac{\lim\limits_{n\to\infty} a_n}{\lim\limits_{n\to\infty} b_n}\right).$$

证 仅证明结论(2). 因为 $\lim\limits_{n\to\infty} a_n = a$,$\lim\limits_{n\to\infty} b_n = b$,由极限定义,任给 $\varepsilon > 0$,存在正整数 N_1,当 $n > N_1$ 时,有
$$|a_n - a| < \frac{\varepsilon}{2}; \tag{1.8}$$
又存在正整数 N_2,当 $n > N_2$ 时,有
$$|b_n - b| < \frac{\varepsilon}{2}. \tag{1.9}$$
令 $N = \max\{N_1, N_2\}$,当 $n > N$ 时,(1.8),(1.9)式同时成立. 从而

$$|(a_n+b_n)-(a+b)| \leqslant |a_n-a|+|b_n-b| < \frac{\varepsilon}{2}+\frac{\varepsilon}{2}=\varepsilon.$$

故数列 $\{a_n+b_n\}$ 收敛,且 $\lim\limits_{n\to\infty}(a_n+b_n)=a+b$.

同理可证数列 $\{a_n-b_n\}$ 收敛,且极限为 $a-b$.

利用上述极限性质和四则运算法则,可以求出一些数列的极限.

例 5 求下列数列极限:

(1) $\lim\limits_{n\to\infty}\dfrac{n^2-2n}{2n^2+n+1}$; (2) $\lim\limits_{n\to\infty}(\sqrt{n^2+1}-n)$;

(3) $\lim\limits_{n\to\infty}\dfrac{a^n}{a^n+1}$, $|a|\neq 1$.

解 (1) $\lim\limits_{n\to\infty}\dfrac{n^2-2n}{2n^2+n+1}=\lim\limits_{n\to\infty}\dfrac{1-\dfrac{2}{n}}{2+\dfrac{1}{n}+\dfrac{1}{n^2}}=\dfrac{1}{2}$.

(2) 因为 $\sqrt{n^2+1}-n=\dfrac{1}{\sqrt{n^2+1}+n}$,所以

$$\lim_{n\to\infty}(\sqrt{n^2+1}-n)=\lim_{n\to\infty}\left(\dfrac{1}{n}\cdot\dfrac{1}{\sqrt{1+\dfrac{1}{n^2}}+1}\right)=0\cdot\dfrac{1}{2}=0.$$

(3) 若 $|a|<1$,则由 $\lim\limits_{n\to\infty}a^n=0$ 得

$$\lim_{n\to\infty}\dfrac{a^n}{a^n+1}=\dfrac{0}{0+1}=0.$$

若 $|a|>1$,则

$$\lim_{n\to\infty}\dfrac{a^n}{a^n+1}=\lim_{n\to\infty}\dfrac{1}{1+\dfrac{1}{a^n}}=\dfrac{1}{1+0}=1.$$

例 6 求下列数列极限:

(1) $\lim\limits_{n\to\infty}\left(\dfrac{1}{\sqrt{n^2+1}}+\dfrac{1}{\sqrt{n^2+2}}+\cdots+\dfrac{1}{\sqrt{n^2+n}}\right)$;

(2) $\lim\limits_{n\to\infty}\sqrt[n]{n}$; (3) $\lim\limits_{n\to\infty}\sqrt[n]{a}$ ($a>0$,为常数).

解 (1) 因为 $\dfrac{1}{\sqrt{n^2+n}}\leqslant\dfrac{1}{\sqrt{n^2+k}}\leqslant\dfrac{1}{n}$, $k=1,2,\cdots,n$,所以

$$\dfrac{n}{\sqrt{n^2+n}}\leqslant\dfrac{1}{\sqrt{n^2+1}}+\dfrac{1}{\sqrt{n^2+2}}+\cdots+\dfrac{1}{\sqrt{n^2+n}}\leqslant 1.$$

而 $\lim\limits_{n\to\infty}\dfrac{n}{\sqrt{n^2+n}}=\lim\limits_{n\to\infty}\dfrac{1}{\sqrt{1+\dfrac{1}{n}}}=1$, $\lim\limits_{n\to\infty}1=1$,由夹逼准则得

$$\lim_{n\to\infty}\left(\frac{1}{\sqrt{n^2+1}}+\frac{1}{\sqrt{n^2+2}}+\cdots+\frac{1}{\sqrt{n^2+n}}\right)=1.$$

（2）显然对任意正整数 n，$\sqrt[n]{n}>1$. 令 $\sqrt[n]{n}=1+\alpha_n$，则 $\alpha_n>0$，且

$$n=(1+\alpha_n)^n=1+n\alpha_n+\frac{n(n-1)}{2}\alpha_n^2+\cdots+\alpha_n^n>\frac{n(n-1)}{2}\alpha_n^2$$

由此得

$$0<\alpha_n<\sqrt{\frac{2}{n-1}},\quad n\geqslant 2.$$

因为 $\lim\limits_{n\to\infty}0=0$，$\lim\limits_{n\to\infty}\sqrt{\frac{2}{n-1}}=0$，所以由夹逼准则得 $\lim\limits_{n\to\infty}\alpha_n=0$，从而

$$\lim_{n\to\infty}\sqrt[n]{n}=\lim_{n\to\infty}(1+\alpha_n)=1.$$

（3）若 $a\geqslant 1$，则当 $n>a$ 时，有

$$1\leqslant\sqrt[n]{a}\leqslant\sqrt[n]{n}.$$

由本例（2）的结果及夹逼准则得 $\lim\limits_{n\to\infty}\sqrt[n]{a}=1$.

若 $0<a<1$，则 $\frac{1}{a}>1$，从而 $\lim\limits_{n\to\infty}\sqrt[n]{a}=\lim\limits_{n\to\infty}\frac{1}{\sqrt[n]{\frac{1}{a}}}=1$.

总之，$\lim\limits_{n\to\infty}\sqrt[n]{a}=1\ (a>0)$.

由例 6 可知，夹逼准则可用于判定某些数列收敛并求得其极限. 下面我们介绍判定数列极限存在的另一准则. 为此，先介绍单调数列概念.

定义 2.1.3 设 $\{a_n\}$ 是一个数列. 若对任意自然数 n，总有

$$a_n\leqslant a_{n+1}\quad (a_n\geqslant a_{n+1}),$$

则称 $\{a_n\}$ 为<u>单增（单减）数列</u>. 单增数列和单减数列统称为<u>单调数列</u>.

例如 $\left\{\dfrac{n}{n+1}\right\}$，$\{n\}$ 是单增数列；$\left\{\dfrac{1}{n}\right\}$ 是单减数列；$\{(-1)^n\}$ 则既不是单增数列，也不是单减数列.

定理 2.1.7（单调有界准则） 单调有界数列一定有极限.

这个定理我们不证明. 下面给出几个例子说明定理的应用.

例 7 设

$$a_n=1+\frac{1}{2^2}+\frac{1}{3^2}+\cdots+\frac{1}{n^2},\quad n=1,2,\cdots$$

证明数列 $\{a_n\}$ 收敛.

证 $\{a_n\}$ 显然是单增的，故 $a_n\geqslant a_1=1$，$n=1,2,\cdots$. 而

$$a_n = 1 + \frac{1}{2^2} + \frac{1}{3^2} + \cdots + \frac{1}{n^2}$$

$$< 1 + \frac{1}{1 \cdot 2} + \frac{1}{2 \cdot 3} + \cdots + \frac{1}{(n-1)n}$$

$$= 1 + 1 - \frac{1}{2} + \frac{1}{2} - \frac{1}{3} + \cdots + \frac{1}{n-1} - \frac{1}{n}$$

$$= 2 - \frac{1}{n} < 2, \quad n = 1, 2, \cdots$$

从而 $\{a_n\}$ 是有界的. 由单调有界准则知 $\{a_n\}$ 收敛.

由单调数列的定义易知,单增数列必定下有界,单减数列必定上有界. 因此,根据单调有界准则,单增(单减)数列只要上(下)有界,就一定收敛.

例 8 证明数列 $\left\{\left(1+\frac{1}{n}\right)^n\right\}$ 单增, $\left\{\left(1+\frac{1}{n}\right)^{n+1}\right\}$ 单减,二者都收敛,且极限相同.

证 我们先给出贝努利不等式:设 $x > -1$,则对任意自然数 n,有

$$(1+x)^n \geqslant 1 + nx.$$

运用数学归纳法即可证明这个不等式.

现在我们证明本例. 令 $a_n = \left(1+\frac{1}{n}\right)^n, b_n = \left(1+\frac{1}{n}\right)^{n+1}$,则

$$\frac{a_{n+1}}{a_n} = \frac{n+2}{n+1} \frac{[n(n+2)]^n}{[(n+1)^2]^n} = \frac{n+2}{n+1} \left[1 - \frac{1}{(n+1)^2}\right]^n$$

$$\geqslant \frac{n+2}{n+1} \left[1 - n \frac{1}{(n+1)^2}\right] = \frac{n^3 + 3n^2 + 3n + 2}{(n+1)^3} > 1,$$

$$\frac{b_n}{b_{n+1}} = \frac{n+1}{n+2} \frac{[(n+1)^2]^{n+1}}{[n(n+2)]^{n+1}} = \frac{n+1}{n+2} \left[1 + \frac{1}{n(n+2)}\right]^{n+1}$$

$$\geqslant \frac{n+1}{n+2} \left[1 + (n+1)\frac{1}{n(n+2)}\right]$$

$$= \frac{n^3 + 4n^2 + 4n + 1}{n^3 + 4n^2 + 4n} > 1.$$

故 $\left\{\left(1+\frac{1}{n}\right)^n\right\}$ (严格)单增, $\left\{\left(1+\frac{1}{n}\right)^{n+1}\right\}$ (严格)单减.

其次,对任意正整数 n,有

$$2 \leqslant \left(1+\frac{1}{n}\right)^n \leqslant \left(1+\frac{1}{n}\right)^{n+1} \leqslant 4.$$

从而 $\left\{\left(1+\frac{1}{n}\right)^n\right\}, \left\{\left(1+\frac{1}{n}\right)^{n+1}\right\}$ 都是有界的. 由单调有界准则知此两数列都收敛,且

$$\lim_{n\to\infty}\left(1+\frac{1}{n}\right)^{n+1}=\lim_{n\to\infty}\left(1+\frac{1}{n}\right)^n\cdot\lim_{n\to\infty}\left(1+\frac{1}{n}\right)=\lim_{n\to\infty}\left(1+\frac{1}{n}\right)^n.$$

上述的共同极限就是自然对数的底 e，即有

$$\lim_{n\to\infty}\left(1+\frac{1}{n}\right)^n=e=\lim_{n\to\infty}\left(1+\frac{1}{n}\right)^{n+1}.$$

§2.2 函数极限

1. 函数极限概念

如果把数列 $\{a_n\}$ 的每一项 a_n 看成其下标 n 所对应的值，则 $\{a_n\}$ 可视为定义域为正整数集上的一个函数，即 $a_n=f(n),n\in\mathbf{Z}^+$. 于是数列极限实际上是一种特殊的函数极限，即考虑自变量 n 在变化过程 $n\to\infty$ 中，函数 $a_n=f(n)$ 的变化趋势.

现在我们考虑一般的函数 $y=f(x)$，其自变量 x 在定义域内变化时，函数值 $f(x)$ 的变化趋势. 对于一般的函数 $f(x)$，由于它的定义域的各种形式，自变量 x 的变化形式就不是数列那么单一了. 下面主要研究两种情形：自变量 x 的绝对值 $|x|$ 趋向无穷大（$|x|\to+\infty$）和自变量 x 趋向有限值 x_0. （$x\to x_0$）时，函数 $f(x)$ 的变化趋势.

x 趋于无穷大时函数的极限.

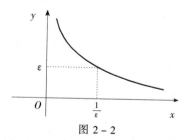

图 2-2

先看一个例子. 设函数 $f(x)=\frac{1}{x}$，由它的图像（如图 2-2 所示）可知，当 x 无限增大时，函数值 $\frac{1}{x}$ 无限地接近于 0. 这一事实说明：无论给定多小的正数 ε，总可取正数 $M=\frac{1}{\varepsilon}$，只要 $x>M$，就有 $\left|\frac{1}{x}-0\right|=\frac{1}{x}<\varepsilon$. 将这一事实一般化，我们有下述定义：

定义 2.2.1 设 $f(x)$ 在 $[a,+\infty)$ 上有定义，A 是一个定数. 若对任给

的正数 ε,都存在正数 M,使得当 $x>M$ 时,有
$$|f(x)-A|<\varepsilon,$$
则称函数 $f(x)$ 当 x 趋于 $+\infty$ 时极限存在,并以 A 为极限,记为
$$\lim_{x\to+\infty}f(x)=A \quad \text{或} \quad f(x)\to A\ (x\to+\infty).$$
否则,称 $f(x)$ 当 x 趋于 $+\infty$ 时发散,或极限 $\lim\limits_{x\to+\infty}f(x)$ 不存在.

极限 $\lim\limits_{x\to+\infty}f(x)=A$ 的几何意义是:在平面直角坐标系中作函数 $y=f(x)$ 的图像,对于任给的正数 ε,直线 $y=A-\varepsilon$ 与 $y=A+\varepsilon$ 组成以直线 $y=A$ 为中心线,宽度为 2ε 的水平带形,一旦 x 大于 M,所对应的函数曲线 $y=f(x)$ 全部落在这个带形域内.

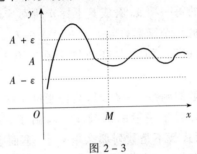

图 2-3

类似地,将定义 2.2.1 中区间"$[a,+\infty)$"换为"$(-\infty,b]$"或"$(-\infty,b]\cup[a,+\infty)$";"$x>M$"换为"$x<-M$"或"$|x|>M$",便得到极限 $\lim\limits_{x\to-\infty}f(x)=A$ 或 $\lim\limits_{x\to\infty}f(x)=A$ 概念.

不难验证,若 $f(x)$ 在 $(-\infty,b]\cup[a,+\infty)$ 上有定义,则 $\lim\limits_{x\to\infty}F(x)=A$ 当且仅当 $\lim\limits_{x\to-\infty}f(x)=\lim\limits_{x\to+\infty}f(x)=A$.

例1 证明 $\lim\limits_{x\to+\infty}\dfrac{1}{\sqrt{x}}=0$.

证 任给 $\varepsilon>0$,取 $M=\dfrac{1}{\varepsilon^2}$,有 $\dfrac{1}{\sqrt{M}}=\varepsilon$,当 $x>M$ 时,
$$\left|\dfrac{1}{\sqrt{x}}-0\right|=\dfrac{1}{\sqrt{x}}<\dfrac{1}{\sqrt{M}}=\varepsilon,$$
故有
$$\lim_{x\to+\infty}\dfrac{1}{\sqrt{x}}=0.$$

例2 证明 $\lim\limits_{x\to\infty}\dfrac{1}{1+x^2}=0$.

证 任给 $\varepsilon>0$, 取 $M=\max\left\{1,\dfrac{1}{\varepsilon}\right\}$, 当 $|x|>M$ 时, 有

$$\left|\frac{1}{1+x^2}-0\right|=\frac{1}{1+x^2}\leqslant\frac{1}{x^2}\leqslant\frac{1}{|x|}<\frac{1}{M}<\varepsilon,$$

从而 $\lim\limits_{x\to\infty}\dfrac{1}{1+x^2}=0.$

例 3 $\lim\limits_{x\to-\infty}\arctan x=-\dfrac{\pi}{2}$, $\lim\limits_{x\to+\infty}\arctan x=\dfrac{\pi}{2}.$

证 因为

$$\left|\arctan x-\left(-\frac{\pi}{2}\right)\right|=\left|\arctan x+\frac{\pi}{2}\right|<\varepsilon$$

等价于

$$-\varepsilon-\frac{\pi}{2}<\arctan x<\varepsilon-\frac{\pi}{2},$$

由 $\arctan x$ 的值域知上述不等式左半部分对任何 x 皆成立. 对于右半部分不等式, 任给 $\varepsilon:0<\varepsilon<\dfrac{\pi}{2}$ (总可这样限制!), 取 $M=\tan\left(\dfrac{\pi}{2}-\varepsilon\right)$, 则 $M>0$, 当 $x<-M$ 时有

$$x<-\tan\left(\frac{\pi}{2}-\varepsilon\right)=\tan\left(\varepsilon-\frac{\pi}{2}\right).$$

从而有

$$\arctan x<\varepsilon-\frac{\pi}{2}.$$

根据定义便得 $\lim\limits_{x\to-\infty}\arctan x=-\dfrac{\pi}{2}.$

同理可证明 $\lim\limits_{x\to+\infty}\arctan x=\dfrac{\pi}{2}.$

上述结果表明极限 $\lim\limits_{x\to\infty}\arctan x$ 是不存在的.

x 趋于某定数 x_0 时函数的极限.

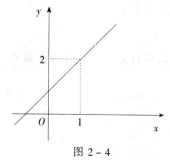

图 2-4

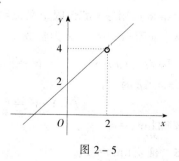

图 2-5

先看几个例子. 设函数 $y=x+1$,如图 2-4,当 x 趋于 1 时,相应的函数值 $f(x)$ 趋于 2. 又如函数 $y=\dfrac{x^2-4}{x-2}$,当 $x\neq 2$ 时,$f(x)=x+2$,如图 2-5,当 x 趋于 2 但不等于 2 时,相应的函数值 $f(x)$ 趋于 4,尽管函数 $f(x)$ 在 $x=2$ 无定义.

上述事实都表明:当 x 趋于 x_0(但不等于 x_0)时,相应的函数值 $f(x)$ 就趋于某定数 A. 对这种函数极限,我们有下述定义:

定义 2.2.2($\varepsilon-\delta$ 定义) 设函数 $f(x)$ 在点 x_0 的某去心 δ_0 邻域内有定义,A 是一个定数. 若对任给 $\varepsilon>0$,总存在 $\delta>0(\delta<\delta_0)$,使得当 $0<|x-x_0|<\delta$ 时,有

$$|f(x)-A|<\varepsilon,$$

则称 $f(x)$ 当 x 趋于 x_0 时极限存在,且以 A 为极限,记为

$$\lim_{x\to x_0}f(x)=A \quad 或 \quad f(x)\to A\ (x\to x_0).$$

否则,则称 $f(x)$ 当 x 趋于 x_0 时发散,或极限不存在.

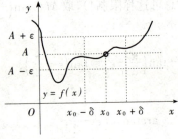

图 2-6

极限 $\lim\limits_{x\to x_0}f(x)=A$ 的几何意义是:对任意一条以直线 $y=A$ 为中心线,宽为 2ε 的水平带域,总存在以直线 $x=x_0$ 为中心线,宽为 2δ 的垂直带域,使得落在垂直带域内的函数图像全部落在水平带域内,但点 $(x_0,f(x_0))$ 可能例外或无意义.

下面举例运用"$\varepsilon-\delta$"极限定义证明函数极限.

例 4 证明 $\lim\limits_{x\to x_0}c=c$ (c 为常数).

证 因为 $|f(x)-c|=|c-c|=0$,所以对任意 $\varepsilon>0$,可取任意 $\delta>0$,当 $0<|x-x_0|<\delta$ 时,有

$$|f(x)-c|=|c-c|=0<\varepsilon,$$

故由定义知 $\lim\limits_{x\to x_0}c=c.$

例 5 证明 $\lim\limits_{x\to x_0}x=x_0.$

证 任给 $\varepsilon > 0$,取 $\delta = \varepsilon$,当 $0 < |x - x_0| < \delta$,总有
$$|f(x) - x_0| = |x - x_0| < \delta = \varepsilon,$$
故 $\lim\limits_{x \to x_0} x = x_0$.

例 6 证明 $\lim\limits_{x \to 2} \dfrac{x^2 - 4}{2x - 4} = 2$.

证 因为 $\left| \dfrac{x^2 - 4}{2x - 4} - 2 \right| = \dfrac{1}{2}|x - 2|$,所以对任意 $\varepsilon > 0$,取 $\delta = 2\varepsilon$,当 $0 < |x - 2| < \delta$,有
$$\left| \dfrac{x^2 - 4}{2x - 4} - 2 \right| = \dfrac{1}{2}|x - 2| < \dfrac{1}{2}\delta = \varepsilon,$$
故 $\lim\limits_{x \to 2} \dfrac{x^2 - 4}{2x - 4} = 2$.

2. 单侧极限

我们上述讨论的函数极限,x 趋于 x_0 的方式是任意的,即 x 可以从 x_0 的左侧,也可以从 x_0 的右侧任意趋近于 x_0. 有些函数仅仅在点 x_0 的某一侧有意义,或者函数虽在 x_0 的两侧都有定义,但两侧的表达式不同(如分段函数). 这时函数在点 x_0 处的极限只能单侧地讨论. 于是便有单侧极限概念.

定义 2.2.3 设函数 $f(x)$ 在点 x_0 的 δ_0 —左邻域 $(x_0 - \delta_0, x_0)$ (δ_0 —右邻域 $(x_0, x_0 + \delta_0)$)内有定义,A 是一个定数. 若对任给 $\varepsilon > 0$,总存在 $\delta > 0$ ($\delta < \delta_0$),当 $x_0 - \delta < x < x_0$ ($x_0 < x < x_0 + \delta$)时,有
$$|f(x) - A| < \varepsilon.$$
则称 $f(x)$ 当 x 趋于 x_0^- (x_0^+)时左(右)极限存在,并以 A 为左(右)极限,记为
$$\lim\limits_{x \to x_0^-} f(x) = A \quad (\lim\limits_{x \to x_0^+} f(x) = A),$$
或
$$f(x) \to A(x \to x_0^-) \quad (f(x) \to A(x \to x_0^+)).$$
否则,称 $f(x)$ 当 x 趋于 x_0^- (x_0^+)时,左(右)极限不存在.

左极限与右极限统称为**单侧极限**. $f(x)$ 在点 x_0 处的左极限与右极限也记为 $f(x_0 - 0)$ 与 $f(x_0 + 0)$,即
$$f(x_0 - 0) = \lim\limits_{x \to x_0^-} f(x), f(x_0 + 0) = \lim\limits_{x \to x_0^+} f(x).$$

例 7 证明 $\lim\limits_{x \to 0^+} \sqrt{x} = 0$.

证 对任意 $\varepsilon > 0$，取 $\delta = \varepsilon^2$，当 $0 < x < \delta$ 时，有
$$|\sqrt{x} - 0| = \sqrt{x} < \sqrt{\delta} = \varepsilon,$$
所以 $\lim\limits_{x \to 0^+} \sqrt{x} = 0$.

函数 $f(x)$ 在 x_0 处的极限与两个单侧极限有如下关系：
$\lim\limits_{x \to x_0} f(x) = A$ 的充要条件是 $f(x_0 - 0) = f(x_0 + 0) = A$.

这一结论的证明可从定义直接得到.

例 8 设 $f(x) = \begin{cases} x^3 + 1, & x < -1, \\ \sqrt{1-x^2}, & |x| \leqslant 1, \\ \dfrac{x^2-1}{x-1}, & x > 1, \end{cases}$

可以证明 $\lim\limits_{x \to -1^-} f(x) = \lim\limits_{x \to -1^-}(x^3+1) = 0$，$\lim\limits_{x \to -1^+} f(x) = \lim\limits_{x \to -1^+} \sqrt{1-x^2} = 0$，从而 $\lim\limits_{x \to -1} f(x) = 0$. 而 $\lim\limits_{x \to 1^-} f(x) = \lim\limits_{x \to 1^-} \sqrt{1-x^2} = 0$，$\lim\limits_{x \to 1^+} f(x) = \lim\limits_{x \to 1^+} \dfrac{x^2-1}{x-1} = 2$，从而 $\lim\limits_{x \to 1} f(x)$ 不存在.

3. 函数极限的性质及运算法则

我们已经给出六种类型的函数极限：$\lim\limits_{x \to +\infty} f(x)$，$\lim\limits_{x \to -\infty} f(x)$，$\lim\limits_{x \to \infty} f(x)$，$\lim\limits_{x \to x_0} f(x)$，$\lim\limits_{x \to x_0^-} f(x)$ 和 $\lim\limits_{x \to x_0^+} f(x)$. 这些极限都有着与数列极限相类似的性质和运算法则，下面仅以极限 $\lim\limits_{x \to x_0} f(x)$ 类型为例讨论其若干性质与运算法则. 至于其他五种类型的函数极限，它们的性质和运算法则，读者可自行给出.

定理 2.2.1 若极限 $\lim\limits_{x \to x_0} f(x)$ 存在，则其极限是唯一的.

证 反证法. 假定 $\lim\limits_{x \to x_0} f(x) = A$ 且 $\lim\limits_{x \to x_0} f(x) = B$，$A \neq B$，不妨设 $A < B$. 对 $\varepsilon = \dfrac{B-A}{2} > 0$，则分别存在 $\delta_1 > 0$ 及 $\delta_2 > 0$，当 $0 < |x - x_0| < \delta_1$ 时，有 $|f(x) - A| < \dfrac{B-A}{2}$，即有
$$f(x) < \dfrac{A+B}{2}; \tag{2.1}$$
当 $0 < |x - x_0| < \delta_2$ 时，有 $|f(x) - B| < \dfrac{B-A}{2}$，即有
$$f(x) > \dfrac{A+B}{2}. \tag{2.2}$$

取 $\delta = \min\{\delta_1, \delta_2\}$,则当 $0 < |x - x_0| < \delta$ 时,(2.1),(2.2)式同时成立,故有
$$\frac{A+B}{2} < f(x) < \frac{A+B}{2}.$$
矛盾.从而极限是唯一的.

定理 2.2.2(局部有界性) 若极限 $\lim\limits_{x \to x_0} f(x)$ 存在,则存在 x_0 的某去心邻域 $\mathring{U}(x_0)$,使得 $f(x)$ 在 $\mathring{U}(x_0)$ 内有界.

证 设 $\lim\limits_{x \to x_0} f(x) = A$. 由定义,对 $\varepsilon = 1$,存在 $\delta > 0$,对一切 $x \in \mathring{U}(x_0, \delta)$(即 $0 < |x - x_0| < \delta$),总有
$$|f(x) - A| < 1,$$
即有
$$|f(x)| \leqslant 1 + |A|.$$
从而 $f(x)$ 在 $\mathring{U}(x_0, \delta)$ 内有界.

注 极限 $\lim\limits_{x \to x_0} f(x)$ 存在,只保证 $f(x)$ 在点 x_0 附近是有界的,而函数 $f(x)$ 可能是无界函数.

定理 2.2.3(不等式性) 设极限 $\lim\limits_{x \to x_0} f(x)$ 与 $\lim\limits_{x \to x_0} g(x)$ 都存在,且存在点 x_0 的某去心邻域 $\mathring{U}(x_0, \delta_0)$,使得对一切 $x \in \mathring{U}(x_0, \delta_0)$,都有
$$f(x) \leqslant g(x),$$
则
$$\lim\limits_{x \to x_0} f(x) \leqslant \lim\limits_{x \to x_0} g(x).$$

推论 2.2.1 若在点 x_0 的某去心邻域 $\mathring{U}(x_0)$ 内,$f(x) \geqslant 0$(或 $f(x) \leqslant 0$),且 $\lim\limits_{x \to x_0} f(x) = A$,则 $A \geqslant 0$(或 $A \leqslant 0$).

定理 2.2.4(夹逼准则) 设 $\lim\limits_{x \to x_0} f(x) = \lim\limits_{x \to x_0} g(x) = A$,且存在点 x_0 的某去心邻域 $\mathring{U}(x_0)$,使得对一切 $x \in \mathring{U}(x_0)$,总有
$$f(x) \leqslant h(x) \leqslant g(x),$$
则极限 $\lim\limits_{x \to x_0} h(x)$ 存在且等于 A.

定理 2.2.3,2.2.4 的证明分别与定理 2.1.4,2.1.3 类似,读者可自行完成它们的证明.

定理 2.2.5(四则运算法则) 设极限 $\lim\limits_{x \to x_0} f(x)$ 与 $\lim\limits_{x \to x_0} g(x)$ 都存在,则函数 $f(x) \pm g(x), f(x) \cdot g(x)$ 当 $x \to x_0$ 时极限也存在,且

(1) $\lim\limits_{x \to x_0} [f(x) \pm g(x)] = \lim\limits_{x \to x_0} f(x) \pm \lim\limits_{x \to x_0} g(x)$;

(2) $\lim\limits_{x \to x_0} [f(x) \cdot g(x)] = \lim\limits_{x \to x_0} f(x) \cdot \lim\limits_{x \to x_0} g(x)$.

又若 $\lim\limits_{x \to x_0} g(x) \neq 0$,则 $\dfrac{f(x)}{g(x)}$ 当 $x \to x_0$ 时极限也存在,且

(3) $\lim\limits_{x \to x_0} \dfrac{f(x)}{g(x)} = \dfrac{\lim\limits_{x \to x_0} f(x)}{\lim\limits_{x \to x_0} g(x)}.$

利用函数极限的性质、四则运算法则以及已知的简单函数极限,可以求得一些较为复杂的函数极限.

例 9 求 $\lim\limits_{x \to +\infty} \dfrac{x^2 \sin x}{x^3 + 1}.$

解 因为
$$0 \leqslant \left| \dfrac{x^2 \sin x}{x^3 + 1} \right| \leqslant \dfrac{x^2}{x^3 + 1} < \dfrac{1}{x}, \quad x > 0,$$

而 $\lim\limits_{x \to +\infty} \dfrac{1}{x} = 0$,由夹逼准则得

$$\lim\limits_{x \to +\infty} \dfrac{x^2 \sin x}{x^3 + 1} = 0.$$

例 10 求下列函数极限:

(1) $\lim\limits_{x \to 1}(x^2 - 2x + 3)$; (2) $\lim\limits_{x \to 0} \dfrac{x+2}{x^3 - 2x^2 + 3}$;

(3) $\lim\limits_{x \to 4} \dfrac{\sqrt{x} - 2}{x - 4}$; (4) $\lim\limits_{x \to +\infty} \dfrac{2x^2 + x}{5x^2 + 1}.$

解 (1) 由极限的加法法则可得
$$\lim\limits_{x \to 1}(x^2 - 2x + 3) = \lim\limits_{x \to 1} x^2 - 2\lim\limits_{x \to 1} x + \lim\limits_{x \to 1} 3 = 1 - 2 + 3 = 2.$$

(2) 由极限的除法、加法法则得
$$\lim\limits_{x \to 0} \dfrac{x+2}{x^3 - 2x^2 + 3} = \dfrac{\lim\limits_{x \to 0}(x+2)}{\lim\limits_{x \to 0}(x^3 - 2x^2 + 3)} = \dfrac{2}{3}.$$

(3) 因为 $\lim\limits_{x \to 4}(x - 4) = 0$,所以除法法则不能用,可将函数变形.

$$\dfrac{\sqrt{x} - 2}{x - 4} = \dfrac{\sqrt{x} - 2}{(\sqrt{x} - 2)(\sqrt{x} + 2)} = \dfrac{1}{\sqrt{x} + 2},$$

故
$$\lim\limits_{x \to 4} \dfrac{\sqrt{x} - 2}{x - 4} = \lim\limits_{x \to 4} \dfrac{1}{\sqrt{x} + 2} = \dfrac{1}{4}.$$

(4) 分子分母的极限都不存在.

而 $\dfrac{2x^2 + x}{5x^2 + 1} = \dfrac{2 + \dfrac{1}{x}}{5 + \dfrac{1}{x^2}}$,则

$$\lim_{x\to +\infty}\frac{2x^2+x}{5x^2+1}=\frac{\lim_{x\to +\infty}(2+\frac{1}{x})}{\lim_{x\to +\infty}(5+\frac{1}{x^2})}=\frac{2}{5}.$$

一般地,对于分子分母都是多项式的函数,当 $x\to +\infty$(或 $x\to -\infty$, $x\to \infty$),有下述结果:

$$\lim_{x\to +\infty}\frac{a_nx^n+a_{n-1}x^{n-1}+\cdots+a_1x+a_0}{b_mx^m+b_{m-1}x^{m-1}+\cdots+b_1x+b_0}=\begin{cases}\frac{a_n}{b_m}, & n=m,\\ 0, & n<m,\\ \infty, & n>m,\end{cases}$$

其中 $a_i(i=0,1,\cdots n),b_j(j=0,1,\cdots m)$ 皆为常数,$a_n\neq 0,b_m\neq 0,m,n$ 为非负整数.

例 11 求 $\lim_{x\to 2}\frac{2x}{4-x^2}$.

解 不能直接用除法法则. 因为 $\lim_{x\to 2}(4-x^2)=0$,而 $\lim_{x\to 2}(2x)=4\neq 0$,所以

$$\lim_{x\to 2}\frac{4-x^2}{2x}=0,$$

从而

$$\lim_{x\to 2}\frac{2x}{4-x^2}=\infty.$$

关于复合函数的极限,我们有

定理 2.2.6 设 $\lim_{x\to x_0}g(x)=u_0$,且 $g(x)\neq u_0$,$\lim_{u\to u_0}f(u)=A$,则

$$\lim_{x\to x_0}f(g(x))=A.$$

必须注意,定理中条件 $g(x)\neq u_0$ 是不可去的.

4. 两个重要极限

(1) $\lim_{x\to 0}\frac{\sin x}{x}=1$.

证 作单位圆,如图 2-7 所示.

设圆心角 $\angle AOB=x\left(0<x<\frac{\pi}{2}\right)$,

$AO\perp AD$,故当 $0<x<\frac{\pi}{2}$ 时,有

$$S_{\triangle AOB}<S_{扇形 AOB}<S_{\triangle AOD}.$$

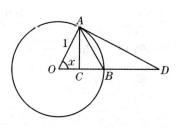

图 2-7

即
$$\frac{1}{2}\sin x < \frac{1}{2}x < \frac{1}{2}\tan x,$$

$$\sin x < x < \tan x.$$

除以 $\sin x$，得到
$$1 < \frac{x}{\sin x} < \frac{1}{\cos x}.$$

即
$$1 > \frac{\sin x}{x} > \cos x. \tag{2.3}$$

可以证明 $\lim\limits_{x \to 0^+} \cos x = 1$，从而由夹逼准则得
$$\lim_{x \to 0^+} \frac{\sin x}{x} = 1.$$

注意到 $\dfrac{\sin(-x)}{-x} = \dfrac{\sin x}{x}$，故对 $-\dfrac{\pi}{2} < x < 0$，(2.3)式也成立. 从而同样有
$$\lim_{x \to 0^-} \frac{\sin x}{x} = 1.$$

故
$$\lim_{x \to 0} \frac{\sin x}{x} = 1.$$

例 12 求 $\lim\limits_{x \to 0} \dfrac{\tan x}{x}$.

解 $\lim\limits_{x \to 0} \dfrac{\tan x}{x} = \lim\limits_{x \to 0} \dfrac{\sin x}{x \cos x} = \dfrac{\lim\limits_{x \to 0} \dfrac{\sin x}{x}}{\lim\limits_{x \to 0} \cos x} = 1.$

例 13 求 $\lim\limits_{x \to \pi} \dfrac{\sin x}{\pi - x}$.

解 令 $t = \pi - x$，则当 $x \to \pi$ 时，$t \to 0$，且 $\sin x = \sin(\pi - t) = \sin t$，故
$$\lim_{x \to \pi} \frac{\sin x}{\pi - x} = \lim_{t \to 0} \frac{\sin t}{t} = 1.$$

例 14 求 $\lim\limits_{x \to 0} \dfrac{1 - \cos x}{x^2}$.

解 因为
$$\frac{1 - \cos x}{x^2} = \frac{2 \sin^2 \dfrac{x}{2}}{x^2} = \frac{1}{2} \left(\frac{\sin \dfrac{x}{2}}{\dfrac{x}{2}} \right)^2,$$

令 $t = \dfrac{x}{2}$,则当 $x \to 0$ 时,$t \to 0$,故

$$\lim_{x \to 0} \frac{1 - \cos x}{x^2} = \lim_{x \to 0} \frac{1}{2}\left(\frac{\sin \frac{x}{2}}{\frac{x}{2}}\right)^2 = \frac{1}{2}.$$

(2) $\lim\limits_{x \to \infty}\left(1 + \dfrac{1}{x}\right)^x = e$.

证 首先证明 $\lim\limits_{x \to +\infty}\left(1 + \dfrac{1}{x}\right)^x = e$.

设 $n \leqslant x < n+1$,则

$$1 + \frac{1}{n+1} < 1 + \frac{1}{x} \leqslant 1 + \frac{1}{n},$$

于是有

$$\left(1 + \frac{1}{n+1}\right)^n < \left(1 + \frac{1}{x}\right)^x < \left(1 + \frac{1}{n}\right)^{n+1},$$

且 $n \to +\infty$ 等价于 $x \to +\infty$.

由 §2.1 例 8 得

$$\lim_{n \to \infty}\left(1 + \frac{1}{n+1}\right)^n = \lim_{n \to \infty}\frac{\left(1 + \frac{1}{n+1}\right)^{n+1}}{1 + \frac{1}{n+1}} = e,$$

$$\lim_{n \to \infty}\left(1 + \frac{1}{n}\right)^{n+1} = e,$$

根据夹逼准则,即得

$$\lim_{n \to +\infty}\left(1 + \frac{1}{x}\right)^x = e.$$

其次证明 $\lim\limits_{x \to -\infty}\left(1 + \dfrac{1}{x}\right)^x = e$.

令 $x = -y$,则 $x \to -\infty$ 时,$y \to +\infty$,而

$$\left(1 + \frac{1}{x}\right)^x = \left(1 - \frac{1}{y}\right)^{-y} = \left(1 + \frac{1}{y-1}\right)^y$$

$$= \left(1 + \frac{1}{y-1}\right)^{y-1}\left(1 + \frac{1}{y-1}\right),$$

利用前述结果即得

$$\lim_{x \to -\infty}\left(1 + \frac{1}{x}\right)^x = e.$$

综上即得

$$\lim_{x\to\infty}\left(1+\frac{1}{x}\right)^x = e.$$

e 的另一种极限形式为

$$\lim_{x\to 0}(1+x)^{\frac{1}{x}} = e,$$

这是因为,令 $x=\frac{1}{y}$,则 $x\to 0$ 等价于 $y\to\infty$,于是

$$\lim_{x\to 0}(1+x)^{\frac{1}{x}} = \lim_{y\to\infty}\left(1+\frac{1}{y}\right)^y = e.$$

例 15 求:(1) $\lim\limits_{x\to\infty}\left(1-\dfrac{1}{x}\right)^x$;(2) $\lim\limits_{x\to 0}(1+2x)^{\frac{1}{x}}$.

解 (1) 令 $y=-x$,则 $x\to\infty$ 等价于 $y\to\infty$. 于是

$$\lim_{x\to\infty}\left(1-\frac{1}{x}\right)^x = \lim_{y\to\infty}\left(1+\frac{1}{y}\right)^{-y} = \lim_{y\to\infty}\frac{1}{\left(1+\frac{1}{y}\right)^y} = \frac{1}{e}.$$

(2) 令 $t=2x$,则 $\dfrac{1}{x}=\dfrac{2}{t}$,且 $x\to 0$ 时,$t\to 0$. 所以

$$\lim_{x\to 0}(1+2x)^{\frac{1}{x}} = \lim_{t\to 0}(1+t)^{\frac{2}{t}} = \lim_{t\to 0}\left[(1+t)^{\frac{1}{t}}\right]^2$$
$$= \lim_{t\to 0}(1+t)^{\frac{1}{t}} \cdot \lim_{t\to 0}(1+t)^{\frac{1}{t}} = e\cdot e = e^2.$$

例 16(连续复利) 设数额为 A_0(元)的款项(称为本金)存入银行,年利率为 r,存期 t 年. 若不计复利,则 t 年后的本利和(本金+利息)A 为

$$A = A_0 + rA_0 t = A_0(1+rt). \tag{2.4}$$

(2.4)式称为单利公式.

若考虑复利,且每年结算一次,上年利息转入下年本金,则一年后本利和为

$$A_1 = A_0(1+r).$$

二年后的本利和为

$$A_2 = A_1(1+r) = A_0(1+r)^2.$$

一般地,t 年后的本利和为

$$A_t = A_0(1+r)^t. \tag{2.5}$$

(2.5)式称为(离散)复利公式.

如果一年分 n 期计息,则每期利率为 $\dfrac{r}{n}$. 上期利息转入下期本金,故一年后本利和为

$$A_1 = A_0\left(1+\frac{r}{n}\right)^n.$$

t 年后的本利和为

$$A_t = A_0 \left(1 + \frac{r}{n}\right)^{nt}.$$

如果一年内的计息期数 $n \to \infty$,则 t 年后的本利和为

$$A_t = \lim_{n\to\infty} A_0 \left(1 + \frac{r}{n}\right)^{nt} = A_0 \lim_{n\to\infty}\left[\left(1 + \frac{r}{n}\right)^{\frac{n}{r}}\right]^{rt}$$
$$= A_0 e^{rt}$$

即

$$A_t = A_0 e^{rt}. \tag{2.6}$$

(2.6)式称为<u>连续复利公式</u>.

对于储户来说,使用连续复利公式计息比使用复利公式更为有利,也更为合理.

§2.3 无穷小量与无穷大量

1. 无穷小量

我们常常会遇到极限为零的一类变量(数列或函数).这类变量是重要的,也是有用的.例如,函数 $f(x)$ 的极限为 A,则 $f(x) - A$ 的极限为零.反之,$f(x) - A$ 的极限为零,则 $f(x)$ 就以 A 为极限.

定义 2.3.1 若极限 $\lim\limits_{x\to a} f(x) = 0$,则称当 x 趋于 a 时,$f(x)$ 是一个<u>无穷小量</u>,记为

$$f(x) = o(1) \quad (x \to a),$$

这里 $x \to a$ 可以是 $x \to x_0, x \to x_0^+, x \to x_0^-, x \to +\infty, x \to -\infty, x \to \infty$ 六种情形中任一种.

例如,当 $x \to 0$ 时,$\sqrt[3]{x}, x^2, \sin x, 1 - \cos x$ 都是无穷小量;$x \to 1$ 时,$\ln x$ 是无穷小量;$x \to -\infty$ 时,e^x 是无穷小量.

有两点值得注意:无穷小量是一个变量,而不是一个很小(例如万分之一)的数;一个函数是不是无穷小量与其自变量的变化过程有关.例如,$f(x) = x - 1$ 当 $x \to 1$ 时是无穷小量,但当 $x \to 0$ 时就不是无穷小量.因此,表示一个无穷小量,一定要标明自变量 x 的趋向.

无穷小量有如下性质:

性质 2.3.1 两个在同一变化过程中的无穷小量之和仍为无穷小量.

证 设 $\lim\limits_{x\to a} f(x) = \lim\limits_{x\to a} g(x) = 0$,由极限运算法则得

$$\lim_{x\to a}[f(x)+g(x)]=\lim_{x\to a}f(x)+\lim_{x\to a}g(x)=0.$$

即当 $x\to a$ 时, $f(x)+g(x)$ 仍为无穷小量.

性质 2.3.1 中"两个"可推广到任意"有限个"情形.

性质 2.3.2 有界量(函数)与无穷小量之积仍为无穷小量.

证 设 $f(x)$ 当 $x\to a$ 时是无穷小量, $g(x)$ 当 $x\to a$ 时是有界量, 则存在 $M>0$, 使得
$$|g(x)|\leqslant M \quad (x\to a).$$

而
$$0\leqslant|f(x)g(x)|\leqslant M|f(x)| \quad (x\to a).$$

因为 $\lim_{x\to a}f(x)=0$, 所以 $\lim_{x\to a}|f(x)|=0$. 由夹逼准则得
$$\lim_{x\to a}|f(x)g(x)|=0,$$

从而 $\lim_{x\to a}f(x)g(x)=0$, 即当 $x\to a$ 时, $f(x)g(x)$ 是无穷小量.

例如, 当 $x\to 0$ 时, x^2 是无穷小量, 而 $\sin\dfrac{1}{x}$ 是有界量, 因此由性质 2.3.2 得
$$\lim_{x\to 0}x^2\sin\dfrac{1}{x}=0.$$

由极限定义可推出下述定理:

定理 2.3.1 极限 $\lim_{x\to a}f(x)=A$ 的充要条件是函数 $f(x)-A$ 当 $x\to a$ 时是无穷小量, 即 $f(x)-A=o(1)\ (x\to a)$.

2. 无穷小量阶的比较

无穷小量是以零为极限的变量. 对于同一变化过程中的两个无穷小量, 我们有时需要比较它们趋于零的快慢速度. 比较的方法是考察这两个无穷小量比式的极限.

定义 2.3.2 设 $\lim_{x\to a}f(x)=\lim_{x\to a}g(x)=0$.

(1) 若 $\lim_{x\to a}\dfrac{f(x)}{g(x)}=0$, 则称 $x\to a$ 时, $f(x)$ 是比 $g(x)$ 高阶的无穷小量, 记为
$$f(x)=o(g(x))\ (x\to a);$$

(2) 若 $\lim_{x\to a}\dfrac{f(x)}{g(x)}=A$ 且 $A\neq 0$, 则称 $x\to a$ 时, $f(x)$ 与 $g(x)$ 是同阶无穷小量. 特别地, 当 $A=1$ 时, 称 $f(x)$ 与 $g(x)$ 是等价无穷小量, 记为
$$f(x)\sim g(x)\ (x\to a).$$

例1 因为 $\lim\limits_{x\to 0}\dfrac{x^2}{x}=0$，所以 $x^2=o(x)$ $(x\to 0)$；$\lim\limits_{x\to 0}\dfrac{1-\cos x}{x^2}=\dfrac{1}{2}$，故 $1-\cos x$ 与 x^2 是同阶无穷小量$(x\to 0)$；$\lim\limits_{x\to 0}\dfrac{\sin x}{x}=1$，故 $\sin x\sim x$ $(x\to 0)$.

定理 2.3.2 设
$$f(x)\sim g(x)\quad (x\to a).$$
(1) 若 $\lim\limits_{x\to a}f(x)h(x)=A$，则 $\lim\limits_{x\to a}g(x)h(x)=A$；

(2) 若 $\lim\limits_{x\to a}\dfrac{h(x)}{f(x)}=A$，则 $\lim\limits_{x\to a}\dfrac{h(x)}{g(x)}=A$.

证 (1) $\lim\limits_{x\to a}g(x)h(x)=\lim\limits_{x\to a}\left[\dfrac{g(x)}{f(x)}\cdot f(x)h(x)\right]$
$$=\lim\limits_{x\to a}\dfrac{g(x)}{f(x)}\cdot\lim\limits_{x\to a}[f(x)h(x)]=1\cdot A=A.$$

(2) 类似可证.

根据定理 2.3.2，利用等价无穷小量代换，可以求得一些较为复杂的极限. 为此，我们给出一些常用的等价无穷小量：

$x\to 0$ 时，$\sin x\sim x$，$\tan x\sim x$，$\arcsin x\sim x$，$\arctan x\sim x$，$1-\cos x\sim\dfrac{1}{2}x^2$，$\ln(1+x)\sim x$，$e^x-1\sim x$，$a^x-1\sim x\ln a$ $(a>0,a\neq 1)$，$(1+x)^\alpha-1\sim\alpha x$ $(\alpha\neq 0$ 为常数).

上述结果有的已经得到，有的容易证明. 极限 $\lim\limits_{x\to 0}\dfrac{\ln(1+x)}{x}=1$ 的证明在下一节给出. 现在利用这一结果依次证明 $\lim\limits_{x\to 0}\dfrac{e^x-1}{x}=1$ 与 $\lim\limits_{x\to 0}\dfrac{(1+x)^\alpha-1}{\alpha x}=1$.

例2 证明 $\lim\limits_{x\to 0}\dfrac{e^x-1}{x}=1$.

证 令 $t=e^x-1$，则 $x=\ln(1+t)$，且 $x\to 0$ 时 $t\to 0$. 从而有
$$\lim\limits_{x\to 0}\dfrac{e^x-1}{x}=\lim\limits_{t\to 0}\dfrac{t}{\ln(1+t)}=1.$$

例3 证明 $\lim\limits_{x\to 0}\dfrac{(1+x)^\alpha-1}{\alpha x}=1$ $(\alpha\neq 0)$.

证 $(1+x)^\alpha=e^{\alpha\ln(1+x)}$，当 $x\to 0$ 时，$\alpha\ln(1+x)\to 0$，由上例知
$$(1+x)^\alpha-1=e^{\alpha\ln(1+x)}-1\sim\alpha\ln(1+x)(x\to 0)\quad (\alpha\neq 0).$$

由定理 2.3.2 得

$$\lim_{x\to 0}\frac{(1+x)^\alpha-1}{\alpha x}=\lim_{x\to 0}\frac{\alpha\ln(1+x)}{\alpha x}=\lim_{x\to 0}\frac{\ln(1+x)}{x}=1.$$

3. 无穷大量及其阶的比较

定义 2.3.3 若 $\lim_{x\to a}|f(x)|=+\infty$,则称当 $x\to a$ 时,$f(x)$ 是<u>无穷大量</u>.

例如,$\lim_{n\to\infty}2^n=+\infty$,故 $n\to\infty$ 时,2^n 是无穷大量;又如,$\lim_{x\to 0^+}\ln x=-\infty$,故 $x\to 0^+$ 时,$\ln x$ 是无穷大量.

无穷小量与无穷大量有如下关系:

若 $x\to a$ 时,$f(x)$ 是无穷大量,则 $\frac{1}{f(x)}$ 是 $x\to a$ 时的无穷小量;反之,若 $x\to a$ 时,$f(x)$ 是无穷小量,$f(x)\neq 0$,则 $\frac{1}{f(x)}$ 是 $x\to a$ 时的无穷大量.

无穷大量也有阶的高低之分.

定义 2.3.4 设 $\lim_{x\to a}|f(x)|=+\infty$,$\lim_{x\to a}|g(x)|=+\infty$.

(1) 若 $\lim_{x\to a}\frac{f(x)}{g(x)}=0$,则称 $x\to a$ 时,$f(x)$ 是比 $g(x)$ <u>低阶的无穷大量</u>.

(2) 若 $\lim_{x\to a}\frac{f(x)}{g(x)}=A$ 且 $A\neq 0$,则称 $x\to a$ 时,$f(x)$ 与 $g(x)$ 是<u>同阶无穷大量</u>.特别地,$A=1$ 时,称 $x\to a$ 时,$f(x)$ 与 $g(x)$ 是<u>等价无穷大量</u>,记为
$$f(x)\sim g(x)\quad (x\to a).$$

关于利用等价无穷大量求极限,也有类似于定理 2.3.2 的结果,不作赘述.

§2.4 函数的连续性

1. 函数连续性概念

连续函数是我们在高等数学中接触最多的函数,它反映了自然界各种连续变化现象的一种共同特性.从几何直观上看,要使函数图形(曲线)连续不断,只要这个函数在定义区间上每一点的函数值等于它在该点上的极限值.因此有下述定义:

定义 2.4.1 设 $f(x)$ 在点 x_0 的某邻域内有定义,若
$$\lim_{x\to x_0}f(x)=f(x_0),$$
则称函数 $f(x)$ 在点 x_0 <u>连续</u>,x_0 称为 $f(x)$ 的一个<u>连续点</u>.若 $f(x)$ 在集 D

上每一点都连续,则称 $f(x)$ 在 D 上连续. 如果 D 就是 $f(x)$ 的定义域,也称 $f(x)$ 为连续函数.

可将函数连续性作另一表述. 令
$$\Delta x = x - x_0, \quad \Delta y = f(x) - f(x_0) = f(x_0 + \Delta x) - f(x_0),$$
称 Δx 为自变量(x 在 x_0)的增量,Δy 为函数($f(x)$ 在 x_0)的增量. 于是函数 $f(x)$ 在点 x_0 连续又可定义为
$$\lim_{\Delta x \to 0} \Delta y = \lim_{\Delta x \to 0} [f(x_0 + \Delta x) - f(x_0)] = 0.$$

因为函数的连续性是用极限来定义的,所以可以用 ε-δ 精确语言描述连续性.

定义 2.4.2 设 $f(x)$ 在点 x_0 的某邻域内有定义,若任给 $\varepsilon > 0$,总存在 $\delta > 0$,当 $|x - x_0| < \delta$ 时,有
$$|f(x) - f(x_0)| < \varepsilon,$$
则称 $f(x)$ 在点 x_0 连续.

例 1 函数 $f(x) = 3x - 1$ 在 $x = 1$ 连续. 这是因为
$$\lim_{x \to 1} f(x) = \lim_{x \to 1} (3x - 1) = 2 = f(1).$$

例 2 证明 $f(x) = \sin x$ 在其定义域上连续.

证 任取 $x_0 \in (-\infty, +\infty)$,因为
$$|\Delta y| = |\sin(x_0 + \Delta x) - \sin x_0|$$
$$= 2 \left| \sin \frac{x_0 + \Delta x - x_0}{2} \cos \frac{x_0 + \Delta x + x_0}{2} \right|$$
$$\leq 2 \left| \sin \frac{\Delta x}{2} \right| \leq 2 \frac{|\Delta x|}{2} \leq |\Delta x|,$$
而 $\lim_{x \to x_0} |\Delta x| = 0$,由夹逼准则得
$$\lim_{\Delta x \to 0} \Delta y = 0,$$
故 $\sin x$ 在点 x_0 连续. 由 x_0 的任意性知 $f(x) = \sin x$ 在 $(-\infty, +\infty)$ 上连续.

同理可证 $\cos x$ 在 $(-\infty, +\infty)$ 上连续,即有
$$\lim_{x \to x_0} \cos x = \cos x_0.$$

2. 单侧连续

定义 2.4.3 设函数 $f(x)$ 在点 x_0 的左(右)邻域 $(x_0 - \delta, x_0)$ $((x_0, x_0 + \delta))$ 内有定义. 若
$$\lim_{x \to x_0^-} f(x) = f(x_0) \quad \left(\lim_{x \to x_0^+} f(x) = f(x_0) \right),$$

则称 $f(x)$ 在点 x_0 左(右)连续.

在考虑分段函数在分段点的连续性或函数在区间端点的连续性时,会涉及到单侧连续性.

单侧连续与连续有如下关系:

定理 2.4.1 函数 $f(x)$ 在点 x_0 连续的充要条件是 $f(x)$ 在 x_0 既左连续又右连续.

此定理的证明由定义 2.4.1,2.4.3 立得.

例 3 设 $f(x)=\begin{cases} x-1, & x\leqslant 0, \\ e^x, & x>0, \end{cases}$ 讨论 $f(x)$ 在 $x=0$ 的连续性.

解 $\lim\limits_{x\to 0^-}f(x)=\lim\limits_{x\to 0^-}(x-1)=-1=f(0)$,故 $f(x)$ 在 $x=0$ 左连续,又 $\lim\limits_{x\to 0^+}f(x)=\lim\limits_{x\to 0^+}e^x=1\neq f(0)$,故 $f(x)$ 在 $x=0$ 非右连续.由定理 2.4.1, $f(x)$ 在 $x=0$ 非连续.

3. 函数的间断点

若函数 $f(x)$ 在点 x_0 不满足连续性定义,则称 $f(x)$ 在 x_0 不连续或间断,x_0 称为 $f(x)$ 的不连续点或间断点.

由定义 2.4.1 可知,不论函数 $f(x)$ 在 x_0 是否有定义,总可将 $f(x)$ 在 x_0 间断归结为下列两种情形:

(1) $f(x)$ 在 x_0 处极限存在,但不等于 $f(x)$ 在 x_0 的函数值(或 $f(x)$ 在点 x_0 无定义).

(2) $f(x)$ 在 x_0 处极限不存在.

我们将函数间断点进行如下分类.

可去间断点.

若极限 $\lim\limits_{x\to x_0}f(x)$ 存在,但不等于 $f(x_0)$,则称 x_0 为 $f(x)$ 的可去间断点.

例如,$f(x)=\begin{cases} x, & x\neq 0, \\ 1, & x=0, \end{cases}$ 因为 $\lim\limits_{x\to 0}f(x)=\lim\limits_{x\to 0}x=0\neq 1=f(0)$,故 $x=0$ 为 $f(x)$ 的可去间断点. 又如 $g(x)=\dfrac{\sin x}{x}$,由于 $\lim\limits_{x\to 0}g(x)=1$,但 $g(x)$ 在 $x=0$ 无定义,故 $x=0$ 是 $g(x)$ 的可去间断点.

如果改变或补充函数 $f(x)$ 在可去间断点 x_0 的函数值,则 x_0 可以成为 $f(x)$ 的连续点. 例如 $f(x)=\begin{cases} \dfrac{\sin x}{x}, & x\neq 0, \\ 1, & x=0, \end{cases}$ 则 $x=0$ 是 $f(x)$ 的连续点.

跳跃间断点.

若极限 $\lim\limits_{x \to x_0^-} f(x)$ 与 $\lim\limits_{x \to x_0^+} f(x)$ 皆存在,但不相等,则称 x_0 为 $f(x)$ 的跳跃间断点, $|\lim\limits_{x \to x_0^-} f(x) - \lim\limits_{x \to x_0^+} f(x)|$ 称为 $f(x)$ 在 x_0 的跳跃度.

例如,符号函数 $f(x) = \text{sgn}\, x$,由于 $\lim\limits_{x \to 0^-} \text{sgn}\, x = -1$, $\lim\limits_{x \to 0^+} \text{sgn}\, x = 1$,所以 $x = 0$ 是 $\text{sgn}\, x$ 的跳跃间断点.

可去间断点和跳跃间断点统称为第一类间断点.

第二类间断点.

若极限 $\lim\limits_{x \to x_0^-} f(x)$ 与 $\lim\limits_{x \to x_0^+} f(x)$ 至少有一个不存在,则称 x_0 为 $f(x)$ 的第二类间断点.

例如, $f(x) = \begin{cases} \ln x, & x > 0 \\ x + 1, & x \leq 0 \end{cases}$,由于 $\lim\limits_{x \to 0^+} f(x) = \lim\limits_{x \to 0^+} \ln x = -\infty$,故 $x = 0$ 为 $f(x)$ 的第二类间断点.

4. 连续函数的性质与四则运算法则

连续函数的局部性质.

由于函数 $f(x)$ 在 x_0 连续意味着 $f(x)$ 在 x_0 处极限存在,因此由函数极限的性质即可得到连续函数的局部性质.

定理 2.4.2(局部有界性) 若函数 $f(x)$ 在 x_0 连续,则存在 x_0 的某邻域 $U(x_0)$,使得 $f(x)$ 在 $U(x_0)$ 内有界.

定理 2.4.3(局部保号性) 若函数 $f(x)$ 在 x_0 连续,且 $f(x_0) > 0$,则存在 x_0 的某邻域 $U(x_0)$,使对一切 $x \in U(x_0)$,都有 $f(x) > 0$.

定理 2.4.4(复合函数连续性) 若函数 $f(u)$ 在 u_0 连续, $u = g(x)$ 在 x_0 连续,且 $u_0 = g(x_0)$,则复合函数 $f \circ g$ 在 x_0 连续.

注 复合函数连续性定理是指下述结果成立:
$$\lim_{x \to x_0} f(g(x)) = f(\lim_{x \to x_0} g(x)) = f(g(\lim_{x \to x_0} x)) = f(g(x_0)).$$

例 4 求 $\lim\limits_{x \to x_0} \sin(x^2 - 1)$.

解 $f(u) = \sin u$ 在 $u_0 = x_0^2 - 1$ 连续, $g(x) = x^2 - 1$ 在 x_0 连续,故由复合函数连续性定理得
$$\lim_{x \to x_0} \sin(x^2 - 1) = \sin(x_0^2 - 1).$$

例 5 求 $\lim\limits_{x \to 0} \dfrac{\ln(1+x)}{x}$.

解 $\dfrac{\ln(1+x)}{x} = \ln\left[(1+x)^{\frac{1}{x}}\right]$,令 $g(x) = \begin{cases} (1+x)^{\frac{1}{x}}, & x \neq 0, \\ e, & x = 0, \end{cases}$

则 $\dfrac{\ln(1+x)}{x}$ 可视为由 $f(u) = \ln u$ 与 $g(x)$ 复合而得的函数,因为 $\ln u$ 在 $u_0 = e$ 处连续,而 $\lim\limits_{x \to 0}(1+x)^{\frac{1}{x}} = e$,即 $g(x)$ 在 $x=0$ 处连续,从而

$$\lim_{x \to 0} \dfrac{\ln(1+x)}{x} = \lim_{x \to 0} \ln\left[(1+x)^{\frac{1}{x}}\right] = \ln e = 1.$$

连续函数的四则运算法则.

定理 2.4.5 设 $f(x), g(x)$ 都在 x_0 连续,则函数 $f(x) \pm g(x)$,$f(x) \cdot g(x)$,$\dfrac{f(x)}{g(x)}$ ($g(x_0) \neq 0$)在 x_0 也连续.

5. 闭区间上连续函数的基本性质

连续函数的局部性质告诉我们,尽管函数在区间上每一点都连续,也只能反映出函数在各点附近的一些局部性态.如果区间是闭区间,则连续函数具有一些整体性质.

下面先介绍函数的最大、最小值概念.

定义 2.4.4 设 $f(x)$ 在 D 上有定义.若存在 $x_0 \in D$,使对一切 $x \in D$,都有

$$f(x) \leqslant f(x_0) \quad (f(x) \geqslant f(x_0)),$$

则称 $f(x_0)$ 为 $f(x)$ 在 D 上的<u>最大(最小)值</u>,x_0 称为 $f(x)$ 在 D 上的<u>最大(最小)值点</u>.

函数 $f(x)$ 在 D 上不一定都有最大、最小值.例如 $f(x) = x, x \in (0,1)$,则 $f(x)$ 在 $(0,1)$ 上既无最大值,又无最小值.

定理 2.4.6(最大最小值定理) 若函数 $f(x)$ 在闭区间 $[a,b]$ 上连续,则 $f(x)$ 在 $[a,b]$ 必有最大、最小值.

由此定理立得

定理 2.4.7(有界性定理) 若函数 $f(x)$ 在闭区间 $[a,b]$ 上连续,则 $f(x)$ 在 $[a,b]$ 上有界.

定理 2.4.8(介值性定理) 若函数 $f(x)$ 在闭区间 $[a,b]$ 上连续,则对介于 $f(a)$ 与 $f(b)$ 之间的任何实数 c,都存在 $x_0 \in [a,b]$,使得

$$f(x_0) = c.$$

介值定理是说,闭区间 $[a,b]$ 上的连续函数 $f(x)$ 的函数值可取遍 $f(a)$ 与 $f(b)$ 之间的一切值,如图 2-8.

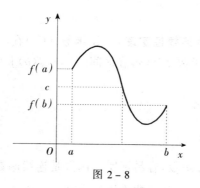

图 2-8

推论 2.4.1（根的存在性定理） 若函数 $f(x)$ 在闭区间 $[a,b]$ 上连续，且 $f(a)$ 与 $f(b)$ 反号（即 $f(a) \cdot f(b) < 0$），则存在 $x_0 \in (a,b)$，使得
$$f(x_0) = 0.$$

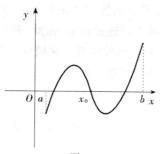

图 2-9

从几何上讲，根的存在性定理表明，一条连续曲线如果两个端点分别位于 x 轴上下两侧，则它至少穿过 x 轴一次．如图 2-9 所示．但定理只是肯定函数曲线穿过 x 轴的点是存在的，具体位置不能确定．因此，可以根据根的存在性定理判定方程 $f(x)=0$ 根是否存在，但据此求根往往是无用的．

例 6 设 $f(x)$ 在 $[a,b]$ 上连续，且 $f(a) < a$，$f(b) > b$．证明方程 $f(x) = x$ 在 (a,b) 内至少有一实根．

证 令 $\varphi(x) = f(x) - x$，由 $f(x)$ 及 $g(x) = x$ 连续知 $\varphi(x)$ 在 $[a,b]$ 上连续．又 $\varphi(a) = f(a) - a < 0$，$\varphi(b) = f(b) - b > 0$，故由根的存在定理知，方程 $\varphi(x) = 0$ 在 (a,b) 内至少有一实根，即 $f(x) = x$ 在 (a,b) 内至少有一实根．

例 7 证明方程 $x = \sin x + 2$ 至少有一个不大于 3 的实根．

证 令 $f(x) = x - \sin x - 2$，则 $f(0) = -2 < 0$，$f(3) = 1 - \sin 3 > 0$．由根的存在定理，方程 $f(x) = 0$ 在 $(0,3)$ 内至少有一实根，即 $x = \sin x + 2$ 至少有

一个不大于 3 的实根.

定理 2.4.9(反函数连续性定理) 设函数 $f(x)$ 在 $[a,b]$ 上连续, 且严格单增(单减), 则其反函数 $f^{-1}(x)$ 在区间 $[f(a),f(b)]$ ($[f(b),f(a)]$) 上也连续.

此定理的证明略去.

6. 初等函数连续性

对于六类基本初等函数, 容易证明常函数是连续函数; $f(x)=x^2$ 是连续函数也是容易证明的, 由反函数连续性定理, $\sqrt{x}$ 在 $[0,+\infty)$ 上也是连续的. 一般地, 幂函数是连续函数(这里不予证明); 已经证明正弦、余弦函数都是连续函数, 由连续函数的四则运算法则, 正切、余切、正割、余割函数是连续函数, 再由反函数连续性定理, 反三角函数是连续函数; 指数函数是连续函数(这里不证明), 于是其反函数对数函数是连续函数. 这样一来, 六类基本初等函数都是其定义域上的连续函数. 由此, 我们有下述定理.

定理 2.4.10 一切初等函数在其定义域内都是连续的.

可以利用初等函数的连续性求极限.

例 8 求 $\lim\limits_{x\to 0} e^{\sqrt{x^2+x+1}}$.

解 令 $f(x)=e^{\sqrt{x^2+x+1}}$, 则 $f(x)$ 是初等函数. $0\in D(f)$, 故 $f(x)$ 在 $x=0$ 连续, 从而

$$\lim_{x\to 0} e^{\sqrt{x^2+x+1}} = f(0) = e.$$

例 9 求 $\lim\limits_{x\to 0}\arctan\left(\dfrac{\sin x}{x}\right)$.

如果令 $f(x)=\arctan\left(\dfrac{\sin x}{x}\right)$, 则 $f(x)$ 在 $x=0$ 无定义, 故不能直接利用初等函数连续性求极限. 可以像例 5 那样求解此题. 如果我们仔细分析一下, 对于复合函数求极限的问题, 利用复合函数连续性定理, 其条件要求太强了点. 为求解的简便, 我们给出下面的定理, 利用它求一些复合函数的极限会是方便的.

定理 2.4.11 若 $f(u)$ 在 u_0 连续, $\lim\limits_{x\to x_0} g(x)=u_0$, 则复合函数 $f\circ g$ 在 x_0 处极限存在, 且

$$\lim_{x\to x_0} f(g(x)) = f(\lim_{x\to x_0} g(x)) = f(u_0).$$

现在求解例 9: 因为 $\arctan u$ 在 $u=1$ 连续, 而 $\lim\limits_{x\to 0}\dfrac{\sin x}{x}=1$, 由定理

2.4.11 得

$$\lim_{x\to 0}\arctan\left(\frac{\sin x}{x}\right)=\arctan 1=\frac{\pi}{4}.$$

习题 2

1. 写出下列数列的前五项:

(1) $\{a_n\}=\left\{1+\dfrac{(-1)^n}{n}\right\}$; (2) $\{a_n\}=\{\cos n\pi\}$;

(3) $\{a_n\}=\left\{\dfrac{m(m-1)(m-2)\cdots(m-n+1)}{n!}\right\}.$

2. 写出下列数列的通项,观察它们的变化趋势,指出哪些数列有极限,极限值是多少,哪些数列没有极限.

(1) $1,\dfrac{1}{2},\dfrac{1}{4},\dfrac{1}{6},\cdots$;

(2) $1,-1,2,-2,3,-3,\cdots$;

(3) $\dfrac{1}{2},-\dfrac{1}{4},\dfrac{1}{8},-\dfrac{1}{16},\cdots$;

(4) $1,\dfrac{3}{2},\dfrac{1}{3},\dfrac{5}{4},\dfrac{1}{5},\dfrac{7}{6},\cdots$.

3. 设 $a_1=0.9,a_2=0.99,a_3=0.999,\cdots$ 问 $\lim\limits_{n\to\infty}a_n=?$ n 至少为何值时,才能使 a_n 与其极限值之差的绝对值小于 0.0001?

4. 设数列 $a_n=\dfrac{n+1}{n},n=1,2,\cdots$ 给定

(1) $\varepsilon=0.1$; (2) $\varepsilon=0.01$; (3) $\varepsilon=0.001$

时,分别取怎样的 N,才能使 $n>N$ 时,有不等式 $|a_n-1|<\varepsilon$ 成立.并利用 $\varepsilon-N$ 定义证明 $\{a_n\}$ 收敛于 1.

5. 利用 $\varepsilon-N$ 极限定义证明下列极限:

(1) $\lim\limits_{n\to\infty}\dfrac{1}{\sqrt{n}}=0$; (2) $\lim\limits_{n\to\infty}\dfrac{3n^2+n}{2n^2-1}=\dfrac{3}{2}$;

(3) $\lim\limits_{n\to\infty}\sin\dfrac{\pi}{n}=0$; (4) $\lim\limits_{n\to\infty}\dfrac{n!}{n^n}=0$.

6. 证明 $\lim\limits_{n\to\infty}a_n=0$ 等价于 $\lim\limits_{n\to\infty}|a_n|=0$.

7. 证明若 $\lim\limits_{n\to\infty}a_n=a$,则 $\lim\limits_{n\to\infty}|a_n|=|a|$.反之是否成立?

8. 求下列数列极限:

(1) $\lim\limits_{n\to\infty}\dfrac{2n^3-n+1}{n^3+2n^2}$; (2) $\lim\limits_{n\to\infty}\dfrac{(-2)^n+3^n}{(-2)^{n+1}+3^{n+1}}$;

(3) $\lim\limits_{n\to\infty}(\sqrt{n^2+n}-n)$; (4) $\lim\limits_{n\to\infty}\dfrac{1+2+3+\cdots+n}{n^2}$;

(5) $\lim_{n\to\infty}(\sqrt[n]{1}+\sqrt[n]{2}+\cdots+\sqrt[n]{10})$;

(6) $\lim_{n\to\infty}(a_1^n+a_2^n+\cdots+a_k^n)^{\frac{1}{n}}$, $a_i>0, i=1,2,\cdots,k$.

9. 设 $a_1=\sqrt{2}, a_2=\sqrt{2+\sqrt{2}},\cdots,a_n=\sqrt{2+\sqrt{2+\cdots+\sqrt{2}}}$，证明 $\{a_n\}$ 收敛，并求其极限.

10. 利用 $\lim_{n\to\infty}\left(1+\dfrac{1}{n}\right)^n=e$，求下列极限：

(1) $\lim_{n\to\infty}\left(1-\dfrac{3}{n}\right)^n$;   (2) $\lim_{n\to\infty}\left(1+\dfrac{1}{2n}\right)^{3n}$;

(3) $\lim_{n\to\infty}\left(1-\dfrac{1}{n^2}\right)^n$.

11. 利用函数极限的 $\varepsilon-\delta, \varepsilon-M$ 定义证明下列极限：

(1) $\lim_{x\to 1}(x^2+2x-1)=2$;   (2) $\lim_{x\to 0}\sqrt{x^2+4}=2$;

(3) $\lim_{x\to\infty}\dfrac{x^2-2}{x^2+1}=1$;   (4) $\lim_{x\to+\infty}2^{-x}=0$.

12. 求下列函数极限：

(1) $\lim_{x\to 1}\dfrac{2x^2+x+1}{x-2}$;   (2) $\lim_{x\to 2}\dfrac{x^2-4x+4}{2-x}$;

(3) $\lim_{x\to\sqrt{2}}\dfrac{x^2-2}{x+1}$;   (4) $\lim_{h\to 0}\dfrac{\sqrt{x+h}-\sqrt{x}}{h}$;

(5) $\lim_{x\to -1}\left(\dfrac{2x-1}{x+1}+\dfrac{3x}{x^2+x}\right)$;   (6) $\lim_{x\to 0^+}\left(\dfrac{1}{\sqrt{x}}-\dfrac{2\sqrt{x}-1}{x-\sqrt{x}}\right)$;

(7) $\lim_{x\to 0}\dfrac{(1-x)^{10}-1}{(1-x)^{11}-1}$;   (8) $\lim_{x\to 0}\dfrac{x^2-x}{x^3+2x^2-3x}$;

(9) $\lim_{x\to -\infty}(\sqrt{x^2+2}+x)$;   (10) $\lim_{x\to\infty}\dfrac{2x^2+1}{5x^2+x-1}$;

(11) $\lim_{x\to\infty}\left(1-\dfrac{1}{x}\right)\left(1-\dfrac{1}{x^2}\right)\cdots\left(1-\dfrac{1}{x^n}\right)$ (n 为正整数)；

(12) $\lim_{x\to +\infty}\dfrac{(2x-1)^{30}(3x-2)^{20}}{(2x+1)^{50}}$;

(13) $\lim_{x\to +\infty}(\sqrt{x^2+x+1}-\sqrt{x^2-x+1})$;

(14) $\lim_{x\to\infty}\dfrac{x+1}{x^2+2}(3+\cos x)$.

13. 若 $\lim_{x\to 1}\dfrac{x^2+ax+b}{1-x}=5$，求 a,b 的值.

14. 若 $\lim_{x\to\infty}\left(\dfrac{x^2+1}{x+1}-ax-b\right)=0$，求 a,b 的值.

15. 设 $f(x)=\begin{cases}x^2-1, & x\leqslant 0, \\ \ln\dfrac{x+1}{e}, & 0<x\leqslant 1, \\ \dfrac{1}{x}, & x>1,\end{cases}$ 讨论 $f(x)$ 在 $x=0$ 及 $x=1$ 的极限是否存在.

16. 求 $\lim\limits_{x\to 0^-} e^{\frac{1}{x}}$ 与 $\lim\limits_{x\to 0^+} e^{\frac{1}{x}}$，问 $\lim\limits_{x\to 0} e^{\frac{1}{x}}$ 是否存在？

17. 求下列极限：

(1) $\lim\limits_{x\to 0} \dfrac{\sin 2x}{\sin 3x}$;

(2) $\lim\limits_{x\to 0} \dfrac{\tan x - \sin x}{x}$;

(3) $\lim\limits_{x\to 0} \dfrac{1-\cos x}{\sin^2 x}$;

(4) $\lim\limits_{n\to\infty} \dfrac{\frac{1}{n}-\sin\frac{1}{n}}{\frac{1}{n}+\sin\frac{1}{n}}$;

(5) $\lim\limits_{x\to 0}\left(\dfrac{x-1}{2x-1}\right)^{\frac{1}{x}}$;

(6) $\lim\limits_{x\to\infty}\left(\dfrac{x-1}{x+1}\right)^{x}$;

(7) $\lim\limits_{x\to\infty}\left(1-\dfrac{1}{x^2}\right)^{x}$;

(8) $\lim\limits_{x\to 0} \dfrac{\ln(1+2x)}{\sin 3x}$;

(9) $\lim\limits_{x\to 0}(1+\sin x)^{\frac{1}{x}}$;

(10) $\lim\limits_{x\to\infty}\left(1-\dfrac{2}{x}+\dfrac{3}{x^2}\right)^{x}$.

18. 当 $x\to 1$ 时，比较下列无穷小量阶的高低：

(1) $x-1$ 与 x^3-1;

(2) $x-1$ 与 $\sin(x-1)$;

(3) $x-1$ 与 $(x^2-1)^2$;

(4) $x-1$ 与 $\ln x$.

19. 利用等价无穷小性质，求下列极限：

(1) $\lim\limits_{x\to 0} \dfrac{\sin^n x}{\sin(x^m)}$ （n,m 为正整数）;

(2) $\lim\limits_{x\to 0}(1-2x)^{\frac{1}{\sin x}}$;

(3) $\lim\limits_{x\to +\infty}(\sqrt{x+\sqrt{x+\sqrt{x}}}-\sqrt{x})$;

(4) $\lim\limits_{x\to 0} \dfrac{\sin[\ln(1+2x)]-\sin[\ln(1-x)]}{x}$.

20. 讨论下列函数的连续性，并画出其图形：

(1) $f(x)=\begin{cases} x^3-1, & x\leqslant 0, \\ x, & x>0; \end{cases}$

(2) $f(x)=\begin{cases} \sqrt{1-x^2}, & |x|\leqslant 1, \\ |x|-1, & |x|>1. \end{cases}$

21. 设 $f(x)=\begin{cases} \dfrac{\sin ax}{x}, & x<0, \\ e, & x=0, \\ (1-bx)^{\frac{1}{x}}, & x>0, \end{cases}$ 在 $(-\infty,+\infty)$ 上连续，求 a,b 的值.

22. 讨论 $f(x)=\lim\limits_{n\to\infty} \dfrac{1-2^{nx}}{1+2^{nx}}$ 的连续性. 若有间断点，求出它并判定其类型.

23. 求下列函数的间断点及其类型：

(1) $y=\dfrac{1}{x+1}$;

(2) $y=\dfrac{x^2-1}{x^2-3x+2}$;

(3) $y=\dfrac{x}{\tan x}$;

(4) $y=\dfrac{1}{\ln|x|}$;

(5) $y=\begin{cases} e^{\frac{1}{x-1}}, & x<1, \\ 0, & x=1, \\ 2, & x>1; \end{cases}$ (6) $y=\begin{cases} x^2 \sin\frac{1}{x}, & x\neq 0, \\ 0, & x=0. \end{cases}$

24. 举例说明,若 $f(x)$ 在开区间 (a,b) 内连续,则 $f(x)$ 在 (a,b) 内未必有界.

25. 若 $f(x)$ 在 $[a,b]$ 上连续,且无零点,证明 $f(x)$ 在 $[a,b]$ 上恒正或恒负.

26. 证明方程 $x^2-\sin x=1$ 至少有一个实根.

27. 设 $f(x)=ax^{2n+1}+bx^n+c$ (a,b,c 皆常数且 $a>0$),证明存在 $x_0\in \mathbf{R}$,使 $f(x_0)=0$.

28. 有一笔资金两万元存入银行,年利率为 3%,分别用离散和连续复利公式,计算 10 年后的本利和.

29. 对某项目每月投资 1000 元,若月复利率 $r=0.2\%$,由连续复利公式求两年后投资终值是多少?

30. 某商品的销售金额 S(单位:千元)与广告费 x(单位:千元)的函数关系式为
$$S=S(x)=4000+8000(1-e^{-0.01x}).$$

(1) 作出函数 S 的图像;

(2) 求 $\lim\limits_{x\to +\infty} S(x)$,并解释这个极限;

(3) 求使销售额达到 $S=10000$ 的广告水平.

第 3 章

导数与微分

本章我们主要阐释一元函数微分学中的两个基本概念:导数与微分. 由此建立起一整套的微分法公式与法则,从而系统地解决初等函数的求导问题.

§3.1 导数概念

1. 导数的定义

在实际生活中,我们经常遇到有关变化率问题.

例 1 速度问题.

设一质点在 x 轴上从某一点开始作变速直线运动,已知运动方程为 $x=f(t)$. 记 $t=t_0$ 时质点的位置坐标为 $x_0=f(t_0)$. 当 t 从 t_0 增加到 $t_0+\Delta t$ 时,x 相应地从 x_0 增加到 $x_0+\Delta x$,即 $x_0+\Delta x=f(t_0+\Delta t)$. 因此质点在 Δt 这段时间内的位移是

$$\Delta x = f(t_0+\Delta t)-f(t_0),$$

而在 Δt 时间内质点的平均速度是

$$\bar{v}=\frac{\Delta x}{\Delta t}=\frac{f(t_0+\Delta t)-f(t_0)}{\Delta t}.$$

显然,随着 Δt 的减小,平均速度 $\bar{v}$ 就愈接近质点在 t_0 时刻的所谓瞬时速度(简称速度). 但无论 Δt 取得怎样小,平均速度 $\bar{v}$ 总不能精确地刻画出质点运动在 $t=t_0$ 时变化的快慢. 为此我们想到采取"极限"的手段,如果平均速度 $\bar{v}=\frac{\Delta x}{\Delta t}$ 当 $\Delta t\to 0$ 时的极限存在,则自然地把这极限值(记作 v)定义为质点在 $t=t_0$ 时的瞬时速度或速度:

$$v=\lim_{\Delta t\to 0}\frac{\Delta x}{\Delta t}=\lim_{\Delta t\to 0}\frac{f(t_0+\Delta t)-f(t_0)}{\Delta t}. \qquad (1.1)$$

例 2 切线问题

设曲线 L 的方程为 $y=f(x)$,$P_0(x_0,y_0)$ 为 L 上的一个定点. 为求曲线 $y=f(x)$ 在点 P_0 的切线,可在曲线上取邻近于 P_0 的点 $P(x_0+\Delta x, y_0+\Delta y)$,算出割线 P_0P 的斜率:

$$\tan\beta = \frac{\Delta y}{\Delta x} = \frac{f(x_0+\Delta x)-f(x_0)}{\Delta x},$$

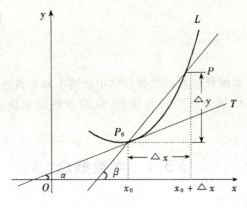

图 3-1

其中 β 为割线 P_0P 的倾角(见图 3-1). 令 $\Delta x \to 0$,P 就沿着 L 趋向于 P_0,割线 P_0P 就不断地绕 P_0 转动,角 β 也不断地发生变化. 如果 $\tan\beta=\frac{\Delta y}{\Delta x}$ 趋向于某个极限,则从解析几何知道,这极限值就是曲线在 P_0 处切线的斜率 k,而这时 $\beta=\arctan\frac{\Delta y}{\Delta x}$ 的极限也必存在,就是切线的倾角 α,即 $k=\tan\alpha$. 所以我们把曲线 $y=f(x)$ 在点 P_0 处的切线斜率定义为

$$k=\tan\alpha=\lim_{\Delta x \to 0}\frac{f(x_0+\Delta x)-f(x_0)}{\Delta x}. \tag{1.2}$$

这里 $\frac{\Delta y}{\Delta x}$ 是函数的增量与自变量的增量之比,它表示函数的平均变化率.

上面所讲的瞬时速度和切线斜率,虽然它们来自不同的具体问题,但在计算上都归结为同一个极限形式,即函数的平均变化率的极限,称为**瞬时变化率**. 在生活实际中,我们会经常遇到从数学结构上看形式完全相同的各种各样的变化率,从而有必要从中抽象出一个数学概念来加以研究.

定义 3.1.1 设函数 $y=f(x)$ 在 x_0 的某一邻域内有定义. 若极限

$$\lim_{\Delta x \to 0}\frac{\Delta y}{\Delta x} = \lim_{\Delta x \to 0}\frac{f(x_0+\Delta x)-f(x_0)}{\Delta x} \tag{1.3}$$

存在,则称函数 $y=f(x)$ 在 x_0 可导,并称这极限值为函数 $y=f(x)$ 在 x_0 的导数,记作 $f'(x_0)$, $y'\big|_{x=x_0}$, $\dfrac{\mathrm{d}y}{\mathrm{d}x}\big|_{x=x_0}$ 或 $\dfrac{\mathrm{d}f}{\mathrm{d}x}\big|_{x=x_0}$.

若极限(1.3)不存在,则称 $f(x)$ 在 x_0 不可导. 如果不可导的原因在于比式 $\dfrac{\Delta y}{\Delta x}$ 当 $\Delta x \to 0$ 时是无穷大,则为了方便,也称 $f(x)$ 在 x_0 的导数为无穷大.

在极限(1.3)中,若令 $x_0+\Delta x=x$,则有
$$\Delta x=x-x_0,\;\Delta y=f(x)-f(x_0).$$
当 $\Delta x\to 0$ 时,$x\to x_0$,从而导数的定义式又可写成
$$f'(x_0)=\lim_{x\to x_0}\frac{f(x)-f(x_0)}{x-x_0}, \tag{1.4}$$
即把 $f'(x_0)$ 表示为函数差值与自变量差值之商的极限. 因此导数也简述为差商的极限.

既然导数是比式 $\dfrac{\Delta y}{\Delta x}$ 当 $\Delta x\to 0$ 时的极限,我们也往往根据需要,考察它的单侧极限.

定义 3.1.2 设函数 $y=f(x)$ 在 x_0 的某一邻域内有定义,若极限 $\lim\limits_{\Delta x\to 0^-}\dfrac{\Delta y}{\Delta x}$ 存在,则称 $f(x)$ 在 x_0 左可导,且称这极限值为 $f(x)$ 在 x_0 的左导数,记作 $f'_-(x_0)$;若极限 $\lim\limits_{\Delta x\to 0^+}\dfrac{\Delta y}{\Delta x}$ 存在,则称 $f(x)$ 在 x_0 右可导,并称这极限值为 $f(x)$ 在 x_0 的右导数,记作 $f'_+(x_0)$.

根据单侧极限与极限的关系,我们得到

定理 3.1.1 $f(x)$ 在 x_0 可导的充要条件是 $f(x)$ 在 x_0 既左可导又右可导,且 $f'_-(x_0)=f'_+(x_0)$.

如果函数 $y=f(x)$ 在开区间 I 内每一点都可导,则称 $f(x)$ 在 I 内可导. 这时对每一个 $x\in I$,都有导数 $f'(x)$ 与之相对应,从而在 I 内确定了一个新的函数,称为 $y=f(x)$ 的导函数,记作
$$f'(x),\quad y',\quad \frac{\mathrm{d}y}{\mathrm{d}x} \quad \text{或} \quad \frac{\mathrm{d}f(x)}{\mathrm{d}x}.$$
在(1.3)式中把 x_0 换成 x,即得导函数的定义:
$$f'(x)=\lim_{\Delta x\to 0}\frac{f(x+\Delta x)-f(x)}{\Delta x},\quad x\in I.$$
于是导数 $f'(x_0)$ 就可看做导函数 $f'(x)$ 在 x_0 的函数值,即

$$f'(x_0) = f'(x)\Big|_{x=x_0}.$$

以后在不至于混淆的地方把导函数简称为导数.

一个在区间 I 内处处可导的函数称为在 I 内的可导函数.

利用"导数"术语,我们说:

(1) 瞬时速度是位移 x 对时间 t 的导数,即

$$v = \frac{\mathrm{d}x}{\mathrm{d}t},$$

它就是导数的力学意义.

(2) 切线的斜率是曲线上点的纵坐标 y 对点的横坐标 x 的导数,即

$$k = \tan\alpha = \frac{\mathrm{d}y}{\mathrm{d}x},$$

它就是导数的几何意义.

下面我们利用导数的定义来导出几个基本初等函数的导数公式.

例 3 求常数 c 的导数.

解 考虑常量函数 $y = c$. 当 x 取得增量 Δx 时,函数的增量总等于零,即 $\Delta y = 0$. 从而有

$$\frac{\Delta y}{\Delta x} = 0.$$

于是

$$\frac{\mathrm{d}y}{\mathrm{d}x} = \lim_{\Delta x \to 0} \frac{\Delta y}{\Delta x} = 0.$$

即

$$(c)' = 0.$$

例 4 证明 $(x^n)' = nx^{n-1}$,n 为正整数.

证 设 $y = x^n$,则

$$\Delta y = (x + \Delta x)^n - x^n$$
$$= nx^{n-1}\Delta x + \frac{n(n-1)}{2}x^{n-2}(\Delta x)^2 + \cdots + (\Delta x)^n,$$

所以

$$\lim_{\Delta x \to 0} \frac{\Delta y}{\Delta x} = \lim_{\Delta x \to 0}\left[nx^{n-1} + \frac{n(n-1)}{2}x^{n-2}(\Delta x) + \cdots + (\Delta x)^{n-1}\right]$$
$$= nx^{n-1}.$$

即

$$(x^n)' = nx^{n-1}.$$

顺便指出,当幂函数的指数不是正整数 n 而是任意实数 μ 时,也有形式

完全相同的公式(见§3.2例4):
$$(x^\mu)' = \mu x^{\mu-1} \quad (x>0).$$

特别取 $\mu = -1, \frac{1}{2}$ 时,有
$$\left(\frac{1}{x}\right)' = -\frac{1}{x^2}, \quad (\sqrt{x})' = \frac{1}{2\sqrt{x}}.$$

例 5 证明 $(a^x)' = a^x \ln a$ ($a>0, a\neq 1$ 为常数).

证 $(a^x)' = \lim\limits_{\Delta x \to 0} \dfrac{a^{x+\Delta x} - a^x}{\Delta x} = a^x \lim\limits_{\Delta x \to 0} \dfrac{a^{\Delta x} - 1}{\Delta x} = a^x \ln a.$

例 6 证明 $(\sin x)' = \cos x$.

证 $(\sin x)' = \lim\limits_{\Delta x \to 0} \dfrac{\sin(x+\Delta x) - \sin x}{\Delta x} = \lim\limits_{\Delta x \to 0} \dfrac{2\sin\frac{\Delta x}{2}\cos\left(x + \frac{\Delta x}{2}\right)}{\Delta x}$
$= \cos x.$

作为练习,容易证明:$(\cos x)' = -\sin x$.

对于分段表示的函数,求它的导函数时需要分段进行,在分点处的导数,则通过讨论它的单侧导数以确定它的存在性.

例 7 已知 $f(x) = \begin{cases} \sin x, & x<0, \\ x, & x\geq 0, \end{cases}$ 求 $f'(x)$.

解 当 $x<0$ 时,$f'(x) = (\sin x)' = \cos x$,当 $x>0$ 时,$f'(x) = (x)' = 1.$
当 $x=0$ 时,由于
$$f'_-(0) = \lim_{x \to 0^-} \frac{\sin x - 0}{x} = 1, \quad f'_+(0) = \lim_{x \to 0^+} \frac{x-0}{x} = 1,$$
所以 $f'(0) = 1$,于是得
$$f'(x) = \begin{cases} \cos x, & x<0, \\ 1, & x\geq 0. \end{cases}$$

2. 函数的可导性与连续性的关系

连续与可导是函数的两个重要概念.虽然在导数的定义中未明确要求函数在 x_0 连续,但却蕴含可导必然连续这一关系.

定理 3.1.2 若 $f(x)$ 在 x_0 可导,则它在 x_0 必连续.

证 设 $f(x)$ 在 x_0 可导,即
$$\lim_{\Delta x \to 0} \frac{\Delta y}{\Delta x} = f'(x_0),$$
则有

$$\lim_{\Delta x \to 0} \Delta y = \lim_{\Delta x \to 0}\left(\frac{\Delta y}{\Delta x} \cdot \Delta x\right) = \lim_{\Delta x \to 0}\frac{\Delta y}{\Delta x} \cdot \lim_{\Delta x \to 0}\Delta x = 0.$$

所以 $f(x)$ 在 x_0 连续.

但反过来不一定成立,即在 x_0 连续的函数未必在 x_0 可导.

例 8 证明函数 $f(x)=|x|$ 在 $x=0$ 连续但不可导.

证 由 $\lim\limits_{x\to 0}x=0$ 推知 $\lim\limits_{x\to 0}|x|=0$,所以 $f(x)=|x|$ 在 $x=0$ 连续. 但由于

$$f'_-(0)=\lim_{x\to 0^-}\frac{-x-0}{x}=-1, \quad f'_+(0)=\lim_{x\to 0^+}\frac{x-0}{x}=1,$$

$f'_-(0)\neq f'_+(0)$,所以 $f(x)=|x|$ 在 $x=0$ 不可导.

例 9 分别讨论当 $m=0,1,2$ 时,函数

$$f_m(x)=\begin{cases} x^m \sin\dfrac{1}{x}, & x\neq 0, \\ 0, & x=0 \end{cases}$$

在 $x=0$ 的连续性与可导性.

解 当 $m=0$ 时,由于 $\lim\limits_{x\to 0}\sin\dfrac{1}{x}$ 不存在,故 $x=0$ 是 $f_0(x)$ 的第二类间断点,所以 $f_0(x)$ 在 $x=0$ 不连续,当然也不可导.

当 $m=1$ 时,有 $\lim\limits_{x\to 0}f_1(x)=\lim\limits_{x\to 0}x\sin\dfrac{1}{x}=0=f_1(0)$,即 $f_1(x)$ 在 $x=0$ 连续. 但由于 $\lim\limits_{x\to 0}\dfrac{x\sin\dfrac{1}{x}-0}{x}=\lim\limits_{x\to 0}\sin\dfrac{1}{x}$ 不存在,故 $f_1(x)$ 在 $x=0$ 不可导.

当 $m=2$ 时,$\lim\limits_{x\to 0}\dfrac{x^2\sin\dfrac{1}{x}-0}{x}=\lim\limits_{x\to 0}x\sin\dfrac{1}{x}=0$,所以 $f_2(x)$ 在 $x=0$ 可导,且 $f'_2(0)=0$,从而也必在 $x=0$ 连续.

§3.2 求导法则

本节我们再根据导数的定义,推出几个主要的求导法则——导数的四则运算、反函数的导数与复合函数的导数. 借助于这些法则和上节导出的几个基本初等函数的导数公式,求出其余的基本初等函数的导数公式. 在此基础上解决初等函数的求导问题.

1. 导数的四则运算

定理 3.2.1 设 $u(x),v(x)$ 在 x 可导,则 $u(x)\pm v(x),u(x)v(x)$,

$\dfrac{u(x)}{v(x)}$ ($v(x)\neq 0$)也在 x 可导,且有

(1) $[u(x)\pm v(x)]'=u'(x)\pm v'(x)$;

(2) $[u(x)v(x)]'=u'(x)v(x)+u(x)v'(x)$;

(3) $\left[\dfrac{u(x)}{v(x)}\right]'=\dfrac{u'(x)v(x)-u(x)v'(x)}{v^2(x)}$.

证 (1) 令 $y=u(x)+v(x)$,则

$$\begin{aligned}\Delta y&=[u(x+\Delta x)+v(x+\Delta x)]-[u(x)+v(x)]\\&=[u(x+\Delta x)-u(x)]+[v(x+\Delta x)-v(x)]\\&=\Delta u+\Delta v.\end{aligned}$$

从而有

$$\lim_{\Delta x\to 0}\frac{\Delta y}{\Delta x}=\lim_{\Delta x\to 0}\frac{\Delta u}{\Delta x}+\lim_{\Delta x\to 0}\frac{\Delta v}{\Delta x}=u'(x)+v'(x).$$

所以 $y=u(x)+v(x)$ 也在 x 可导,且

$$[u(x)+v(x)]'=u'(x)+v'(x).$$

类似可证 $[u(x)-v(x)]'=u'(x)-v'(x)$.

(2) 令 $y=u(x)v(x)$,则

$$\begin{aligned}\Delta y&=u(x+\Delta x)v(x+\Delta x)-u(x)v(x)\\&=[u(x+\Delta x)-u(x)]v(x+\Delta x)+u(x)[v(x+\Delta x)-v(x)]\\&=\Delta u\cdot v(x+\Delta x)+u(x)\cdot \Delta v.\end{aligned}$$

由于可导必连续,故推知 $\lim\limits_{\Delta x\to 0}v(x+\Delta x)=v(x)$,从而有

$$\begin{aligned}\lim_{\Delta x\to 0}\frac{\Delta y}{\Delta x}&=\lim_{\Delta x\to 0}\frac{\Delta u}{\Delta x}\cdot \lim_{\Delta x\to 0}v(x+\Delta x)+u(x)\cdot \lim_{\Delta x\to 0}\frac{\Delta v}{\Delta x}\\&=u'(x)v(x)+u(x)v'(x).\end{aligned}$$

所以 $y=u(x)v(x)$ 也在 x 可导,且有

$$[u(x)v(x)]'=u'(x)v(x)+u(x)v'(x).$$

(3) 先证 $\left[\dfrac{1}{v(x)}\right]'=-\dfrac{v'(x)}{v^2(x)}$. 令 $y=\dfrac{1}{v(x)}$,则

$$\Delta y=\frac{1}{v(x+\Delta x)}-\frac{1}{v(x)}=-\frac{v(x+\Delta x)-v(x)}{v(x+\Delta x)v(x)}.$$

由于 $v(x)$ 在 x 可导,$\lim\limits_{\Delta x\to 0}v(x+\Delta x)=v(x)\neq 0$,故有

$$\lim_{\Delta x\to 0}\frac{\Delta y}{\Delta x}=-\frac{v'(x)}{v^2(x)}.$$

所以 $y=\dfrac{1}{v(x)}$ 在 x 可导,且 $\left[\dfrac{1}{v(x)}\right]'=-\dfrac{v'(x)}{v^2(x)}$. 从而由结论(2)推出

$$\left[\frac{u(x)}{v(x)}\right]' = u'(x) \cdot \frac{1}{v(x)} + u(x)\left[\frac{1}{v(x)}\right]'$$
$$= u'(x)\frac{1}{v(x)} - u(x)\frac{v'(x)}{v^2(x)}$$
$$= \frac{u'(x)v(x) - u(x)v'(x)}{v^2(x)}.$$

推论 3.2.1 若 $u(x)$ 在 x 可导，c 是常数，则 $cu(x)$ 在 x 可导，且
$$[cu(x)]' = cu'(x).$$
即求导时常数因子可以提到求导符号的外面来.

推论 3.2.2 乘积求导公式可以推广到有限个可导函数的乘积. 例如，若 u, v, w 都是区间 I 内的可导函数，则
$$(uvw)' = u'vw + uv'w + uvw'.$$

例 1 求下列函数的导数：

(1) $y = \sec x$; (2) $y = \csc x$;

(3) $y = \tan x$; (4) $y = \cot x$.

解 (1) $(\sec x)' = \left(\dfrac{1}{\cos x}\right)' = -\dfrac{(\cos x)'}{\cos^2 x} = \dfrac{\sin x}{\cos^2 x} = \sec x \tan x.$

(2) $(\csc x)' = \left(\dfrac{1}{\sin x}\right)' = -\dfrac{\cos x}{\sin^2 x} = -\csc x \cot x.$

(3) $(\tan x)' = \left(\dfrac{\sin x}{\cos x}\right)' = \dfrac{\cos x \cos x - \sin x (-\sin x)}{\cos^2 x} = \dfrac{1}{\cos^2 x} = \sec^2 x.$

(4) $(\cot x)' = \left(\dfrac{\cos x}{\sin x}\right)' = \dfrac{(-\sin x)\sin x - \cos x \cos x}{\sin^2 x} = \dfrac{-1}{\sin^2 x} = -\csc^2 x.$

2. 反函数的导数

定理 3.2.2 设 $y = f(x)$ 为 $x = \varphi(y)$ 的反函数. 如果 $x = \varphi(y)$ 在某区间 I_y 内严格单调、可导且 $\varphi'(y) \neq 0$，则它的反函数 $y = f(x)$ 也在对应区间 I_x 内可导，且有

$$f'(x) = \frac{1}{\varphi'(y)} \quad \text{或} \quad \frac{\mathrm{d}y}{\mathrm{d}x} = \frac{1}{\frac{\mathrm{d}x}{\mathrm{d}y}}. \tag{2.1}$$

证 任取 $x \in I_x$ 及 $\Delta x \neq 0$，使 $x + \Delta x \in I_x$. 依假设 $y = f(x)$ 在区间 I_x 内也严格单调，因此
$$\Delta y = f(x + \Delta x) - f(x) \neq 0.$$
又由假设可知 $f(x)$ 在 x 连续，故当 $\Delta x \to 0$ 时 $\Delta y \to 0$. 而 $x = \varphi(y)$ 可导且 $\varphi'(y) \neq 0$，所以

$$\lim_{\Delta x \to 0} \frac{\Delta y}{\Delta x} = \frac{1}{\lim_{\Delta y \to 0} \frac{\Delta x}{\Delta y}} = \frac{1}{\varphi'(y)},$$

即 $y = f(x)$ 在 x 可导,并且(2.1)式成立.

例 2 求 $y = \arcsin x$ 的导数.

解 由于 $y = \arcsin x, x \in (-1,1)$ 为 $x = \sin y, y \in \left(-\frac{\pi}{2}, \frac{\pi}{2}\right)$ 的反函数,且当 $y \in \left(-\frac{\pi}{2}, \frac{\pi}{2}\right)$ 时,$(\sin y)' = \cos y > 0$. 所以由公式(2.1)得

$$(\arcsin x)' = \frac{1}{(\sin y)'} = \frac{1}{\cos y} = \frac{1}{\sqrt{1-\sin^2 y}} = \frac{1}{\sqrt{1-x^2}}.$$

同理可得

$$(\arccos x)' = -\frac{1}{\sqrt{1-x^2}};$$

$$(\arctan x)' = \frac{1}{1+x^2};$$

$$(\text{arccot } x)' = -\frac{1}{1+x^2}.$$

例 3 求对数函数 $y = \log_a x$ ($a>0, a \neq 1$)的导数.

解 由于 $y = \log_a x, x \in (0, +\infty)$ 是 $x = a^y, y \in (-\infty, +\infty)$ 的反函数,因此

$$(\log_a x)' = \frac{1}{(a^y)'} = \frac{1}{a^y \ln a} = \frac{1}{x \ln a}.$$

在高等数学中常取以 e 为底的对数,称为自然对数,记作 $\ln x$. 于是上式成为

$$(\ln x)' = \frac{1}{x}.$$

3. 复合函数的导数

定理 3.2.3 设函数 $y = f(u)$ 与 $u = \varphi(x)$ 可以复合成函数 $y = f[\varphi(x)]$. 如果 $u = \varphi(x)$ 在 x_0 可导,而 $y = f(u)$ 在对应的 $u_0 = \varphi(x_0)$ 可导,则复合函数 $y = f[\varphi(x)]$ 在 x_0 可导,且有

$$\frac{\mathrm{d}y}{\mathrm{d}x}\bigg|_{x=x_0} = f'(u_0) \cdot \varphi'(x_0). \tag{2.2}$$

证 由于 $y = f(u)$ 在 u_0 可导,即 $\lim_{\Delta u \to 0} \frac{\Delta y}{\Delta u} = f'(u_0)$. 故

$$\frac{\Delta y}{\Delta u} = f'(u_0) + \alpha,$$

其中 $\alpha = \alpha(\Delta u) \to 0 (\Delta u \to 0)$. 用 $\Delta u \neq 0$ 乘上式两边,得

$$\Delta y = f'(u_0)\Delta u + \alpha \cdot \Delta u. \tag{2.3}$$

当 $\Delta u = 0$ 时规定 $\alpha = 0$,这时因 $\Delta y = f(u_0 + \Delta u) - f(u_0) = 0$,故(2.3)式对 $\Delta u = 0$ 也成立.用 $\Delta x \neq 0$ 除(2.3)式的两边,得

$$\frac{\Delta y}{\Delta x} = f'(u_0)\frac{\Delta u}{\Delta x} + \alpha \cdot \frac{\Delta u}{\Delta x}. \tag{2.4}$$

因为 $u = \varphi(x)$ 在 x_0 可导,有 $\lim\limits_{\Delta x \to 0}\frac{\Delta u}{\Delta x} = \varphi'(x_0)$. 又由 $u = \varphi(x)$ 在 x_0 的连续性推知,当 $\Delta x \to 0$ 时 $\Delta u \to 0$. 从而有

$$\lim_{\Delta x \to 0} \alpha = \lim_{\Delta u \to 0} \alpha = 0.$$

于是(2.4)式右边当 $\Delta x \to 0$ 时极限存在,且

$$\lim_{\Delta x \to 0} \frac{\Delta y}{\Delta x} = f'(u_0) \cdot \varphi'(x_0).$$

所以 $y = f[\varphi(x)]$ 在 x_0 可导,并且(2.2)式成立.

由(2.2)式可知,若 $u = \varphi(x)(x \in I)$ 及 $y = f(u)(u \in I_1)$ 均为可导函数,且当 $x \in I$ 时 $u = \varphi(x) \in I_1$,则复合函数 $y = f[\varphi(x)]$ 在 I 内也可导,且有

$$\frac{\mathrm{d}y}{\mathrm{d}x} = \frac{\mathrm{d}y}{\mathrm{d}u} \cdot \frac{\mathrm{d}u}{\mathrm{d}x}. \tag{2.5}$$

公式(2.5)通常称为复合函数导数的<u>链式法则</u>,它可以推广到任意有限个可导函数的复合函数.例如,设 $y = f(u), u = \varphi(v), v = \psi(x)$ 均为相应区间内的可导函数,且可以复合成函数 $y = f\{\varphi[\psi(x)]\}$,则

$$\frac{\mathrm{d}y}{\mathrm{d}x} = \frac{\mathrm{d}y}{\mathrm{d}u} \cdot \frac{\mathrm{d}u}{\mathrm{d}v} \cdot \frac{\mathrm{d}v}{\mathrm{d}x}.$$

例 4 求幂函数 $y = x^{\mu}$ ($x > 0, \mu$ 为任意实数)的导数.

解 由于 $y = x^{\mu} = \mathrm{e}^{\mu \ln x}$ 可以看做由指数函数 $y = \mathrm{e}^u$ 与对数函数 $u = \mu \ln x$ 复合而成的函数,故按公式(2.5)有

$$y' = \mathrm{e}^u \cdot \mu \cdot \frac{1}{x} = \mu \mathrm{e}^{\mu \ln x} \cdot \frac{1}{x} = \mu x^{\mu - 1},$$

即

$$(x^{\mu})' = \mu x^{\mu - 1} \quad (x > 0).$$

例 5 求 $y = \ln|f(x)|$ 的导数 ($f(x) \neq 0$ 且 $f(x)$ 可导).

解 分两种情况来考虑.当 $f(x) > 0$ 时,$y = \ln f(x)$. 可设 $u = f(x)$,$y = \ln u$,则

$$y' = \frac{1}{u} \cdot f'(x) = \frac{f'(x)}{f(x)}.$$

当 $f(x) < 0$ 时，$y = \ln[-f(x)]$. 同法可得

$$y' = \frac{1}{-f(x)} \cdot [-f(x)]' = \frac{f'(x)}{f(x)}.$$

把两种情况合起来，得

$$(\ln|f(x)|)' = \frac{f'(x)}{f(x)} \quad (f(x) \neq 0).$$

在我们运用公式(2.5)比较熟练以后，解题时就可以不必写出中间变量，从而使求导过程相对简洁。

例 6 求 $y = \ln(x + \sqrt{x^2+1})$ 的导数。

解
$$y' = \frac{1}{x + \sqrt{x^2+1}} (x + \sqrt{x^2+1})'$$
$$= \frac{1}{x + \sqrt{x^2+1}} \left[1 + \frac{1}{2\sqrt{x^2+1}} (x^2+1)' \right]$$
$$= \frac{1}{x + \sqrt{x^2+1}} \left[1 + \frac{x}{\sqrt{x^2+1}} \right]$$
$$= \frac{1}{\sqrt{x^2+1}}.$$

对某些类型函数的求导可先在两边取对数，然后再求导。这种求导数的方法称为<u>对数求导法</u>。由例 5 我们发现

$$f'(x) = f(x)(\ln|f(x)|)' \tag{2.6}$$

可以作为对数求导法的公式。

例 7 求 $y = \sqrt[3]{\dfrac{x(x^2+1)}{(x-1)^2}}$ 的导数。

解 两边取对数

$$\ln y = \frac{1}{3}[\ln|x| + \ln(x^2+1) - 2\ln|x-1|].$$

对 x 求导得

$$\frac{1}{y} y' = \frac{1}{3}\left(\frac{1}{x} + \frac{2x}{x^2+1} - \frac{2}{x-1}\right).$$

所以

$$y' = \frac{1}{3}\sqrt[3]{\frac{x(x^2+1)}{(x-1)^2}} \left(\frac{1}{x} + \frac{2x}{x^2+1} - \frac{2}{x-1}\right).$$

例 8 求幂指函数 $y = [u(x)]^{v(x)}$ 的导数，其中 $u(x)$ 与 $v(x)$ 均为可导函

数,且 $u(x) > 0$.

解 由对数求导法公式(2.6)得
$$y' = [u(x)]^{v(x)} [v(x)\ln u(x)]'$$
$$= [u(x)]^{v(x)} \left[v'(x)\ln u(x) + \frac{v(x)u'(x)}{u(x)}\right].$$

例 9 设 $y = y(x)$ 是由函数方程 $e^y + xy - e = 0$ 在点 $(0,1)$ 处所确定的隐函数,求 $\dfrac{dy}{dx}$ 及 $y = y(x)$ 在 $(0,1)$ 处的切线方程.

解 在方程 $e^y + xy - e = 0$ 中把 y 看做 x 的函数,方程两边对 x 求导,得
$$e^y y' + y + xy' = 0.$$
所以
$$\frac{dy}{dx} = y' = -\frac{y}{x + e^y}.$$

由此得出 $y'|_{(0,1)} = -\dfrac{1}{e}$,从而 $y = y(x)$ 在 $(0,1)$ 处的切线方程为 $y - 1 = -\dfrac{1}{e}x$,即
$$y = -\frac{1}{e}x + 1.$$

例 9 中的求导方法称之为<u>隐函数求导法则</u>.

4. 导数基本公式

现在把前面导出的一些基本初等函数的求导公式汇总起来,列表如下,以便查阅.

(1) $(c)' = 0$.

(2) $(x^\mu)' = \mu x^{\mu-1}$ (μ 为任意实数).

(3) $(a^x)' = a^x \ln a$,　　$(e^x)' = e^x$, $a > 0$ 且 $a \neq 1$;

　　$(\log_a x)' = \dfrac{1}{x \ln a}$,　　$(\ln x)' = \dfrac{1}{x}$, $a > 0$ 且 $a \neq 1$.

(4) $(\sin x)' = \cos x$;　　　　　$(\cos x)' = -\sin x$;

　　$(\tan x)' = \sec^2 x$;　　　　$(\cot x)' = -\csc^2 x$;

　　$(\sec x)' = \sec x \tan x$;　　$(\csc x)' = -\csc x \cot x$.

(5) $(\arcsin x)' = \dfrac{1}{\sqrt{1-x^2}}$;　　$(\arccos x)' = -\dfrac{1}{\sqrt{1-x^2}}$;

$$(\arctan x)' = \frac{1}{1+x^2}; \quad (\text{arccot} x)' = -\frac{1}{1+x^2}.$$

例 10 求下列函数的导数：

(1) $y = 2^x + x^4 + \log_3(x^3 e^2)$;

(2) $y = e^x(\sin x - 2\cos x)$;

(3) $y = \dfrac{ax+b}{cx+d}$ $(ad - bc \neq 0)$;

(4) $y = \sec x \tan x + 3\sqrt[3]{x} \arctan x$;

(5) $y = \ln(\arccos 2x)$;

(6) $y = a^{\sin^2 x}$;

(7) $y = \sin^2 x \sin x^2$;

(8) $y = (1+x^2)^{\sec x}$.

解 (1) $y' = (2^x)' + (x^4)' + (3\log_3 x + \log_3 e^2)'$

$\qquad = 2^x \ln 2 + 4x^3 + \dfrac{3}{x\ln 3}.$

(2) $y' = (e^x)'(\sin x - 2\cos x) + e^x(\sin x - 2\cos x)'$

$\qquad = e^x(\sin x - 2\cos x + \cos x + 2\sin x)$

$\qquad = e^x(3\sin x - \cos x).$

(3) $y' = \dfrac{(ax+b)'(cx+d) - (ax+b)(cx+d)'}{(cx+d)^2}$

$\qquad = \dfrac{ad-bc}{(cx+d)^2}.$

(4) $y' = (\sec x \tan x)' + (3\sqrt[3]{x} \arctan x)'$

$\qquad = \sec x \tan^2 x + \sec^3 x + x^{-\frac{2}{3}} \arctan x + \dfrac{3\sqrt[3]{x}}{1+x^2}.$

(5) $y' = \dfrac{1}{\arccos 2x} \cdot \dfrac{-1}{\sqrt{1-(2x)^2}} \cdot 2 = \dfrac{-2}{\sqrt{1-4x^2} \arccos 2x}.$

(6) $y' = a^{\sin^2 x} \ln a \cdot 2\sin x \cos x = a^{\sin^2 x} \sin 2x \cdot \ln a.$

(7) $y' = (\sin^2 x)' \sin x^2 + \sin^2 x (\sin x^2)'$

$\qquad = 2\sin x \cos x \sin x^2 + 2x \sin^2 x \cos x^2.$

(8) $y' = (1+x^2)^{\sec x} [\sec x \ln(1+x^2)]'$

$\qquad = (1+x^2)^{\sec x} \left[\sec x \tan x \ln(1+x^2) + \sec x \cdot \dfrac{2x}{1+x^2} \right]$

$\qquad = (1+x^2)^{\sec x} \sec x \left[\tan x \ln(1+x^2) + \dfrac{2x}{1+x^2} \right].$

例 11 设函数 $f(x)$ 在 $[0,1]$ 上可导，且 $y = f(\sin^2 x) + f(\cos^2 x)$，求 y'.

解 $y' = [f(\sin^2 x)]' + [f(\cos^2 x)]'$

$\qquad = f'(\sin^2 x) \cdot 2\sin x \cos x + f'(\cos^2 x) \cdot 2\cos x (-\sin x)$

$\qquad = \sin 2x [f'(\sin^2 x) - f'(\cos^2 x)].$

例 12 证明:双曲线 $xy=a^2$ 上任一点处的切线与两坐标轴构成的三角形的面积都等于 $2a^2$.

证 由于 $y=\dfrac{a^2}{x}$,$y'=-\dfrac{a^2}{x^2}$,故过双曲线 $xy=a^2$ 上任一点 $\left(x_0,\dfrac{a^2}{x_0}\right)$ 的切线方程为

$$y-\frac{a^2}{x_0}=-\frac{a^2}{x_0^2}(x-x_0).$$

令 $x=0$,得 $y=\dfrac{a^2}{x_0}+\dfrac{a^2}{x_0}=\dfrac{2a^2}{x_0}$. 又令 $y=0$,得 $x=2x_0$,即切线在 y 轴和 x 轴上的截距分别为 $\dfrac{2a^2}{x_0}$ 和 $2x_0$. 因此所求三角形的面积为

$$S=\frac{1}{2}\left|\frac{2a^2}{x_0}\right||2x_0|=2a^2.$$

§3.3 微分及其计算

根据函数极限与无穷小的关系,当 $f(x)$ 在 x_0 可导时,有

$$\frac{\Delta y}{\Delta x}=f'(x_0)+\alpha,$$

其中 $\alpha\to 0(\Delta x\to 0)$. 从而在 x_0 处函数的增量 Δy 有表达式:

$$\Delta y=f'(x_0)\Delta x+o(\Delta x) \quad (\Delta x\to 0). \tag{3.1}$$

因此,对增量 Δy 来说,当 $|\Delta x|$ 很小时,起主要作用的是前面 Δx 的线性部分:$f'(x_0)\Delta x$. 它称为增量 Δy 的线性主部或主要部分. 这一公式在近似计算中是经常出现的. 例如,测量边长为 x_0 的正方形面积时,由于测量时对真实值 x_0 总有误差 Δx,这时边长为 $x_0+\Delta x$,由此算得的面积与其真实面积的误差(用 Δy 表示)为

$$\Delta y=(x_0+\Delta x)^2-x_0^2=2x_0\Delta x+(\Delta x)^2.$$

当 Δx 充分小时,$(\Delta x)^2$ 可以忽略不计,因此误差的主要部分为 $2x_0\Delta x$. 从类似的近似计算中我们抽象出一种数学概念——微分.

定义 3.3.1 若函数 $y=f(x)$ 在 x_0 的增量 Δy 可表示为

$$\Delta y=A\Delta x+o(\Delta x) \quad (\Delta x\to 0),$$

其中 A 与 Δx 无关,则称 $y=f(x)$ 在 x_0 可微,且称 $A\Delta x$ 为 $f(x)$ 在 x_0 的微分,记作 $\mathrm{d}y|_{x=x_0}$ 或 $\mathrm{d}f|_{x=x_0}$. 即

$$\mathrm{d}y\bigg|_{x=x_0}=A\Delta x.$$

由定义 3.3.1 及(3.1)式可得

定理 3.3.1 函数 $y=f(x)$ 在 x_0 可微的充要条件是 $f(x)$ 在 x_0 可导. 当 $f(x)$ 在 x_0 可导时
$$\mathrm{d}y\big|_{x=x_0}=f'(x_0)\Delta x.$$

证 充分性 由(3.1)式直接得到.

必要性 设 $y=f(x)$ 在 x_0 可微,则有
$$\Delta y=A\Delta x+o(\Delta x) \quad (\Delta x\to 0).$$
以 $\Delta x\neq 0$ 除上式两边,并令 $\Delta x\to 0$ 取极限,得
$$\lim_{\Delta x\to 0}\frac{\Delta y}{\Delta x}=A.$$
所以 $f(x)$ 在 x_0 可导,且 $f'(x_0)=A$. 因此
$$\mathrm{d}y\big|_{x=x_0}=f'(x_0)\Delta x. \tag{3.2}$$

定理 3.3.1 表明,一元函数的可导性与可微性是等价的,且函数 $y=f(x)$ 在 x_0 的微分可由(3.2)式表示.

若函数 $y=f(x)$ 在区间 I 内每一点都可微,则称 $f(x)$ 在 I 内可微,或称 $f(x)$ 是 I 内的<u>可微函数</u>. 函数 $y=f(x)$ 在 I 内的微分记作
$$\mathrm{d}y=f'(x)\Delta x,$$
它不仅依赖于 Δx,而且也依赖于 x.

特别地,对于函数 $y=x$ 来说,由于 $(x)'=1$,从而有
$$\mathrm{d}x=\Delta x.$$
所以我们规定自变量的微分等于自变量的增量. 这样,函数 $y=f(x)$ 的微分可以写成
$$\mathrm{d}y=f'(x)\mathrm{d}x. \tag{3.3}$$
从而有
$$\frac{\mathrm{d}y}{\mathrm{d}x}=f'(x)$$
即函数的微分与自变量的微分之商等于函数的导数,因此导数又有<u>微商</u>之称. 不难看出,现在用记号 $\dfrac{\mathrm{d}y}{\mathrm{d}x}$ 表示导数的方便之处,例如反函数的求导公式
$$\frac{\mathrm{d}y}{\mathrm{d}x}=\frac{1}{\dfrac{\mathrm{d}x}{\mathrm{d}y}},$$
可以看做 $\mathrm{d}y$ 与 $\mathrm{d}x$ 相除的一种代数变形.

由导数与微分的关系式(3.3)式,只要知道函数的导数,就能立刻写出它的微分. 例如
$$\mathrm{d}(x^\mu)=\mu x^{\mu-1}\mathrm{d}x,$$

$$d(e^x) = e^x dx,$$
$$d(\sin x) = \cos x dx.$$

我们也不难从导数的运算法则得到微分的运算法则:

(1) $d[cu(x)] = cdu(x)$ (c 为常数);

(2) $d[u(x) \pm v(x)] = du(x) \pm dv(x)$;

(3) $d[u(x)v(x)] = v(x)du(x) + u(x)dv(x)$;

(4) $d\left[\dfrac{u(x)}{v(x)}\right] = \dfrac{v(x)du(x) - u(x)dv(x)}{v^2(x)}$.

这里 $u(x)$ 与 $v(x)$ 都是可微函数. 此外我们也容易推出复合函数的微分法则.

设 $y = f[\varphi(x)]$ 是由可微函数 $y = f(u)$ 和 $u = \varphi(x)$ 复合而成,则 $y = f[\varphi(x)]$ 对 x 可微,且有

$$d(f[\varphi(x)]) = f'[\varphi(x)]\varphi'(x)dx. \tag{3.4}$$

这是因为按复合函数导数的链式法则有

$$\dfrac{dy}{dx} = \dfrac{dy}{du} \cdot \dfrac{du}{dx} = f'(u)\varphi'(x) = f'[\varphi(x)]\varphi'(x),$$

所以 $y = f[\varphi(x)]$ 是 x 的可微函数,并且(3.4)式成立.

由复合函数的微分法则,又可得到微分的一个重要性质.

由于 $du = \varphi'(x)dx$,故(3.4)式可写作

$$dy = f'(u)du,$$

这与(3.3)在形式上完全相同,即无论 u 是自变量还是中间变量,其形式是不变的. 这一性质称为<u>一阶微分形式的不变性</u>.

例 1 求 $y = e^{-x^2} \cos \dfrac{1}{x}$ 的微分.

解 $dy = \cos \dfrac{1}{x} d(e^{-x^2}) + e^{-x^2} d(\cos \dfrac{1}{x})$

$= \cos \dfrac{1}{x} \cdot e^{-x^2} d(-x^2) + e^{-x^2} \left(-\sin \dfrac{1}{x}\right) d\left(\dfrac{1}{x}\right)$

$= e^{-x^2} \left(-2x\cos \dfrac{1}{x} + \dfrac{1}{x^2}\sin \dfrac{1}{x}\right) dx.$

例 2 求 $y = \dfrac{3x^2-1}{3x^3} + \ln\sqrt{1+x^2} + \arctan x$ 的微分.

解 $y = \dfrac{1}{x} - \dfrac{1}{3x^3} + \dfrac{1}{2}\ln(1+x^2) + \arctan x.$

$dy = d\left(\dfrac{1}{x}\right) - \dfrac{1}{3}d\left(\dfrac{1}{x^3}\right) + \dfrac{1}{2}d\ln(1+x^2) + d(\arctan x)$

$$= -\frac{1}{x^2}dx + \frac{1}{x^4}dx + \frac{x}{1+x^2}dx + \frac{1}{1+x^2}dx$$
$$= \frac{1+x^5}{x^4+x^6}dx.$$

利用一阶微分形式的不变性可以导出由参数方程所确定的函数的导数.

例 3（参数方程求导法则） 设参数方程
$$\begin{cases} x = x(t), \\ y = y(t), \end{cases} t \in [\alpha, \beta]$$
中 $x(t), y(t)$ 对 t 可导,且 $x'(t) \neq 0$,求 $\dfrac{dy}{dx}$.

解 由于
$$dx = x'(t)dt, \quad dy = y'(t)dt, \quad x'(t) \neq 0,$$
故有
$$\frac{dy}{dx} = \frac{y'(t)dt}{x'(t)dt} = \frac{y'(t)}{x'(t)}, \quad t \in [\alpha, \beta]. \tag{3.5}$$

计算函数的增量是科学技术和工程中经常遇到的问题,有时由于函数比较复杂,计算增量往往感到困难.对于可微函数,通常利用微分去近似替代增量.当 $|\Delta x|$ 很小时我们有
$$\Delta y \approx dy = f'(x_0)\Delta x,$$
或
$$f(x_0 + \Delta x) \approx f(x_0) + f'(x_0)\Delta x. \tag{3.6}$$

一般地说,要计算 $f(x)$ 的值,可找一邻近于 x 的值 x_0,使 $f(x_0)$ 与 $f'(x_0)$ 易于计算,然后以 x 代 (3.6) 式中的 $x_0 + \Delta x$ 就得到 $f(x)$ 的近似值为 $f(x_0) + f'(x_0)\Delta x$,其中 $\Delta x = x - x_0$.

例 4 求 $\sin 30°30'$ 的近似值.

解 令 $f(x) = \sin x$,则 $f'(x) = \cos x$. 取 $x_0 = 30° = \dfrac{\pi}{6}$,$\Delta x = 30' = \dfrac{\pi}{360}$,代入公式 (3.6) 得
$$\sin 30°30' = \sin\left(\frac{\pi}{6} + \frac{\pi}{360}\right) \approx \sin\frac{\pi}{6} + \cos\frac{\pi}{6} \times \frac{\pi}{360}$$
$$= \frac{1}{2} + \frac{\sqrt{3}}{2} \times \frac{\pi}{360} \approx 0.5076.$$

在应用近似公式 (3.6) 时,经常遇到的情形是取 $x_0 = 0$,则 (3.6) 式成为
$$f(\Delta x) \approx f(0) + f'(0)\Delta x,$$

也就是当 $|x|$ 很小时,有近似式
$$f(x) \approx f(0) + f'(0)x. \tag{3.7}$$
当 $|x|$ 很小时,利用(3.7)式,可得出下列一些常用的近似公式:

(1) $\sin x \approx x$; (2) $\tan x \approx x$;

(3) $e^x \approx 1+x$; (4) $\ln(1+x) \approx x$;

(5) $(1+x)^\alpha \approx 1+\alpha x$.

例 5 求 $\sqrt[3]{65}$ 的近似值.

解 由于
$$\sqrt[3]{65} = \sqrt[3]{64+1} = 4\sqrt[3]{1+\frac{1}{64}},$$
利用公式 $(1+x)^\alpha \approx 1+\alpha x$ $\left(x=\frac{1}{64}, \alpha=\frac{1}{3}\right)$,得
$$\sqrt[3]{65} \approx 4\left(1+\frac{1}{3}\times\frac{1}{64}\right) \approx 4.0208.$$

§3.4 高阶导数与高阶微分

若函数 $y=f(x)$ 在区间 I 内可导,则它的导数和微分作为 I 内的函数进而可以考察它们的可导性和可微性,这就产生了高阶导数和高阶微分.

1. 高阶导数

定义 3.4.1 若函数 $y=f(x)$ 的导函数在 x_0 可导,则称 $y=f(x)$ 在 x_0 二阶可导,且称 $f'(x)$ 在 x_0 的导数为 $y=f(x)$ 在 x_0 的**二阶导数**,记作
$$f''(x_0), \quad y''|_{x=x_0}, \quad \frac{d^2y}{dx^2}\bigg|_{x=x_0} \quad \text{或} \quad \frac{d^2f}{dx^2}\bigg|_{x=x_0}.$$

若函数 $y=f(x)$ 在区间 I 内每一点都二阶可导,则称它在 I 内二阶可导,并称 $f''(x)(x\in I)$ 为 $f(x)$ 在 I 内的**二阶导函数**,或简称**二阶导数**.

类似地可以定义三阶导数 $f'''(x)$,四阶导数 $f^{(4)}(x)$. 一般说可由 $n-1$ 阶导数定义 n 阶导数. 函数 $y=f(x)$ 的 n 阶导数记作
$$f^{(n)}(x), \quad y^{(n)}, \quad \frac{d^ny}{dx^n} \quad \text{或} \quad \frac{d^nf}{dx^n}.$$

二阶及二阶以上的导数统称为**高阶导数**. 相对于高阶导数来说,$f'(x)$ 也称一阶导数.

例 1 设 $y=a^x$,求 $y^{(n)}$.

解 $y'=a^x\ln a$,$y''=a^x\ln^2 a$,$y'''=a^x\ln^3 a$,$\cdots$

所以
$$y^{(n)} = a^x \ln^n a.$$
特别当 $a=e$ 时有
$$(e^x)^{(n)} = e^x.$$

例 2 求 $y = \sin x$ 和 $y = \cos x$ 的 n 阶导数.

解 $(\sin x)' = \cos x = \sin\left(x + \dfrac{\pi}{2}\right),$

$(\sin x)'' = \cos\left(x + \dfrac{\pi}{2}\right) = \sin\left(x + 2 \cdot \dfrac{\pi}{2}\right),$

若 $(\sin x)^{(k)} = \sin\left(x + k \cdot \dfrac{\pi}{2}\right)$,则

$$(\sin x)^{(k+1)} = \cos\left(x + k \cdot \dfrac{\pi}{2}\right) = \sin\left[x + (k+1)\dfrac{\pi}{2}\right].$$

由数学归纳法可得
$$(\sin x)^{(n)} = \sin\left(x + n \cdot \dfrac{\pi}{2}\right).$$

类似地有
$$(\cos x)^{(n)} = \cos\left(x + n \cdot \dfrac{\pi}{2}\right).$$

例 3 求 $y = \ln(1+x)$ 的 n 阶导数.

解 $y' = \dfrac{1}{1+x} = (1+x)^{-1},$

$y'' = (-1)(1+x)^{-2},$

$y''' = (-1)(-2)(1+x)^{-3} = (-1)^2 2!(1+x)^{-3}, \cdots$

一般地有
$$y^{(n)} = [\ln(1+x)]^{(n)} = (-1)^{n-1}\dfrac{(n-1)!}{(1+x)^n}.$$

例 4 求 $y = x^\mu$ (μ 为任意实数)的 n 阶导数.

解 $y' = \mu x^{\mu-1}, y'' = \mu(\mu-1)x^{\mu-2}, y''' = \mu(\mu-1)(\mu-2)x^{\mu-3}$,一般地有
$$y^{(n)} = (x^\mu)^{(n)} = \mu(\mu-1)\cdots(\mu-n+1)x^{\mu-n}.$$

当 $\mu = n$ 时,得到
$$(x^n)^{(n)} = n!,$$
而
$$(x^n)^{(n+1)} = 0.$$

求函数的高阶导数常用以下两个公式:

(1) $[u(x) \pm v(x)]^{(n)} = [u(x)]^{(n)} \pm [v(x)]^{(n)};$

(2) $[u(x)v(x)]^{(n)} = \sum_{k=0}^{n} C_n^k u^{(n-k)}(x) v^{(k)}(x)$,

其中 $u(x)$ 与 $v(x)$ 都是 n 阶可导函数，$u^{(0)}(x) = u(x)$，$v^{(0)}(x) = v(x)$，$C_n^k = \dfrac{n!}{k!(n-k)!}$.

公式(2)称为莱布尼兹公式.

例 5 设 $y = x^2 \sin x$，求 $y^{(50)}$.

解 令 $u = \sin x$，$v = x^2$，则

$$u^{(k)} = \sin\left(x + \dfrac{k\pi}{2}\right) \quad (k = 1, 2, \cdots 50),$$

$$v' = 2x, \quad v'' = 2, \quad v^{(k)} = 0 \quad (k \geqslant 3).$$

代入莱布尼兹公式，得

$$y^{(50)} = x^2 \sin\left(x + \dfrac{50\pi}{2}\right) + 50 \cdot 2x \sin\left(x + \dfrac{49\pi}{2}\right) + \dfrac{50 \times 49}{2} \cdot 2\sin\left(x + \dfrac{48\pi}{2}\right)$$

$$= -x^2 \sin x + 100 x \cos x + 2450 \sin x.$$

例 6 设 $x = a\cos t$，$y = b\sin t$ $(0 < t < \pi)$，求 $\dfrac{d^2 y}{dx^2}$.

解 按公式(3.5)，得

$$\dfrac{dy}{dx} = \dfrac{(b\sin t)'}{(a\cos t)'} = -\dfrac{b}{a}\cot t,$$

再应用公式(3.5)，可得

$$\dfrac{d^2 y}{dx^2} = \dfrac{d}{dx}\left(\dfrac{dy}{dx}\right) = \dfrac{\left(-\dfrac{b}{a}\cot t\right)'}{(a\cos t)'} = -\dfrac{b}{a^2 \sin^3 t}.$$

2. 高阶微分

类似于高阶导数，我们可以定义函数 $y = f(x)$ 的高阶微分. 设自变量的增量仍为 dx，对固定的 dx，一阶微分 $dy = f'(x)dx$ 可看做 x 的函数，于是再对 x 求微分就得到

$$d(dy) = d(f'(x)dx) = f''(x)(dx)^2 = f''(x)dx^2,$$

我们称它为函数 $y = f(x)$ 的<u>二阶微分</u>，并记作

$$d^2 y = f''(x)dx^2.$$

这里 dx^2 指 dx 的平方，而 $d^2 x$ 表示 x 的二阶微分，如果写作 $d(x^2)$，则表示函数 x^2 的微分. 注意这些记号之间的区别.

一般地，可由 $n-1$ 阶微分定义 n 阶微分，记作 $d^n y$，即

$$d^n y = d(d^{n-1} y) = f^{(n)}(x)dx^n,$$

当把它写作 $\dfrac{d^n y}{dx^n} = f^{(n)}(x)$ 时，就和 n 阶导数的记法一致了.

一阶微分具有形式的不变性，对于高阶微分，则不再具有这个性质. 以二阶微分为例，设 $y = f(x)$，当 x 是自变量时

$$d^2 y = f''(x) dx^2. \qquad (4.1)$$

但当 $y = f(x)$，$x = \varphi(t)$ 时，$y = f[\varphi(t)]$ 作为 t 的函数，对 t 的一阶微分为 $dy = f'(x) dx$，此处 $dx = \varphi'(t) dt$ 是 t 的函数，从而再对 t 微分就有

$$\begin{aligned} d^2 y &= d(f'(x) dx) = d(f'(x)) \cdot dx + f'(x) d(dx) \\ &= f''(x) dx \cdot dx + f'(x) d^2 x \\ &= f''(x) dx^2 + f'(x) d^2 x. \end{aligned}$$

与 (4.1) 相比多出一项 $f'(x) d^2 x$，这说明二阶微分已不具有形式的不变性.

§3.5 导数与微分在经济学中的简单应用

1. 边际分析

在经济学研究中，通常把代表成本、收益、利润等经济变量称之为<u>总函数</u>，如总成本函数 $C(q)$、总收益函数 $R(q)$、总利润函数 $L(q)$ 等，而对应的导数就称为总函数的<u>边际函数</u>. 要对经济与企业的经营管理进行数量分析，"边际"是一个重要概念，它是导数在经济理论中的替身，涉及"边际"的量是很多的.

例 1（边际成本） 设厂商的成本函数为

$$C = C(q) \quad (q\text{ 是产量}),$$

则边际成本

$$MC = C'(q).$$

当 Δq 较小时，由 (3.6) 式可得

$$C(q + \Delta q) - C(q) \approx C'(q) \Delta q.$$

在经济分析中把产量增加一个单位认为是微小改变，从而有

$$C(q+1) - C(q) \approx C'(q).$$

因此边际成本 $MC = C'(q)$ 表示产量为 q 时生产 1 个单位产品所花费的成本.

例 2（边际收益） 设厂商的需求函数为 $p = p(q)$（q 是产量，p 为产品的销售价格）. 则厂商的收益为

$$R = R(q) = q \cdot p(q).$$

边际收益为
$$MR=R'(q).$$
由(3.6)式可得
$$R(q+1)-R(q)\approx R'(q).$$
因此边际收益 $MR=R'(q)$ 表示销售量为 q 时销售 1 个单位产品所增加的收入.

例 3（边际利润） 在例 1 和例 2 的记号下，厂商的利润函数为
$$L=L(q)=R(q)-C(q),$$
则边际利润为
$$ML=L'(q)=R'(q)-C'(q).$$
由(3.6)式可得
$$L(q+1)-L(q)\approx L'(q).$$
因此边际利润 $ML=L'(q)$ 表示销售量为 q 时销售 1 个单位产品所增加的利润.

2. 弹性

在经济学中把一种变量对另一种变量变化的反应程度称为**弹性**. 具体地说，设 y 与 x 之间存在函数关系. 如果在 $x=x_0$ 处
$$\frac{x\,\mathrm{d}y}{y\,\mathrm{d}x}=\frac{\dfrac{\mathrm{d}y}{y}}{\dfrac{\mathrm{d}x}{x}}$$
存在，则称之为 y 对 x 在 x_0 的**弹性系数**，简称**弹性**. 它表示两种变量的相对变化率之比.

例 4（需求价格弹性） 设人们对某商品的需求量为 q，其价格为 p，则人们对该商品的需求价格弹性为
$$E_p=\frac{p\,\mathrm{d}q}{q\,\mathrm{d}p}.$$
一般来说，需求量 q 是价格 p 的单减函数，因此 E_p 一般为负数. 在经济学中当 $E_p<-1$ 时称需求是相当有弹性的，也就是价格的变化将引起需求的较大变化，这时需求量对价格的依赖是很大的；当 $-1<E_p<0$ 时，称需求是相当无弹性的，这时价格的变化将只引起需求的微小变化；当 $E_p=-1$ 时称需求是有单位弹性的，这时价格上升的百分数与需求下降的百分数一样.

例 5（供给价格弹性） 设某商品的供给量为 Q，其价格为 x，则该商品

的供给价格弹性为

$$E_x = \frac{x}{Q}\frac{\mathrm{d}Q}{\mathrm{d}x}.$$

一般说来,供给量 Q 是价格 x 的单增函数,因此 E_x 一般为正数. 当 $E_x > 1$ 时称供给是相当有弹性的;当 $0 < E_x < 1$ 时称供给是相当无弹性的;而当 $E_x = 1$ 时称供给是有单位弹性的.

对其他经济函数可作类似的弹性分析.

例 6 设某厂商生产某种产品,其产量就是人们对该产品的需求量 q,其价格为 p,试求边际收益与需求价格弹性之间的关系.

解 厂商的收益函数为

$$R = pq.$$

上式中把 p 看做 q 的函数,两边对 q 求导得

$$\frac{\mathrm{d}R}{\mathrm{d}q} = p + q\frac{\mathrm{d}p}{\mathrm{d}q} = \left(1 + \frac{q}{p}\frac{\mathrm{d}p}{\mathrm{d}q}\right)p = \left(1 + \frac{1}{E_p}\right)p$$

$$= \left(1 - \frac{1}{|E_p|}\right)p \quad (E_p < 0).$$

所以

$$MR = \left(1 - \frac{1}{|E_p|}\right)p.$$

由例 6 我们知道

$$\Delta R \approx \left(1 - \frac{1}{|E_p|}\right)p\Delta q.$$

当 $|E_p| > 1$ 时,由于提价意味着 $\Delta p > 0, \Delta q < 0$,这时 $\Delta R < 0$,说明提价会降低收益;降价意味着 $\Delta p < 0, \Delta q > 0$,这时 $\Delta R > 0$,说明降价会增加收益. 类似地可以分析 $|E_p| < 1$ 的情形.

习题 3

1. 设 $f(x) = 10x^2$,试按定义求 $f'(-1)$.
2. 证明 $(\cos x)' = -\sin x \ (-\infty < x < +\infty)$.
3. 求曲线 $y = \sin x$ 在原点处的切线方程和法线方程.
4. 一质点以初速度为 v_0 向上作抛物运动,其运动方程为

$$s = v_0 t - \frac{1}{2}gt^2 \quad (v_0 > 0 \text{ 为常数}).$$

(1) 求质点在 t 时刻的瞬时速度;

(2) 何时质点的速度为 0；

(3) 求质点回到出发点时的速度.

5. 讨论函数 $f(x)=\sqrt{|x|}$ 在 $x=0$ 的连续性和可导性.

6. 设 $f(x)=\begin{cases} x^2, & x\leqslant 1, \\ ax+b, & x>1 \end{cases}$，试确定 a,b 的值,使 $f(x)$ 在 $x=1$ 可导.

7. 设 $g(x)$ 在 $x=0$ 连续,求 $f(x)=g(x)\sin 2x$ 在 $x=0$ 的导数.

8. 设 $f(x)$ 对任意实数 x_1,x_2 有
$$f(x_1+x_2)=f(x_1)f(x_2),$$
且 $f'(0)=1$,试证 $f'(x)=f(x)$.

9. 设 $f(0)=1, g(1)=2, f'(0)=-1, g'(1)=-2$,求

(1) $\lim\limits_{x\to 0}\dfrac{\cos x-f(x)}{x}$； (2) $\lim\limits_{x\to 0}\dfrac{2^x f(x)-1}{x}$；

(3) $\lim\limits_{x\to 1}\dfrac{\sqrt{x}g(x)-2}{x-1}$.

10. 设 $f(x)=(ax+b)\sin x+(cx+d)\cos x$,试确定常数 a,b,c,d 的值使 $f'(x)=x\cos x$.

11. 设 $f(x)=x^2-2\ln x$,求使得 $f'(x)=0$ 的 x.

12. 求下列函数的导数：

(1) $y=2x^2-\dfrac{1}{x^3}+5x+1$； (2) $y=x^2\sin x$；

(3) $y=\dfrac{1}{\sqrt{x}}+\dfrac{\pi}{2}$； (4) $y=\dfrac{1}{x+\cos x}$；

(5) $y=(x-\dfrac{1}{x})(x^2-\dfrac{1}{x^2})$； (6) $y=\arcsin x+\arccos x$；

(7) $y=\dfrac{x\tan x}{1+x^2}$； (8) $y=\dfrac{10^x-1}{10^x+1}$.

13. 求下列函数在给定点处的导数：

(1) $y=\sin x-\cos x$,求 $y'|_{x=\frac{\pi}{6}}$ 和 $y'|_{x=\frac{\pi}{4}}$；

(2) $p=\varphi\sin\varphi+\dfrac{1}{2}\cos\varphi$,求 $\left.\dfrac{\mathrm{d}p}{\mathrm{d}\varphi}\right|_{\varphi=\frac{\pi}{4}}$；

(3) $f(t)=\dfrac{1-\sqrt{t}}{1+\sqrt{t}}$,求 $f'(4)$；

(4) $f(x)=\dfrac{3}{5-x}+\dfrac{x^2}{5}$,求 $f'(0)$ 和 $f'(2)$.

14. 设 $f(x)$ 可导,求下列函数的导数：

(1) $y=[f(x)]^2$； (2) $y=e^{f(x)}$；

(3) $y=f(x^2)$； (4) $y=\ln[1+f^2(e^x)]$.

15. 设 $f(0)=1, f'(0)=-1$,求极限 $\lim\limits_{x\to 1}\dfrac{f(\ln x)-1}{1-x}$.

16. 求下列函数的导数:

(1) $y=(x^4-1)^{\frac{3}{2}}$;

(2) $y=\sqrt{x+\sqrt{x+\sqrt{x}}}$;

(3) $y=\ln(\ln x)$;

(4) $y=(\sin x+\cos x)^3$;

(5) $y=(\sin\sqrt{1-2x})^2$;

(6) $y=2^{\sqrt{x+1}}-\ln|\sin x|$;

(7) $y=x\sqrt{x^2-a^2}-a^2\ln|x+\sqrt{x^2-a^2}|$ $(a>0)$;

(8) $y=\arctan[\ln(ax+b)]$;

(9) $y=(\arcsin\dfrac{1}{x})^3$;

(10) $y=\arcsin(\sin^2 x)$;

(11) $y=e^{-3x}\sin 2x$;

(12) $y=x^{\sin x}$;

(13) $y=\ln\dfrac{\sqrt{1+x}-\sqrt{1-x}}{\sqrt{1+x}+\sqrt{1-x}}$;

(14) $y=\dfrac{x^2}{1-x}\sqrt{\dfrac{x+1}{x^2+x+1}}$.

17. 设 $f(x)$ 在 $(-\infty,+\infty)$ 内可导,证明:

(1) 若 $f(x)$ 为奇函数,则 $f'(x)$ 为偶函数;

(2) 若 $f(x)$ 为偶函数,则 $f'(x)$ 为奇函数;

(3) 若 $f(x)$ 为周期函数,则 $f'(x)$ 仍为周期函数.

18. 设 $x=\varphi(y)$ 为 $y=f(x)$ 的反函数, $y=f(x)$ 三阶可导,且 $y'\neq 0$,试从 $\dfrac{dx}{dy}=\dfrac{1}{y'}$ 导出 $\dfrac{d^2 x}{dy^2}$ 及 $\dfrac{d^3 x}{dy^3}$.

19. 设 $y=y(x)$ 是由函数方程
$$1+\sin(x+y)=e^{-xy}$$
在点 $(0,0)$ 附近所确定的隐函数,求 y' 及 $y=y(x)$ 在点 $(0,0)$ 的法线方程.

20. 设 $y=y(x)$ 是由函数方程
$$e^{\arctan\frac{y}{x}}=\sqrt{x^2+y^2}$$
在 $(1,0)$ 处所确定的隐函数,求 $\dfrac{dy}{dx}\Big|_{(1,0)}$.

21. 已知 $y=x^3-x$,计算在 $x=2$ 处当 Δx 分别等于 $1,0.1,0.01$ 时的 Δy 及 dy.

22. 求下列函数的微分:

(1) $y=x+\dfrac{1}{x}+2\sqrt{x}$;

(2) $y=x\ln x-x$;

(3) $y=\dfrac{x}{\sqrt{x^2+1}}$;

(4) $y=e^{-x}\cos(3-x)$;

(5) $y=\arcsin\sqrt{1-r^2}$;

(6) $y=\tan^2(1+2x^2)$.

23. 计算下列各式的近似值:

(1) $\sqrt[3]{996}$;

(2) $\cos 29°$;

(3) $\ln 1.01$;

(4) $\tan 45°10'$.

24. 求由下列各参数方程所确定的函数的导数 $\dfrac{dy}{dx}$:

(1) $\begin{cases} x=2t, \\ y=4t^2; \end{cases}$ (2) $\begin{cases} x=a\cos^3\theta, \\ y=a\sin^3\theta; \end{cases}$

(3) $\begin{cases} x=te^{-t}, \\ y=e^t; \end{cases}$ (4) $\begin{cases} x=\ln(1+t^2), \\ y=t-\arctan t. \end{cases}$

25. 如果 $x=\varphi(t), y=\psi(t)$ 都二阶可导且 $\varphi'(t)\neq 0$, 则有

$$\frac{dy}{dx}=\frac{dy}{dt}\cdot\frac{dt}{dx}=\frac{dy}{dt}\cdot\frac{1}{\frac{dx}{dt}}=\frac{\psi'(t)}{\varphi'(t)};$$

$$\frac{d^2y}{dx^2}=\left[\frac{\psi'(t)}{\varphi'(t)}\right]'=\frac{\varphi'(t)\psi''(t)-\psi'(t)\varphi''(t)}{[\varphi'(t)]^2}.$$

这样做法对吗？为什么？

26. 证明曲线 $C_1: 3y=2x+x^4y^3$ 与 $C_2: 2y+3x+y^5=x^3y$ 在原点处正交(两曲线在 (x_0, y_0) 处正交是指它们在该点处相交且切线斜率的乘积等于 -1).

27. 证明 $x=e^t\sin t, y=e^t\cos t$ 满足方程

$$(x+y)^2\frac{d^2y}{dx^2}=2\left(x\frac{dy}{dx}-y\right).$$

28. 求下列函数的高阶导数:

(1) $y=x\ln x$, 求 y''; (2) $y=e^{-x^2}$, 求 y''';

(3) $y=f(\ln x)$, 求 y''; (4) $y=x^3e^x$, 求 $y^{(50)}$.

29. 设 $f(x)=\arctan x$, 证明它满足方程

$$(1+x^2)y''+2xy'=0,$$

并求 $f^{(n)}(0)$.

30. 设 $f(x)=x^2+\ln x$, 求使得 $f''(x)>0$ 的 x 取值范围.

31. 求 $y=\dfrac{1}{x(1-x)}$ 的 n 阶导数 $y^{(n)}$ (提示: $\dfrac{1}{x(1-x)}=\dfrac{1}{x}+\dfrac{1}{1-x}$).

32. 设 $f(t)$ 二阶可导, 且 $f''(t)\neq 0$, 求由参数方程

$$\begin{cases} x=f'(t), \\ y=tf'(t)-f(t) \end{cases}$$

所确定的函数 $y=y(x)$ 的二阶导数 $\dfrac{d^2y}{dx^2}$.

33. 设 $y=e^x$, 求 dy 和 d^2y:

(1) x 为自变量; (2) $x=x(t), t$ 是自变量, $x(t)$ 二阶可导.

34. 设成本函数为

$$C=0.001q^3-0.3q^2+40q+1000,$$

求当生产水平 $q=50, 100, 150$ 时成本的瞬时变化率.

35. 已知某商品的需求函数为 $p=12-\dfrac{q}{10}$, 求产量 $q=50$ 时的总收益及边际收益.

36. 设某厂商生产某种产品, 其产量与人们对该产品的需求量 q 相同, 价格为 p, 试利用边际收益与需求价格之间的关系解释 $|E_p|<1$ 时, 价格的变动对总收益的影响.

37. 一般来说,需求量是收入的单增函数.设人们的收入为 M,对某商品的需求量为 q,则人们对该商品的需求收入弹性为
$$E_M = \frac{M \mathrm{d} q}{q \mathrm{d} M}.$$
则当收入增加(或减少)百分之一时,需求量相应地增加(或减少)的百分数约为多少?

第 4 章

中值定理与导数的应用

本章的内容是微分学的应用,我们将利用导数逐步深入地去揭示函数的一些基本属性.为了便于研究,需要先阐明微分学的几个中值定理,它是用导数来研究函数本身性质的重要工具,也是解决实际问题的理论基础.

§4.1 微分中值定理

定义 4.1.1 设 $f(x)$ 在 x_0 的某一邻域 $U(x_0)$ 内有定义,若对一切 $x \in U(x_0)$ 有
$$f(x) \geqslant f(x_0) \quad (f(x) \leqslant f(x_0)),$$
则称 $f(x)$ 在 x_0 取得极小(大)值,称 x_0 是 $f(x)$ 的极小(大)值点,极小值和极大值统称为<u>极值</u>,极小值点和极大值点统称为<u>极值点</u>.

定理 4.1.1(费马定理) 若 $f(x)$ 在 x_0 可导,且在 x_0 取得极值,则 $f'(x_0) = 0$.

证 设 $f(x)$ 在 x_0 取得极大值,则存在 x_0 的某邻域 $U(x_0)$,使对一切 $x \in U(x_0)$ 有 $f(x) \leqslant f(x_0)$.因此当 $x < x_0$ 时
$$\frac{f(x) - f(x_0)}{x - x_0} \geqslant 0;$$
而当 $x > x_0$ 时
$$\frac{f(x) - f(x_0)}{x - x_0} \leqslant 0.$$
由于 $f(x)$ 在 x_0 可导,故按极限的不等式性质可得
$$f'(x_0) = f'_-(x_0) = \lim_{x \to x_0^-} \frac{f(x) - f(x_0)}{x - x_0} \geqslant 0,$$
及
$$f'(x_0) = f'_+(x_0) = \lim_{x \to x_0^+} \frac{f(x) - f(x_0)}{x - x_0} \leqslant 0,$$

所以 $f'(x_0)=0$.

若设 $f(x)$ 在 x_0 取得极小值,则类似可证 $f'(x_0)=0$.

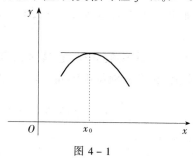

图 4-1

费马定理的几何意义如图 4-1 所示:若曲线 $y=f(x)$ 在 x_0 取得极大值或极小值,且曲线在 x_0 有切线,则此切线必平行于 x 轴.

习惯上我们称使得 $f'(x)=0$ 的 x 为 $f(x)$ 的驻点.定理 4.1.1 表明:可导函数 $f(x)$ 在 x_0 取得极值的必要条件是 x_0 为 $f(x)$ 的驻点.

定理 4.1.2(罗尔中值定理) 若 $f(x)$ 在 $[a,b]$ 上连续,在 (a,b) 内可导且 $f(a)=f(b)$,则在 (a,b) 内至少存在一点 ξ,使得 $f'(\xi)=0$.

证 因为 $f(x)$ 在 $[a,b]$ 上连续,故在 $[a,b]$ 上必取得最大值 M 与最小值 m.若 $m=M$,则 $f(x)$ 在 $[a,b]$ 上恒为常数,从而 $f'(x)=0$.这时在 (a,b) 内任取一点作为 ξ,都有 $f'(\xi)=0$;若 $m<M$,则由 $f(a)=f(b)$ 可知,m 和 M 两者之中至少有一个是在 (a,b) 内部一点 ξ 取得的.由于 $f(x)$ 在 (a,b) 内可导,故由费马定理推知 $f'(\xi)=0$.

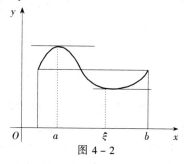

图 4-2

罗尔中值定理的几何意义如图 4-2 所示:在两端高度相同的一段连续曲线上,若除端点外它在每一点都有不垂直于 x 轴的切线,则在其中必至少有一条切线平行于 x 轴.

例 1 不用求出函数 $f(x)=(x-1)(x-2)(x-3)(x-4)$ 的导数,说明 $f'(x)=0$ 有几个实根,并指出它们所在的位置.

解 由于 $f(x)$ 是 $(-\infty,+\infty)$ 内的可导函数,且 $f(1)=f(2)=f(3)=f(4)=0$,故 $f(x)$ 在区间 $[1,2],[2,3],[3,4]$ 上分别满足罗尔中值定理的条件,从而推出至少存在 $\xi_1\in(1,2),\xi_2\in(2,3),\xi_3\in(3,4)$,使得 $f'(\xi_i)=0\;(i=1,2,3)$.

又因为 $f'(x)=0$ 是三次代数方程,它最多只有 3 个实根,因此 $f'(x)=0$ 有且仅有 3 个实根,它们分别位于区间 $(1,2),(2,3),(3,4)$ 内.

例 2 设 $a_0+\dfrac{a_1}{2}+\cdots+\dfrac{a_n}{n+1}=0$,证明多项式 $f(x)=a_0+a_1x+\cdots+a_nx^n$ 在 $(0,1)$ 内至少有一个零点.

证 令 $F(x)=a_0x+\dfrac{a_1}{2}x^2+\cdots+\dfrac{a_n}{n+1}x^{n+1}$,则 $F'(x)=f(x)$,$F(0)=0$,且由假设知 $F(1)=0$,可见 $F(x)$ 在区间 $[0,1]$ 上满足罗尔中值定理的条件,从而推出至少存在一点 $\xi\in(0,1)$,使得
$$F'(\xi)=f(\xi)=0,$$
即说明 $\xi\in(0,1)$ 是 $f(x)$ 的一个零点.

定理 4.1.3(拉格朗日中值定理) 若 $f(x)$ 在 $[a,b]$ 上连续,在 (a,b) 内可导,则在 (a,b) 内至少存在一点 ξ,使得
$$f'(\xi)=\dfrac{f(b)-f(a)}{b-a}. \tag{1.1}$$

从这个定理的条件与结论可见,若 $f(x)$ 在 $[a,b]$ 上满足拉格朗日中值定理的条件,则当 $f(a)=f(b)$ 时,即得出罗尔中值定理的结论,因此说罗尔中值定理是拉格朗日中值定理的一个特殊情形. 正是基于这个原因,我们想到要利用罗尔中值定理来证明定理 4.1.3.

证 作辅助函数
$$F(x)=f(x)-\dfrac{f(b)-f(a)}{b-a}x,$$
容易验证 $F(x)$ 在 $[a,b]$ 上满足罗尔中值定理的条件,从而推出在 (a,b) 内至少存在一点 ξ,使得 $F'(\xi)=0$,所以 (1.1) 式成立.

拉格朗日中值定理的几何意义如图 4-3 所示:若曲线 $y=f(x)$ 在 (a,b) 内每一点都有不垂直于 x 轴的切线,则在曲线上至少存在一点 $C(\xi,f(\xi))$,使曲线在点 C 的切线平行于过曲线两端点 A,B 的弦. 这里辅助函数 $F(x)$ 表示曲线 $y=f(x)$ 的纵坐标与直线 $y=\dfrac{f(b)-f(a)}{b-a}x$ 的纵坐标之差,而这直线通过原点且与曲线过 A、B 两端点的弦平行,因此 $F(x)$ 满足罗尔中值定理的条件.

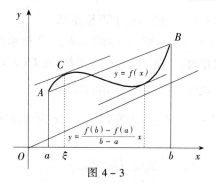

图 4-3

公式(1.1)也称为拉格朗日公式.在使用上常把它写成如下形式
$$f(b)-f(a)=f'(\xi)(b-a), \tag{1.2}$$
它对于 $b<a$ 也成立.并且在定理 4.1.3 的条件下,(1.2)式中的 a,b 可以用任意 $x_1,x_2\in(a,b)$ 来代替,即有
$$f(x_1)-f(x_2)=f'(\xi)(x_1-x_2), \tag{1.3}$$
其中 ξ 介于 x_1 与 x_2 之间.

在公式(1.3)中若取 $x_1=x+\Delta x, x_2=x$,则得
$$f(x+\Delta x)-f(x)=f'(\xi)\Delta x,$$
或
$$f(x+\Delta x)-f(x)=f'(x+\theta\Delta x)\Delta x \quad (0<\theta<1),$$
它表示 $f'(x+\theta\Delta x)\Delta x$ 在 Δx 为有限时就是增量 Δy 的准确表达式.因此拉格朗日公式也称有限增量公式.

例 3 证明:若 $f(x)$ 在区间 I 上可导,且 $f'(x)\equiv 0$,则 $f(x)$ 在 I 上是一个常数.

证 在区间 I 上任取一点 x_0,对任意 $x\in I, x\neq x_0$,在以 x_0 与 x 为端点的区间上应用拉格朗日中值定理,得到
$$f(x)-f(x_0)=f'(\xi)(x-x_0),$$
其中 ξ 介于 x_0 与 x 之间.由假设知 $f'(\xi)=0$,故得 $f(x)-f(x_0)=0$,即 $f(x)=f(x_0)$.这就说明 $f(x)$ 在区间 I 上恒为常数 $f(x_0)$.

例 4 证明:若 $f(x)$ 在 $[a,b]$ 上连续,在 (a,b) 内可导,且 $f'(x)>0$,则 $f(x)$ 在 $[a,b]$ 上严格单增.

证 任取 $x_1,x_2\in[a,b]$,且 $x_1<x_2$.对 $f(x)$ 在区间 $[x_1,x_2]$ 上应用拉格朗日中值定理,得到
$$f(x_2)-f(x_1)=f'(\xi)(x_2-x_1), \quad x_1<\xi<x_2.$$
由假设知 $f'(\xi)>0$,且 $x_2-x_1>0$,故从上式推出 $f(x_2)-f(x_1)>0$,即

$f(x_2) > f(x_1)$. 所以 $f(x)$ 在 $[a,b]$ 上严格单增.

类似可证: 若 $f'(x) < 0$, 则 $f(x)$ 在 $[a,b]$ 上严格单减.

例 5 (导数极限定理) 设 $f(x)$ 在 x_0 连续, 在 $\mathring{U}(x_0)$ 内可导, 且 $\lim\limits_{x \to x_0} f'(x)$ 存在, 则 $f(x)$ 在 x_0 可导, 且 $f'(x_0) = \lim\limits_{x \to x_0} f'(x)$.

证 任取 $x \in \mathring{U}(x_0)$, 对 $f(x)$ 在以 x_0 与 x 为端点的区间上应用拉格朗日中值定理, 得到

$$\frac{f(x) - f(x_0)}{x - x_0} = f'(\xi),$$

其中 ξ 在 x_0 与 x 之间, 上式中令 $x \to x_0$, 则 $\xi \to x_0$. 由于 $\lim\limits_{x \to x_0} f'(x)$ 存在, 取极限便得

$$\lim_{x \to x_0} \frac{f(x) - f(x_0)}{x - x_0} = \lim_{\xi \to x_0} f'(\xi) = \lim_{x \to x_0} f'(x).$$

所以 $f(x)$ 在 x_0 可导, 且 $f'(x_0) = \lim\limits_{x \to x_0} f'(x)$.

例 6 证明不等式

$$\frac{x}{1+x} < \ln(1+x) < x$$

对一切 $x > 0$ 成立.

证 令 $f(x) = \ln(1+x)$. 对任意 $x > 0$, $f(x)$ 在 $[0, x]$ 上满足拉格朗日中值定理的条件, 从而推出至少存在一点 $\xi \in (0, x)$, 使得

$$f(x) - f(0) = f'(\xi) x.$$

由于 $f(0) = 0, f'(\xi) = \dfrac{1}{1+\xi}$, 上式即

$$\ln(1+x) = \frac{x}{1+\xi}.$$

又由 $0 < \xi < x$, 可得

$$\frac{x}{1+x} < \frac{x}{1+\xi} < x.$$

因此当 $x > 0$ 时就有

$$\frac{x}{1+x} < \ln(1+x) < x.$$

对于由参数方程

$$\begin{cases} x = x(t), \\ y = y(t) \end{cases} \quad (\alpha \leqslant t \leqslant \beta)$$

所表示的曲线, 它的两端点连线的斜率为

$$\frac{y(\beta)-y(\alpha)}{x(\beta)-x(\alpha)}.$$

若拉格朗日中值定理也适合这种情形,则应有

$$\left.\frac{\mathrm{d}y}{\mathrm{d}x}\right|_{t=\xi}=\frac{y'(\xi)}{x'(\xi)}=\frac{y(\beta)-y(\alpha)}{x(\beta)-x(\alpha)}.$$

与这个几何阐述密切相联的是柯西中值定理,它是拉格朗日定理的推广.

定理 4.1.4（柯西中值定理） 若 $f(x)$ 与 $g(x)$ 在 $[a,b]$ 上连续,在 (a,b) 内可导,且 $g'(x)\neq 0$,则在 (a,b) 内至少存在一点 ξ,使得

$$\frac{f(b)-f(a)}{g(b)-g(a)}=\frac{f'(\xi)}{g'(\xi)}. \tag{1.4}$$

证 首先由罗尔定理可知 $g(b)-g(a)\neq 0$,因为如果不然,则必存在 $\eta\in(a,b)$,使 $g'(\eta)=0$,这与假设条件相矛盾.

作辅助函数

$$F(x)=f(x)-\frac{f(b)-f(a)}{g(b)-g(a)}g(x),$$

容易验证 $F(x)$ 在 $[a,b]$ 上满足罗尔定理的条件,从而推出至少存在一点 $\xi\in(a,b)$,使得 $F'(\xi)=0$,即

$$f'(\xi)-\frac{f(b)-f(a)}{g(b)-g(a)}g'(\xi)=0.$$

由于 $g'(\xi)\neq 0$,所以 (1.4) 式成立.

例 7 设 $f(x)$ 和 $g(x)$ 都是可导函数.当 $x>a$ 时,$|f'(x)|<g'(x)$.试证明:当 $x>a$ 时,不等式

$$|f(x)-f(a)|<g(x)-g(a)$$

成立.

证 因为当 $x>a$ 时,$g'(x)>|f'(x)|\geq 0$,即 $g'(x)>0$,所以 $g(x)$ 在 $(a,+\infty)$ 内严格单增（参见例 4）.故当 $x>a$ 时有 $g(x)>g(a)$,即 $g(x)-g(a)>0$.对 $f(x)$ 和 $g(x)$ 在 $[a,x]$ 上应用柯西中值定理,得到

$$\frac{f(x)-f(a)}{g(x)-g(a)}=\frac{f'(\xi)}{g'(\xi)}, \quad a<\xi<x.$$

由此推出

$$\frac{|f(x)-f(a)|}{g(x)-g(a)}=\left|\frac{f(x)-f(a)}{g(x)-g(a)}\right|=\left|\frac{f'(\xi)}{g'(\xi)}\right|=\frac{|f'(\xi)|}{g'(\xi)}<1$$

因此当 $x>a$ 时有

$$|f(x)-f(a)|<g(x)-g(a).$$

§4.2 洛必达法则

柯西中值定理为我们提供了一种求函数极限的方法.

设 $f(x_0)=g(x_0)=0$,$f(x)$ 与 $g(x)$ 在 x_0 的某邻域内满足柯西中值定理的条件,从而有

$$\frac{f(x)}{g(x)}=\frac{f'(\xi)}{g'(\xi)},$$

其中 ξ 介于 x_0 与 x 之间. 当 $x \to x_0$ 时,$\xi \to x_0$,因此若极限

$$\lim_{\xi \to x_0} \frac{f'(\xi)}{g'(\xi)}=A,$$

则必有

$$\lim_{x \to x_0} \frac{f(x)}{g(x)}=A.$$

这里 $\frac{f(x)}{g(x)}$ 是 $x \to x_0$ 时两个无穷小量之比,通常称之为 $\frac{0}{0}$ 型未定式. 一般说来,这种未定式的确定往往是比较困难的,但如果 $\lim_{x \to x_0} \frac{f'(x)}{g'(x)}$ 存在而且容易求出,困难便迎刃而解. 对于 $\frac{\infty}{\infty}$ 型未定式,即两个无穷大量之比的极限,也可以采用类似的方法确定. 我们把这种确定未定式的方法称为<u>洛必达法则</u>.

定理 4.2.1(洛必达法则 Ⅰ) 若

(1) $\lim\limits_{x \to x_0} f(x)=0, \lim\limits_{x \to x_0} g(x)=0$;

(2) $f(x)$ 与 $g(x)$ 在 x_0 的某去心邻域内可导,且 $g'(x) \neq 0$;

(3) $\lim\limits_{x \to x_0} \frac{f'(x)}{g'(x)}$ 存在(或为 ∞),则

$$\lim_{x \to x_0} \frac{f(x)}{g(x)}=\lim_{x \to x_0} \frac{f'(x)}{g'(x)}.$$

证 令

$$F(x)=\begin{cases} f(x), & x \neq x_0, \\ 0, & x=x_0, \end{cases} \quad G(x)=\begin{cases} g(x), & x \neq x_0, \\ 0, & x=x_0, \end{cases}$$

由假设(1),(2)可知,$F(x)$ 与 $G(x)$ 在 x_0 的某邻域 $U(x_0)$ 内连续,在 $\mathring{U}(x_0)$ 内可导,且 $G'(x)=g'(x) \neq 0$. 任取 $x \in \mathring{U}(x_0)$,则 $F(x)$ 与 $G(x)$ 在以 x_0 与 x 为端点的区间上满足柯西中值定理的条件,从而有

$$\frac{F(x)-F(x_0)}{G(x)-G(x_0)}=\frac{F'(\xi)}{G'(\xi)}=\frac{f'(\xi)}{g'(\xi)}.$$

其中 ξ 在 x 与 x_0 之间. 由于 $F(x_0)=G(x_0)=0$, 且当 $x\neq x_0$ 时 $F(x)=f(x), G(x)=g(x)$, 可得

$$\frac{f(x)}{g(x)}=\frac{f'(\xi)}{g'(\xi)}.$$

上式中, 令 $x\to x_0$, 则 $\xi\to x_0$, 根据假设(3)就有

$$\lim_{x\to x_0}\frac{f(x)}{g(x)}=\lim_{\xi\to x_0}\frac{f'(\xi)}{g'(\xi)}=\lim_{x\to x_0}\frac{f'(x)}{g'(x)}.$$

对于 $\dfrac{\infty}{\infty}$ 型未定式, 也有类似于定理 4.2.1 的法则, 其证明省略.

定理 4.2.2(洛必达法则 II) 若

(1) $\lim\limits_{x\to x_0} f(x)=\infty$, $\lim\limits_{x\to x_0} g(x)=\infty$;

(2) $f(x)$ 与 $g(x)$ 在 x_0 的某去心邻域内可导, 且 $g'(x)\neq 0$;

(3) $\lim\limits_{x\to x_0}\dfrac{f'(x)}{g'(x)}$ 存在(或为 ∞), 则

$$\lim_{x\to x_0}\frac{f(x)}{g(x)}=\lim_{x\to x_0}\frac{f'(x)}{g'(x)}.$$

在定理 4.2.1 和 4.2.2 中, 若把 $x\to x_0$ 换成 $x\to x_0^+$, $x\to x_0^-$, $x\to\infty$, $x\to+\infty$ 或 $x\to-\infty$ 时, 只需对两定理中的假设(2)作相应的修改, 结论仍然成立.

例 1 求下列极限

(1) $\lim\limits_{x\to 0}\dfrac{x-\sin x}{x^3}$;

(2) $\lim\limits_{x\to\frac{\pi}{2}}\dfrac{\cos x}{\frac{\pi}{2}-x}$;

(3) $\lim\limits_{x\to+\infty}\dfrac{\frac{\pi}{2}-\arctan x}{\frac{1}{x}}$;

(4) $\lim\limits_{x\to 1}\dfrac{x-x^x}{1-x+\ln x}$.

解 由洛必达法则可得

(1) $\lim\limits_{x\to 0}\dfrac{x-\sin x}{x^3}=\lim\limits_{x\to 0}\dfrac{1-\cos x}{3x^2}=\lim\limits_{x\to 0}\dfrac{\sin x}{6x}=\dfrac{1}{6}$.

(2) $\lim\limits_{x\to\frac{\pi}{2}}\dfrac{\cos x}{\frac{\pi}{2}-x}=\lim\limits_{x\to\frac{\pi}{2}}\dfrac{-\sin x}{-1}=1$.

(3) $\lim\limits_{x\to+\infty}\dfrac{\frac{\pi}{2}-\arctan x}{\frac{1}{x}}=\lim\limits_{x\to+\infty}\dfrac{-\frac{1}{1+x^2}}{-\frac{1}{x^2}}=\lim\limits_{x\to+\infty}\dfrac{x^2}{1+x^2}=1$.

(4) $\lim\limits_{x\to 1}\dfrac{x-x^x}{1-x+\ln x} = \lim\limits_{x\to 1}\dfrac{1-x^x(\ln x+1)}{-1+\dfrac{1}{x}}$

$= \lim\limits_{x\to 1}\dfrac{-x^x(\ln x+1)^2 - x^x\cdot\dfrac{1}{x}}{-\dfrac{1}{x^2}} = 2.$

例 2 求下列极限

(1) $\lim\limits_{x\to +\infty}\dfrac{(\ln x)^m}{x}$ (m 为正整数); (2) $\lim\limits_{x\to +\infty}\dfrac{x^m}{e^x}$ (m 为正整数);

(3) $\lim\limits_{x\to 0^+}\dfrac{\ln\tan 5x}{\ln\tan 3x}$; (4) $\lim\limits_{x\to\infty}\dfrac{e^x+2x\arctan x}{e^x-\pi x}$.

解 (1) 由于

$$\lim\limits_{x\to +\infty}\dfrac{\ln x}{x^{\frac{1}{m}}} = \lim\limits_{x\to +\infty}\dfrac{\dfrac{1}{x}}{\dfrac{1}{m}x^{\frac{1}{m}-1}} = \lim\limits_{x\to +\infty}\dfrac{m}{x^{\frac{1}{m}}} = 0,$$

所以 $\lim\limits_{x\to +\infty}\dfrac{(\ln x)^m}{x} = \lim\limits_{x\to +\infty}\left(\dfrac{\ln x}{x^{\frac{1}{m}}}\right)^m = 0.$

(2) 由于

$$\lim\limits_{x\to +\infty}\dfrac{x}{e^{\frac{1}{m}x}} = \lim\limits_{x\to +\infty}\dfrac{1}{\dfrac{1}{m}e^{\frac{1}{m}x}} = 0,$$

所以 $\lim\limits_{x\to +\infty}\dfrac{x^m}{e^x} = \lim\limits_{x\to +\infty}\left(\dfrac{x}{e^{\frac{1}{m}x}}\right)^m = 0.$

(3) $\lim\limits_{x\to 0^+}\dfrac{\ln\tan 5x}{\ln\tan 3x} = \lim\limits_{x\to 0^+}\dfrac{\dfrac{5\sec^2 5x}{\tan 5x}}{\dfrac{3\sec^2 3x}{\tan 3x}} = \lim\limits_{x\to 0^+}\dfrac{5\tan 3x}{3\tan 5x}\cdot\lim\limits_{x\to 0^+}\dfrac{1+\tan^2 5x}{1+\tan^2 3x} = 1.$

(4) 由于

$$\lim\limits_{x\to +\infty}\dfrac{e^x+2x\arctan x}{e^x-\pi x} = \lim\limits_{x\to +\infty}\dfrac{e^x+2\arctan x+\dfrac{2x}{1+x^2}}{e^x-\pi}$$

$$= \lim\limits_{x\to +\infty}\dfrac{1+2e^{-x}\arctan x+\dfrac{2x}{1+x^2}e^{-x}}{1-\pi e^{-x}} = 1,$$

且

$$\lim\limits_{x\to -\infty}\dfrac{e^x+2x\arctan x}{e^x-\pi x} = \lim\limits_{x\to -\infty}\dfrac{\dfrac{e^x}{x}+2\arctan x}{\dfrac{e^x}{x}-\pi} = \dfrac{2\left(-\dfrac{\pi}{2}\right)}{-\pi} = 1,$$

所以 $\lim\limits_{x\to\infty}\dfrac{e^x+2x\arctan x}{e^x-\pi x}=1.$

对于其他类型的未定式,如 $0\cdot\infty,\infty-\infty,\infty^0,0^0,1^\infty$ 等,我们可以通过恒等变形或简单变换将它们转化为 $\dfrac{0}{0}$ 或 $\dfrac{\infty}{\infty}$ 型,再应用洛必达法则.

例 3 求下列极限:

(1) $\lim\limits_{x\to 0^+} x\ln x$; (2) $\lim\limits_{x\to \frac{\pi}{2}}(\sec x-\tan x)$;

(3) $\lim\limits_{x\to +\infty}(1+x)^{\frac{1}{x}}$; (4) $\lim\limits_{x\to 0^+} x^x$;

(5) $\lim\limits_{x\to 0}(\cos x)^{\frac{1}{x^2}}$.

解 (1) $\lim\limits_{x\to 0^+} x\ln x = \lim\limits_{x\to 0^+}\dfrac{\ln x}{\dfrac{1}{x}}=\lim\limits_{x\to 0^+}\dfrac{\dfrac{1}{x}}{-\dfrac{1}{x^2}}=\lim\limits_{x\to 0^+}(-x)=0.$

(2) $\lim\limits_{x\to \frac{\pi}{2}}(\sec x-\tan x)=\lim\limits_{x\to \frac{\pi}{2}}\dfrac{1-\sin x}{\cos x}=\lim\limits_{x\to \frac{\pi}{2}}\dfrac{-\cos x}{-\sin x}=0.$

(3) 由于

$$\lim\limits_{x\to +\infty}\ln(1+x)^{\frac{1}{x}}=\lim\limits_{x\to +\infty}\dfrac{\ln(1+x)}{x}=\lim\limits_{x\to +\infty}\dfrac{\dfrac{1}{1+x}}{1}=0,$$

所以 $\lim\limits_{x\to +\infty}(1+x)^{\frac{1}{x}}=\lim\limits_{x\to +\infty}e^{\ln(1+x)^{\frac{1}{x}}}=e^0=1.$

(4) 由(1)得

$$\lim\limits_{x\to 0^+}\ln x^x=\lim\limits_{x\to 0^+}x\ln x=0$$

所以 $\lim\limits_{x\to 0^+}x^x=\lim\limits_{x\to 0^+}e^{\ln x^x}=e^0=1.$

(5) 由于

$$\lim\limits_{x\to 0}\ln(\cos x)^{\frac{1}{x^2}}=\lim\limits_{x\to 0}\dfrac{\ln(\cos x)}{x^2}=\lim\limits_{x\to 0}\dfrac{-\tan x}{2x}=-\dfrac{1}{2},$$

所以 $\lim\limits_{x\to 0}(\cos x)^{\frac{1}{x^2}}=\lim\limits_{x\to 0}e^{\ln(\cos x)^{\frac{1}{x^2}}}=e^{-\frac{1}{2}}.$

我们已经看到,洛必达法则是确定未定式的一种重要且简便的方法.使用洛必达法则时我们应注意检验定理中的条件,然后一般要整理化简;如仍属未定式,可以继续使用.使用中应注意结合运用其他求极限的方法,如等价无穷小替换,作恒等变形或适当的变量代换等,以简化运算过程.此外,还应注意到洛必达法则的条件是充分的,并非必要.如果所求极限不满足其条件时,则应考虑改用其他求极限的方法.

例 4 极限 $\lim\limits_{x\to\infty}\dfrac{x+\sin x}{x-\sin x}$ 存在吗? 能否用洛必达法则求其极限?

解 $\lim\limits_{x\to\infty}\dfrac{x+\sin x}{x-\sin x}=\lim\limits_{x\to\infty}\dfrac{1+\dfrac{1}{x}\sin x}{1-\dfrac{1}{x}\sin x}=1$,即极限存在.但不能用洛必达法则求出其极限.因为 $\lim\limits_{x\to\infty}\dfrac{x+\sin x}{x-\sin x}$ 尽管是 $\dfrac{\infty}{\infty}$ 型,可是若对分子、分母分别求导后得 $\dfrac{1+\cos x}{1-\cos x}$,由于 $\lim\limits_{x\to\infty}\dfrac{1+\cos x}{1-\cos x}$ 不存在,故不能使用洛必达法则.

§4.3 泰勒公式

对于一些复杂函数,为了便于研究,我们往往希望用一些简单函数来近似表示,而多项式是各类函数中最简单的一种.因此用多项式近似表达函数是近似计算和理论分析中的一个重要内容.

先讨论函数 $f(x)$ 本身就是一个多项式的情形.设
$$f(x)=a_0+a_1(x-x_0)+a_2(x-x_0)^2+\cdots+a_n(x-x_0)^n.$$
逐次求导得
$$f'(x)=a_1+2a_2(x-x_0)+\cdots+na_n(x-x_0)^{n-1}$$
$$f''(x)=2a_2+3!a_3(x-x_0)+\cdots+n(n-1)a_n(x-x_0)^{n-2},$$
……
$$f^{(n)}(x)=n!a_n.$$
由此推出
$$f(x_0)=a_0, f'(x_0)=a_1, f''(x_0)=2!a_2,\cdots,f^{(n)}(x_0)=n!a_n,$$
或
$$a_0=f(x_0), a_1=f'(x_0), a_2=\dfrac{f''(x_0)}{2!},\cdots,a_n=\dfrac{f^{(n)}(x_0)}{n!}.$$
于是有
$$f(x)=f(x_0)+f'(x_0)(x-x_0)+\dfrac{f''(x_0)}{2!}(x-x_0)^2+\cdots+\dfrac{f^{(n)}(x_0)}{n!}(x-x_0)^n.$$

对于任意一个函数 $f(x)$ 来说,如果它存在直到 n 阶的导数,则按照它的导数总可以写出相应于上式右边的形式,它与函数 $f(x)$ 之间有什么关系呢?

定理 4.3.1（泰勒定理） 若 $f(x)$ 在含有 x_0 的某开区间 (a,b) 内具有直到 $n+1$ 阶的导数，则对任意 $x\in(a,b)$，至少存在一点 ξ 介于 x_0 与 x 之间，使得

$$f(x)=f(x_0)+f'(x_0)(x-x_0)+\frac{f''(x_0)}{2!}(x-x_0)^2+\cdots$$
$$+\frac{f^{(n)}(x_0)}{n!}(x-x_0)^n+\frac{f^{(n+1)}(\xi)}{(n+1)!}(x-x_0)^{n+1}. \qquad(3.1)$$

证 作辅助函数

$$F(t)=f(x)-\left[f(t)+f'(t)(x-t)+\frac{f''(t)}{2!}(x-t)^2+\cdots+\frac{f^{(n)}(t)}{n!}(x-t)^n\right]$$

及

$$G(t)=(x-t)^{n+1}.$$

由假设知 $F(t)$ 在 (a,b) 内可导，且

$$F'(t)=-\frac{f^{(n+1)}(t)}{n!}(x-t)^n.$$

又 $G'(t)=-(n+1)(x-t)^n$，当 $t\neq x$ 时 $G'(t)\neq 0$。

于是对任意 $x\in(a,b)$，若 $x=x_0$，则取 $\xi=x_0$，(3.1)式成立。若 $x\neq x_0$，则对函数 $F(t)$ 及 $G(t)$ 在以 x_0 与 x 为端点的区间上应用柯西中值定理可得

$$\frac{F(x)-F(x_0)}{G(x)-G(x_0)}=\frac{F'(\xi)}{G'(\xi)}=\frac{f^{(n+1)}(\xi)}{(n+1)!},$$

其中 ξ 介于 x_0 与 x 之间。由于

$$F(x)=G(x)=0,$$

$$F(x_0)=f(x)-\left[f(x_0)+f'(x_0)(x-x_0)+\frac{f''(x_0)}{2!}(x-x_0)^2+\cdots\right.$$
$$\left.+\frac{f^{(n)}(x_0)}{n!}(x-x_0)^n\right],$$

$$G(x_0)=(x-x_0)^{n+1},$$

把它们代入上式整理后即得 (3.1) 式。

(3.1)式称为 $f(x)$ 的**泰勒公式**，其中

$$R_n(x)=\frac{f^{(n+1)}(\xi)}{(n+1)!}(x-x_0)^{n+1}$$

称为拉格朗日型余项。当 $n=0$ 时，泰勒公式就成为拉格朗日公式。因此也可以说泰勒定理是含有高阶导数的中值定理。

我们还可以应用洛必达法则来证明比定理 4.3.1 对 $f(x)$ 的要求稍弱一些的泰勒公式。

定理 4.3.2 若 $f(x)$ 在 x_0 的某邻域 $U(x_0)$ 内具有 $n-1$ 阶导数,且 $f^{(n)}(x_0)$ 存在,则

$$f(x) = f(x_0) + f'(x_0)(x-x_0) + \frac{f''(x_0)}{2!}(x-x_0)^2 + \cdots$$

$$+ \frac{f^{(n)}(x_0)}{n!}(x-x_0)^n + o((x-x_0)^n), \tag{3.2}$$

其中 $x \in U(x_0)$.

证 令

$$F(x) = f(x) - \left[f(x_0) + f'(x_0)(x-x_0) + \cdots + \frac{f^{(n)}(x_0)}{n!}(x-x_0)^n\right],$$

$$G(x) = (x-x_0)^n.$$

当 $x \in U(x_0)$ 时,应用洛必达法则 $n-1$ 次,并注意到 $f^{(n)}(x_0)$ 存在,可得

$$\lim_{x \to x_0} \frac{F(x)}{G(x)} = \lim_{x \to x_0} \frac{F^{(n-1)}(x)}{G^{(n-1)}(x)}$$

$$= \lim_{x \to x_0} \frac{f^{(n-1)}(x) - f^{(n-1)}(x_0) - f^{(n)}(x_0)(x-x_0)}{n!(x-x_0)}$$

$$= \frac{1}{n!} \lim_{x \to x_0} \left[\frac{f^{(n-1)}(x) - f^{(n-1)}(x_0)}{x-x_0} - f^{(n)}(x_0)\right] = 0.$$

所以当 $x \in U(x_0)$ 时

$$F(x) = o(G(x)) \quad (x \to x_0),$$

从而公式(3.2)成立.

公式(3.2)中泰勒公式余项 $R_n(x) = o((x-x_0)^n)$ 称为<u>皮亚诺型余项</u>.

泰勒公式(3.1)或(3.2)在 $x_0 = 0$ 时称为<u>麦克劳林公式</u>,即

$$f(x) = f(0) + f'(0)x + \frac{f''(0)}{2!}x^2 + \cdots + \frac{f^{(n)}(0)}{n!}x^n + R_n(x), \tag{3.3}$$

其中 $R_n(x) = \frac{f^{(n+1)}(\theta x)}{(n+1)!}x^{n+1}$ $(0 < \theta < 1)$ 或 $R_n(x) = o(x^n)$.

例1 求指数函数 e^x 的麦克劳林公式.

解 设 $f(x) = e^x$,则

$$f^{(n)}(x) = e^x, f^{(n)}(0) = 1 \quad (n = 0, 1, 2, \cdots).$$

代入公式(3.3)即得 e^x 的麦克劳林公式

$$e^x = 1 + x + \frac{x^2}{2!} + \cdots + \frac{x^n}{n!} + R_n(x),$$

其中 $R_n(x) = \frac{e^{\theta x}}{(n+1)!}x^{n+1}$ $(0 < \theta < 1)$ 或 $R_n(x) = o(x^n)$.

例 2 求 $\sin x$ 和 $\cos x$ 的麦克劳林公式.

解 设 $f(x)=\sin x$,则

$$f^{(n)}(x)=\sin\left(x+\frac{n\pi}{2}\right),$$

$$f^{(n)}(0)=\sin\frac{n\pi}{2}=\begin{cases}0, & n=2k,\\ (-1)^k, & n=2k+1,\end{cases}\quad(k=0,1,2,\cdots).$$

所以 $\sin x$ 的麦克劳林公式是

$$\sin x=x-\frac{x^3}{3!}+\cdots+(-1)^k\frac{x^{2k+1}}{(2k+1)!}+o(x^{2k+1}).$$

类似可以求出

$$\cos x=1-\frac{x^2}{2!}+\cdots+(-1)^k\frac{x^{2k}}{(2k)!}+o(x^{2k}).$$

例 3 求 $\ln(1+x)$ 的麦克劳林公式.

解 设 $f(x)=\ln(1+x)$,则 $f(0)=0$,

$$f^{(n)}(x)=(-1)^{n-1}\frac{(n-1)!}{(1+x)^n},$$

$$f^{(n)}(0)=(-1)^{n-1}(n-1)!\quad(n=1,2,\cdots).$$

所以 $\ln(1+x)$ 的麦克劳林公式是

$$\ln(1+x)=x-\frac{x^2}{2}+\cdots+(-1)^{n-1}\frac{x^n}{n}+o(x^n).$$

例 4 写出 $(1+x)^\alpha$ 的麦克劳林公式.

解 设 $f(x)=(1+x)^\alpha$,则 $f(0)=1$,

$$f^{(n)}(x)=\alpha(\alpha-1)\cdots(\alpha-n+1)(1+x)^{\alpha-n},$$

$$f^{(n)}(0)=\alpha(\alpha-1)\cdots(\alpha-n+1)\quad(n=1,2,\cdots).$$

所以 $(1+x)^\alpha$ 的麦克劳林公式是

$$(1+x)^\alpha=1+\alpha x+\frac{\alpha(\alpha-1)}{2!}x^2+\cdots+\frac{\alpha(\alpha-1)\cdots(\alpha-n+1)}{n!}x^n+o(x^n).$$

上面几个初等函数的麦克劳林公式,在作近似计算或求极限时常常会用到它们.

例 5 求下列极限

(1) $\lim\limits_{x\to 0}\dfrac{1-\cos x^2}{x^3\sin x}$; (2) $\lim\limits_{x\to 0}\dfrac{6\sin x^3+x^3(x^6-6)}{x^9\ln(1+x^6)}$;

(3) $\lim\limits_{x\to +\infty}\left[\left(x^3-x^2+\dfrac{x}{2}\right)e^{\frac{1}{x}}-\sqrt{1+x^6}\right]$.

解 (1) $\lim\limits_{x\to 0}\dfrac{1-\cos x^2}{x^3\sin x}=\lim\limits_{x\to 0}\dfrac{1-\left[1-\dfrac{(x^2)^2}{2!}+o((x^2)^2)\right]}{x^3[x+o(x)]}$

$=\lim\limits_{x\to 0}\dfrac{\dfrac{x^4}{2}+o(x^4)}{x^4+o(x^4)}=\dfrac{1}{2}.$

(2) 原式 $=\lim\limits_{x\to 0}\dfrac{6\left[x^3-\dfrac{x^9}{3!}+\dfrac{x^{15}}{5!}+o(x^{15})\right]+x^9-6x^3}{x^9[x^6+o(x^6)]}$

$=\lim\limits_{x\to 0}\dfrac{\dfrac{1}{20}x^{15}+o(x^{15})}{x^{15}+o(x^{15})}=\dfrac{1}{20}.$

(3) 令 $\dfrac{1}{x}=u$，则

原式 $=\lim\limits_{u\to 0^+}\left[\left(\dfrac{1}{u^3}-\dfrac{1}{u^2}+\dfrac{1}{2u}\right)e^u-\left(1+\dfrac{1}{u^6}\right)^{\frac{1}{2}}\right]$

$=\lim\limits_{u\to 0^+}\dfrac{1}{u^3}\left[\left(1-u+\dfrac{1}{2}u^2\right)e^u-(1+u^6)^{\frac{1}{2}}\right]$

$=\lim\limits_{u\to 0^+}\dfrac{1}{u^3}\left\{\left(1-u+\dfrac{1}{2}u^2\right)\left[1+u+\dfrac{u^2}{2}+\dfrac{u^3}{6}+o(u^3)\right]\right.$

$\left.-\left[1+\dfrac{1}{2}u^6+o(u^6)\right]\right\}$

$=\lim\limits_{u\to 0^+}\dfrac{\dfrac{1}{6}u^3+o(u^3)}{u^3}=\dfrac{1}{6}.$

例 6 设 $f''(x_0)$ 存在，证明

$$\lim\limits_{h\to 0}\dfrac{f(x_0+h)+f(x_0-h)-2f(x_0)}{h^2}=f''(x_0).$$

证 由泰勒公式(3.2)得

$$f(x_0+h)=f(x_0)+f'(x_0)h+\dfrac{f''(x_0)}{2!}h^2+o(h^2),$$

$$f(x_0-h)=f(x_0)-f'(x_0)h+\dfrac{f''(x_0)}{2!}h^2+o(h^2).$$

所以

$$\lim\limits_{h\to 0}\dfrac{f(x_0+h)+f(x_0-h)-2f(x_0)}{h^2}=\lim\limits_{h\to 0}\dfrac{f''(x_0)h^2+o(h^2)}{h^2}=f''(x_0).$$

§4.4 函数的单调性与极值

1. 函数单调性的判别法

单调函数是一个重要的函数类. 本节将讨论单调函数与其导函数之间的关系, 从而提供一种判别函数单调性的方法.

§4.1 的例 4 已给出函数 $f(x)$ 在 $[a,b]$ 上严格单调的充分条件, 其实我们有更一般的结论.

定理 4.4.1 设 $f(x)$ 在 $[a,b]$ 上连续, 在 (a,b) 内可导, 则 $f(x)$ 在 $[a,b]$ 上严格单增(或严格单减)的充要条件是在 (a,b) 内 $f'(x) \geqslant 0$ (或 $f'(x) \leqslant 0$), 且在 (a,b) 内任何子区间上 $f'(x) \not\equiv 0$.

证 必要性 设 $f(x)$ 在 $[a,b]$ 上严格单增. 对任意 $x \in (a,b)$, 当 Δx 充分小时, 仍有 $x + \Delta x \in (a,b)$. 由于 $f(x)$ 在 $[a,b]$ 上严格单增, 所以总有
$$\frac{f(x+\Delta x)-f(x)}{\Delta x} > 0.$$
令 $\Delta x \to 0$, 由极限的不等式性质得
$$f'(x) \geqslant 0, \quad x \in (a,b).$$
这里等号不能在 (a,b) 内任何子区间上成立. 因为如果不然, 则由 §4.1 的例 3 推知 $f(x)$ 在这子区间上等于某一常数, 这与 $f(x)$ 在 $[a,b]$ 上严格单增的假设相矛盾.

充分性 设在 (a,b) 内 $f'(x) \geqslant 0$ 且在 (a,b) 内任何子区间上 $f'(x) \not\equiv 0$. 任取 $x_1, x_2 \in [a,b]$, 且 $x_1 < x_2$, 对 $f(x)$ 在 $[a,b]$ 上应用拉格朗日中值定理可得
$$f(x_2) - f(x_1) = f'(\xi)(x_2 - x_1), \quad x_1 < \xi < x_2.$$
由于 $f'(\xi) \geqslant 0, x_2 - x_1 > 0$, 故推出
$$f(x_2) \geqslant f(x_1).$$
但这里等号也不能成立. 因为如果出现 $f(x_1) = f(x_2)$, 则按上面所得结论, 对任意 $x \in (x_1, x_2)$ 应有 $f(x_1) \leqslant f(x) \leqslant f(x_2)$, 因此 $f(x)$ 在 $[x_1, x_2]$ 上是一常数, 从而在 (x_1, x_2) 内 $f'(x) \equiv 0$, 与假设相矛盾. 所以 $f(x)$ 在 $[a,b]$ 上严格单增.

类似可证 $f(x)$ 在 $[a,b]$ 上严格单减的情形.

不难看出定理中的闭区间可以换成其他各种区间, 相应的结论亦成立.

例1 判定函数 $f(x) = x + \cos x$ ($0 \leqslant x \leqslant 2\pi$) 的单调性.

解 $f(x)$在$[0,2\pi]$上连续,在$(0,2\pi)$内可导,
$$f'(x)=1-\sin x\geqslant 0,$$
且等号仅当$x=\dfrac{\pi}{2}$时成立. 所以由定理 4.4.1 推知 $f(x)=x+\cos x$ 在 $[0,2\pi]$上严格单增.

我们还可以利用函数的单调性证明不等式.

例 2 证明:当$x>1$时,$2\sqrt{x}>3-\dfrac{1}{x}$.

证 令 $f(x)=2\sqrt{x}-3+\dfrac{1}{x}$,则 $f(x)$在$[1,+\infty)$上连续,在$(1,+\infty)$内可导,且 $f'(x)=\dfrac{1}{\sqrt{x}}-\dfrac{1}{x^2}>0$,故 $f(x)$在$[1,+\infty)$上严格单增,从而对任意$x>1$,都有 $f(x)=2\sqrt{x}-3+\dfrac{1}{x}>f(1)=0$. 即当$x>1$时.
$$2\sqrt{x}>3-\dfrac{1}{x}.$$

作为练习,我们容易证明下述定理.

定理 4.4.2 设 $f(x)$在$[a,b]$上连续,在(a,b)内可导,则 $f(x)$在$[a,b]$上单增(或单减)的充要条件是
$$f'(x)\geqslant 0 \quad (或 f'(x)\leqslant 0).$$

2. 函数的极值

由费马定理我们知道,可导函数的极值点一定是它的驻点. 但是反过来却不一定. 例如 $x=0$ 是函数 $y=x^3$ 的驻点,可它并不是极值点,因为 $y=x^3$ 是一个严格单增函数. 所以 $f'(x_0)=0$ 只是可导函数 $f(x)$ 在 x_0 取得极值的必要条件,并非充分条件. 另外,对于导数不存在的点,函数也可能取得极值. 例如 $y=|x|$,它在 $x=0$ 处导数不存在,但在该点却取得极小值 0.

综上所论,我们只需从函数的驻点或导数不存在的点中去寻求函数的极值点,进而求出函数的极值.

定理 4.4.3(极值的第一充分条件) 设 $f(x)$在 x_0 连续,且在 x_0 的去心 δ 邻域 $\mathring{U}(x_0,\delta)$ 内可导.

(1) 若当$x\in(x_0-\delta,x_0)$时 $f'(x)>0$,当$x\in(x_0,x_0+\delta)$时 $f'(x)<0$,则 $f(x)$在 x_0 取得极大值;

(2) 若当$x\in(x_0-\delta,x_0)$时 $f'(x)<0$,当$x\in(x_0,x_0+\delta)$时 $f'(x)>0$,则 $f(x)$在 x_0 取得极小值;

(3) 若对一切 $x \in \overset{\circ}{U}(x_0,\delta)$ 都有 $f'(x)>0$(或 $f'(x_0)<0$),则 $f(x)$ 在 x_0 不取极值.

证 (1) 按假设及函数单调性判别法可知,$f(x)$ 在 $(x_0-\delta,x_0]$ 上严格单增,在 $[x_0,x_0+\delta]$ 上严格单减,故对任意 $x\in\overset{\circ}{U}(x_0,\delta)$,总有
$$f(x)<f(x_0).$$
所以 $f(x)$ 在 x_0 取得极大值.

(2),(3) 两种情形可以类似证明.

例 3 求 $y=(2x-5)\sqrt[3]{x^2}$ 的极值点与极值.

解 $y=(2x-5)\sqrt[3]{x^2}=2x^{\frac{5}{3}}-5x^{\frac{2}{3}}$ 在 $(-\infty,+\infty)$ 内连续,当 $x\neq 0$ 时,有
$$y'=\frac{10}{3}x^{\frac{2}{3}}-\frac{10}{3}x^{-\frac{1}{3}}=\frac{10}{3}\frac{x-1}{\sqrt[3]{x}}.$$
令 $y'=0$ 得驻点 $x=1$. 当 $x=0$ 时,函数的导数不存在. 列表讨论如下(表中 ↗ 表示单增,↘ 表示单减):

x	$(-\infty,0)$	0	$(0,1)$	1	$(1,+\infty)$
y'	+	不存在	−	0	+
y	↗	0 极大值	↘	−3 极小值	↗

故得函数 $f(x)$ 的极大值点 $x=0$,极大值 $f(0)=0$;极小值点 $x=1$,极小值 $f(1)=-3$.

顺便指出,我们也可以利用函数的驻点及导数不存在的点来确定函数的单调区间. 例如上例中函数 $y=(2x-5)\sqrt[3]{x^2}$ 的单增区间为 $(-\infty,0]$ 及 $[1,+\infty)$;单减区间为 $[0,1]$.

当函数 $f(x)$ 二阶可导时,我们也可以利用二阶导数的符号来判断 $f(x)$ 的驻点是否为极值点.

定理 4.4.4(极值的第二充分条件) 设 $f(x)$ 在 x_0 二阶可导,且 $f'(x_0)=0$,$f''(x_0)\neq 0$.

(1) 若 $f''(x_0)<0$,则 $f(x)$ 在 x_0 取得极大值;

(2) 若 $f''(x_0)>0$,则 $f(x)$ 在 x_0 取得极小值.

证 (1) 由于
$$f''(x_0)=\lim_{x\to x_0}\frac{f'(x)}{x-x_0}<0,$$
及 $f'(x_0)=0$,故有

$$\lim_{x \to x_0} \frac{f'(x)}{x-x_0} < 0.$$

根据极限的局部保号性可知,存在 $\delta > 0$,使得当 $x \in \overset{\circ}{U}(x_0, \delta)$ 时有

$$\frac{f'(x)}{x-x_0} < 0.$$

于是,当 $x \in (x_0 - \delta, x_0)$ 时 $f'(x) > 0$,而当 $x \in (x_0, x_0 + \delta)$ 时 $f'(x) < 0$,所以由极值的第一充分条件推知 $f(x)$ 在 x_0 取得极大值.

(2)的情形可以类似证明.

例 4 试问 a 为何值时,函数 $f(x) = a\sin x + \frac{1}{3}\sin 3x$ 在 $x = \frac{\pi}{3}$ 处取得极值?它是极大值还是极小值?求此极值.

解 $f'(x) = a\cos x + \cos 3x.$

由假设知 $f'\left(\frac{\pi}{3}\right) = 0$,由此得出 $\frac{a}{2} - 1 = 0$,即 $a = 2$.

又当 $a = 2$ 时,$f''(x) = -2\sin x - 3\sin 3x$,且 $f''\left(\frac{\pi}{3}\right) = -\sqrt{3} < 0$,所以 $f(x) = 2\sin x + \frac{1}{3}\sin 3x$ 在 $x = \frac{\pi}{3}$ 处取得极大值,且极大值 $f\left(\frac{\pi}{3}\right) = \sqrt{3}$.

3. 函数的最大值与最小值及其应用问题

根据闭区间上连续函数的性质,若函数 $f(x)$ 在闭区间 $[a,b]$ 上连续,则 $f(x)$ 在 $[a,b]$ 上必取得最大值和最小值.本段将讨论怎样求出函数的最大值和最小值.

对于可导函数来说,若 $f(x)$ 在区间 I 内的一点 x_0 取得最大(小)值,则在 x_0 不仅有 $f'(x_0) = 0$,即 x_0 是 $f(x)$ 的驻点,而且 x_0 为 $f(x)$ 的极值点.一般而言,最大(小)值还可能在区间端点或不可导点上取得.因此,若 $f(x)$ 在 I 上至多有有限个驻点及不可导点,为了避免对极值的考察,可直接比较这三种点的函数值即可求得最大值和最小值.

例 5 求函数 $f(x) = x^3 - 3x^2 - 9x + 5$ 在 $[-2, 4]$ 上的最大值与最小值.

解 $f(x)$ 在 $[-2, 4]$ 上连续,故必存在最大值与最小值.令

$$f'(x) = 3x^2 - 6x - 9 = 3(x+1)(x-3) = 0,$$

得驻点 $x = -1$ 和 $x = 3$,因为

$$f(-1) = 10, \quad f(3) = -22, \quad f(-2) = 3, \quad f(4) = -15,$$

所以 $f(x)$ 在 $x = -1$ 取得最大值 10,在 $x = 3$ 取得最小值 -22.

在求最大(小)值的问题中,值得指出的是下述特殊情形:设 $f(x)$ 在某区间 I 上连续,在 I 内可导,且有唯一的驻点 x_0. 如果 x_0 还是 $f(x)$ 的极值点,则由函数单调性判别法推知,当 $f(x_0)$ 是极大值时, $f(x_0)$ 就是 $f(x)$ 在 I 上的最大值;当 $f(x_0)$ 是极小值时, $f(x_0)$ 就是 $f(x)$ 在 I 上的最小值.

例 6 求数列 $\{\sqrt[n]{n}\}$ 的最大项.

解 设 $f(x)=x^{\frac{1}{x}}(x>0)$,则

$$f'(x)=x^{\frac{1}{x}} \cdot \frac{1-\ln x}{x^2}.$$

令 $f'(x)=0$ 得 $x=e$. 当 $x\in(0,e)$ 时 $f'(x)>0$,当 $x\in(e,+\infty)$ 时 $f'(x)<0$,所以 $f(x)$ 在 $x=e$ 取得极大值. 由于 $x=e$ 是唯一的驻点,故 $f(e)=e^{\frac{1}{e}}$ 为 $f(x)$ 在 $(0,+\infty)$ 内的最大值. 直接比较 $\sqrt{2}$ 与 $\sqrt[3]{3}$ 有 $\sqrt{2}<\sqrt[3]{3}$,由此推知 $\sqrt[3]{3}$ 是数列 $\{\sqrt[n]{n}\}$ 的最大项.

如果遇到实际生活中的最大值或最小值问题,则首先应建立起目标函数(即欲求其最值的那个函数),并确定其定义区间,将它转化为函数的最值问题. 特别地,如果所考虑的实际问题存在最大值(或最小值),并且所建立的目标函数 $f(x)$ 有唯一的驻点 x_0,则 $f(x_0)$ 必为所求的最大值(或最小值).

例 7 从半径为 R 的圆铁片上截下中心角为 φ 的扇形卷成一圆锥形漏斗,问 φ 取多大时做成的漏斗的容积最大?

解 设所做漏斗的顶半径为 r,高为 h,则

$$2\pi r=R\varphi, \quad r=\sqrt{R^2-h^2}.$$

漏斗的容积 V 为

$$V=\frac{1}{3}\pi r^2 h=\frac{1}{3}\pi h(R^2-h^2), \quad 0<h<R.$$

由于 h 由中心角 φ 唯一确定,故将问题转化为先求函数 $V=V(h)$ 在 $(0,R)$ 上的最大值.

令 $V'=\frac{\pi}{3}R^2-\pi h^2=0$,得唯一驻点 $h=\frac{R}{\sqrt{3}}$. 从而

$$\varphi=\frac{2\pi}{R}\sqrt{R^2-h^2}\Big|_{h=\frac{R}{\sqrt{3}}}=\frac{2}{3}\sqrt{6}\pi.$$

因此根据问题的实际意义可知当 $\varphi=\frac{2}{3}\sqrt{6}\pi$ 时能使漏斗的容积最大.

例 8 设厂商的总成本函数 $C=C(q)$ 是二阶可导函数(q 是产量),平均成本函数为

$$AC = \frac{C(q)}{q},$$

设 $\frac{d^2 AC}{dq^2} > 0$,求厂商达到最小平均成本时的边际成本.

解
$$\frac{dAC}{dq} = \frac{qC'(q) - C(q)}{q^2} = \frac{1}{q}\left(C'(q) - \frac{C(q)}{q}\right)$$
$$= \frac{1}{q}(MC - AC).$$

由于 $\frac{d^2 AC}{dq^2} > 0$,故 AC 存在唯一驻点 q_1(否则 $\frac{d^2 AC}{dq^2}$ 有零点),在 q_1 处 AC 取得极小值,从而也是最小值,这时边际成本 $MC = AC$.

例 9 设厂商的总成本函数 $C = C(q)$(q 是产量),其需求函数为 $p = p(q)$. $C(q)$,$p(q)$ 均二阶可导,且厂商的利润函数 $L = L(q)$ 满足 $\frac{d^2 L}{dq^2} < 0$,试确定厂商获得最大利润的必要条件.

解 厂商的收益函数为
$$R = R(q) = qp(q),$$
利润函数
$$L = L(q) = R(q) - C(q).$$

由 $\frac{d^2 L}{dq^2} < 0$ 知道 $L(q)$ 至多有一个驻点 q_1,当 q_1 存在时,$L(q)$ 在 q_1 处取得极大值,从而是最大值(q_1 称为厂商的均衡产量,相应的价格称为均衡价格). 这时
$$\left.\frac{dL}{dq}\right|_{q=q_1} = \left.\frac{dR}{dq}\right|_{q=q_1} - \left.\frac{dC}{dq}\right|_{q=q_1} = 0,$$
即
$$MR(q_1) = MC(q_1).$$

因此厂商获得最大利润的必要条件是边际收入等于边际成本(这一条件称为厂商的均衡条件).

§4.5 函数图形的讨论

在讨论函数图形之前先研究曲线的几种特性.

1. 曲线的凸性

§4.4 对函数的单调性、极值、最大值与最小值进行了讨论,使我们知

道了函数变化的大致情况.但这还不够,因为同属单增的两个可导函数的图形,虽然从左到右曲线都在上升,但它们的弯曲方向却可能不同.如图 4-4 中的曲线为向下凸,而图 4-5 中的曲线为向上凸.

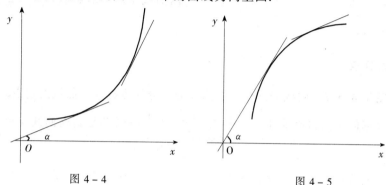

图 4-4 　　　　　　　　　　　图 4-5

定义 4.5.1　设函数 $y=f(x)$ 在 (a,b) 内可导.若曲线 $y=f(x)$ 位于其每点处切线的上方,则称它在 (a,b) 内下凸(或上凹);若曲线 $y=f(x)$ 位于其每点处切线的下方,则称它在 (a,b) 内上凸(或下凹).相应地,也称函数 $y=f(x)$ 分别为下凸函数和上凸函数(通常把下凸函数称为凸函数).

从图 4-4 和 4-5 明显看出,下凸曲线的斜率 $\tan\alpha=f'(x)$(其中 α 为切线的倾角)随着 x 增大而增大,即 $f'(x)$ 为单增函数;上凸曲线的斜率 $f'(x)$ 随着 x 增大而减小,也就是说,$f'(x)$ 为单减函数.但 $f'(x)$ 的单调性可由二阶导数 $f''(x)$ 的符号来判定,因此有下述定理.

定理 4.5.1　若 $f(x)$ 在 (a,b) 内二阶可导,则曲线 $y=f(x)$ 在 (a,b) 内下凸(上凸)的充要条件是
$$f''(x)\geqslant 0 \quad (f''(x)\leqslant 0), \quad x\in(a,b).$$

定义 4.5.1 中所指的曲线 $y=f(x)$ 在 (a,b) 内下凸(或上凸),包括出现这样情形,即曲线可能在 (a,b) 内某个小区间上为直线段.如果把这种情形排除在外,即规定除切点外,曲线上纵坐标的值总大(或小)于切线上相应纵坐标的值,这时我们就说曲线是严格下凸(或严格上凸).对于这种严格凸性来说,定理 4.5.1 的充要条件中,除指出 $f''(x)\geqslant 0\ (\leqslant 0), x\in(a,b)$ 之外,还必须增加要求:在 (a,b) 内的任何子区间上 $f''(x)\not\equiv 0$.

例 1　讨论高斯曲线 $y=\mathrm{e}^{-x^2}$ 的凸性.

解　$y'=-2x\mathrm{e}^{-x^2}, y''=2(2x^2-1)\mathrm{e}^{-x^2}$.所以

当 $2x^2-1>0$,即当 $x>\dfrac{1}{\sqrt{2}}$ 或 $x<-\dfrac{1}{\sqrt{2}}$ 时 $y''>0$;

当 $2x^2-1<0$，即当 $-\dfrac{1}{\sqrt{2}}<x<\dfrac{1}{\sqrt{2}}$ 时 $y''<0$.

因此，在区间 $\left(-\infty,-\dfrac{1}{\sqrt{2}}\right)$ 与 $\left(\dfrac{1}{\sqrt{2}},+\infty\right)$ 内曲线下凸；在区间 $\left(-\dfrac{1}{\sqrt{2}},\dfrac{1}{\sqrt{2}}\right)$ 内曲线上凸.

2. 拐点

定义 4.5.2 曲线的下凸与上凸部分的分界点称为该曲线的<u>拐点</u>.

根据例 1 的讨论即知，点 $\left(-\dfrac{1}{\sqrt{2}},\dfrac{1}{\sqrt{e}}\right)$ 与 $\left(\dfrac{1}{\sqrt{2}},\dfrac{1}{\sqrt{e}}\right)$ 都是高斯曲线 $y=e^{-x^2}$ 的拐点.

我们从定理 4.5.1 及其说明部分已经看到，利用二阶导数研究曲线的凸性与利用一阶导数研究函数的单调性，两者有相对应的结果. 其实曲线的拐点同样有类似于函数极值点的性质，也是利用更高一阶导数而得出.

定理 4.5.2（拐点的必要条件） 若 $f(x)$ 在 x_0 某邻域 $U(x_0,\delta)$ 内二阶可导，且 $(x_0,f(x_0))$ 为曲线 $y=f(x)$ 的拐点，则 $f''(x_0)=0$.

证 不妨设曲线 $y=f(x)$ 在 $(x_0-\delta,x_0)$ 下凸，而在 $(x_0,x_0+\delta)$ 上凸，由定理 4.5.1 可知，在 $(x_0-\delta,x_0)$ 内 $f''(x)\geqslant 0$，而在 $(x_0,x_0+\delta)$ 内 $f''(x)\leqslant 0$. 于是对任意 $x\in\mathring{U}(x_0,\delta)$，总有 $f'(x)-f'(x_0)\leqslant 0$. 因此

$$f''_-(x_0)=\lim_{x\to x_0^-}\frac{f'(x)-f'(x_0)}{x-x_0}\geqslant 0,$$

$$f''_+(x_0)=\lim_{x\to x_0^+}\frac{f'(x)-f'(x_0)}{x-x_0}\leqslant 0.$$

由于 $f(x)$ 在 x_0 二阶可导，所以 $f''(x_0)=0$.

但条件 $f''(x_0)=0$ 并非是充分的，例如 $y=x^4$，有 $y''=12x^2\geqslant 0$，且等号仅当 $x=0$ 成立，因此曲线 $y=x^4$ 在 $(-\infty,+\infty)$ 内下凸. 即是说，虽然 $y''\big|_{x=0}=0$，但 $(0,0)$ 不是该曲线的拐点.

下面是判别拐点的两个充分条件.

定理 4.5.3 设 $f(x)$ 在 x_0 的某邻域内二阶可导，$f''(x_0)=0$. 若 $f''(x)$ 在 x_0 的左、右两侧分别有确定的符号，并且符号相反，则 $(x_0,f(x_0))$ 是曲线的拐点，若符号相同，则 $(x_0,f(x_0))$ 不是拐点.

定理 4.5.4 设 $f(x)$ 在 x_0 三阶可导，且 $f''(x_0)=0$，$f'''(x_0)\neq 0$，则 $(x_0,f(x_0))$ 是曲线 $y=f(x)$ 的拐点.

定理 4.5.3 的证明由定理 4.5.1 及拐点的定义立刻得出. 定理 4.5.4

的证明与定理 4.4.4 相类似,我们把它作为练习.

此外对于 $f(x)$ 的二阶不可导点 x_0,$(x_0,f(x_0))$ 也有可能是曲线 $y=f(x)$ 的拐点.

例 2 求曲线 $y=x^{\frac{1}{3}}$ 的拐点.

解 $y=x^{\frac{1}{3}}$ 在 $(-\infty,+\infty)$ 内连续. 当 $x\neq 0$ 时,

$$y'=\frac{1}{3}x^{-\frac{2}{3}}, \quad y''=-\frac{2}{9}x^{-\frac{5}{3}};$$

当 $x=0$ 时,$y=0$,y',y'' 不存在. 由于在 $(-\infty,0)$ 内 $y''>0$,在 $(0,+\infty)$ 内 $y''<0$,因此曲线 $y=x^{\frac{1}{3}}$ 在 $(-\infty,0)$ 内下凸,在 $(0,+\infty)$ 内上凸. 按拐点的定义可知点 $(0,0)$ 是曲线的拐点.

综上所论,寻求曲线 $y=f(x)$ 的拐点,只需先找到使得 $f''(x)=0$ 的点及二阶不可导点,然后再按定理 4.5.3 或 4.5.4 去判定.

3. 渐近线

当函数 $y=f(x)$ 的定义域或值域含有无穷区间时,要在有限的平面上作出它的图形就必须指出 x 趋于无穷时或 y 趋于无穷时曲线的趋势,因此有必要讨论 $y=f(x)$ 的渐近线.

定义 4.5.3 设 $y=f(x)$ 的定义域含有无穷区间 $(a,+\infty)$,若

$$\lim_{x\to+\infty}[f(x)-kx-b]=0, \tag{5.1}$$

则称 $y=kx+b$ 是 $y=f(x)$ 在 $x\to+\infty$ 时的<u>斜渐近线</u>;当 $k=0$ 时,称 $y=b$ 为 $y=f(x)$ 的水平渐近线. 若

$$\lim_{x\to x_0^+}f(x)=\infty \quad (或\lim_{x\to x_0^-}f(x)=\infty),$$

则称 $x=x_0$ 为 $y=f(x)$ 的<u>垂直渐近线</u>.

类似地可以定义 $x\to-\infty$ 时的斜渐近线.

注意到 (5.1) 式与

$$\lim_{x\to+\infty}[f(x)-kx]=b \tag{5.2}$$

显然是等价的,而 (5.2) 式又等价于

$$f(x)-kx=b+\alpha(x), \quad \lim_{x\to+\infty}\alpha(x)=0.$$

由此推出

$$\frac{f(x)}{x}=k+\frac{b+\alpha(x)}{x}.$$

上式中令 $x\to+\infty$,取极限便得

$$\lim_{x\to+\infty}\frac{f(x)}{x}=k. \qquad (5.3)$$

因此,渐近线的斜率 k 和截距 b 可以分别由(5.3)和(5.2)式依次求得.

例 3 求下列曲线的渐近线:

(1) $y=\sqrt{x^2-x+1}$; (2) $y=\dfrac{\ln(1+x)}{x}$.

解 (1) $y=\sqrt{x^2-x+1}$ 的定义域为 $(-\infty,+\infty)$,且

$$\lim_{x\to+\infty}\frac{\sqrt{x^2-x+1}}{x}=1, \quad \lim_{x\to-\infty}\frac{\sqrt{x^2-x+1}}{x}=-1,$$

$$\lim_{x\to+\infty}(\sqrt{x^2-x+1}-x)=-\frac{1}{2}, \quad \lim_{x\to-\infty}(\sqrt{x^2-x+1}+x)=\frac{1}{2}.$$

所以 $y=\sqrt{x^2-x+1}$ 在 $x\to+\infty$ 时有斜渐近线 $y=x-\dfrac{1}{2}$;在 $x\to-\infty$ 时有斜渐近线 $y=-x+\dfrac{1}{2}$.

(2) $y=\dfrac{\ln(1+x)}{x}$ 的定义域是 $(-1,0)\cup(0,+\infty)$. 由于

$$\lim_{x\to+\infty}\frac{\ln(1+x)}{x}=0, \quad \lim_{x\to-1^+}\frac{\ln(1+x)}{x}=+\infty,$$

所以 $y=\dfrac{\ln(1+x)}{x}$ 有水平渐近线 $y=0$ 和垂直渐近线 $x=-1$.

4. 函数作图

函数作图的一般步骤是:

(1) 确定函数的定义域,考察函数的奇偶性与周期性等;
(2) 确定函数的单调区间、极值点、上(下)凸区间以及拐点(列表讨论);
(3) 考察渐近线;
(4) 确定函数的某些特殊点,如与两坐标轴的交点等;
(5) 根据上述讨论结果画出函数的图形.

例 4 作函数 $y=\dfrac{x^3-2}{2(x-1)^2}$ 的图形.

解 函数的定义域为 $(-\infty,1)\cup(1,+\infty)$.

$$y'=\frac{(x-2)^2(x+1)}{2(x-1)^3}, \quad y''=\frac{3(x-2)}{(x-1)^4}.$$

令 $y'=0$,得 $x=2,x=-1$;令 $y''=0$,得 $x=2$. 列表讨论如下:

x	$(-\infty,-1)$	-1	$(-1,1)$	$(1,2)$	2	$(2,+\infty)$
y'	$+$	0	$-$	$+$	0	$+$
y''	$-$	$-$	$-$	$-$	0	$+$
$y=f(x)$	↗	极大值 $-\dfrac{3}{8}$	↘	↗	拐点 $(2,3)$	↗

由于
$$\lim_{x\to\infty}\frac{y}{x}=\lim_{x\to\infty}\frac{x^3-2}{2x(x-1)^2}=\frac{1}{2},\quad \lim_{x\to\infty}\left[\frac{x^3-2}{2(x-1)^2}-\frac{1}{2}x\right]=1,$$
故 $y=\dfrac{1}{2}x+1$ 是斜渐近线. 又因为
$$\lim_{x\to 1}\frac{x^3-2}{2(x-1)^2}=-\infty,$$
所以 $x=1$ 是曲线的垂直渐近线.

当 $x=0$ 时 $y=-1$;当 $y=0$ 时 $x=\sqrt[3]{2}$. 综合上述讨论,作出函数的图形如图 4-6 所示.

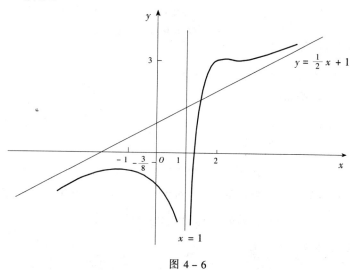

图 4-6

习题 4

1. 求 $y=x^3$ 的驻点,并由 $y=x^3$ 的图形判别驻点是否为极值点.
2. 验证在方程 $\sqrt[3]{x^2-5x+6}=0$ 的两个根之间有使导数 $(\sqrt[3]{x^2-5x+6})'=0$

的 x 值.

3. 证明方程 $1+x+\dfrac{x^2}{2}+\dfrac{x^3}{6}=0$ 只有一个实根.

4. 设 $f(x)$ 在 (a,b) 内二阶可导,且 $f''(x)\neq 0$,证明 $f(x)$ 在 (a,b) 内至多有一个驻点.

5. 设 $f(x)$ 在 $[a,b]$ 上连续,$f'(x)$ 在 (a,b) 内是常数,证明 $f(x)$ 在 $[a,b]$ 上的表达式为
$$f(x)=Ax+B,$$
其中 A,B 是常数.

6. 证明:

(1) $\arcsin x+\arccos x=\dfrac{\pi}{2}$, $x\in[-1,1]$;

(2) $\arctan x+\text{arccot}\, x=\dfrac{\pi}{2}$, $x\in(-\infty,+\infty)$.

7. 设 $f(x),g(x)$ 在 $[a,b]$ 上连续,在 (a,b) 内可导,且 $f'(x)=g'(x)$,证明存在常数 c 使得
$$f(x)=g(x)+c, \quad x\in[a,b].$$

8. 设 $f(x)$ 在 $[a,b]$ 上连续,在 (a,b) 内可导,且 $f(a)>f(b)$,证明存在 $\xi\in(a,b)$ 使得
$$f'(\xi)<0.$$

9. 证明下列不等式:

(1) $|\sin a-\sin b|\leqslant|a-b|$;

(2) $\dfrac{h}{1+h^2}<\text{arctan}\, h<h$ $(h>0)$;

(3) $e^x>e\cdot x$ $(x>1)$.

10. 设 $x>-1$,证明不等式
$$\dfrac{x}{1+x}<\ln(1+x)<x.$$

11. 设 $f(x)$ 在 $[a,b]$ 上连续,在 (a,b) 内可导 $(0<a<b)$,试证存在 $\xi\in(a,b)$ 使
$$f(b)-f(a)=\xi f'(\xi)\ln\dfrac{b}{a}.$$

12. 求下列极限:

(1) $\lim\limits_{x\to 1}\dfrac{\ln x}{x-1}$;

(2) $\lim\limits_{\theta\to 0}\dfrac{\cos\left(\dfrac{\pi}{2}\cos\theta\right)}{\sin\theta}$;

(3) $\lim\limits_{x\to 0}\dfrac{e^x-\cos x}{\sin x}$;

(4) $\lim\limits_{x\to 0}\dfrac{x-\tan x}{x^3}$;

(5) $\lim\limits_{x\to 0}\dfrac{e^x+e^{-x}+2\cos x-4}{x^4}$;

(6) $\lim\limits_{x\to 0}\dfrac{2^x-3^x}{x}$;

(7) $\lim\limits_{y\to 0}\dfrac{e^y+\sin y-1}{\ln(1+y)}$;

(8) $\lim\limits_{x\to 0}\dfrac{x-\arcsin x}{\sin^3 x}$.

13. 求下列极限：

(1) $\lim\limits_{x\to 0^+} \dfrac{\ln\sin 3x}{\ln\sin x}$;

(2) $\lim\limits_{x\to +\infty} \dfrac{\ln\ln x}{x}$;

(3) $\lim\limits_{x\to 1^+} \dfrac{\ln(x-1)-x}{\tan\dfrac{\pi}{2x}}$;

(4) $\lim\limits_{x\to +\infty} \dfrac{(1.1)^x}{x^{100}}$;

(5) $\lim\limits_{x\to \frac{\pi}{2}} \dfrac{\tan x - 5}{\sec x + 4}$;

(6) $\lim\limits_{x\to +\infty} \dfrac{e^x + e^{-x}}{e^x - e^{-x}}$.

14. 求下列极限：

(1) $\lim\limits_{x\to 1^+} \left(\dfrac{1}{x^2-1} - \dfrac{1}{x-1}\right)$;

(2) $\lim\limits_{x\to 1^+} \left(\dfrac{x}{x-1} - \dfrac{1}{\ln x}\right)$;

(3) $\lim\limits_{x\to 1}(x-1)\tan\dfrac{\pi x}{2}$;

(4) $\lim\limits_{x\to \pi}\left(1-\tan\dfrac{x}{4}\right)\sec\dfrac{x}{2}$;

(5) $\lim\limits_{x\to \infty} x\left[\left(1+\dfrac{1}{x}\right)^x - e\right]$;

(6) $\lim\limits_{x\to 0^+} \sin x \ln x$.

15. 求下列极限：

(1) $\lim\limits_{x\to 0^+} \left(\dfrac{1}{x}\right)^{\tan x}$;

(2) $\lim\limits_{x\to \frac{\pi}{2}^-} (\tan x)^{\cos x}$;

(3) $\lim\limits_{x\to 0} \left(\dfrac{\arcsin x}{x}\right)^{\frac{1}{x^2}}$;

(4) $\lim\limits_{x\to +\infty} \left(\dfrac{2}{\pi}\arctan x\right)^x$;

(5) $\lim\limits_{x\to \frac{\pi}{2}} (\cos x)^{\frac{\pi}{2}-x}$;

(6) $\lim\limits_{x\to 0^+} x^{\ln(1+x)}$.

16. 下列极限是否为未定式？极限值等于什么？能否用洛必达法则？为什么？

(1) $\lim\limits_{x\to 0} \dfrac{x^2 \sin\dfrac{1}{x}}{\sin x}$;

(2) $\lim\limits_{x\to \infty} \dfrac{x-\sin x}{2x+\cos x}$;

(3) $\lim\limits_{x\to +\infty} \dfrac{x}{\sqrt{1+x^2}}$.

17. 求下列函数的泰勒公式：

(1) $y = x^3 + 4x^2 + 1$, 在 $x=1$ 处；

(2) $y = \ln x$, 在 $x=1$ 处；

(3) $y = \cos x$, 在 $x=0$ 处；

(4) $y = \dfrac{1}{1+x}$, 在 $x=0$ 处.

18. 证明定理 4.4.2.

19. 证明 $f(x) = \sin x - x$ 在 $(-\infty, +\infty)$ 内严格单减.

20. 确定下列函数的单调区间，并求出它们的极值：

(1) $y = x^3(1-x)$;

(2) $y = \dfrac{x}{1+x^2}$;

(3) $y = x^{\frac{1}{3}}(1-x)^{\frac{2}{3}}$;

(4) $y = \dfrac{2x}{\ln x}$.

21. 证明下列不等式：

(1) 当 $x>0$ 时，$1+\dfrac{x}{2}>\sqrt{1+x}$；

(2) 当 $x>0$ 时，$1+x\ln(x+\sqrt{1+x^2})>\sqrt{1+x^2}$；

(3) 当 $0<x<\dfrac{\pi}{2}$ 时，$\tan x>x+\dfrac{1}{3}x^3$；

(4) 当 $x>4$ 时，$2^x>x^2$.

22. 求下列函数的最大值与最小值：

(1) $y=x^4-4x^3+8$，$x\in[-1,1]$；

(2) $y=4\mathrm{e}^x+\mathrm{e}^{-x}$，$x\in[-1,1]$；

(3) $y=x\mathrm{e}^{-x^2}$，$x\in[-1,1]$；

(4) $y=x+\dfrac{1}{x}$，$x\in\left[\dfrac{1}{2},2\right]$.

23. 证明：

(1) 周长一定的矩形中，正方形面积最大.

(2) 面积一定的矩形中，正方形周长最小.

24. 要建一个体积为 V 的有盖圆柱形氨水池，已知上、下底的造价是四周造价的 2 倍，问这个氨水池底面半径为多大时总造价最低？

25. 商店销售某商品的价格为
$$p(x)=\mathrm{e}^{-x} \quad (x\text{ 为销售量}),$$
求收入最大时价格.

26. 销售某产品 q 千件时，收入 $R=3\sqrt{q}$（单位为万元）.已知成本 $C=\dfrac{1}{4}q^2+1$，问销售该产品多少件时得到的利润最大？

27. 某产品销售价为每单位 5 元，可变成本为每单位 3.75 元，以 10 万元为单位的销售收入 R 与广告费 A 之间有关系式
$$R=10A^{\frac{1}{2}}+5,$$
求可使利润最大的最优广告支出（提示：这时利润 $L=R-F-\dfrac{3.75R}{5}-A$，其中 F 为固定成本）.

28. 确定下列函数的凸性区间与拐点：

(1) $y=2x^3-3x^2-36x+25$；　　(2) $y=x+\dfrac{1}{x}$；

(3) $y=x^2+\dfrac{1}{x}$；　　(4) $y=\ln(x^2+1)$.

29. 问 a 和 b 为何值时，点 $(1,3)$ 为曲线 $y=ax^3+bx^2$ 的拐点？

30. 试决定曲线 $y=ax^3+bx^2+cx+d$ 中的 a,b,c,d，使得点 $(-2,44)$ 为驻点，$(1,-10)$ 为拐点.

31. 证明定理 4.5.4.

32. 求下列函数的渐近线：

(1) $y=(x+2)e^{\frac{1}{x}}$；

(2) $y=x\arctan x$；

(3) $y=\ln\dfrac{x^2-3x+2}{x^2+1}$；

(4) $y=\sqrt{x^2-2x}$．

33. 作下列函数的图形：

(1) $y=x+e^{-x}$；

(2) $y=x-\ln x$；

(3) $y=\dfrac{x^2}{1+x}$；

(4) $y=\dfrac{2x}{(x-1)^2}$．

第 5 章

不定积分

微分法的基本问题是研究如何由已知函数求出它的导函数. 而在实际问题中,往往要解决与此相反的问题,即求出一个未知函数,使其导函数恰好是某一已知函数. 正如算术中乘法与除法的关系,它们互为逆运算,而乘法是基础. 在微积分学中,微分与积分互为逆运算,且微分是基础. 本章介绍不定积分的基本概念、性质及求不定积分的基本方法.

§5.1 不定积分概念

1. 原函数

定义 5.1.1 设函数 $f(x)$ 与 $F(x)$ 在区间 I 上都有定义. 若
$$F'(x) = f(x), \quad x \in I,$$
则称 $F(x)$ 是 $f(x)$ 在区间 I 上的一个原函数.

例如,$\frac{1}{3}x^3$ 是 x^2 在 $(-\infty, +\infty)$ 上的一个原函数,因为 $\left(\frac{1}{3}x^3\right)' = x^2$;

又如 $\frac{1}{2}\sin^2 x, \frac{1}{2}\sin^2 x + 6$ 都是 $\sin x \cos x$ 在 $(-\infty, +\infty)$ 上的原函数,因为
$$\left(\frac{1}{2}\sin^2 x\right)' = \left(\frac{1}{2}\sin^2 + 6\right)' = \sin x \cos x.$$

由上面的例子可知,如果 $f(x)$ 有原函数,那么它的原函数不唯一,问能否求出 $f(x)$ 的所有原函数? 下面的定理回答了这个问题.

定理 5.1.1 若 $F(x)$ 是 $f(x)$ 在区间 I 上的一个原函数,则集合 $\{F(x)+C \mid C \in \mathbf{R}\}$ 构成 $f(x)$ 的原函数全体. 其中 $F(x)+C$ 称为 $f(x)$ 的原函数的一般表达式.

证 任取 $C \in \mathbf{R}$,因为 $F(x)$ 是 $f(x)$ 的一个原函数,故
$$F'(x) = f(x).$$

又 $(F(x)+C)' = F'(x) = f(x)$,所以 $F(x)+C$ 也是 $f(x)$ 的一个原函数.

另一方面,设 $G(x)$ 是 $f(x)$ 的任一原函数,则 $G'(x)=f(x)$,从而
$$[G(x)-F(x)]' = G'(x)-F'(x) = f(x)-f(x) = 0,$$
由拉格朗日中值定理知
$$G(x)-F(x)=C \quad 即 \quad G(x)=F(x)+C.$$
定理得证.

定理 5.1.1 告诉我们,只要找到了 $f(x)$ 的一个原函数 $F(x)$,就能写出 $f(x)$ 的原函数的一般表达式 $F(x)+C$,其中 C 为任意常数,从而也就知道了 $f(x)$ 的全体原函数.

2. 不定积分

不定积分的定义.

定义 5.1.2 函数 $f(x)$ 在区间 I 上的全体原函数称作 $f(x)$ 在 I 上的不定积分,记作
$$\int f(x)\mathrm{d}x,$$
其中称 $\int$ 为积分号,$f(x)$ 为被积函数,$f(x)\mathrm{d}x$ 为被积表达式,x 为积分变量.

由定义 5.1.1 可知,不定积分与原函数是总体与个体的关系,即若 $F(x)$ 是 $f(x)$ 的一个原函数,则 $f(x)$ 的不定积分是一个函数族 $\{F(x)+C\}$,其中 C 是任意常数,为方便,写作
$$\int f(x)\mathrm{d}x = F(x)+C.$$
这时又称 C 为积分常数,它可取任一实数值.

例 1 求下列不定积分:

(1) $\int x^2 \mathrm{d}x$; (2) $\int \sin(2x)\mathrm{d}x$.

解 (1) $\int x^2 \mathrm{d}x = \frac{1}{3}x^3 + C.$

(2) $\int \sin(2x)\mathrm{d}x = -\frac{1}{2}\cos(2x)+C.$

不定积分的几何意义.

设 $F(x)$ 是 $f(x)$ 的一个原函数,则称 $y=F(x)$ 的图像为 $f(x)$ 的一条积分曲线.将这条积分曲线沿着 y 轴方向任意平行移动,就可以得到 $f(x)$ 的无穷多条积分曲线,它们构成一个曲线族,称为 $f(x)$ 的积分曲线族.不定积

分 $\int f(x)dx$ 的几何意义就是一个积分曲线族. 它的特点是: 在横坐标相同的点处, 各积分曲线的切线斜率都相等, 即切线相互平行(见图 5-1).

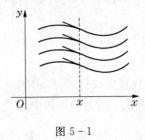

图 5-1

在求原函数的具体问题中, 往往先求出全体原函数, 然后从中确定一个满足初始条件 $F(x_0)=y_0$ 的原函数, 也就是求通过点 (x_0,y_0) 的积分曲线.

例 2 求 $f(x)=x$ 通过点 $(2,1)$ 的积分曲线.

解 $F(x)=\int x dx = \frac{1}{2}x^2 + C$,

代入初始条件 $F(2)=1$, 得

$$\frac{1}{2}\times 2^2 + C = 1,$$

即 $C=-1$, 因此所求积分曲线为

$$F(x)=\frac{1}{2}x^2 - 1.$$

3. 不定积分的基本性质

不定积分具有以下一些基本性质:

(1) $\int af(x)dx = a\int f(x)dx$ (a 为常数, $a\neq 0$).

(2) $\int [f(x)\pm g(x)]dx = \int f(x)dx \pm \int g(x)dx$.

(3) $\left[\int f(x)dx\right]' = f(x)$, 等价地

$$d\left[\int f(x)dx\right] = f(x)dx.$$

(4) 若 $F(x)$ 可微, 则

$$\int F'(x)dx = \int dF(x) = F(x)+C.$$

注 性质(3)与性质(4)说明不定积分与微分互为逆运算.

例 3 求下列不定积分:

(1) $\int \left(x-\dfrac{2}{x}\right)^2 \mathrm{d}x$；　　(2) $\int \sin^2 \dfrac{x}{2} \mathrm{d}x$.

解 （1）因为
$$\left(2-\dfrac{2}{x}\right)^2 = x^2 - 4 + \dfrac{4}{x^2},$$
所以
$$原式 = \int x^2 \mathrm{d}x - 4\int \mathrm{d}x + 4\int \dfrac{1}{x^2} \mathrm{d}x = \dfrac{x^3}{3} - 4x - \dfrac{4}{x} + C.$$

（2）因为
$$\sin^2 \dfrac{x}{2} = \dfrac{1-\cos x}{2} = \dfrac{1}{2} - \dfrac{1}{2}\cos x,$$
所以
$$原式 = \dfrac{1}{2}\int \mathrm{d}x - \dfrac{1}{2}\int \cos x \mathrm{d}x = \dfrac{x}{2} - \dfrac{1}{2}\sin x + C.$$

§5.2　基本积分公式

为了有效地计算不定积分，必须掌握一些基本积分公式．由于积分与微分互为逆运算，故由基本导数公式可得基本积分公式．

(1) $\int 0 \mathrm{d}x = C$；

(2) $\int 1 \mathrm{d}x = \int \mathrm{d}x = x + C$；

(3) $\int x^a \mathrm{d}x = \dfrac{x^{a+1}}{a+1} + C \quad (a \neq -1)$；

(4) $\int \dfrac{1}{x} \mathrm{d}x = \ln|x| + C$；

(5) $\int a^x \mathrm{d}x = \dfrac{a^x}{\ln a} + C \quad (a > 0, a \neq 1)$，

　　$\int \mathrm{e}^x \mathrm{d}x = \mathrm{e}^x + C$；

(6) $\int \cos x \mathrm{d}x = \sin x + C$；

(7) $\int \sin x \mathrm{d}x = -\cos x + C$；

(8) $\int \sec^2 x \mathrm{d}x = \tan x + C$；

(9) $\int \csc^2 x \mathrm{d}x = -\cot x + C$；

(10) $\int \sec x \cdot \tan x \, dx = \sec x + C$;

(11) $\int \csc x \cdot \cot x \, dx = -\csc x + C$;

(12) $\int \dfrac{1}{\sqrt{1-x^2}} dx = \arcsin x + C = -\arccos x + C$;

(13) $\int \dfrac{1}{1+x^2} dx = \arctan x + C = -\text{arccot}\, x + C$.

上列基本积分公式,读者必须牢牢记住,因为其他函数的不定积分经运算变形后,最后往往会归结为这些基本不定积分. 当然,仅有这些基本公式是不够的,我们还需要从一些求导法则来导出相应的不定积分法则,并逐步扩充不定积分公式.

例 1 求下列不定积分:

(1) $\int 2^x (e^x - 1) dx$;　　(2) $\int \dfrac{x^4+1}{x^2+1} dx$;

(3) $\int \dfrac{1}{\cos^2 x \sin^2 x} dx$;　　(4) $\int \dfrac{(x^2-1)\sqrt{1-x^2} - 2x}{x\sqrt{1-x^2}} dx$.

解 (1) 原式 $= \int (2e)^x dx - \int 2^x dx = \dfrac{(2e)^x}{\ln 2e} - \dfrac{2^x}{\ln 2} + C$

$= \dfrac{(2e)^x}{1+\ln 2} - \dfrac{2^x}{\ln 2} + C$.

(2) 原式 $= \int \left(x^2 - 1 + \dfrac{2}{1+x^2} \right) dx = \dfrac{1}{3} x^3 - x + 2\arctan x + C$.

(3) 原式 $= \int \dfrac{\cos^2 x + \sin^2 x}{\cos^2 x \sin^2 x} dx = \int (\csc^2 x + \sec^2 x) dx$

$= -\cot x + \tan x + C$.

(4) 原式 $= \int \dfrac{x^2-1}{x} dx - 2\int \dfrac{1}{\sqrt{1-x^2}} dx$

$= \dfrac{1}{2} x^2 - \ln|x| - 2\arcsin x + C$.

例 2 求下列不定积分:

(1) $\int \tan^2 x \, dx$;　　(2) $\int \sin^2 x \, dx$;

(3) $\int \dfrac{\cos 2x}{\cos x - \sin x} dx$;　　(4) $\int \cos x \cdot \cos 2x \, dx$.

解 (1) 原式 $= \int (\sec^2 x - 1) dx = \tan x - x + C$.

(2) 原式 $= \int \dfrac{1-\cos 2x}{2} dx = \dfrac{1}{2}x - \dfrac{1}{4}\sin 2x + C.$

(3) 原式 $= \int \dfrac{\cos^2 x - \sin^2 x}{\cos x - \sin x} dx = \int (\cos x + \sin x) dx$
$= \sin x - \cos x + C.$

(4) 原式 $= \dfrac{1}{2} \int [\cos(2x-x) + \cos(2x+x)] dx$
$= \dfrac{1}{2} \int (\cos x + \cos 3x) dx$
$= \dfrac{1}{2} \sin x + \dfrac{1}{6} \sin 3x + C.$

§5.3 换元积分法

相对于微分运算,求不定积分则较为复杂,它是一种技巧性较强的运算. 我们除了熟记基本积分公式外,还需要掌握一些常规的方法,如由复合函数的求导法则导出的换元积分法.

1. 第一换元法(凑微分法)

定理 5.3.1 设 $g(u)$ 有原函数 $G(u)$,函数 $u = \varphi(x)$ 可导,令
$$f(x) = g(\varphi(x))\varphi'(x),$$
则 $f(x)$ 必有原函数,且
$$\int f(x) dx = G(\varphi(x)) + C.$$

证 由复合函数求导法则得
$$[G(\varphi(x))]' = G'(\varphi(x))\varphi'(x) = g(\varphi(x))\varphi'(x)$$
$$= f(x),$$
所以 $G(\varphi(x))$ 是 $f(x)$ 的一个原函数,从而
$$\int f(x) dx = G(\varphi(x)) + C.$$

注 在使用定理 5.3.1 求不定积分时,也可把它写成如下简便形式:
$$\int f(x) dx = \int g(\varphi(x))\varphi'(x) dx = \int g(\varphi(x)) d\varphi(x)$$
$$= G(\varphi(x)) + C.$$

凑微分法也因此而得名.

在利用凑微分法求不定积分时,以下的凑微分形式是常见的:

(1) $\int f(ax+b)dx = \frac{1}{a}\int f(ax+b)d(ax+b) \quad (a\neq 0)$；

(2) $\int f(e^x)e^x dx = \int f(e^x)de^x$；

(3) $\int f(x^a)x^{a-1}dx = \frac{1}{a}\int f(x^a)dx^a \quad (a\neq 0)$；

(4) $\int f(\ln x)\frac{1}{x}dx = \int f(\ln x)d(\ln x)$；

(5) $\int f(\cos x)\sin x dx = -\int f(\cos x)d(\cos x)$；

(6) $\int f(\sin x)\cos x dx = \int f(\sin x)d(\sin x)$；

(7) $\int f(\arcsin x)\frac{1}{\sqrt{1-x^2}}dx = \int f(\arcsin x)d(\arcsin x)$；

(8) $\int f(\arctan x)\frac{1}{1+x^2}dx = \int f(\arctan x)d(\arctan x)$；

(9) $\int f(\tan x)\sec^2 x dx = \int f(\tan x)d(\tan x)$；

(10) $\int f(\cot x)\csc^2 x dx = \int f(\cot x)d(\cot x)$.

例1 求下列不定积分：

(1) $\int \frac{1}{a^2+x^2}dx \quad (a>0)$； (2) $\int (2x+48)^{50}dx$；

(3) $\int xe^{x^2}dx$； (4) $\int \frac{1}{\sqrt{a^2-x^2}}dx \quad (a>0)$；

(5) $\int \frac{1}{x^2-a^2}dx \quad (a\neq 0)$； (6) $\int \frac{1}{\sqrt{x+1}+\sqrt{x-1}}dx$.

解 (1) 原式 $= \frac{1}{a}\int \frac{1}{1+\left(\frac{x}{a}\right)^2}d\left(\frac{x}{a}\right) = \frac{1}{a}\int \frac{1}{1+u^2}du \quad \left(\diamondsuit u=\frac{x}{a}\right)$

$$= \frac{1}{a}\arctan u + C = \frac{1}{a}\arctan \frac{x}{a} + C.$$

(2) 原式 $= \frac{1}{2}\int (2x+48)^{50}d(2x+48) = \int u^{50}du \quad (\diamondsuit u=2x+48)$

$$= \frac{1}{102}u^{51} + C = \frac{1}{102}(2x+48)^{51} + C.$$

(3) 原式 $= \frac{1}{2}\int e^{x^2}d(x^2) = \frac{1}{2}\int e^u du \quad (\diamondsuit u=x^2)$

$$= \frac{1}{2}e^u + C = \frac{1}{2}e^{x^2} + C.$$

(4) 原式 $= \int \frac{1}{\sqrt{1-\left(\frac{x}{a}\right)^2}} d\left(\frac{x}{a}\right) = \int \frac{1}{\sqrt{1-u^2}} du \quad \left(\text{令 } u = \frac{x}{a}\right)$

$$= \arcsin u + C = \arcsin \frac{x}{a} + C.$$

(5) 原式 $= \frac{1}{2a} \int \left(\frac{1}{x-a} - \frac{1}{x+a}\right) dx$

$$= \frac{1}{2a}\left[\int \frac{1}{x-a} d(x-a) - \int \frac{1}{x+a} d(x+a)\right]$$

$$= \frac{1}{2a}[\ln|x-a| - \ln|x+a|] + C$$

$$= \frac{1}{2a} \ln\left|\frac{x-a}{x+a}\right| + C.$$

(6) 原式 $= \int \frac{\sqrt{x+1} - \sqrt{x-1}}{(\sqrt{x+1} + \sqrt{x-1})(\sqrt{x+1} - \sqrt{x-1})} dx$

$$= \frac{1}{2}\left[\int \sqrt{x+1}\, d(x+1) - \int \sqrt{x-1}\, d(x-1)\right]$$

$$= \frac{1}{3}[(x+1)^{\frac{3}{2}} - (x-1)^{\frac{3}{2}}] + C.$$

注 对换元积分法较熟练后,可以不写出换元变量 u,而直接得到结果,如上例中的(5),(6)小题.

例 2 求下列不定积分:

(1) $\int \sin ax \cos bx\, dx \quad (ab \neq 0)$; (2) $\int \cos^3 x\, dx$;

(3) $\int \sin^3 x \cos^5 x\, dx$; (4) $\int \sec^4 x\, dx$.

解 (1) 原式 $= \frac{1}{2} \int [\sin(a+b)x + \sin(a-b)x] dx$,

当 $a = b$ 时,

$$\text{原式} = \frac{1}{2} \int \sin(a+b)x\, dx = \frac{1}{4a} \int \sin(2ax)\, d(2ax)$$

$$= -\frac{1}{4a} \cos(2ax) + C.$$

当 $a = -b$ 时,

$$\text{原式} = \frac{1}{2} \int \sin(a-b)x\, dx = \frac{1}{4a} \int \sin(2ax)\, d(2ax)$$

$$= -\frac{1}{4a}\cos(2ax) + C.$$

当 $a^2 \neq b^2$ 时,

$$\text{原式} = \frac{1}{2}\int \sin(a+b)x\,\mathrm{d}x + \frac{1}{2}\int \sin(a-b)x\,\mathrm{d}x$$

$$= -\frac{1}{2}\left[\frac{1}{a+b}\cos(a+b)x + \frac{1}{a-b}\cos(a-b)x\right] + C.$$

(2) $\text{原式} = \int \cos^2 x \cdot \cos x\,\mathrm{d}x = \int (1 - \sin^2 x)\,\mathrm{d}(\sin x)$

$$= \sin x - \frac{1}{3}\sin^3 x + C.$$

(3) $\text{原式} = \int \sin^3 x \cdot (\cos^2 x)^2 \cdot \cos x\,\mathrm{d}x$

$$= \int \sin^3 x \cdot (\cos^2 x)^2 \cdot \cos x\,\mathrm{d}x$$

$$= \int (\sin^3 x - 2\sin^5 x + \sin^7 x)\,\mathrm{d}(\sin x)$$

$$= \frac{1}{4}\sin^4 x - \frac{1}{3}\sin^6 x + \frac{1}{8}\sin^8 x + C.$$

(4) $\text{原式} = \int \sec^2 x\,\mathrm{d}(\tan x) = \int (1 + \tan^2 x)\,\mathrm{d}(\tan x)$

$$= \tan x + \frac{1}{3}\tan^3 x + C.$$

例3 求下列不定积分:

(1) $\int \dfrac{x^2 - x + 1}{x^2 + x + 1}\,\mathrm{d}x$; (2) $\int \dfrac{x\ln(1+x^2)}{1+x^2}\,\mathrm{d}x$;

(3) $\int \dfrac{\mathrm{e}^x}{1+\mathrm{e}^{2x}}\,\mathrm{d}x$; (4) $\int \dfrac{1}{1+\mathrm{e}^x}\,\mathrm{d}x$.

解 (1) $\text{原式} = \int \dfrac{x^2 + x + 1 - 2x}{x^2 + x + 1}\,\mathrm{d}x$

$$= \int \mathrm{d}x - \int \frac{2x}{x^2 + x + 1}\,\mathrm{d}x$$

$$= \int \mathrm{d}x - \int \frac{2x+1}{x^2 + x + 1}\,\mathrm{d}x + \int \frac{1}{x^2 + x + 1}\,\mathrm{d}x$$

$$= \int \mathrm{d}x - \int \frac{1}{x^2 + x + 1}\,\mathrm{d}(x^2 + x + 1)$$

$$\quad + \int \frac{1}{\frac{3}{4} + \left(x + \frac{1}{2}\right)^2}\,\mathrm{d}\left(x + \frac{1}{2}\right)$$

$$= x - \ln(x^2+x+1) + \frac{2\sqrt{3}}{3}\arctan\left[\frac{2\sqrt{3}}{2}\left(x+\frac{1}{2}\right)\right] + C.$$

(2) 原式 $= \dfrac{1}{2}\displaystyle\int \dfrac{\ln(1+x^2)}{1+x^2}\mathrm{d}(1+x^2) = \dfrac{1}{2}\displaystyle\int \ln(1+x^2)\mathrm{d}(\ln(1+x^2))$

$$= \frac{1}{4}[\ln(1+x^2)]^2 + C.$$

(3) 原式 $= \displaystyle\int \dfrac{1}{1+(\mathrm{e}^x)^2}\mathrm{d}(\mathrm{e}^x) = \arctan \mathrm{e}^x + C.$

(4) 原式 $= \displaystyle\int \dfrac{\mathrm{e}^{-x}}{1+\mathrm{e}^{-x}}\mathrm{d}x = -\displaystyle\int \dfrac{1}{1+\mathrm{e}^{-x}}\mathrm{d}(1+\mathrm{e}^{-x})$

$$= -\ln(1+\mathrm{e}^{-x}) + C.$$

2. 第二换元法

上面讨论的第一换元法是把被积函数中的某一部分连同 $\mathrm{d}x$ 凑成一个函数 $\varphi(x)$ 的微分,而剩余部分恰为 $\varphi(x)$ 的复合函数,并且外层函数的原函数比较容易找到. 通过一些例子的计算,我们体会到引入一个新变量可以简化被积函数. 有时我们往往直接把被积函数中的根式设成一个新的变量,或者引入一个新的变量以消除被积函数的根式,更一般地说,就是引入一个新的变量改变被积函数的形式使得新的不定积分容易求出,这种方法通常称之为第二换元法.

定理 5.3.2 设 $u = \varphi(x)$ 连续可导,且 $\varphi'(x) \neq 0$, $g(u)$ 是一个函数, $f(x) = g(\varphi(x))\varphi'(x)$,若 $f(x)$ 有原函数 $F(x)$,则 $g(u)$ 也有原函数 $G(u)$,并且 $G(u) = F(\varphi^{-1}(u)) + C$,也即

$$\int g(u)\mathrm{d}u = \int g(\varphi(x))\varphi'(x)\mathrm{d}x = \int f(x)\mathrm{d}x$$
$$= F(x) + C = F(\varphi^{-1}(u)) + C.$$

证 因为 $u = \varphi(x)$ 存在反函数 $x = \varphi^{-1}(u)$,且

$$\frac{\mathrm{d}x}{\mathrm{d}u} = \frac{1}{\varphi'(x)}\bigg|_{x=\varphi^{-1}(u)},$$

故由复合函数的求导法则得

$$\frac{\mathrm{d}}{\mathrm{d}u}F(\varphi^{-1}(u)) = F'(x) \cdot \frac{\mathrm{d}x}{\mathrm{d}u} = F'(x) \cdot \frac{1}{\varphi'(x)}$$
$$= f(x) \cdot \frac{1}{\varphi'(x)} = g(\varphi(x))\varphi'(x) \cdot \frac{1}{\varphi'(x)}$$
$$= g(\varphi(x)) = g(u).$$

也即 $F(\varphi^{-1}(u))$ 是 $g(u)$ 的一个原函数,从而

$$\int g(u)\mathrm{d}u = F(\varphi'(u)) + C.$$

例 4 求下列不定积分:

(1) $\int \dfrac{\sqrt{x}}{1+x}\mathrm{d}x$;   (2) $\int \dfrac{1}{\sqrt{x}+\sqrt[3]{x}}\mathrm{d}x$;

(3) $\int \dfrac{\mathrm{d}x}{\sqrt{(x-1)(2-x)}}$;   (4) $\int \dfrac{1}{1+\sqrt[3]{x+1}}\mathrm{d}x$.

解 (1) 原式 $=\int \dfrac{t}{1+t^2}\mathrm{d}(t^2)$ (令 $x=t^2$)

$$=2\int \dfrac{t^2}{1+t^2}\mathrm{d}t = 2\int \mathrm{d}t - 2\int \dfrac{1}{1+t^2}\mathrm{d}t$$

$$=2t - 2\arctan t + C = 2(\sqrt{x} - \arctan\sqrt{x}) + C.$$

(2) 令 $t=\sqrt[6]{x}$,则 $x=t^6$,$\mathrm{d}x=6t^5\mathrm{d}t$,从而

$$\text{原式} = \int \dfrac{6t^5}{t^3+t^2}\mathrm{d}t = 6\int \dfrac{t^3}{t+1}\mathrm{d}t$$

$$=6\int (t^2-t+1)\mathrm{d}t - 6\int \dfrac{1}{1+t}\mathrm{d}t$$

$$=2t^3 - 3t^2 + 6t - 6\ln|1+t| + C$$

$$=2\sqrt{x} - 3\sqrt[3]{x} + 6\sqrt[6]{x} - 6\ln(1+\sqrt[6]{x}) + C.$$

(3) 令 $t=\sqrt{\dfrac{2-x}{x-1}}$,则有 $x=\dfrac{t^2+2}{t^2+1}$,$\mathrm{d}x=-\dfrac{2t}{(1+t^2)^2}\mathrm{d}t$,从而

$$\text{原式} = \int -\dfrac{2t}{(1+t^2)^2} \cdot \dfrac{1}{\dfrac{1}{1+t^2}t}\mathrm{d}t = -2\int \dfrac{1}{1+t^2}\mathrm{d}t$$

$$= -2\arctan t + C = -2\arctan\sqrt{\dfrac{2-x}{x-1}} + C.$$

(4) 令 $t=\sqrt[3]{x+1}$,则 $x=t^3-1$,$\mathrm{d}x=3t^2\mathrm{d}t$,从而

$$\text{原式} = \int \dfrac{1}{1+t} \cdot 3t^2\mathrm{d}t = 3\int (t-1)\mathrm{d}t + 3\int \dfrac{1}{1+t}\mathrm{d}t$$

$$=\dfrac{3}{2}t^2 - 3t + 3\ln|1+t| + C$$

$$=\dfrac{3}{2}(\sqrt[3]{x+1})^2 - 3\sqrt[3]{x+1} + 3\ln|1+\sqrt[3]{1+x}| + C.$$

对几个特殊的二次根式,为了消去根号通常利用三角函数关系式来换元.

例 5 求下列不定积分:

(1) $\int \dfrac{1}{(1-x^2)^{\frac{3}{2}}} \mathrm{d}x$；   (2) $\int \dfrac{x}{\sqrt{9-x^2}} \mathrm{d}x$；

(3) $\int \dfrac{1}{\sqrt{x^2+a^2}} \mathrm{d}x$ $(a>0)$；   (4) $\int \dfrac{x^2}{\sqrt{a^2-x^2}} \mathrm{d}x$；

(5) $\int \dfrac{1}{x^2\sqrt{1+x^2}} \mathrm{d}x$；   (6) $\int \dfrac{\sqrt{x^2-1}}{x} \mathrm{d}x$；

(7) $\int x^2\sqrt{4-x^2}\,\mathrm{d}x$；   (8) $\int x\sqrt{1+2x-x^2}\,\mathrm{d}x$.

解 (1) 令 $x=\sin t$，$t \in \left(-\dfrac{\pi}{2}, \dfrac{\pi}{2}\right)$，则

$$\text{原式} = \int \dfrac{1}{\cos^3 t} \cdot \cos t\,\mathrm{d}t = \int \sec^2 t\,\mathrm{d}t$$

$$= \tan t + C = \dfrac{x}{\sqrt{1-x^2}} + C.$$

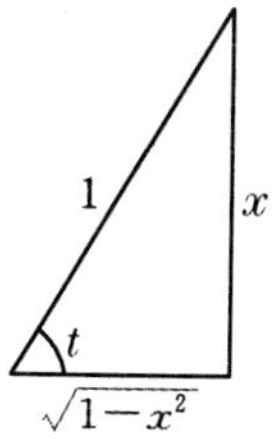

上述方法就是所谓的直角三角形法，因为 $x=\sin t$，所以不妨设直角三角形的斜边为 1，锐角 t 对应的直角边为 x（见图 5-2）. 这样另一直角边长等于 $\sqrt{1-x^2}$，故 $\tan t=\dfrac{x}{\sqrt{1-x^2}}$.

图 5-2

(2) 令 $x=3\sin t$，$|t|<\dfrac{\pi}{2}$，则

$$\text{原式} = \int \dfrac{3\sin t}{3\cos t} \cdot 3\cos t\,\mathrm{d}t = 3\int \sin t\,\mathrm{d}t$$

$$= -3\cos t + C = -3 \cdot \dfrac{\sqrt{9-x^2}}{3} + C$$

$$= -\sqrt{9-x^2} + C.$$

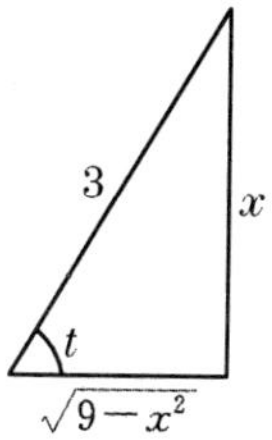

图 5-3

(3) 令 $x=a\tan t$，$\mathrm{d}x=\dfrac{a}{\cos^2 t}\mathrm{d}t$，从而

$$\text{原式} = \int \dfrac{1}{a\sqrt{1+\tan^2 t}} \cdot \dfrac{a}{\cos^2 t}\mathrm{d}t$$

$$= \int \dfrac{1}{\cos t}\mathrm{d}t$$

$$= \ln|\sec t + \tan t| + C$$

$$= \ln\left|\dfrac{\sqrt{a^2+x^2}}{a} + \dfrac{x}{a}\right| + C$$

$$= \ln(\sqrt{a^2+x^2} + x) + C.$$

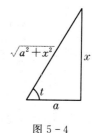

图 5-4

(4) 令 $x = a\sin t$，则 $\mathrm{d}x = a\cos t\mathrm{d}t$，从而

$$\text{原式} = \int \frac{a^2 \sin^2 t}{a\cos t} \cdot a\cos t\mathrm{d}t = a^2 \int \sin^2 t\mathrm{d}t$$

$$= \frac{a^2}{2} \int (1 - \cos 2t)\mathrm{d}t$$

$$= \frac{a^2}{2}\left(t - \frac{1}{2}\sin 2t\right) + C$$

$$= \frac{a^2}{2}(t - \sin t \cdot \cos t) + C$$

$$= \frac{a^2}{2}\left(\arcsin \frac{x}{a} - \frac{x\sqrt{a^2 - x^2}}{a^2}\right) + C.$$

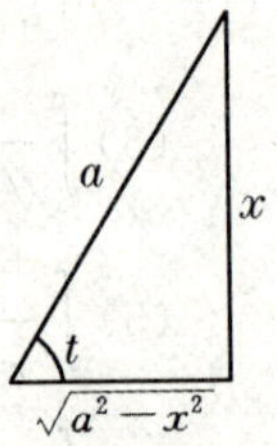

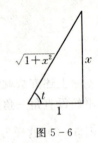

图 5-5

(5) 令 $x = \tan t$，则 $\mathrm{d}x = \sec^2 t\mathrm{d}t$，从而

$$\text{原式} = \int \frac{1}{\tan^2 t \cdot \sec t} \cdot \sec^2 t\mathrm{d}t$$

$$= \int \frac{\cos t}{\sin^2 t}\mathrm{d}t = -\frac{1}{\sin t} + C$$

$$= -\frac{\sqrt{1 + x^2}}{x} + C.$$

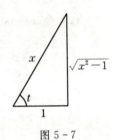

图 5-6

(6) 令 $x = \sec t$，则 $\mathrm{d}x = \sec t \cdot \tan t\mathrm{d}t$，从而

$$\text{原式} = \int \cos t \cdot \tan t \cdot \sec t \cdot \tan t\mathrm{d}t$$

$$= \int \tan^2 t\mathrm{d}t = \int (\sec^2 x - 1)\mathrm{d}t$$

$$= \tan t - t + C$$

$$= \sqrt{x^2 - 1} - \arccos \frac{1}{x} + C.$$

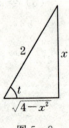

图 5-7

(7) 令 $x = 2\sin t$，则 $\mathrm{d}x = 2\cos t\mathrm{d}t$，从而

$$\text{原式} = \int 4\sin^2 t \cdot 2\cos t \cdot 2\cos t\mathrm{d}t$$

$$= 16\int (\sin t\cos t)^2 \mathrm{d}t = 4\int \sin^2 2t\mathrm{d}t$$

$$= 2\int (1 - \cos 4t)\mathrm{d}t = 2t - \frac{1}{2}\sin 4t + C$$

$$= 2t - 2\sin t \cdot \cos t \cdot (1 - 2\sin^2 t) + C$$

$$= 2\arcsin \frac{x}{2} - \frac{1}{4}(2x - x^3)\sqrt{4 - x^2} + C.$$

图 5-8

(8) $\sqrt{1 + 2x - x^2} = \sqrt{2 - (x - 1)^2}$，令 $x - 1 = \sqrt{2}\sin t$，则 $\mathrm{d}x = \sqrt{2}\cos t\mathrm{d}t$，从而

原式 $= \int (1+\sqrt{2}\sin t) \cdot \sqrt{2}\cos t \cdot \sqrt{2}\cos t dt$

$= \int (2\cos^2 t + 2\sqrt{2}\cos^2 t \cdot \sin t) dt$

$= \int (1+\cos 2t) dt - 2\sqrt{2} \int \cos^2 t d(\cos t)$

$= t + \dfrac{1}{2}\sin 2t - \dfrac{2\sqrt{2}}{3}\cos^3 t + C$

$= t + \sin t \cdot \cos t - \dfrac{2\sqrt{2}}{3}\cos^3 t + C$

$= \arcsin \dfrac{x-1}{\sqrt{2}} + \dfrac{1}{2}(x-1)\sqrt{1+2x-x^2}$

$\quad - \dfrac{1}{3}(1+2x-x^2)^{\frac{3}{2}} + C.$

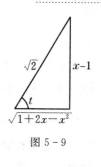

图 5-9

第二换元法常见类型以及所作的变换见下表：

表 5-1

被积函数含有根式	所作替换
$\sqrt[n]{ax+b}$ ($a\neq 0$)	令 $t=\sqrt[n]{ax+b}$，即 $x=\dfrac{t^n-b}{a}$
$\sqrt[m]{x}$ 及 $\sqrt[n]{x}$	令 $t=\sqrt[p]{x}$，即 $x=t^p$，这里 p 为 m,n 的最小公倍数
$\sqrt{a^2-x^2}$	令 $x=a\sin t$ 或 $x=a\cos t$，$\|t\|<\dfrac{\pi}{2}$
$\sqrt{a^2+x^2}$	令 $x=a\tan t$ 或 $x=a\cot t$，$\|t\|<\dfrac{\pi}{2}$
$\sqrt{x^2-a^2}$	令 $x=a\sec t$ 或 $x=a\csc t$，$0<t<\dfrac{\pi}{2}$

3. 有理函数的不定积分

有理函数是指两个多项式的商所表示的函数. 求有理函数的不定积分大致可以分为以下几步：首先，当分子的最高次数高于或等于分母的最高次数时，要用多项式除法把它化为一个多项式与一个真分式（即分子的最高次数小于分母的最高次数）之和；其次，对多项式很容易求其不定积分，对于真分式要用待定系数法将其分解成部分分式和的形式. 在分解时要注意以下两点：

(1) 当真分式分母中含有 $(x-a)^k$ 时，则分解后有下列 k 个部分分式之和

$$\frac{A_1}{x-a}+\frac{A_2}{(x-a)^2}+\cdots+\frac{A_k}{(x-a)^k}.$$

(2) 当真分式分母中含有因式 $(x^2+px+q)^k$ $(p^2-4q<0)$ 时,则分解后有下列 k 个部分分式之和

$$\frac{M_1x+N_1}{x^2+px+q}+\frac{M_2x+N_2}{(x^2+px+q)^2}+\cdots+\frac{M_kx+N_k}{(x^2+px+q)^k}.$$

由高等代数知识以及以上说明,关于有理函数的不定积分我们可以总结出:

定理 5.3.3 任何有理函数的不定积分一定可以表示成有理数、对数函数、反正切函数的代数和.

例 6 求下列不定积分:

(1) $\int\frac{x-1}{x(x^2+1)}dx$;   (2) $\int\frac{x-1}{x(x+1)^2}dx$;

(3) $\int\frac{1}{x^2-x-2}dx$;   (4) $\int\frac{1}{(x^2+1)(x^2+x)}dx$.

解 (1) 设

$$\frac{x-1}{x(x^2+1)}=\frac{A}{x}+\frac{Bx+C}{x^2+1}=\frac{(A+B)x^2+Cx+A}{x(x^2+1)}.$$

比较等号两边分子上 x 的同次项系数得

$$\begin{cases}A+B=0,\\ C=1,\\ A=-1.\end{cases}$$

解得 $A=-1, B=1, C=1$,故

$$\text{原式}=-\int\frac{1}{x}dx+\int\frac{1}{x^2+1}dx+\int\frac{x}{x^2+1}dx$$

$$=-\ln|x|+\arctan x+\frac{1}{2}\int\frac{1}{x^2+1}d(x^2+1)$$

$$=-\ln|x|+\arctan x+\frac{1}{2}\ln(1+x^2)+C.$$

(2) 设

$$\frac{x-1}{x(x+1)^2}=\frac{A}{x}+\frac{B}{x+1}+\frac{C}{(x+1)^2}$$

$$=\frac{(A+B)x^2+(2A+B+C)x+A}{x(x+1)^2}.$$

比较等式两边分子 x 的同次项系数得

$$\begin{cases} A+B=0, \\ 2A+B+C=1, \\ A=-1. \end{cases}$$

解得 $A=-1, B=1, C=2$,故

$$\text{原式} = -\int \frac{1}{x}dx + \int \frac{1}{x+1}dx + 2\int \frac{1}{(x+1)^2}dx$$

$$= -\ln|x| + \ln|1+x| - \frac{2}{x+1} + C.$$

(3) $\dfrac{1}{x^2-x-2} = \dfrac{1}{(x+1)(x-2)} = \dfrac{A}{x+1} + \dfrac{B}{x-2}$

$$= \frac{(A+B)x+B-2A}{(x+1)(x-2)}.$$

比较等式两边分子上 x 的同次项系数得

$$\begin{cases} A+B=0, \\ B-2A=1. \end{cases}$$

因此 $A=-\dfrac{1}{3}, B=\dfrac{1}{3}$,从而

$$\text{原式} = \frac{1}{3}\int \left(\frac{1}{x-2} - \frac{1}{x+1}\right)dx = \frac{1}{3}\ln\left|\frac{x-2}{x+1}\right| + C.$$

(4) 设

$$\frac{1}{(x^2+1)(x^2+x)} = \frac{1}{x(x+1)(x^2+1)} = \frac{A}{x} + \frac{B}{x+1} + \frac{Cx+D}{x^2+1}$$

$$= \frac{(A+B+C)x^3 + (A+C+D)x^2 + (A+B+D)x + A}{x(x+1)(x^2+1)}.$$

比较等式两边分子上 x 的同次项系数得

$$\begin{cases} A+B+C=0, \\ A+C+D=0, \\ A+B+D=0, \\ A=1. \end{cases}$$

因此 $A=1, B=C=D=-\dfrac{1}{2}$,从而

$$\text{原式} = \int \frac{1}{x}dx - \frac{1}{2}\int \frac{1}{x+1}dx - \frac{1}{2}\int \frac{x+1}{x^2+1}dx$$

$$= \ln|x| - \frac{1}{2}\ln|1+x| - \frac{1}{4}\int \frac{1}{x^2+1}d(x^2+1) - \frac{1}{2}\int \frac{1}{1+x^2}dx$$

$$= \ln|x| - \frac{1}{2}\ln|1+x| - \frac{1}{4}\ln(1+x^2) - \frac{1}{2}\arctan x + C$$

$$= \frac{1}{4}\ln\frac{x^4}{(x+1)^2(x^2+1)} - \frac{1}{2}\arctan x + C.$$

4. 三角函数有理式的不定积分

由 $u(x), v(x)$ 及常数经过有限次四则运算所得到的函数称为关于 $u(x), v(x)$ 的有理式,并用 $R(u(x), v(x))$ 表示.

$\int R(\sin x, \cos x) dx$ 是三角函数有理式的不定积分. 一般通过万能代换 $t = \tan\frac{x}{2}$,可把它化为有理函数的不定积分. 这是因为

$$\sin x = \frac{2\sin\frac{x}{2}\cos\frac{x}{2}}{\sin^2\frac{x}{2} + \cos^2\frac{x}{2}} = \frac{2\tan\frac{x}{2}}{1+\tan^2\frac{x}{2}} = \frac{2t}{1+t^2},$$

$$\cos x = \frac{\cos^2\frac{x}{2} - \sin^2\frac{x}{2}}{\sin^2\frac{x}{2} + \cos^2\frac{x}{2}} = \frac{1-\tan^2\frac{x}{2}}{1+\tan^2\frac{x}{2}} = \frac{1-t^2}{1+t^2},$$

$$dx = \frac{2}{1+t^2} dt.$$

例 7 求下列不定积分:

(1) $\int \frac{\tan x}{1+\cos x} dx$; (2) $\int \frac{1}{\sin x - \cos x} dx$;

(3) $\int \frac{1+\sin x}{\sin x(1+\cos x)} dx$; (4) $\int \sec x \, dx$.

解 (1) 令 $t = \tan\frac{x}{2}$,则

$$原式 = \int \frac{2t}{1-t^2} \cdot \frac{1}{1+\frac{1-t^2}{1+t^2}} \cdot \frac{2}{1+t^2} dt$$

$$= \int \frac{2t}{1-t^2} dt = -\int \frac{1}{1-t^2} d(1-t^2)$$

$$= -\ln|1-t^2| + C$$

$$= -\ln\left|1-\tan^2\frac{x}{2}\right| + C.$$

(2) 令 $t = \tan\frac{x}{2}$,则

$$原式 = \int \frac{1}{\frac{2t}{1+t^2} - \frac{1-t^2}{1+t^2}} \cdot \frac{2}{1+t^2} dt = 2\int \frac{1}{2t-1+t^2} dt$$

$$= 2\int \frac{1}{(t+1)^2-2}dt = \frac{1}{\sqrt{2}}\int \left(\frac{1}{t+1-\sqrt{2}} - \frac{1}{t+1+\sqrt{2}}\right)dt$$

$$= \frac{1}{\sqrt{2}}\ln\left|\frac{t+1-\sqrt{2}}{t+1+\sqrt{2}}\right| + C = \frac{1}{\sqrt{2}}\ln\left|\frac{\tan\frac{x}{2}+1-\sqrt{2}}{\tan\frac{x}{2}+1+\sqrt{2}}\right| + C.$$

（3）令 $t = \tan\frac{x}{2}$，则

$$原式 = \int \frac{1+\frac{2t}{1+t^2}}{\frac{2t}{1+t^2}\left(1+\frac{1-t^2}{1+t^2}\right)} \cdot \frac{2}{1+t^2}dt$$

$$= \frac{1}{2}\int \left(t+2+\frac{1}{t}\right)dt = \frac{t^2}{4} + t + \frac{1}{2}\ln|t| + C$$

$$= \frac{1}{4}\tan^2\frac{x}{2} + \tan\frac{x}{2} + \frac{1}{2}\ln\left|\tan\frac{x}{2}\right| + C.$$

（4）令 $t = \tan\frac{x}{2}$，则

$$原式 = \int \frac{1+t^2}{1-t^2} \cdot \frac{2}{1+t}dt = 2\int \frac{1}{1-t^2}dt$$

$$= \int \left(\frac{1}{1-t} + \frac{1}{1+t}\right)dt$$

$$= -\ln|1-t| + \ln|1+t| + C$$

$$= \ln\left|\frac{1+t}{1-t}\right| + C = \ln\left|\frac{\tan\frac{x}{2}+1}{\tan\frac{x}{2}-1}\right| + C$$

$$= \ln|\sec x + \tan x| + C.$$

上面所用变换 $t = \tan\frac{x}{2}$ 对三角函数有理式的不定积分虽然是有效的，但并不意味着任何场合下都是简便的，请看下例.

例 8 求 $\int \frac{1}{a^2\sin^2 x + b^2\cos^2 x}dx \quad (ab \neq 0).$

解 因为

$$原式 = \int \frac{\sec^2 x}{a^2\tan^2 x + b^2}dx = \int \frac{1}{a^2\tan^2 x + b^2}d(\tan x),$$

故令 $t = \tan x$，就有

$$原式 = \int \frac{1}{a^2 t^2 + b^2}dt = \frac{1}{a}\int \frac{1}{(at)^2 + b^2}d(at)$$

$$= \frac{1}{ab}\int \frac{1}{1+\left(\frac{a}{b}t\right)^2}d\left(\frac{a}{b}t\right) = \frac{1}{ab}\arctan\frac{at}{b} + C$$

$$= \frac{1}{ab}\arctan\left(\frac{a}{b}\tan x\right) + C.$$

本节主要介绍了换元法，但许多不定积分的求解往往需要将几种方法同时使用，才能求得结果. 下面我们以例题的形式来介绍求不定积分的一些综合方法和技巧.

例9 求下列不定积分：

(1) $\displaystyle\int \frac{1}{x^2\sqrt{1+x^2}}dx$；　　(2) $\displaystyle\int \frac{1}{x\sqrt{1-x^2}}dx$；

(3) $\displaystyle\int \frac{\sqrt{x^2-1}}{x^4}dx$；　　(4) $\displaystyle\int \frac{1}{\sqrt{1+e^{2x}}}dx$；

(5) $\displaystyle\int \frac{x+1}{x^2+x\ln x}dx$；　　(6) $\displaystyle\int \frac{x+\ln^2 x}{(x\ln x)^2}dx$.

解 (1) 原式 $= \displaystyle\int \frac{1}{x^3\sqrt{1+\frac{1}{x^2}}}dx = -\frac{1}{2}\int \frac{1}{\sqrt{1+\frac{1}{x^2}}}d\left(\frac{1}{x^2}+1\right)$

$$= -\frac{1}{2}\int \frac{1}{\sqrt{t}}dt \quad \left(\diamondsuit\ t = 1+\frac{1}{x^2}\right)$$

$$= -\sqrt{t} + C = -\sqrt{1+\frac{1}{x^2}} + C$$

$$= -\frac{\sqrt{1+x^2}}{x} + C.$$

(2) 原式 $= \displaystyle\int \frac{1}{x^2}\cdot \frac{1}{\sqrt{\frac{1}{x^2}-1}}dx = -\int \frac{1}{\sqrt{\left(\frac{1}{x}\right)^2-1}}d\left(\frac{1}{x}\right)$

$$= -\ln\left|\frac{1}{x}+\sqrt{\frac{1}{x^2}-1}\right| + C = \ln\left|\frac{x}{1+\sqrt{1-x^2}}\right| + C.$$

(3) 原式 $= \displaystyle\int \frac{1}{x^3}\sqrt{1-\frac{1}{x^2}}dx = -\frac{1}{2}\int \sqrt{1-\frac{1}{x^2}}d\left(\frac{1}{x^2}\right)$

$$= \frac{1}{2}\int \sqrt{1-\frac{1}{x^2}}d\left(1-\frac{1}{x^2}\right)$$

$$= \frac{1}{2}\int \sqrt{t}\,dt \quad \left(\diamondsuit\ t = 1-\frac{1}{x^2}\right)$$

$$= \frac{1}{3}t^{\frac{3}{2}} + C = \frac{1}{3}\left(1 - \frac{1}{x^2}\right)^{\frac{3}{2}} + C.$$

(4) 令 $t = \sqrt{1+e^{2x}}$,则 $x = \frac{1}{2}\ln(t^2-1)$, $dx = \frac{t}{t^2-1}dt$,从而

$$原式 = \int \frac{1}{t} \cdot \frac{t}{t^2-1}dt = \frac{1}{2}\int\left(\frac{1}{t-1} - \frac{1}{t+1}\right)dt$$

$$= \frac{1}{2}\ln\left|\frac{t-1}{t+1}\right| + C = \frac{1}{2}\ln\left|\frac{\sqrt{1+e^{2x}}-1}{\sqrt{1+e^{2x}}+1}\right| + C.$$

(5) 令 $t = \ln x$,则 $x = e^t$, $dx = e^t dt$,从而

$$原式 = \int \frac{e^t+1}{e^{2t}+te^t} \cdot e^t dt = \int \frac{e^t+1}{e^t+t}dt$$

$$= \int \frac{1}{e^t+t}d(e^t+t) = \ln|e^t+t| + C$$

$$= \ln|x+\ln x| + C.$$

(6) $原式 = \int \frac{1}{x} \cdot \frac{1}{\ln^2 x}dx + \int \frac{1}{x^2}dx = \int (\ln x)^{-2}d(\ln x) - \frac{1}{x}$

$$= -(\ln x)^{-1} - x^{-1} + C.$$

最后我们列出几个比较重要的积分公式,并把它们补充到基本积分公式中去.

(1) $\int \tan x \, dx = -\ln|\cos x| + C = \ln|\sec x| + C$;

(2) $\int \cot x \, dx = \ln|\sin x| + C = \ln|\csc x| + C$;

(3) $\int \sec x \, dx = \ln|\sec x + \tan x| + C$;

(4) $\int \csc x \, dx = \ln|\csc x - \cot x| + C$;

(5) $\int \frac{dx}{a^2-x^2} = \frac{1}{2a}\ln\left|\frac{x+a}{x-a}\right| + C \quad (a>0)$;

(6) $\int \frac{dx}{a^2+x^2} = \frac{1}{a}\arctan\frac{x}{a} + C \quad (a>0)$;

(7) $\int \sqrt{a^2-x^2} \, dx = \frac{x}{2}\sqrt{a^2-x^2} + \frac{a^2}{2}\arcsin\frac{x}{a} + C \quad (a>0)$;

(8) $\int \frac{1}{\sqrt{a^2-x^2}} dx = \arcsin\frac{x}{a} + C$;

(9) $\int \frac{dx}{\sqrt{x^2 \pm a^2}} = \ln|x + \sqrt{x^2 \pm a^2}| + C \quad (a>0)$.

§5.4 分部积分法

换元法使我们可以计算大量的不定积分,但对另一些积分诸如 $\int xe^x dx, \int \ln x dx$ 等,换元法不适用. 本节将介绍求不定积分的另一个重要方法——分部积分法.

定理 5.4.1(分部积分公式)

设 $u(x), v(x)$ 均有连续的导数,则
$$\int u(x)v'(x)dx = u(x)v(x) - \int u'(x)v(x)dx,$$
或
$$\int u dv = uv - \int v du.$$

证 由乘积函数求导公式
$$(uv)' = u'v + uv',$$
两边积分,得
$$\int (uv)'dx = \int u'v dx + \int uv' dx,$$
也即
$$\int u'v dx + \int uv' dx = uv,$$
移项后,得
$$\int u dv = uv - \int v du.$$

应用分部积分法,恰当选择 u 和 v 是关键,应考虑到 u,v 的选取能使得 $\int v du$ 比 $\int u dv$ 容易计算. 分部积分法适用的范围是,被积函数 $f(x)$ 可分解成某函数 $u(x)$ 与另一个函数 $v(x)$ 的导函数的乘积,即
$$f(x) = u(x)v'(x).$$

例1 求下列不定积分:

(1) $\int xe^x dx$;   (2) $\int x^2 \sin x dx$;

(3) $\int \ln x dx$;   (4) $\int \arctan x dx$;

(5) $\int (\arcsin x)^2 dx$;   (6) $\int x\sin^2 x dx$.

解 (1) 原式 $= \int x\mathrm{d}(\mathrm{e}^x) = x \cdot \mathrm{e}^x - \int \mathrm{e}^x \mathrm{d}x = x\mathrm{e}^x - \mathrm{e}^x + C.$

(2) 原式 $= \int x^2 \mathrm{d}(-\cos x) = -x^2 \cos x + \int \cos x \mathrm{d}x^2$

$= -x^2 \cos x + 2\int x\cos x \mathrm{d}x$

$= -x^2 \cos x + 2\int x\mathrm{d}(\sin x)$

$= -x^2 \cos x + 2x\sin x - 2\int \sin x \mathrm{d}x$

$= -x^2 \cos x + 2x\sin x + 2\cos x + C.$

(3) 原式 $= x \cdot \ln x - \int x\mathrm{d}(\ln x) = x\ln x - \int \mathrm{d}x = x\ln x - x + C.$

(4) 原式 $= x\arctan x - \int x\mathrm{d}(\arctan x) = x\arctan x - \int \dfrac{x}{1+x^2} \mathrm{d}x$

$= x\arctan x - \dfrac{1}{2}\ln(1+x^2) + C.$

(5) 原式 $= x(\arcsin x)^2 - \int x\mathrm{d}(\arcsin x)^2$

$= x(\arcsin x)^2 - 2\int x \cdot \arcsin x \cdot \dfrac{1}{\sqrt{1-x^2}} \mathrm{d}x$

$= x(\arcsin x)^2 + 2\int \arcsin x \mathrm{d}(\sqrt{1-x^2})$

$= x(\arcsin x)^2 + 2\sqrt{1-x^2}\arcsin x$

$\quad - 2\int \sqrt{1-x^2} \mathrm{d}(\arcsin x)$

$= x(\arcsin x)^2 + 2\sqrt{1-x^2}\arcsin x - 2\int \mathrm{d}x$

$= x(\arcsin x)^2 + 2\sqrt{1-x^2}\arcsin x - 2x + C.$

(6) 原式 $= \int x \cdot \dfrac{1-\cos 2x}{2} \mathrm{d}x = \dfrac{1}{2}\int x\mathrm{d}x - \dfrac{1}{2}\int x\cos 2x \mathrm{d}x$

$= \dfrac{1}{4}x^2 - \dfrac{1}{4}\int x\mathrm{d}(\sin 2x)$

$= \dfrac{1}{4}x^2 - \dfrac{1}{4}x\sin 2x + \dfrac{1}{4}\int \sin 2x \mathrm{d}x$

$= \dfrac{1}{4}x^2 - \dfrac{1}{4}x\sin 2x - \dfrac{1}{8}\cos 2x + C.$

例 2 求下列不定积分：

(1) $\int e^{ax}\sin bx\,dx$ $(ab\neq 0)$; (2) $\int \sqrt{x^2\pm a^2}\,dx$ $(a>0)$.

解 (1) 令 $I = \int e^{ax}\sin bx\,dx$,则

$$I = \frac{1}{a}\int \sin bx\,d(e^{ax}) = \frac{1}{a}e^{ax}\cdot\sin bx - \frac{1}{a}\int e^{ax}\,d(\sin bx)$$

$$= \frac{1}{a}e^{ax}\sin bx - \frac{b}{a}\int e^{ax}\cos bx\,dx$$

$$= \frac{1}{a}e^{ax}\sin bx - \frac{b}{a^2}\int \cos bx\,d(e^{ax})$$

$$= \frac{1}{a}e^{ax}\sin bx - \frac{b}{a^2}e^{ax}\cos bx + \frac{b^2}{a^2}\int e^{ax}\,d(\cos bx)$$

$$= \frac{ae^{ax}\sin bx - be^{ax}\cos bx}{a^2} - \frac{b^2}{a^2}I.$$

因此解方程得(I 是不定积分,后面要带常数)

$$I = \frac{e^{ax}(a\sin bx - b\cos bx)}{a^2+b^2} + C.$$

(2) 令 $I = \int \sqrt{x^2\pm a^2}\,dx$,则

$$I = x\sqrt{x^2\pm a^2} - \int x\,d(\sqrt{x^2\pm a^2})$$

$$= x\sqrt{x^2\pm a^2} - \int \frac{x^2}{\sqrt{x^2\pm a^2}}\,dx$$

$$= x\sqrt{x^2\pm a^2} - \int \frac{x^2\pm a^2\mp a^2}{\sqrt{x^2\pm a^2}}\,dx$$

$$= x\sqrt{x^2\pm a^2} - \left[\int \sqrt{x^2\pm a^2}\,dx \mp a^2\int \frac{1}{\sqrt{x^2\pm a^2}}\,dx\right]$$

$$= x\sqrt{x^2\pm a^2} - I \pm a^2\ln|x+\sqrt{x^2\pm a^2}|.$$

因此解方程得

$$I = \frac{1}{2}(x\sqrt{x^2\pm a^2} \pm a^2\ln|x+\sqrt{x^2\pm a^2}|) + C.$$

例 3 导出下列不定积分关于正整数 n 的递推公式.

(1) $I_n = \int \frac{1}{(1+x^2)^n}\,dx$; (2) $I_n = \int (\ln x)^n\,dx$.

解 (1) $I_1 = \arctan x + C$,

$$I_n = \frac{x}{(1+x^2)^n} - \int x\,d(1+x^2)^{-n}$$

$$= \frac{x}{(1+x^2)^n} + n\int \frac{2x^2}{(1+x^2)^{n+1}}\mathrm{d}x$$

$$= \frac{x}{(1+x^2)^n} + 2n\int \frac{1}{(1+x^2)^n}\mathrm{d}x - 2n\int \frac{1}{(1+x^2)^{n+1}}\mathrm{d}x$$

$$= \frac{x}{(1+x^2)^n} + 2nI_n - 2nI_{n+1}.$$

因此

$$I_{n+1} = \frac{1}{2n} \cdot \frac{x}{(1+x^2)^n} + \frac{2n-1}{2n}I_n, \quad n=1,2,\cdots.$$

(2) $I_n = x(\ln x)^n - \int x\mathrm{d}(\ln x)^n = x(\ln x)^n - n\int (\ln x)^{n-1}\mathrm{d}x$

$\qquad = x(\ln x)^n - nI_{n-1}, \quad n=1,2,\cdots.$

注 1 连续多次使用分部积分法时,要注意 u 和 v 的选择要一致,若不然,就会还原了,事实上:

$$\int u\mathrm{d}v = uv - \int v\mathrm{d}u = uv - \left(vu - \int u\mathrm{d}v\right) = \int u\mathrm{d}v.$$

注 2 如果应用分部积分法计算时,发现 $\int v\mathrm{d}u$ 比原来的 $\int u\mathrm{d}v$ 还复杂,这说明 u,v 选取不当或原不定积分不可用分部积分法来求解.

例 4 求下列不定积分:

(1) $\int \ln(1+\sqrt{x})\mathrm{d}x$; (2) $\int e^{\sqrt{x}}\mathrm{d}x$;

(3) $\int \frac{(1-x)\arcsin(1-x)}{\sqrt{2x-x^2}}\mathrm{d}x$; (4) $\int \frac{x+\ln^3 x}{(x\ln x)^2}\mathrm{d}x.$

解 (1) 令 $t=\sqrt{x}$,则 $x=t^2$,从而

$$原式 = \int \ln(1+t)\mathrm{d}(t^2) = t^2\ln(1+t) - \int \frac{t^2}{1+t}\mathrm{d}t$$

$$= t^2\ln(1+t) - \int (t-1)\mathrm{d}t - \int \frac{1}{t+1}\mathrm{d}t$$

$$= t^2\ln(1+t) - \frac{t^2}{2} + t - \ln(1+t) + C$$

$$= (x-1)\ln(1+\sqrt{x}) + \sqrt{x} - \frac{x}{2} + C.$$

(2) 令 $t=\sqrt{x}$,则 $x=t^2$,从而

$$原式 = \int e^t \cdot 2t\mathrm{d}t = 2te^t - 2\int e^t\mathrm{d}t$$

$$= 2te^t - 2e^t + C = 2e^{\sqrt{x}}(\sqrt{x}-1) + C.$$

(3) 令 $t = 1-x$, 则 $dx = -dt$, 从而

$$原式 = \int \frac{(1-x)\arcsin(1-x)}{\sqrt{-(1-x)^2+1}} dx = -\int \frac{t\arcsin t}{\sqrt{1-t^2}} dt$$

$$= -\int \frac{(\sin u) \cdot u}{\cos u} \cdot \cos u\, du \quad (令\ t = \sin u)$$

$$= -\int u\sin u\, du = \int u\, d(\cos u)$$

$$= u\cos u - \int \cos u\, du = u\cos u - \sin u + C$$

$$= (\arcsin t) \cdot \sqrt{1-t^2} - t + C$$

$$= \sqrt{2x-x^2}\arcsin(1-x) + x + C.$$

(4) $原式 = \int \frac{1}{x}(\ln x)^{-2} dx + \int \frac{1}{x^2} \cdot \ln x\, dx$

$$= \int (\ln x)^{-2} d(\ln x) - \int \ln x\, d\left(\frac{1}{x}\right)$$

$$= -(\ln x)^{-1} - x^{-1}\ln x + \int \frac{1}{x} \cdot \frac{1}{x} dx$$

$$= -(\ln x)^{-1} - x^{-1}\ln x - x^{-1} + C.$$

例5 设 $f(x)$ 的一个原函数为 $x\ln x$, 求 $\int xf(x) dx$.

解 由题设知, $(x\ln x)' = f(x)$, 从而

$$\int xf(x) dx = \int x(x\ln x)' dx = x \cdot x\ln x - \int x\ln x\, dx$$

$$= x^2 \ln x - \int \ln x\, d\left(\frac{x^2}{2}\right)$$

$$= x^2 \ln x - \frac{x^2}{2}\ln x + \int \frac{x^2}{2} \cdot \frac{1}{x} dx$$

$$= \frac{x^2}{2}\ln x + \frac{1}{4}x^2 + C.$$

例6 设 $f'(x^2) = \ln x\ (x > 0)$, 求 $f(x)\ (x > 0)$.

解 令 $x^2 = t$, 即 $x = \sqrt{t}$, 得

$$f'(t) = \ln\sqrt{t} = \frac{1}{2}\ln t\ (t > 0),$$

所以

$$f(x) = \int f'(x)\,\mathrm{d}x = \frac{1}{2}\int \ln x\,\mathrm{d}x$$

$$= \frac{1}{2}x\ln x - \frac{1}{2}\int x \cdot \frac{1}{x}\,\mathrm{d}x$$

$$= \frac{1}{2}x\ln x - \frac{1}{2}x + C.$$

至此我们已经学过了求不定积分的基本方法,以及某些特殊类型不定积分的求法.需要说明的是,通常所说的"求不定积分",指用初等函数形式把这个不定积分表示出来(也就是所谓的"显式").在这个意义上,并不是任何初等函数的不定积分都能求出来的.例如,$\int e^{-x^2}\,\mathrm{d}x$,$\int \frac{1}{\ln x}\,\mathrm{d}x$,$\int \frac{\sin x}{x}\,\mathrm{d}x$,$\int \sqrt{1-k^2\sin^2 x}\,\mathrm{d}x$ $(0<k<1)$ 等,显然它们存在,但却无法用初等函数来表示.因此可以说,初等函数的原函数不一定是初等函数.

习题 5

1. 已知曲线 $y=f(x)$ 的切线斜率为 $3x^2$,且此曲线经过点 $(1,2)$,试求该曲线的方程.

2. 一质点作直线运动,已知其加速度 $\frac{\mathrm{d}^2 s}{\mathrm{d}t^2}=3t^2-\sin t$,如果初速度 $v_0=3$,初始位移 $s_0=2$,试求:

(1) v 与 t 之间的函数关系;   (2) s 与 t 的函数关系.

3. 求下列不定积分:

(1) $\int \left(x^3+\frac{x}{3}+x^{\frac{1}{2}}\right)\mathrm{d}x$;

(2) $\int (x^{-\frac{1}{2}}+x^{\frac{1}{2}})\mathrm{d}x$;

(3) $\int \frac{(x+1)^2}{\sqrt{x}}\mathrm{d}x$;

(4) $\int 9^{3x}\,\mathrm{d}x$;

(5) $\int \sqrt{x\sqrt{x\sqrt{x}}}\,\mathrm{d}x$;

(6) $\int \frac{1}{9-x^2}\mathrm{d}x$;

(7) $\int \frac{1+2x^2}{x^2(1+x^2)}\mathrm{d}x$;

(8) $\int 2(e^{2x}+1)\mathrm{d}x$;

(9) $\int (2^x+3^x)^2\,\mathrm{d}x$;

(10) $\int (\cos x+\sin x)^2\,\mathrm{d}x$;

(11) $\int \left(\sqrt{\frac{1+x}{1-x}}+\sqrt{\frac{1-x}{1+x}}\right)\mathrm{d}x$;

(12) $\int \frac{\cos 2x}{\cos^2 x \cdot \sin^2 x}\mathrm{d}x$;

(13) $\int \frac{1+\sin 2x}{\sin x+\cos x}\mathrm{d}x$;

(14) $\int \cos^4 x\,\mathrm{d}x$;

(15) $\int \dfrac{e^x(x-e^{-x})}{x}dx$;

(16) $\int \dfrac{2^{x+1}-5^{x-1}}{10^x}dx$;

(17) $\int (e^x+3^x)(1+2^x)dx$;

(18) $\int (e^x-e^{-x})^3 dx$;

(19) $\int \dfrac{x^3}{1+x^2}dx$;

(20) $\int \dfrac{2x+1}{x^2+x}dx$.

4. 用换元积分法计算下列不定积分：

(1) $\int \sqrt[3]{1-bx}\,dx$ $(b\neq 0)$;

(2) $\int e^{e^x+x}dx$;

(3) $\int \dfrac{x+2}{\sqrt{x+1}}dx$;

(4) $\int (1+x)^n dx$;

(5) $\int \left(\dfrac{1}{\sqrt{3-x^2}}+\dfrac{1}{\sqrt{1-3x^2}}\right)dx$;

(6) $\int x\sin x^2\,dx$;

(7) $\int \dfrac{1}{1+\sin x}dx$;

(8) $\int \dfrac{1}{1+\cos x}dx$;

(9) $\int \dfrac{x}{\sqrt{1-x^2}}dx$;

(10) $\int \dfrac{x}{4+x^4}dx$;

(11) $\int \dfrac{1}{e^x+e^{-x}}dx$;

(12) $\int \dfrac{\sqrt{x}}{1-\sqrt[3]{x}}dx$;

(13) $\int \dfrac{\arctan \dfrac{1}{x}}{1+x^2}dx$;

(14) $\int \dfrac{1}{x\sqrt{1-\ln^2 x}}dx$;

(15) $\int \dfrac{1}{(x^2+a^2)^{\frac{3}{2}}}dx$ $(a>0)$;

(16) $\int \dfrac{\sqrt{x+1}-1}{\sqrt{x+1}+1}dx$;

(17) $\int \dfrac{1}{x\ln x}dx$;

(18) $\int \dfrac{\ln \tan x}{\sin x\cos x}dx$;

(19) $\int \dfrac{\sin x\cos x}{2+\sin^2 x}dx$;

(20) $\int e^x \tan e^x\,dx$;

(21) $\int \dfrac{\sin x}{\sqrt{1+\sin^2 x}}dx$;

(22) $\int \dfrac{1}{(\sin x+2\cos x)^2}dx$;

(23) $\int \dfrac{x}{x^4-1}dx$;

(24) $\int \dfrac{\sqrt{x}}{1+x^3}dx$;

(25) $\int x^x(1+\ln x)dx$;

(26) $\int \dfrac{x}{x^4+2x^2+5}dx$;

(27) $\int \dfrac{x^5}{\sqrt{1-x^2}}dx$;

(28) $\int \dfrac{2x-3}{x^2-3x+8}dx$;

(29) $\int \dfrac{x^2+2}{(x+1)^3}dx$;

(30) $\int \dfrac{x}{x+\sqrt{x^2-1}}dx$;

(31) $\int \dfrac{1}{x(1+x^5)}dx$;

(32) $\int \dfrac{1}{x(x^3+8)}dx$;

(33) $\int \dfrac{x+1}{x\sqrt{x-2}}dx$;

(34) $\int \dfrac{1}{(x+1)\sqrt{1-x}}dx$;

(35) $\int x^2\sqrt{1-x}\,\mathrm{d}x$;

(36) $\int \sqrt{1+\mathrm{e}^x}\,\mathrm{d}x$;

(37) $\int \dfrac{x}{\sqrt{4x^4+9}}\,\mathrm{d}x$;

(38) $\int \dfrac{2x+3}{\sqrt{1+x^2}}\,\mathrm{d}x$;

(39) $\int \sin 2x\cos^3 x\,\mathrm{d}x$;

(40) $\int \dfrac{1}{1+\cos^2 x}\,\mathrm{d}x$;

(41) $\int \dfrac{1}{\sin^2\left(2x+\dfrac{\pi}{4}\right)}\,\mathrm{d}x$;

(42) $\int \sin\left(x+\dfrac{3\pi}{4}\right)\sin\left(3x+\dfrac{\pi}{4}\right)\mathrm{d}x$;

(43) $\int \dfrac{1}{x^2}\mathrm{e}^{-\frac{1}{x}}\,\mathrm{d}x$;

(44) $\int \cos^5 x\,\mathrm{d}x$;

(45) $\int \dfrac{x+2}{\sqrt{x^2-2x+4}}\,\mathrm{d}x$;

(46) $\int \dfrac{x^3}{(1-x^2)}\,\mathrm{d}x$;

(47) $\int \dfrac{\arcsin(1-x)}{\sqrt{2x-x^2}}\,\mathrm{d}x$;

(48) $\int \sqrt{\dfrac{\arcsin\sqrt{x}}{x(1-x)}}\,\mathrm{d}x$;

(49) $\int \dfrac{\sqrt{x^2-16}}{x}\,\mathrm{d}x$;

(50) $\int \dfrac{1}{x^2\sqrt{x^2-9}}\,\mathrm{d}x$.

5. 用三角代换求下列不定积分：

(1) $\int \dfrac{x^3}{(a^2+x^2)^{\frac{3}{2}}}\,\mathrm{d}x\quad (a>0)$;

(2) $\int \dfrac{1}{x^2(1-x^2)^{\frac{3}{2}}}\,\mathrm{d}x$;

(3) $\int \dfrac{\sqrt{x^2-9}}{x^2}\,\mathrm{d}x$;

(4) $\int \dfrac{\sqrt{x^2-1}}{x^3}\,\mathrm{d}x$;

(5) $\int \dfrac{x}{\sqrt{1+x^2}(1-x^2)}\,\mathrm{d}x$;

(6) $\int \dfrac{1}{(x^2-1)^{\frac{5}{2}}}\,\mathrm{d}x$;

(7) $\int \dfrac{x^{98}}{(1-x^2)^{\frac{101}{2}}}\,\mathrm{d}x$;

(8) $\int \dfrac{\sqrt{x}}{(1-x)^{\frac{5}{2}}}\,\mathrm{d}x$;

(9) $\int \dfrac{1}{x\sqrt{x^2-1}}\,\mathrm{d}x$;

(10) $\int \dfrac{1}{(x^2+a^2)^2}\,\mathrm{d}x\quad (a>0)$.

6. 用分部积分法计算下列不定积分：

(1) $\int x^2\mathrm{e}^{2x}\,\mathrm{d}x$;

(2) $\int x\sin 4x\,\mathrm{d}x$;

(3) $\int \mathrm{e}^x(\cos x-\sin x)\,\mathrm{d}x$;

(4) $\int \sin(\ln x)\,\mathrm{d}x$;

(5) $\int \left(\dfrac{\ln x}{x}\right)^2\mathrm{d}x$;

(6) $\int \dfrac{\sin x}{\mathrm{e}^x}\,\mathrm{d}x$;

(7) $\int x^3\ln^2 x\,\mathrm{d}x$;

(8) $\int x^2\ln(1+x)\,\mathrm{d}x$;

(9) $\int (\arccos x)^2\,\mathrm{d}x$;

(10) $\int \dfrac{x\cos x}{\sin^3 x}\,\mathrm{d}x$;

(11) $\int \ln(1+x^2)\,\mathrm{d}x$;

(12) $\int x\sec^2 x\,\mathrm{d}x$;

(13) $\int \ln(x+\sqrt{1+x^2})\,dx$;

(14) $\int x\ln\dfrac{x-1}{x+1}\,dx$;

(15) $\int \dfrac{\ln\sin x}{\sin^2 x}\,dx$;

(16) $\int \dfrac{\ln\sin x}{\cos^2 x}\,dx$;

(17) $\int \dfrac{x\ln x}{(1+x^2)^2}\,dx$;

(18) $\int \dfrac{\arcsin x}{x^2}\,dx$;

(19) $\int \left[\ln(\ln x)+\dfrac{1}{\ln x}\right]dx$;

(20) $\int \dfrac{\ln x}{x^3}\,dx$;

(21) $\int \sec^3 x\,dx$;

(22) $\int \sin x \cdot \ln(\tan x)\,dx$;

(23) $\int 2x(x^2+1)\arctan x\,dx$;

(24) $\int \dfrac{\ln(\ln x)}{x}\,dx$;

(25) $\int \dfrac{x+\ln(1-x)}{x^2}\,dx$;

(26) $\int \arctan\sqrt{x^2-1}\,dx$;

(27) $\int \dfrac{x^2}{1+x^2}\arctan x\,dx$;

(28) $\int \dfrac{x}{\sqrt{1-x^2}}\arcsin x\,dx$;

(29) $\int (\sin 2x)\cdot \ln(\sin x)\,dx$;

(30) $\int x^2(1+x^3)e^{x^3}\,dx$.

7. 计算下列有理函数的不定积分：

(1) $\int \dfrac{x^4}{(x-1)^3}\,dx$;

(2) $\int \dfrac{1}{x^2(1+2x)}\,dx$;

(3) $\int \dfrac{x^3}{x-1}\,dx$;

(4) $\int \dfrac{x-2}{x^2-7x+12}\,dx$;

(5) $\int \dfrac{1}{1+x^3}\,dx$;

(6) $\int \dfrac{1}{1+x^4}\,dx$;

(7) $\int \dfrac{x+1}{x^2+1}\,dx$;

(8) $\int \dfrac{x^2}{x^3+1}\,dx$;

(9) $\int \dfrac{2x+3}{x^2+2x-3}\,dx$;

(10) $\int \dfrac{x^2}{1-x^4}\,dx$.

8. 求下列不定积分：

(1) $\int \sqrt{e^x-1}\,dx$;

(2) $\int \dfrac{1}{\sqrt{e^x-1}}\,dx$;

(3) $\int \dfrac{1}{1+e^x}\,dx$;

(4) $\int \dfrac{xe^x}{\sqrt{1+e^x}}\,dx$;

(5) $\int \dfrac{\ln(e^x+2)}{e^x}\,dx$;

(6) $\int \sqrt{\dfrac{1+x}{x}}\,dx$;

(7) $\int (\arctan\sqrt{x^2-1})\cdot\dfrac{x}{\sqrt{x^2-1}}\,dx$;

(8) $\int \dfrac{x}{\sqrt{x^2-x+2}}\,dx$;

(9) $\int \dfrac{\sin x\cos x}{\sin^4 x+\cos^4 x}\,dx$;

(10) $\int \dfrac{1}{5-3\cos x}\,dx$.

9. 证明：若 $I_n=\int \tan^n x\,dx$，$n=2,3,\cdots$，则

$$I_n = \frac{1}{n-1}\tan^{n-1}x - I_{n-2}.$$

10. 令 $I_n = \int \frac{v^n}{\sqrt{u}}dx$,其中 $u = a_1 + b_1 x, v = a_2 + b_2 x$,求 I_n 的递推形式.

11. 求 $I_n = \int (\arcsin x)^n dx$ 的递推公式.

12. 求 $I_n = \int (\sin x)^n dx$ 的递推公式.

13. 求下列不定积分:

(1) $\int f'(2x+3)dx$;

(2) $\int xf''(x)dx$;

(3) $\int \left(\frac{1}{\sin^2 x}+1\right)\cos x dx$;

(4) $\int xf(x^2)f'(x^2)dx$.

14. 求下列不定积分:

(1) $\int x^5 e^{x^2} dx$;

(2) $\int \sin(\ln x)dx$;

(3) $\int \sqrt{1+\sin x}\,dx$;

(4) $\int \frac{e^x(1+\sin x)}{1+\cos x}dx$;

(5) $\int x\sin\sqrt{x}\,dx$;

(6) $\int \frac{1}{\sin^2 x + 2\cos^2 x}dx$;

(7) $\int \sqrt{\frac{e^x-1}{e^x+1}}\,dx$;

(8) $\int \frac{1}{x}\sqrt{\frac{1-x}{1+x}}\,dx$;

(9) $\int \frac{\cos x}{\sqrt{2+\cos 2x}}dx$;

(10) $\int \frac{x+1}{\sqrt{x^2+x+1}}dx$;

(11) $\int \frac{x}{1+\cos x}dx$;

(12) $\int \frac{x-\cos x}{1+\sin x}dx$;

(13) $\int \frac{x}{\sqrt{1-x^2}}e^{\arcsin x}dx$;

(14) $\int \arcsin x \cdot \arccos x\,dx$;

(15) $\int \left(\frac{\arctan\sqrt{x^2-1}}{x}\right)^2 dx$;

(16) $\int \frac{1}{a\cos x + b\sin x}dx$;

(17) $\int \arctan(1+\sqrt{x})dx$;

(18) $\int \sin(\sqrt[3]{x})dx$;

(19) $\int \frac{\ln(x+2)-\ln x}{x(x+2)}dx$;

(20) $\int \frac{1}{\sin x - \cos x + 5}dx$.

15. 求 $\int \arcsin x\,dx + \int \arccos x\,dx$,并解释所求得的结果.

16. 设 $F(x) = \int \frac{\sin^2 x}{\sin x + \cos x}dx, G(x) = \int \frac{\cos^2 x}{\sin x + \cos x}dx$,求
$$F(x)+G(x),\quad F(x)-G(x),\quad F(x),\quad G(x).$$

第 6 章

定积分

一元函数积分学中包含两个基本问题,不定积分是第一个基本问题,本章讲的定积分是第二个基本问题. 定积分在几何学、物理学、经济学等领域有着大量应用. 定积分的概念是作为某种和的极限引入的,求不定积分是求导数的逆运算,它们之间既有区别又有内在联系.

本章介绍定积分的概念与基本性质、定积分与不定积分的关系、定积分的计算与简单应用,以及反常积分初步.

§6.1 定积分的概念与性质

1. 问题提出

我们以两个例子来看定积分的概念是如何提出来的.

例1 曲边梯形的面积.

设 $f(x)$ 为闭区间 $[a,b]$ 上的连续函数,且 $f(x) \geqslant 0, x \in [a,b]$,称由曲线 $y=f(x)$,直线 $x=a, x=b$ 以及 x 轴所围成的平面图形(见图 6-1)为曲边梯形. 下面来讨论如何求曲边梯形面积(这是求任何曲线边界图形面积的基础).

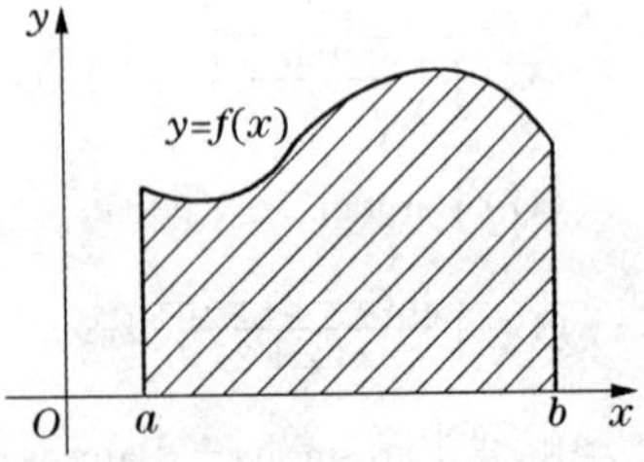

在初等数学里,圆的面积是用一系列边数无限增多的内接(或外切)正多边形面积的极限来定义的. 现在我们仍采用类似的方法来定义曲边梯形的面积. 具体做法如下:

图 6-1

(1) 分割.

在区间内任取 $n-1$ 个分点 $x_1, \cdots, x_{n-1}$,它们依次为

$$a = x_0 < x_1 < \cdots < x_{n-1} < x_n = b.$$

这些点把区间$[a,b]$分割成 n 个小区间$[x_{i-1}, x_i]$，$i=1,\cdots,n$. $[x_{i-1}, x_i]$的长度为 $\Delta x_i = x_i - x_{i-1}$，$i=1,\cdots,n$. 再用直线 $x = x_i$，$i=1,\cdots,n-1$ 把曲边梯形分割成 n 个小曲边梯形（见图 6-2）.

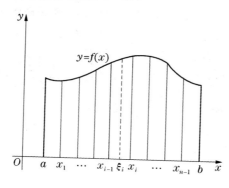

图 6-2

(2) 近似代替（以直代曲）.

在每个小区间$[x_{i-1}, x_i]$上任取一点 ξ_i，作以 $f(\xi_i)$ 为高，$[x_{i-1}, x_i]$ 为底的小矩形，当分割$[a,b]$的分点较多，且分割得较细密时，由于 $f(x)$ 是连续函数，所以它在每个小区间上的值变化不大，从而可用这些小矩形的面积近似替代相应小曲边梯形的面积，也就是说这第 i 个小曲边梯形的面积 $\Delta S_i \approx f(\xi_i)$，$i=1,\cdots,n$.

(3) 求和.

将 n 个小矩形的面积加起来，它是曲边梯形面积的近似值，也即

$$S \approx \sum_{i=1}^{n} f(\xi_i) \Delta x_i.$$

(4) 取极限.

显然，$\sum_{i=1}^{n} f(\xi_i) \Delta x_i$ 与区间$[a,b]$的分割方法有关，也与 ξ_i 的选取有关. 但可以想象，当分点无限增多，且对$[a,b]$无限细分时，如果此和式与某一常数无限接近，且与分点 x_i 以及中间点 ξ_i 的选取无关，则此常数就应该是该曲边梯形的面积. 令 $\|T\| = \max\limits_{1 \leqslant i \leqslant n} \{\Delta x_i\}$，则

$$S = \lim_{\|T\| \to 0} \sum_{i=1}^{n} f(\xi_i) \Delta x_i.$$

例 2 变力所做的功.

设质点受力 F 的作用沿 x 轴由点 a 移动到点 b，并设 F 处处平行于 x 轴(见图 6-3). 如果 F 是常力，则它对质点所做的功为 $W = F(b-a)$. 现在的问题是，若 F 是变力，它连续依赖于质点所在的位置，即 $F = F(x)$，$x \in [a,b]$ 为一连续函数，此时 F 对质点所做的功又该如何计算？

由假设 $F(x)$ 为一连续函数，故在很小的一段位移区间上，$F(x)$ 可近似地看作一常量. 这样，把 $[a,b]$ 细分成 n 个小区间 $[x_{i-1}, x_i]$，$i=1,\cdots,n$，并在每个小区间上任取一点 $\xi_i \in [x_{i-1}, x_i]$，就有
$$F(x) \approx F(\xi_i), \quad x \in [x_{i-1}, x_i], \quad i=1,\cdots,n,$$
从而，力 F 所做的功近似等于 $\sum_{i=1}^{n} F(\xi_i) \Delta x_i$.

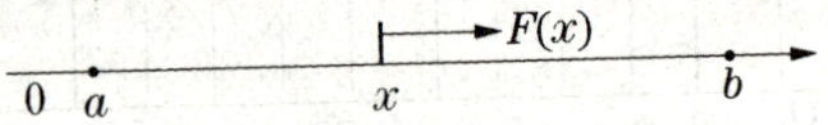

图 6-3

同样地，对 $[a,b]$ 作无限细分时，如果和式 $\sum_{i=1}^{n} F(\xi_i) \Delta x_i$ 与某一常数无限接近，则把该常数定义为变力所做的功 W.

不管是计算曲边梯形面积的几何问题，还是求变力做功的力学问题，它们最终都归结为一个特定和式的极限. 在现实生活中还有许多同样类型的数学问题，解决这类问题的思想方法概括起来说就是"分割，近似求和，取极限"，而这正是产生定积分概念的背景.

2. 定积分的定义

定义 6.1.1 设函数 $f(x)$ 在区间 $[a,b]$ 上有定义，在闭区间 $[a,b]$ 内任意插入 $n-1$ 个点，依次为
$$a = x_0 < x_1 < \cdots < x_{n-1} < x_n = b,$$
它们把 $[a,b]$ 分成 n 个小区间 $\Delta_i = [x_{i-1}, x_i]$，$i=1,\cdots,n$. 这些分点构成对 $[a,b]$ 的一个分割，记作
$$T = \{x_0, x_1, \cdots, x_{n-1}, x_n\}.$$
小区间 $[x_{i-1}, x_i]$ 的长度为 $\Delta x_i = x_i - x_{i-1}$，并记
$$\|T\| = \max_{1 \leq i \leq n} \{\Delta x_i\}.$$
在每个小区间上任取一点 $\xi_i \in [x_{i-1}, x_i]$，$i=1,\cdots,n$. 得到一个积分和(也称黎曼和)
$$S_n = \sum_{i=1}^{n} f(\xi_i) \Delta x_i.$$

如果不论区间分割如何,以及在小区间上点 ξ_i 的选取如何,极限

$$\lim_{\|T\|\to 0} S_n = \lim_{\|T\|\to 0} \sum_{i=1}^{n} f(\xi_i)\Delta x_i$$

存在,则称函数 $f(x)$ 在 $[a,b]$ 上<u>可积</u>(或<u>黎曼可积</u>),极限值称作 $f(x)$ 在 $[a,b]$ 上的<u>定积分</u>(或<u>黎曼积分</u>),记作 $\int_a^b f(x)\mathrm{d}x$,即

$$\lim_{\|T\|\to 0} \sum_{i=1}^{n} f(\xi_i)\Delta x_i = \int_a^b f(x)\mathrm{d}x.$$

其中 $f(x)$ 称为<u>被积函数</u>,x 称作<u>积分变量</u>,$[a,b]$ 称作<u>积分区间</u>,a 与 b 分别称作这个定积分的下限和上限.

注 1 定积分是积分和的极限,它是一个常数,这与不定积分不一样. 另外,求积分和的极限比通常函数的极限复杂,这是因为每一个 $\|T\|$ 并不唯一对应积分和的一个值.

注 2 积分和与分割 ξ_i 的选取有关,但由定义积分和的极限却要求与分割 ξ_i 的选取无关. 因此,定积分仅与被积函数 $f(x)$ 和积分区间 $[a,b]$ 有关,而与积分变量用什么字母来表示无关,即有

$$\int_a^b f(x)\mathrm{d}x = \int_a^b f(t)\mathrm{d}t = \int_a^b f(\theta)\mathrm{d}\theta.$$

注 3 在定积分定义中,实际上假设了 $a<b$,今后为使用方便,我们规定:

(1) 当 $a>b$ 时,$\int_a^b f(x)\mathrm{d}x = -\int_b^a f(x)\mathrm{d}x.$

(2) 当 $a=b$ 时,$\int_a^a f(x)\mathrm{d}x = 0.$

注 4(**定积分的几何意义**) 由例1以及定积分的定义知,对于 $[a,b]$ 上的连续函数 $f(x)$,当 $f(x)\geqslant 0$ 时,$\int_a^b f(x)\mathrm{d}x$ 就是曲边梯形的面积;当 $f(x)\leqslant 0$ 时,由定义易证 $\int_a^b f(x)\mathrm{d}x = -\int_a^b [-f(x)]\mathrm{d}x$,也就是说此时定积分为梯形面积的相反数,不妨称之为"负面积";对一般的 $f(x)$ 而言(如图 6-4),定积分 $\int_a^b f(x)\mathrm{d}x$ 恰为 x 轴上方所有曲边梯形的正面积与下方所有曲边梯形的负面积的代数和.

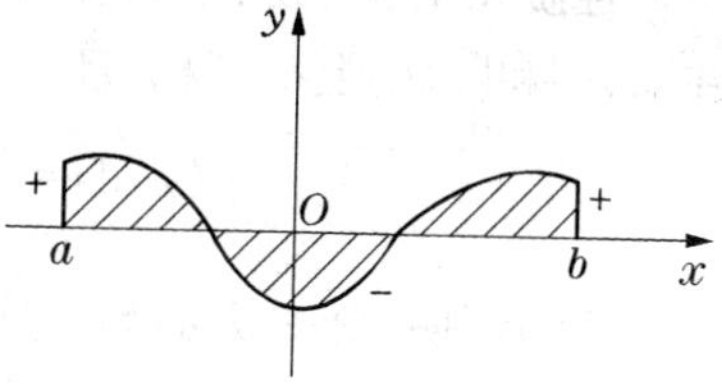

注 5 关于函数的可积性,我们只需要知道以下几个重要结论:

图 6-4

(1) 可积函数必有界;

(2) 有限闭区间 $[a,b]$ 上的连续函数可积;

(3) 在有限区间 $[a,b]$ 上只有有限个间断点的有界函数可积.

例 3 求区间 $[0,1]$ 上,以抛物线 $y=x^2$ 为曲线的曲边三角形的面积(见图 6-5).

解 因为 $y=x^2$ 在 $[0,1]$ 上连续,故是可积函数. 由定积分的定义,所求面积为

$$S=\int_0^1 x^2 \mathrm{d}x = \lim_{\|T\|\to 0} \sum_{i=1}^n \xi_i^2 \Delta x_i.$$

由于和式的极限与分割 T,以及 ξ_i 的选取无关,不妨选择特殊的分割 T 和特殊点集 $\{\xi_i\}$,取

$$T=\left\{0,\frac{1}{n},\frac{2}{n},\cdots,\frac{n-1}{n},1\right\},$$

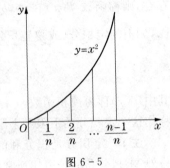

图 6-5

此时 $\|T\|=\dfrac{1}{n}$;

取 $\xi_i=\dfrac{i-1}{n}\in\left[\dfrac{i-1}{n},\dfrac{i}{n}\right],i=1,\cdots,n$,故有

$$\begin{aligned}S &= \lim_{n\to\infty}\sum_{i=1}^n \left(\frac{i-1}{n}\right)^2 \cdot \frac{1}{n} = \lim_{n\to\infty}\frac{1}{n^3}\sum_{i=1}^n (i-1)^2 \\ &= \lim_{n\to\infty}\frac{(n-1)n(2n-1)}{6n^3} = \frac{1}{3}.\end{aligned}$$

3. 定积分的基本性质

性质 6.1.1 设 $f(x),g(x)$ 在区间 $[a,b]$ 上可积,α,β 为任意常数,则 $\alpha f(x)\pm\beta g(x)$ 在 $[a,b]$ 上也可积,且

$$\int_a^b [\alpha f(x)\pm\beta g(x)]\mathrm{d}x = \alpha\int_a^b f(x)\mathrm{d}x \pm \beta\int_a^b g(x)\mathrm{d}x.$$

性质 6.1.2 若 $f(x),g(x)$ 在 $[a,b]$ 上可积,则 $f(x)\cdot g(x)$ 在 $[a,b]$ 上也可积.

性质 6.1.3 设 $c\in(a,b)$,则 $f(x)$ 在 $[a,b]$ 上可积的充要条件是 $f(x)$ 在 $[a,c]$ 和 $[c,b]$ 上都可积,且

$$\int_a^b f(x)\mathrm{d}x = \int_a^c f(x)\mathrm{d}x + \int_c^b f(x)\mathrm{d}x.$$

容易证明:对一切 a,b,c,只要 $\int_a^b f(x)\mathrm{d}x,\int_a^c f(x)\mathrm{d}x,\int_c^b f(x)\mathrm{d}x$ 存在,仍有 $\int_a^b f(x)\mathrm{d}x = \int_a^c f(x)\mathrm{d}x + \int_c^b f(x)\mathrm{d}x.$

性质 6.1.4 设 $f(x),g(x)$ 在 $[a,b]$ 上可积,且
$$f(x) \leqslant g(x), \quad x \in [a,b],$$
则
$$\int_a^b f(x)\mathrm{d}x \leqslant \int_a^b g(x)\mathrm{d}x.$$

性质 6.1.3 和性质 6.1.4 的正确性很容易利用平面图形面积来理解(如图 6-6,图 6-7 所示).

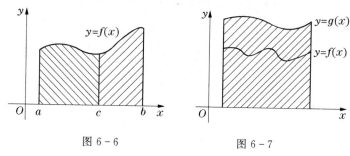

图 6-6   图 6-7

由性质 6.1.4 很容易得到以下的推论.

推论 6.1.1 设 $f(x)$ 在 $[a,b]$ 上可积,并且 $f(x) \geqslant 0, x \in [a,b]$,则
$$\int_a^b f(x)\mathrm{d}x \geqslant 0.$$

推论 6.1.2 设 $f(x)$ 在 $[a,b]$ 上可积,并且存在常数 m, M,使得
$$m \leqslant f(x) \leqslant M, \quad x \in [a,b],$$
则
$$m(b-a) \leqslant \int_a^b f(x)\mathrm{d}x \leqslant M(b-a).$$

性质 6.1.5 设 $f(x)$ 在 $[a,b]$ 上可积,则 $|f(x)|$ 在 $[a,b]$ 上可积,且
$$\left| \int_a^b f(x)\mathrm{d}x \right| \leqslant \int_a^b |f(x)|\mathrm{d}x.$$

性质 6.1.1—6.1.5 的证明要用到极限的数学定义,这里不作介绍.以下两点值得注意:

注 1 $f(x), g(x)$ 在 $[a,b]$ 上可积,在一般情形下
$$\int_a^b f(x) \cdot g(x)\mathrm{d}x \neq \int_a^b f(x)\mathrm{d}x \cdot \int_a^b g(x)\mathrm{d}x.$$

注 2 性质 6.1.5 的逆命题一般不成立,例如
$$f(x) = \begin{cases} 1, & x \text{ 为有理数}, \\ -1, & x \text{ 为无理数}, \end{cases} \quad x \in (0,1),$$
在 $[0,1]$ 上不可积,但 $|f(x)| = 1$,在 $[0,1]$ 上可积.

性质 6.1.6（积分中值定理） 设 $f(x)$ 在 $[a,b]$ 上连续，则存在 $c \in [a,b]$，使得

$$\int_a^b f(x)\mathrm{d}x = f(c)(b-a).$$

证 因为 $f(x)$ 在 $[a,b]$ 上连续，所以 $f(x)$ 在 $[a,b]$ 上有最大值 M 和最小值 m，由推论 6.1.2 知

$$m(b-a) \leqslant \int_a^b f(x)\mathrm{d}x \leqslant M(b-a),$$

等价地

$$m \leqslant \frac{\int_a^b f(x)\mathrm{d}x}{b-a} \leqslant M.$$

再由连续函数的介值定理可知，存在 $c \in [a,b]$，使得

$$f(c) = \frac{1}{b-a}\int_a^b f(x)\mathrm{d}x,$$

也即

$$\int_a^b f(x)\mathrm{d}x = f(c)(b-a).$$

积分中值定理的几何意义如图 6-8 所示. 若 $f(x)$ 在 $[a,b]$ 上非负连续，则 $y=f(x)$ 在 $[a,b]$ 上的曲边梯形的面积一定等于某个以 $f(c)$ 为高，$[a,b]$ 为底的矩形面积. 而 $\dfrac{1}{b-a}\int_a^b f(x)\mathrm{d}x$ 则可理解为 $f(x)$ 在 $[a,b]$ 上所有函数值的平均值.

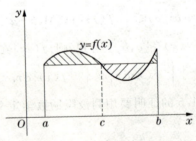

图 6-8

例 4 设 $f(x)$ 在 $[a,b]$ 上连续，在 (a,b) 内可导，且存在 $c \in (a,b)$，使得

$$\int_a^c f(x)\mathrm{d}x = f(b)(c-a),$$

证明在 (a,b) 内存在一点 ξ，使得 $f'(\xi) = 0$.

证 因为 $f(x)$ 在 $[a,b]$ 上连续，所以 $f(x)$ 在 $[a,c]$ 上连续，由积分中值

定理知,存在 $\eta \in [a,c]$,使得
$$\int_a^c f(x)dx = f(\eta)(c-a).$$
由已知条件 $\int_a^c f(x)dx = f(b)(c-a)$ 得
$$f(\eta)(c-a) = f(b)(c-a),$$
即 $f(b) = f(\eta)$,又 $b \neq \eta$,故由罗尔中值定理知道,存在一点 $\xi \in (\eta, b) \subset (a,b)$,使得
$$f'(\xi) = 0.$$

§6.2 微积分学基本定理

上一节我们学习了定积分及其基本性质. 我们知道,$\int_a^b f(x)dx$ 是一个常数,它只与 $f(x)$ 以及 a,b 有关. 当 $f(x)$ 和 a 固定时,$\int_a^b f(x)dx$ 就是一个依赖于 b 的常数. 从函数的观点来看,若 $f(x)$ 在 $[a,b]$ 上可积,则定积分 $\int_a^x f(t)dt, x \in [a,b]$ 就是其上限 x 的一个函数,此函数称之为<u>变上限积分</u>. 类似地可讨论变下限积分 $\int_x^b f(t)dt$,变上限与变下限积分统称为<u>变限积分</u>. 本节我们来学习变限积分的性质.

1. 变限积分与原函数的存在性

定理 6.2.1 设 $f(x)$ 在 $[a,b]$ 上可积,则 $F(x) = \int_a^x f(t)dt$ 是 $[a,b]$ 上的连续函数.

证 只证 $f(x)$ 在 (a,b) 内处处连续,对于 $x=a$ 处的右连续与 $x=b$ 处的左连续类似可证.

设 $x_0 \in (a,b)$,当 Δx 充分小时,有 $x_0 + \Delta x \in (a,b)$,从而由定积分的性质可得
$$F(x_0 + \Delta x) - F(x_0) = \int_a^{x_0+\Delta x} f(t)dt - \int_a^{x_0} f(t)dt$$
$$= \int_{x_0}^{x_0+\Delta x} f(t)dt.$$
由于可积函数必有界,故存在 M,使得对一切 $t \in [a,b]$,$|f(t)| \leq M$,从而

$$|F(x_0+\Delta x)-F(x_0)|=\left|\int_{x_0}^{x_0+\Delta x}f(t)dt\right|\leqslant M\cdot|\Delta x|.$$

由此得到
$$\lim_{\Delta x\to 0}F(x_0+\Delta x)=F(x_0).$$

即证 $F(x)$ 在 x_0 处连续. 由 x_0 的任意性,知 $F(x)$ 在 $[a,b]$ 上处处连续.

定理 6.2.2(原函数存在定理) 设 $f(x)$ 在 $[a,b]$ 上连续,则 $F(x)=\int_a^x f(t)dt$ 在 $[a,b]$ 上连续可导,且
$$F'(x)=\left(\int_a^x f(t)dt\right)'=f(x),\quad x\in[a,b].$$

证 只讨论 $x_0\in(a,b)$ 的导数,对 $x=a$ 的右导数与 $x=b$ 的左导数可类似讨论. 因为 $x_0\in(a,b)$,所以只要 Δx 充分小,就有 $x_0+\Delta x\in(a,b)$,当 $\Delta x\neq 0$ 时,由定积分的性质有
$$\frac{F(x_0+\Delta x)-F(x_0)}{\Delta x}=\frac{1}{\Delta x}\int_{x_0}^{x_0+\Delta x}f(t)dt.$$

因为 $f(x)$ 连续,所以由积分中值定理得
$$\frac{F(x_0+\Delta x)-F(x_0)}{\Delta x}=\frac{1}{\Delta x}\cdot f(x_0+\theta\Delta x)(x_0+\Delta x-x_0)$$
$$=f(x_0+\theta\Delta x)\quad(0<\theta<1).$$

从而
$$\lim_{\Delta x\to 0}\frac{F(x_0+\Delta x)-F(x_0)}{\Delta x}=\lim_{\Delta x\to 0}f(x_0+\theta\Delta x)=f(x_0),$$

即
$$F'(x_0)=f(x_0).$$

由 x_0 的任意性可知 $F(x)$ 在 (a,b) 内处处可导,且其导函数为 $f(x)$,而 $f(x)$ 在 (a,b) 内连续.

本定理沟通了导数与定积分这两个从表面上看似不相干的概念之间的内要联系,同时也证明了"连续函数必有原函数"这一个基本结论,并以积分的形式给出了 $f(x)$ 的一个原函数. 正因为如此,该定理被积之为<u>微积分学基本定理</u>.

推论 6.2.1 设 $f(x)$ 在 $[a,b]$ 上连续,$a(x),b(x)$ 为 $[a,b]$ 上的可导函数,且 $a\leqslant a(x),b(x)\leqslant b,x\in[a,b]$,则
$$\left(\int_{a(x)}^{b(x)}f(t)dt\right)'=f(b(x))b'(x)-f(a(x))a'(x).$$

证 设 $F(x)=\int_a^x f(t)dt$,则由定积分的性质有

$$\int_{a(x)}^{b(x)} f(t)\mathrm{d}t = \int_a^{b(x)} f(t)\mathrm{d}t - \int_a^{a(x)} f(t)\mathrm{d}t$$
$$= F(b(x)) - F(a(x)).$$

因为 $f(x)$ 连续,所以由定理 6.2.2 知,$F(x)$ 可导,且 $F'(x) = f(x)$,又 $a(x), b(x)$ 也可导,从而由复合函数的求导公式得

$$\left(\int_{a(x)}^{b(x)} f(t)\mathrm{d}t\right)' = F'(b(x))b'(x) - F'(a(x))a'(x)$$
$$= f(b(x))b'(x) - f'(a(x))a'(x).$$

例 1 求下列函数的导函数:

(1) $F(x) = \int_x^{x^2} \sqrt{1+t^2}\,\mathrm{d}t$;   (2) $F(x) = \int_0^{x^2} \dfrac{1}{1+t^3}\mathrm{d}t$.

解 (1) $F'(x) = \sqrt{1+x^4} \cdot (x^2)' - \sqrt{1+x^2} \cdot (x)'$
$$= 2x\sqrt{1+x^4} - \sqrt{1+x^2}.$$

(2) $F'(x) = \dfrac{1}{1+(x^2)^3} \cdot (x^2)' = \dfrac{2x}{1+x^6}$.

例 2 求下列极限:

(1) $\lim\limits_{x\to 0} \dfrac{\int_{\cos x}^{1} \mathrm{e}^{-t^2}\mathrm{d}t}{x^2}$;   (2) $\lim\limits_{x\to 1} \dfrac{\int_1^{x^2}(t-1)\ln t\,\mathrm{d}t}{(x-1)^3}$.

解 (1) 应用洛必达法则得

$$原式 = \lim_{x\to 0} -\dfrac{\mathrm{e}^{-\cos^2 x} \cdot (\cos x)'}{2x}$$
$$= \lim_{x\to 0} \dfrac{\sin x}{x} \cdot \dfrac{1}{2}\mathrm{e}^{-\cos^2 x} = \dfrac{1}{2}\mathrm{e}^{-1}.$$

(2) 应用洛必达法则得

$$原式 = \lim_{x\to 1} \dfrac{(x^2-1)\ln x^2 \cdot 2x}{3(x-1)^2} = \lim_{x\to 1} \dfrac{4x(x+1)\ln x}{3(x-1)},$$

因为 $\lim\limits_{x\to 1} \dfrac{\ln x}{x-1} = \lim\limits_{x\to 1} \dfrac{\dfrac{1}{x}}{1} = 1$,所以

$$原式 = \dfrac{8}{3}.$$

例 3 求 $F(x) = \int_0^x t\mathrm{e}^{-t^2}\mathrm{d}t$ 的极值.

解 $F'(x) = x\mathrm{e}^{-x^2}$,令 $F'(x) = 0$,解得 $x = 0$. 显见,当 $x < 0$ 时,$F'(x) < 0$;当 $x > 0$ 时,$F'(x) > 0$,故 $F(x)$ 在 $x = 0$ 处取得极小值

$$F(0) = \int_0^0 x\mathrm{e}^{-x^2}\mathrm{d}x = 0.$$

2. 牛顿—莱布尼茨公式

从上节例题看到,利用和式极限来计算定积分是困难的. 下面介绍的牛顿—莱布尼茨公式不仅为定积分的计算提供了一个有效的方法,而且在理论上把定积分与不定积分联系了起来.

定理 6.2.3 设 $f(x)$ 在 $[a,b]$ 上连续,$F(x)$ 为 $f(x)$ 的任一个原函数,则有

$$\int_a^b f(x)\mathrm{d}x = F(b) - F(a).$$

上式称为牛顿—莱布尼茨公式,它也常写成

$$\int_a^b f(x)\mathrm{d}x = F(x)\Big|_a^b.$$

证 因为 $F(x)$ 与 $\int_a^x f(t)\mathrm{d}t$ 都是 $f(x)$ 在 $[a,b]$ 上的原函数,因此它们只能相差一个常数 C,即

$$\int_a^x f(t)\mathrm{d}t = F(x) + C.$$

令 $x = a$ 得 $C = -F(a)$,因此

$$\int_a^x f(t)\mathrm{d}t = F(x) - F(a), \quad x \in [a,b].$$

特别地,取 $x = b$ 就得

$$\int_a^b f(t)\mathrm{d}t = F(b) - F(a).$$

例 4 求下列定积分:

(1) $\int_a^b x^n \mathrm{d}x$;   (2) $\int_0^\pi \sin x \mathrm{d}x$;

(3) $\int_0^2 x\sqrt{4-x^2}\mathrm{d}x$;   (4) $\int_{\frac{\pi}{4}}^{\frac{\pi}{3}} \frac{1}{\sin^2 x \cos^2 x}\mathrm{d}x$.

解 利用牛顿—莱布尼茨公式计算.

(1) 原式 $= \dfrac{x^{n+1}}{n+1}\Big|_a^b = \dfrac{1}{n+1}(b^{n+1} - a^{n+1})$.

(2) 原式 $= -\cos x \Big|_0^\pi = -(-1) + 1 = 2$.

(3) 原式 $= -\dfrac{1}{3}\sqrt{(4-x^2)^3}\,\Big|_0^2 = \dfrac{8}{3}$.

(4) 原式 $= \int_{\frac{\pi}{4}}^{\frac{\pi}{3}} \dfrac{\sin^2 x + \cos^2 x}{\sin^2 x \cos^2 x}\mathrm{d}x = \int_{\frac{\pi}{4}}^{\frac{\pi}{3}} \sec^2 x \mathrm{d}x + \int_{\frac{\pi}{4}}^{\frac{\pi}{3}} \csc^2 x \mathrm{d}x$

$$= \tan x \Big|_{\frac{\pi}{4}}^{\frac{\pi}{3}} - \cot x \Big|_{\frac{\pi}{4}}^{\frac{\pi}{3}} = \frac{2\sqrt{3}}{3}.$$

例 5 设 $f(x)$ 在 $[0,1]$ 上连续,且满足
$$f(x) = x\int_0^1 f(t)\mathrm{d}t - 1,$$
求 $f(x)$ 的表达方式.

解 因为 $f(x) = x\int_0^1 f(t)\mathrm{d}t - 1$,所以
$$\begin{aligned}\int_0^1 f(x)\mathrm{d}x &= \int_0^1 \left[x \cdot \int_0^1 f(t)\mathrm{d}t\right]\mathrm{d}x - \int_0^1 \mathrm{d}x \\ &= \int_0^1 f(t)\mathrm{d}t \cdot \int_0^1 x\mathrm{d}x - 1 \\ &= \int_0^1 f(t)\mathrm{d}t \cdot \frac{1}{2}x^2\Big|_0^1 - 1 \\ &= \frac{1}{2}\int_0^1 f(t)\mathrm{d}t - 1,\end{aligned}$$

解得 $\int_0^1 f(x)\mathrm{d}x = -2$,故
$$f(x) = x\int_0^1 f(t)\mathrm{d}t - 1 = -2x - 1.$$

§6.3 定积分的换元积分法与分部积分法

对原函数的存在性有了正确的认识,就能顺利地把不定积分的换元积分法与分部积分法移植到定积分的计算中来.

1. 定积分的换元积分法

定理 6.3.1(定积分的换元积分法) 若函数 $f(x)$ 在 $[a,b]$ 上连续,$x=\varphi(t)$ 在 $[\alpha,\beta]$ 上连续可微,且满足
$$\varphi(\alpha) = a, \quad \varphi(\beta) = b, \quad a \leqslant \varphi(t) \leqslant b, \quad t \in [\alpha,\beta],$$
则有定积分换元公式
$$\int_a^b f(x)\mathrm{d}x = \int_\alpha^\beta f(\varphi(t))\varphi'(t)\mathrm{d}t.$$

证 由于 $f(x)$ 与 $f(\varphi(t))\varphi'(t)$ 均为连续函数,因此它们都存在原函数.设 F 是 f 在 $[a,b]$ 上的一个原函数,由复合函数求导法则得
$$(F(\varphi(t)))' = F'(\varphi(t))\varphi'(t) = f(\varphi(t))\varphi'(t).$$
可见 $F(\varphi(t))$ 是 $f(\varphi(t))\varphi'(t)$ 的一个原函数.根据牛顿—莱布尼茨公式,

可得
$$\int_\alpha^\beta f(\varphi(t))\varphi'(t)\mathrm{d}t = F(\varphi(t))\Big|_\alpha^\beta = F(\varphi(\beta)) - F(\varphi(\alpha))$$
$$= F(b) - F(a) = \int_a^b f(x)\mathrm{d}x.$$

从以上证明看到,在用换元法计算定积分时,一旦用新变量表示原函数,不必作变换还原,而只要用新的积分限代入并求其差值就可以了. 这一区别的原因在于不定积分所求的是被积函数的原函数,理应结果保留与原来相同的自变量;而定积分的计算结果是一个确定的数,用什么作自变量也就无所谓了.

注 $a = \varphi(\alpha), b = \varphi(\beta)$ 保证变换前后的积分上、下限对应,这一点在定积分换元法中很重要.

例 1 求下列定积分:

(1) $\int_0^1 \sqrt{1-x^2}\,\mathrm{d}x$; (2) $\int_0^{\frac{\pi}{2}} \sin t \cos^2 t\,\mathrm{d}t$;

(3) $\int_1^e \dfrac{1}{x\sqrt{1+\ln x}}\mathrm{d}x$; (4) $\int_0^1 \dfrac{\ln(1+x)}{1+x^2}\mathrm{d}x$.

解 (1) 令 $x = \sin t$,则当 t 由 0 变到 $\dfrac{\pi}{2}$ 时,x 由 0 增到 1,故取 $[\alpha, \beta] = \left[0, \dfrac{\pi}{2}\right]$,从而

$$\int_0^1 \sqrt{1-x^2}\,\mathrm{d}x = \int_0^{\frac{\pi}{2}} \sqrt{1-\sin^2 t}\,\cos t\,\mathrm{d}t = \int_0^{\frac{\pi}{2}} \cos^2 t\,\mathrm{d}t$$
$$= \frac{1}{2}\int_0^{\frac{\pi}{2}} (1+\cos 2t)\,\mathrm{d}t$$
$$= \left(\frac{1}{2}t + \frac{1}{4}\sin 2t\right)\Big|_0^{\frac{\pi}{2}} = \frac{\pi}{4}.$$

(2) 令 $x = \cos t$,则 $\mathrm{d}x = -\sin t\,\mathrm{d}t$,当 t 由 0 变到 $\dfrac{\pi}{2}$ 时,x 由 1 减到 0,从而

$$\int_0^{\frac{\pi}{2}} \sin t \cos^2 t\,\mathrm{d}t = -\int_0^{\frac{\pi}{2}} \cos^2 t\,(-\sin t\,\mathrm{d}t) = -\int_1^0 x^2\,\mathrm{d}x$$
$$= \int_0^1 x^2\,\mathrm{d}x = \frac{1}{3}.$$

(3) 令 $x = e^t$,则注意到 t 的上、下限得

$$\int_1^e \frac{1}{x\sqrt{1+\ln x}}\mathrm{d}x = \int_0^1 \frac{1}{e^t\sqrt{1+t}}e^t\,\mathrm{d}t = \int_0^1 \frac{1}{\sqrt{1+t}}\mathrm{d}t$$

$$= 2\sqrt{1+t}\,\Big|_0^1 = 2(\sqrt{2}-1).$$

(4) 令 $x=\tan t$,并注意到 t 的上、下限得

$$\int_0^1 \frac{\ln(1+x)}{1+x^2}\mathrm{d}x = \int_0^{\frac{\pi}{4}} \frac{\ln(1+\tan t)}{\sec^2 t}\cdot\sec^2 t\,\mathrm{d}t$$

$$= \int_0^{\frac{\pi}{4}} \ln(1+\tan t)\mathrm{d}t = \int_0^{\frac{\pi}{4}} \ln\frac{\cos t+\sin t}{\cos t}\mathrm{d}t$$

$$= \int_0^{\frac{\pi}{4}} \ln\frac{\sqrt{2}\cos\left(\frac{\pi}{4}-t\right)}{\cos t}\mathrm{d}t$$

$$= \int_0^{\frac{\pi}{4}} \ln\sqrt{2}\,\mathrm{d}t + \int_0^{\frac{\pi}{4}} \ln\cos\left(\frac{\pi}{4}-t\right)\mathrm{d}t - \int_0^{\frac{\pi}{4}} \ln\cos t\,\mathrm{d}t$$

$$= \ln\sqrt{2}\cdot\frac{\pi}{4} + \int_{\frac{\pi}{4}}^0 \ln\cos u\,\mathrm{d}(-u) - \int_0^{\frac{\pi}{4}} \ln\cos t\,\mathrm{d}t$$

$$= \frac{\pi}{8}\ln 2 + \int_0^{\frac{\pi}{4}} \ln\cos u\,\mathrm{d}u - \int_0^{\frac{\pi}{4}} \ln\cos t\,\mathrm{d}t$$

$$= \frac{\pi}{8}\ln 2.$$

例 2 设 $f(x)$ 在 $[-a,a]$ 上连续,证明:

$$\int_{-a}^a f(x)\mathrm{d}x = \int_0^a [f(x)+f(-x)]\mathrm{d}x.$$

特别地,当 $f(x)$ 为奇函数时,

$$\int_{-a}^a f(x)\mathrm{d}x = 0;$$

当 $f(x)$ 为偶函数时,

$$\int_{-a}^a f(x)\mathrm{d}x = 2\int_0^a f(x)\mathrm{d}x.$$

证 因为 $\int_{-a}^a f(x)\mathrm{d}x = \int_0^a f(x)\mathrm{d}x + \int_{-a}^0 f(x)\mathrm{d}x$. 在 $\int_{-a}^0 f(x)\mathrm{d}x$ 中,令 $x=-t$ 得

$$\int_{-a}^0 f(x)\mathrm{d}x = \int_a^0 f(-t)(-\mathrm{d}t) = \int_0^a f(-t)\mathrm{d}t$$

$$= \int_0^a f(-x)\mathrm{d}x,$$

因此

$$\int_{-a}^a f(x)\mathrm{d}x = \int_0^a [f(x)+f(-x)]\mathrm{d}x.$$

当 $f(x)$ 为奇函数时,$f(x)+f(-x)=0$,故

$$\int_{-a}^{a} f(x)\mathrm{d}x = 0.$$

当 $f(x)$ 为偶函数时,$f(-x)+f(x)=2f(x)$,故

$$\int_{-a}^{a} f(x)\mathrm{d}x = 2\int_{0}^{a} f(x)\mathrm{d}x.$$

例 3 设 $f(x)$ 是以 T ($T>0$) 为周期的连续函数,试证明:对任意常数 a,有

$$\int_{a}^{a+T} f(x)\mathrm{d}x = \int_{0}^{T} f(x)\mathrm{d}x.$$

证 由定积分的性质可得

$$\int_{a}^{a+T} f(x)\mathrm{d}x = \int_{a}^{0} f(x)\mathrm{d}x + \int_{0}^{T} f(x)\mathrm{d}x + \int_{T}^{a+T} f(x)\mathrm{d}x,$$

在 $\int_{T}^{a+T} f(x)\mathrm{d}x$ 中,令 $x=t+T$,则

$$\int_{T}^{a+T} f(x)\mathrm{d}x = \int_{0}^{a} f(t+T)\mathrm{d}t = \int_{0}^{a} f(t)\mathrm{d}t$$
$$= \int_{0}^{a} f(x)\mathrm{d}x = -\int_{a}^{0} f(x)\mathrm{d}x.$$

因此

$$\int_{a}^{a+T} f(x)\mathrm{d}x = \int_{0}^{T} f(x)\mathrm{d}x.$$

例 4 设 $f(x)$ 为 $[0,1]$ 连续函数,证明:

(1) $\int_{0}^{\frac{\pi}{2}} f(\sin x)\mathrm{d}x = \int_{0}^{\frac{\pi}{2}} f(\cos x)\mathrm{d}x$;

(2) $\int_{0}^{\pi} xf(\sin x)\mathrm{d}x = \pi \int_{0}^{\frac{\pi}{2}} f(\sin x)\mathrm{d}x.$

证 (1) 令 $x=\frac{\pi}{2}-t$,则

$$\int_{0}^{\frac{\pi}{2}} f(\sin x)\mathrm{d}x = \int_{\frac{\pi}{2}}^{0} f\left(\sin\left(\frac{\pi}{2}-t\right)\right)(-\mathrm{d}t)$$
$$= \int_{0}^{\frac{\pi}{2}} f(\cos t)\mathrm{d}t = \int_{0}^{\frac{\pi}{2}} f(\cos x)\mathrm{d}x.$$

(2) $\int_{0}^{\pi} xf(\sin x)\mathrm{d}x = \int_{0}^{\frac{\pi}{2}} xf(\sin x)\mathrm{d}x + \int_{\frac{\pi}{2}}^{\pi} xf(\sin x)\mathrm{d}x.$

在 $\int_{\frac{\pi}{2}}^{\pi} xf(\sin x)\mathrm{d}x$ 中,令 $x=\pi-t$,得

$$\int_{\frac{\pi}{2}}^{\pi} xf(\sin x)\mathrm{d}x = \int_{\frac{\pi}{2}}^{0} (\pi-t)f(\sin(\pi-t))(-\mathrm{d}t)$$

$$= \int_0^{\frac{\pi}{2}} (\pi - x) f(\sin x) dx$$
$$= \pi \int_0^{\frac{\pi}{2}} f(\sin x) dx - \int_0^{\frac{\pi}{2}} x f(\sin x) dx.$$

所以
$$\int_0^{\pi} x f(\sin x) dx = \pi \int_0^{\frac{\pi}{2}} f(\sin x) dx.$$

例 5 设 $f(x)$ 是 $(-\infty, +\infty)$ 上连续函数,且令
$$F(x) = \int_0^x f(t)(x-t) dt.$$
证明 $F''(x) = f(x)$.

证 因为 $f(t)$ 连续,所以由原函数存在定理知,$F(x)$ 有连续导数,且
$$F'(x) = \left(x \int_a^x f(t) dt \right)' - \left(\int_a^x t f(t) dt \right)'$$
$$= \int_a^x f(t) dt + x f(x) - x f(x)$$
$$= \int_a^x f(t) dt.$$

因此
$$F''(x) = f(x).$$

例 6 证明:若在 $(0, +\infty)$ 上 $f(x)$ 连续,且对任何 $a > 0$ 有
$$F(x) = \int_x^{ax} f(t) dt \equiv 常数, \quad x \in (0, +\infty),$$
则 $f(x) = \dfrac{c}{x}, x \in (0, \infty), c$ 为常数.

证 因为 $f(x)$ 连续,所以由原函数存在定理得
$$F'(x) = f(ax) \cdot a - f(x).$$
另一方面,由已知条件知,$F(x) \equiv$ 常数,所以
$$F'(x) = 0,$$
故有
$$a f(ax) = f(x), \quad a > 0, x > 0,$$
取 $x = 1$,得
$$a f(a) = f(1), \quad a > 0,$$
也即
$$f(a) = \frac{f(1)}{a}, \quad a > 0,$$

从而得证

$$f(x) = \frac{c}{x}, \quad x \in (0, \infty), \ c \text{ 为常数}.$$

2. 定积分的分部积分法

与不定积分的分部积分法类似,我们有

定理 6.3.2（定积分分部积分法） 设 $u(x), v(x)$ 均为 $[a,b]$ 上连续可微函数,则有定积分分部积分公式

$$\int_a^b u(x)v'(x)dx = u(x)v(x)\Big|_a^b - \int_a^b v(x)u'(x)dx.$$

证 因为 $(uv)' = u'v + uv'$,也即 uv 是 $u'v + uv'$ 的一个原函数,又 u, v 连续可微,所以有

$$\int_a^b (u(x)v'(x) + u'(x)v(x))dx = u(x)v(x)\Big|_a^b,$$

移项后就得

$$\int_a^b u(x)v'(x)dx = u(x)v(x)\Big|_a^b - \int_a^b u'(x)v(x)dx.$$

为方便起见,分部积分公式可以写成

$$\int_a^b u(x)dv(x) = u(x)v(x)\Big|_a^b - \int_a^b v(x)du(x).$$

例 7 求下列定积分:

(1) $\int_0^1 e^{-\sqrt{x}}dx$; (2) $\int_1^e x^2 \ln x \, dx$;

(3) $\int_0^{\frac{1}{2}} \arcsin x \, dx$; (4) $\int_0^{\frac{1}{2}} \frac{1}{\sqrt{1-x^2}} \arcsin x \, dx$.

解 (1) 令 $t = \sqrt{x}$,得

$$\text{原式} = \int_0^1 e^{-t} \cdot 2t \, dt = \int_0^1 2t \, d(-e^{-t})$$

$$= -2te^{-t}\Big|_0^1 + 2\int_0^1 e^{-t}dt$$

$$= -\frac{2}{e} - 2e^{-t}\Big|_0^1 = 2 - \frac{4}{e}.$$

(2) 原式 $= \frac{1}{3}\int_1^e \ln x \, dx^3 = \frac{1}{3}x^3 \ln x\Big|_1^e - \frac{1}{3}\int_1^e x^2 dx$

$$= \frac{1}{3}e^3 - \frac{1}{9}x^3\Big|_1^e = \frac{1}{9}(2e^3 + 1).$$

(3) 原式 $= x\arcsin x \Big|_0^{\frac{1}{2}} - \int_0^{\frac{1}{2}} \frac{x}{\sqrt{1-x^2}} dx$

$= \frac{\pi}{12} + \frac{1}{2} \int_0^{\frac{1}{2}} (1-x^2)^{-\frac{1}{2}} d(1-x^2)$

$= \frac{\pi}{12} + \sqrt{1-x^2} \Big|_0^{\frac{1}{2}} = \frac{\pi}{12} + \frac{\sqrt{3}}{2} - 1.$

(4) 令 $t = \arcsin x$，则 $dx = \cos t\, dt$，故

$$\text{原式} = \int_0^{\arcsin \frac{1}{2}} \frac{t}{\cos t} \cdot \cos t\, dt = \int_0^{\frac{\pi}{6}} t\, dt = \frac{\pi^2}{72}.$$

例 8 证明 $\int_0^{\frac{\pi}{2}} \sin^n x\, dx = \int_0^{\frac{\pi}{2}} \cos^n x\, dx$，并求 $I_n = \int_0^{\frac{\pi}{2}} \sin^n x\, dx$ 的值.

证 令 $t = \frac{\pi}{2} - x$，则

$$\int_0^{\frac{\pi}{2}} \sin^n x\, dx = \int_{\frac{\pi}{2}}^0 \cos^n t(-dt) = \int_0^{\frac{\pi}{2}} \cos^n t\, dt$$

$$= \int_0^{\frac{\pi}{2}} \cos^n x\, dx.$$

$I_1 = \int_0^{\frac{\pi}{2}} \sin x\, dx = 1,$

$I_2 = \int_0^{\frac{\pi}{2}} \sin^2 x\, dx = \frac{\pi}{4},$

$I_n = \int_0^{\frac{\pi}{2}} \sin^{n-1} x \cdot d(-\cos x)$

$= -\sin^{n-1} x \cdot \cos x \Big|_0^{\frac{\pi}{2}} + \int_0^{\frac{\pi}{2}} \cos x \cdot (n-1)\sin^{n-2} x \cdot \cos x\, dx$

$= (n-1) \int_0^{\frac{\pi}{2}} \cos^2 x \cdot \sin^{n-2} x\, dx$

$= (n-1) \int_0^{\frac{\pi}{2}} \sin^{n-2} x\, dx - (n-1) \int_0^{\frac{\pi}{2}} \sin^n x\, dx$

$= (n-1) I_{n-2} - (n-1) I_n.$

因此

$$I_n = \frac{n-1}{n} I_{n-1}, \quad n \geqslant 3.$$

重复使用上述递推公式便得

$$I_{2m-1} = \frac{2m-2}{2m-1} I_{2m-3} = \cdots = \frac{(2m-2)(2m-4)\cdots 4 \cdot 2}{(2m-1)(2m-3)\cdots 5 \cdot 3} I_1 = \frac{(2m-2)!!}{(2m-1)!!},$$

$$I_{2m}=\frac{2m-1}{2m}I_{2m-2}=\cdots=\frac{(2m-1)(2m-3)\cdots 5\cdot 3}{(2m)(2m-2)\cdots 6\cdot 4}I_2=\frac{(2m-1)!!}{(2m)!!}\cdot\frac{\pi}{2},$$

其中 $m=1,2,\cdots$.

§6.4 定积分的应用

1. 平面图形的面积

由定积分的几何意义知,由连续曲线 $y=f(x)$,直线 $x=a,x=b$ ($a<b$)以及 x 轴所围成的曲边梯形面积为

$$S=\int_a^b f(x)\mathrm{d}x.$$

这里 $f(x)\geqslant 0, x\in[a,b]$.

那么,若 $f(x)$ 在 $[a,b]$ 上不都是非负的,它与 $x=a,x=b$ 以及 x 轴所围成的面积(见图 6-9)应为

$$S=\int_a^b |f(x)|\mathrm{d}x.$$

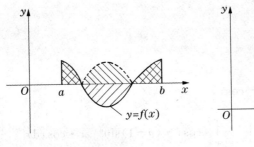
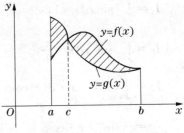

图 6-9   图 6-10

一般地,由两条连续曲线 $y=f(x),y=g(x)$ 以及直线 $x=a,x=b$ 所围成的平面图形(见图 6-10)的面积为

$$S=\int_a^b |f(x)-g(x)|\mathrm{d}x.$$

例1 求抛物线 $y^2=x$ 与直线 $x-2y-3=0$ 所围成的平面图形的面积 S.

解 该平面图形如图 6-11 所示. 易求出抛物线与直线的交点是 $P(1,-1)$ 以及 $Q(9,3)$. 用 $x=1$ 把图形分成两个部分,应用面积公式得

$$S_1=\int_0^1[\sqrt{x}-(-\sqrt{x})]\mathrm{d}x=2\int_0^1\sqrt{x}\,\mathrm{d}x=\frac{3}{4}x^{\frac{3}{2}}\Big|_0^1=\frac{4}{3},$$

$$S_2 = \int_1^9 \left(\sqrt{x} - \frac{x-3}{2}\right) dx = \frac{28}{3}.$$

因此所求的面积为

$$S = S_1 + S_2 = \frac{32}{3}.$$

类似地,可求由直线 $y=c, y=d$ 与连续曲线 $x=\psi(y), x=\varphi(y)$ 所围成的平面图形(见图 6-12)的面积,此时面积公式应为

$$S = \int_c^d |\psi(y) - \varphi(y)| dy.$$

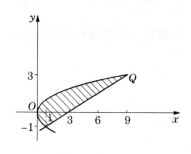

图 6-11

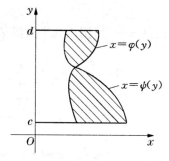

图 6-12

例1的平面图形也可看做由 $y=-1, y=3$ 以及连续曲线 $x=y^2, x=2y+3$ 围成,故所求面积为

$$S = \int_{-1}^3 |y^2 - 2y - 3| dy = \int_{-1}^3 (2y + 3 - y^2) dy = \frac{32}{3}.$$

例2 求由曲线 $y = \sin x, y = \cos x$ 以及直线 $x = 0, x = \frac{\pi}{2}$ 所围图形的面积.

解 所围平面图形如图 6-13 所示.由三角函数性质易知:

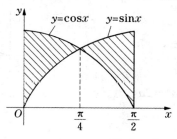

图 6-13

$$S = \int_0^{\frac{\pi}{2}} |\sin x - \cos x| \, dx$$
$$= \int_0^{\frac{\pi}{4}} (\cos x - \sin x) \, dx + \int_{\frac{\pi}{4}}^{\frac{\pi}{2}} (\cos x - \sin x) \, dx$$
$$= 2(\sqrt{2} - 1).$$

例 3 求椭圆 $\dfrac{x^2}{a^2} + \dfrac{y^2}{b^2} = 1$ 所围成的面积.

解 椭圆可看成由直线 $x = -a, x = a$,以及连续曲线 $y = b\sqrt{1 - \dfrac{x^2}{a^2}}$,$y = -b\sqrt{1 - \dfrac{x^2}{a^2}}$ 所围成的平面图形,故由面积公式可得椭圆的面积为

$$S = \int_{-a}^{a} \left[b\sqrt{1 - \dfrac{x^2}{a^2}} - \left(-b\sqrt{1 - \dfrac{x^2}{a^2}} \right) \right] dx$$
$$= 2\int_{-a}^{a} b\sqrt{1 - \dfrac{x^2}{a^2}} \, dx = 4b \int_0^a \sqrt{1 - \dfrac{x^2}{a^2}} \, dx$$
$$= 4b \int_0^{\frac{\pi}{2}} \cos t \cdot a\cos t \, dt = 4ab \int_0^{\frac{\pi}{2}} \cos^2 t \, dt = \pi ab.$$

例 4 在曲线 $y = x^2 (0 \leqslant x \leqslant 1)$ 上求一点 (a, a^2),过此点分别作直线 $y = a, y = a^2$,记曲线 $y = x^2$ 与直线 $y = a$ 以及 x 轴围成的平面图形的面积为 S_1,记曲线 $y = x^2$ 与直线 $y = a^2, x = 1$ 围成的平面图形的面积为 S_2,求 a 为何值时,使得 $S_1 + S_2$ 最小.

解 先画草图(见图 6 - 14),依题意知:

$$S_1 = \int_0^a x^2 \, dx = \dfrac{1}{3}a^3,$$
$$S_2 = \int_a^1 (x^2 - a^2) \, dx = \dfrac{2}{3}a^3 - a^2 + \dfrac{1}{3}.$$

从而
$$S = S_1 + S_2 = a^3 - a^2 + \dfrac{1}{3}.$$

求 S 关于 a 的导数,得
$$S' = 3a^3 - 2a,$$

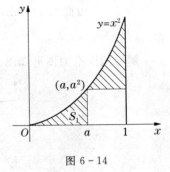

图 6 - 14

令 $S' = 0$,解得
$$a_1 = 0, \quad a_2 = \dfrac{2}{3}.$$

$a_1 = 0$ 不合题意舍去,$S''\big|_{a=\frac{2}{3}} = 2 > 0$,所以,当 $a = \dfrac{2}{3}$ 时,$S_1 + S_2$ 取最小值.

2. 立体的体积

用定积分计算立体的体积,我们只考虑两种简单的情形,对一般的立体体积的计算,将在重积分中进行讨论.

由平行截面面积求体积.

求空间某立体,它夹在垂直于 x 轴的两平面 $x=a$ 与 $x=b$ 之间 ($a<b$),如图 6-15 所示,对每一点 $x \in [a,b]$,过 x 处作垂直于 x 轴的平面,它截得该立体的截面面积显然是 x 的函数,记作 $S(x)$ ($x \in [a,b]$),称它为截面面积函数.假设 $S(x)$ 关于 x 连续,则此立体的体积为

$$V = \int_a^b S(x)\,\mathrm{d}x.$$

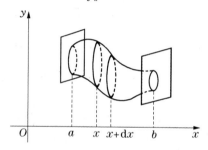

图 6-15

为证明上述公式,先介绍一种方法——微元法.设所求量 Φ 是分布在某区间 $[a,b]$ 上的,也就是说 $\Phi = \Phi(x)$,$x \in [a,b]$.当 $x=b$ 时,$\Phi(b)$ 是最终所求值.

假设在任意小区间 $[x, x+\Delta x] \subset [a,b]$ 上,能把 Φ 的微小增量近似地表示成 Δx 的线性形式

$$\Delta \Phi \approx f(x) \Delta x,$$

而 $f(x)$ 为一连续函数,且 $\Delta \Phi = f(x)\Delta x + o(\Delta x)$,那么定积分 $\int_a^b f(x)\,\mathrm{d}x$ 就是我们所求值.

采用微元法,须注意如下两点:

(1) 所求量 Φ 关于公共区间必须是代数可加的;

(2) 要正确给出 $\Delta \Phi$ 的近似表达式.

设 $[x, x+\Delta x] \subset [a,b]$,又设 $S(x)$ 在 $[x, x+\Delta x]$ 上的最大值为 M,最小值为 m,则

$$m\Delta x \leqslant \Delta V \leqslant M\Delta x.$$

注意到 $S(x)$ 的连续性，我们有

$$\lim_{\Delta x\to 0}\frac{M\Delta x-S(x)\Delta x}{\Delta x}=\lim_{\Delta x\to 0}(M-S(x))=0,$$

$$\lim_{\Delta x\to 0}\frac{m\Delta x-S(x)\Delta x}{\Delta x}=\lim_{\Delta x\to 0}(m-S(x))=0,$$

从而

$$\lim_{\Delta x\to 0}\frac{\Delta V-S(x)\Delta x}{\Delta x}=0,$$

也即

$$\Delta V=S(x)\Delta x+o(\Delta x),$$

从而由微元法得证

$$V=\int_a^b S(x)\mathrm{d}x.$$

例 5 求由椭球面 $\dfrac{x^2}{a^2}+\dfrac{y^2}{b^2}+\dfrac{z^2}{c^2}=1$ 所围的椭球的体积.

解 以平面 $x=x_0$（$|x_0|\leqslant a$）截椭球面，得椭圆（它在 yOz 平面上的正投影）

$$\frac{y^2}{b^2\left(1-\dfrac{x_0^2}{a^2}\right)}+\frac{z^2}{c^2\left(1-\dfrac{x_0^2}{a^2}\right)}=1.$$

由例 3 知该椭圆的面积是 $\pi bc\left(1-\dfrac{x_0^2}{a^2}\right)$，从而得截面面积函数

$$S(x)=\pi bc\left(1-\frac{x^2}{a^2}\right),\quad x\in[-a,a],$$

于是椭球体积为

$$V=\int_{-a}^{a}\pi bc\left(1-\frac{x^2}{a^2}\right)\mathrm{d}x=2\int_0^a \pi bc\left(1-\frac{x^2}{a^2}\right)\mathrm{d}x$$

$$=\frac{3}{4}\pi abc.$$

例 6 求由两个圆柱面 $x^2+y^2=a^2$ 与 $z^2+x^2=a^2$ 所围立体的体积.

解 由对称性，我们只需求该立体在第一卦限部分的体积. 以 $x=x_0$（$0\leqslant x_0\leqslant a$）截该立体，得 $y=\sqrt{a^2-x_0^2}$，$z=\sqrt{a^2-x_0^2}$，故该截面是一个边长为 $\sqrt{a^2-x_0^2}$ 的正方形，从而在 x 处的截面面积函数

$$S(x)=a^2-x^2,\quad x\in[0,a],$$

于是所求体积为

$$V=8\int_0^a(x^2-a^2)\mathrm{d}x=\frac{16}{3}a^3.$$

旋转体的体积.

旋转体是一类特殊的已知平行截面面积的立体. 下面我们来讨论它的体积计算公式.

设 $f(x)$ 是 $[a,b]$ 上的连续函数, 立体由平面图形
$$\{(x,y):0\leqslant|y|\leqslant|f(x)|, a\leqslant x\leqslant b\}$$
绕 x 轴旋转一周而得, 那么易知截面面积函数为
$$S(x)=\pi[f(x)]^2, \quad x\in[a,b],$$
故该旋转体的体积公式为
$$V=\pi\int_a^b (f(x))^2 \mathrm{d}x.$$
见图 6-16.

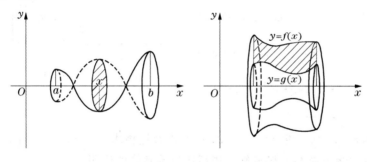

图 6-16　　　　　图 6-17

由此可知, 由 $x=a, x=b, y=f(x), y=g(x)$ (其中 f, g 在 $[a,b]$ 上连续, $f\geqslant g\geqslant 0$) 所围成的平面图形 (见图 6-17), 绕 x 轴旋转一周所得旋转体的体积为
$$V=\pi\int_a^b ([f(x)]^2-[g(x)]^2)\mathrm{d}x.$$

类似地, 由 $y=c, y=d, y$ 轴以及连续曲线 $x=\varphi(y)$ 所围的平面图形绕 y 轴旋转一周所得旋转体 (见图 6-18) 的体积为
$$V=\pi\int_c^d [\varphi(y)]^2 \mathrm{d}y.$$

由 $x=a, x=b$ $(b>a\geqslant 0)$, x 轴以及连续曲线 $y=f(x)$ 所围的平面图形绕 y 轴旋转一周所得的旋转体, 它的体积为

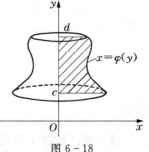

图 6-18

$$V=2\pi\int_a^b x|f(x)|\mathrm{d}x.$$

这是因为对任意 $[x, x+\Delta x]\in[a,b]$, 有

$$\Delta V = \pi \cdot (x+\Delta x)^2 |f(x)| - \pi \cdot x^2 |f(x)|$$
$$= 2\pi x \cdot |f(x)|\Delta x + \pi \cdot |f(x)| \cdot (\Delta x)^2$$
$$\approx 2\pi x \cdot |f(x)|\Delta x.$$

从而由微元法知

$$V = 2\pi \int_a^b x \cdot |f(x)| \, dx.$$

例 7 求由直线 $y=0, x=e$ 以及曲线 $y=\ln x$ 所围成的平面图形绕 x 轴旋转一周所得的旋转体的体积.

解 $y=0, x=e, y=\ln x$ 所围的平面图形如图 6-19 所示,由体积公式知,该平面图形绕 x 轴旋转一周所得的旋转体的体积为

$$V = \pi \int_1^e \ln^2 x \, dx = \pi \int_0^1 t^2 \cdot e^t \, dt$$
$$= \pi t^2 \cdot e^t \Big|_0^1 - \pi \int_0^1 2t \cdot e^t \, dt$$
$$= \pi e - 2\pi t \cdot e^t \Big|_0^1 + 2\pi \int_0^1 e^t \, dt$$
$$= \pi(e-2).$$

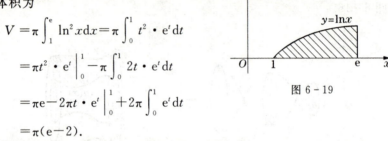

图 6-19

例 8 求由直线 $x=0, x=2, y=0$ 以及抛物线 $y=-x^2+1$ 所围的平面图形分别绕 x 轴与 y 轴旋转一周后所得旋转体的体积.

解 $x=0, x=2, y=0$ 以及抛物线 $y=-x^2+1$ 所围的平面图形,如图 6-20 所示. 由求体积公式知,该平面图形绕 x 轴旋转一周所得旋转体的体积为

$$V_x = \pi \int_0^2 (-x^2+1)^2 \, dx = \frac{46}{15}\pi.$$

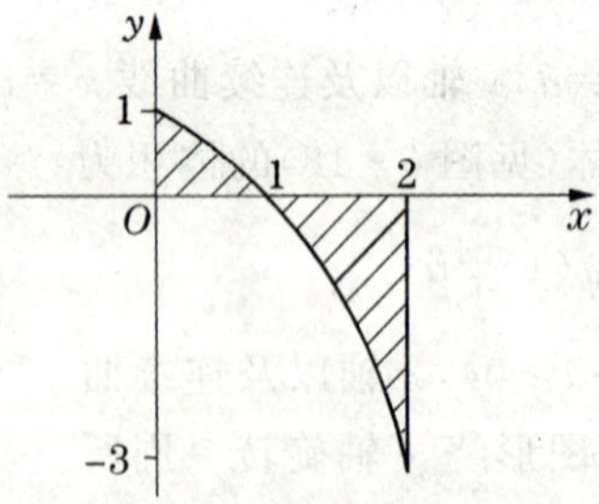

图 6-20

该平面图形绕 y 轴旋转一周所得的旋转体的体积有两种方法可求.

方法一 取 y 为积分变量,平面图形可看做两个部分组成,第一块由 $y=0, y=1$ 以及 $x=\sqrt{1-y}$ 围成;第二块由 $y=-3, y=0, x=2$ 以及 $x=\sqrt{1-y}$ 围成,故由求体积公式知,旋转体的体积为

$$V_y = \pi \int_0^1 (\sqrt{1-y})^2 \mathrm{d}y + \pi \int_{-3}^0 (2^2 - (\sqrt{1-y})^2) \mathrm{d}y$$
$$= \pi \int_0^1 (1-y) \mathrm{d}y + \pi \int_{-3}^0 (3+y) \mathrm{d}y = 5\pi.$$

方法二 仍取 x 为积分变量,则所求体积为

$$V_y = 2\pi \int_0^2 x \cdot |-x^2+1| \mathrm{d}x$$
$$= 2\pi \left[\int_0^1 (-x^3+x) \mathrm{d}x + \int_1^2 (-x+x^3) \mathrm{d}x \right] = 5\pi.$$

3. 定积分在经济学中的简单应用

已知总成本函数 $C=C(Q)$,总收益函数 $R=R(Q)$,由微分学知

$$\text{边际成本函数 } MC = \frac{\mathrm{d}C}{\mathrm{d}Q},$$
$$\text{边际收益函数 } MR = \frac{\mathrm{d}R}{\mathrm{d}Q}.$$

如果 MC, MR 连续,再由积分学知

$$\text{总成本函数 } C(Q) = \int_0^Q (MC) \mathrm{d}Q + C_0,$$
$$\text{总收益函数 } R(Q) = \int_0^Q (MR) \mathrm{d}Q,$$
$$\text{总利润函数 } L(Q) = \int_0^Q (MR - MC) \mathrm{d}Q - C_0,$$

其中 C_0 为固定成本.

例 9 设工厂生产某产品的固定成本为 50 万元,边际成本与边际收益分别为

$$MC = Q^2 - 14Q + 111 \text{ (万元/单位)},$$
$$MR = 100 - 2Q \text{ (万元/单位)},$$

试确定厂商的最大利润.

解 令 $L'(Q) = 0$,得

$$MC = MR,$$

等价地

$$Q^2 - 14Q + 111 = 100 - 2Q,$$

解得 $Q_1 = 1, Q_2 = 11$. 又

$$L''(Q) = (MR - MC)' = -2 - 2Q + 14.$$

易算得，$L''(Q)|_{Q=1} = 10 > 0$，$L''(Q)|_{Q=11} = -10 < 0$，故当 $Q = 11$ 时，$L(Q)$ 取最大值，从而厂商的最大利润为

$$L = \int_0^{11} [(100 - 2Q) - (Q^2 - 14Q + 111)]dQ - 50$$
$$= \frac{334}{3} \text{（万元）}.$$

上例是利润关于产出水平的最大化问题，还有与此类似的利润关于时间的最大化问题，如石油钻探、矿物开采等有耗竭性开发. 这类模型收益率一般是时间的减函数，即开始收益率较高，过一段时间就会降低. 另一方面，开发成本率却随时间逐渐上升，它是时间的增函数（见图 6-21）. 若以 $R(t), C(t)$ 分别表示在 t 时间开发者的收益与成本，则收益率等于 $R'(t)$，开发成本率等于 $C'(t)$，而利润

$$L(t) = R(t) - C(t) = \int_0^t (R'(t) - C'(t))dt - C_0.$$

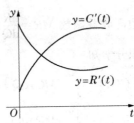

图 6-21

例 10 某煤矿投资 2000 万元建成，已知在 t 时刻的追加成本率与增加收益率分别为

$$C'(t) = 6 + 2t^{\frac{2}{3}} \text{（百万元/年）},$$
$$R'(t) = 18 - t^{\frac{2}{3}} \text{（百万元/年）},$$

试问该矿何时停产方可获得最大利润？并求出最大利润.

解 由已知条件知，在 t 时刻的利润是

$$L(t) = \int_0^t (R'(t) - C'(t))dt - 20,$$

令 $L'(t) = 0$，得

$$R'(t) - C'(t) = 0,$$

等价地
$$18-t^{\frac{2}{3}}-(6+2t^{\frac{2}{3}})=0,$$
解得 $t=8$.
$$L''(t)=-\frac{2}{3}t^{-\frac{1}{3}}-\frac{4}{3}t^{-\frac{1}{3}}=-2t^{-\frac{1}{3}},$$
$$L''(t)|_{t=8}<0.$$
故开矿 8 年停止生产可获最大利润,此时最大利润为
$$L=\int_0^8\left[(18-t^{\frac{2}{3}})-(6+2t^{\frac{2}{3}})\right]dt-20$$
$$=\left(12t-\frac{9}{5}t^{\frac{5}{3}}\right)\Big|_0^8-20$$
$$=38.4-20=18.4\text{（万元）}.$$

4. 消费者剩余和生产者剩余

在市场经济中,生产并销售某一商品的数量可由该商品的供给曲线与需求曲线来描述. 供给曲线描述的是生产者根据不同的价格水平所提供的商品数量,通常,当价格上涨时,供应量将会增加,反之则减少,也即供给曲线是单调递增的;需求曲线则反映了顾客的购买行为,通常,价格上涨,购买数量下降,即需求曲线是单调递减的. 在非通胀时期,普通商品的供给、需求曲线是符合上述假设的.

在市场经济下,价格和数量不断调整,最后趋向于平衡价格和平衡数量,分别以 P^* 与 Q^* 表示,也即供给曲线与需求曲线的交点 E(图 6-22). 在图 6-22 中, P_0 是供给曲线在价格坐标轴上的截距,即当价格在 P_0 时,供给量为零,只有价格高于 P_0 时,才有供给量. 而 P_1 为需求曲线的截距,当价格为 P_1 时,需求量为零,只有价格低于 P_1 时,才有需求. Q_1 则表示当商品免费赠送时的最大需求量.

在市场经济中,有时一些消费者愿意对某种商品付出比他们实际所需付出的市场价格 P^* 更高的价格,由此他们所得到的好处称为消费者剩余 (CS). 由图 6-22 可算出
$$CS=\int_0^{Q^*}D(Q)dQ-P^*Q^*.$$
$\int_0^{Q^*}D(Q)dQ$ 表示由一些愿意付出比 P^* 更高价格的消费者的总消费量,而 P^*Q^* 表示实际的消费额,两者之差为消费者省下来的钱,即消费者剩余.

同理,对生产者来说,有时也有一些生产者愿意比市场价格 P^* 低的价

格出售他们的商品,由此他们所得到的好处称为生产者剩余(PS),由图 6-22 知

$$PS = P^* Q^* - \int_0^{Q^*} S(Q) \, dQ.$$

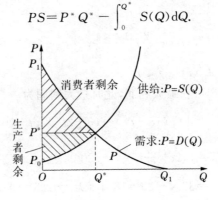

图 6-22

例 11 设需求函数 $D(Q) = 24 - 3Q$,供给函数 $S(Q) = 2Q + 9$,求消费者剩余和生产者剩余.

解 先求均衡价格与供给、需求平衡量,令

$$24 - 3Q = 2Q - 9,$$

得供需平衡量 $Q^* = 3$,由此易算得均衡价格为

$$P^* = 24 - 3 \times 3 = 15,$$

从而

$$CS = \int_0^3 (24 - 3Q) \, dQ - 15 \times 3 = 13.5,$$

$$PS = 45 - \int_0^3 (2Q + 9) \, dQ = 9.$$

§6.5 反常积分初步

前面所讨论的定积分都是有界函数在有限区间的积分,但在实际应用和理论研究中,常常会遇到积分区间是无限的,或者积分区间有限但被积函数无界的情形,因此有必要对定积分的概念进行拓广,并称这两类拓广后的积分为反常积分.

1. 无穷限积分

无穷限积分的定义.

定义 6.5.1 设函数 $f(x)$ 在区间 $[a, +\infty)$ 上有定义,且对任意实际 b

$(b>a)$,$f(x)$在$[a,b]$上可积,如果存在极限

$$\lim_{b\to+\infty}\int_a^b f(x)\mathrm{d}x=J,$$

则称此极限 J 为函数 f 在 $[a,+\infty)$ 上的<u>无穷限反常积分</u>(称简无穷积分),记

$$J=\int_a^{+\infty}f(x)\mathrm{d}x,$$

并称 $\int_a^{+\infty}f(x)\mathrm{d}x$ <u>收敛</u>到 J;如果极限

$$\lim_{b\to+\infty}\int_a^b f(x)\mathrm{d}x$$

不存在,为方便计,称 $\int_a^{+\infty}f(x)\mathrm{d}x$ 发散.

类似地,我们可定义 $f(x)$ 在 $(-\infty,b]$,$(-\infty,+\infty)$ 上的无穷限积分.

注 1 无穷限积分收敛有两个要求,不但要求 $f(x)$ 在任何有限区间 $[a,b]$ 上可积,还要求上(下)限积分 $\int_a^b f(x)\mathrm{d}x$ 关于 b(或 a)趋于无穷大时的极限存在.

注 2 无穷积分 $\int_{-\infty}^{+\infty}f(x)\mathrm{d}x$ 收敛等价于对任何实数 a,$\int_{-\infty}^a f(x)\mathrm{d}x$ 与 $\int_a^{+\infty}f(x)\mathrm{d}x$ 均收敛.此时 $\int_{-\infty}^{+\infty}f(x)\mathrm{d}x=\int_{-\infty}^a f(x)\mathrm{d}x+\int_a^{+\infty}f(x)\mathrm{d}x$,且与 a 的选取无关.

注 3 $\int_a^{+\infty}f(x)\mathrm{d}x$ 收敛的几何意义是:若 $f(x)$ 为 $[a,+\infty)$ 上非负连续函数,则图 6-23 中介于曲线 $y=f(x)$,直线 $x=a$ 以及 x 轴之间那一块向右无限延伸的阴影区域有面积 J.

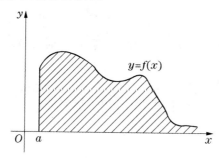

图 6-23

例1 讨论下列无穷积分的敛散性：

(1) $\int_{-\infty}^{+\infty} \frac{1}{1+x^2} dx$；　　(2) $\int_{2}^{+\infty} \frac{1}{x(\ln x)^p} dx$；

(3) $\int_{-\infty}^{0} e^x dx$；　　(4) $\int_{0}^{+\infty} \sin x dx$.

解 (1) 对任何实数 a，讨论如下两个无穷积分：

$$\int_{-\infty}^{a} \frac{1}{1+x^2} dx \quad \text{和} \quad \int_{a}^{+\infty} \frac{1}{1+x^2} dx,$$

由于

$$\lim_{u \to -\infty} \int_{u}^{a} \frac{1}{1+x^2} dx = \lim_{u \to -\infty} (\arctan a - \arctan u)$$
$$= \arctan a + \frac{\pi}{2},$$

$$\lim_{v \to +\infty} \int_{a}^{v} \frac{1}{1+x^2} dx = \lim_{v \to +\infty} (\arctan v - \arctan a)$$
$$= \frac{\pi}{2} - \arctan a.$$

因此这两个无穷积分均收敛，从而

$$\int_{-\infty}^{+\infty} \frac{1}{1+x^2} dx = \pi,$$

也即 $\int_{-\infty}^{+\infty} \frac{1}{1+x^2} dx$ 收敛.

(2) 因为

$$\lim_{b \to +\infty} \int_{2}^{b} \frac{1}{x(\ln x)^p} dx = \lim_{b \to +\infty} \int_{\ln 2}^{\ln b} \frac{1}{t^p} dt$$
$$= \begin{cases} \frac{1}{p-1}, & \text{若 } p > 1, \\ +\infty, & \text{若 } p \leq 1, \end{cases}$$

从而，$\int_{2}^{+\infty} \frac{1}{x(\ln x)^p} dx$ 当 $p > 1$ 时收敛，当 $p \leq 1$ 时发散.

(3) 因为

$$\lim_{a \to -\infty} \int_{a}^{0} e^x dx = \lim_{a \to -\infty} (1 - e^a) = 1,$$

所以 $\int_{-\infty}^{0} e^x dx$ 收敛.

(4) $\int_{0}^{b} \sin x dx = 1 - \cos b$，由于 $\lim_{b \to +\infty} (1 - \cos b)$ 不存在，故 $\int_{0}^{+\infty} \sin x dx$ 发散.

无穷积分的性质.

由无穷积分的定义知,无穷积分 $\int_a^{+\infty} f(x)\mathrm{d}x$ 是变限积分 $\int_a^x f(t)\mathrm{d}t$ 当 $x \to +\infty$ 时的极限,因此它具有如下一些性质:

性质 6.5.1 $\int_a^{+\infty} f(x)\mathrm{d}x$ 与 $\int_b^{+\infty} f(x)\mathrm{d}x$ $(b>a)$ 具有相同的敛散性.

性质 6.5.2 $\int_a^{+\infty} kf(x)\mathrm{d}x$ 与 $\int_a^{+\infty} f(x)\mathrm{d}x$ $(k \neq 0$ 为常数$)$ 具有相同的敛散性,且当 $\int_a^{+\infty} f(x)\mathrm{d}x$ 收敛时,$\int_a^{+\infty} kf(x)\mathrm{d}x = k\int_a^{+\infty} f(x)\mathrm{d}x$.

性质 6.5.3 若 $\int_a^{+\infty} f(x)\mathrm{d}x$ 与 $\int_a^{+\infty} g(x)\mathrm{d}x$ 收敛,则 $\int_a^{+\infty} [f(x) \pm g(x)]\mathrm{d}x$ 收敛,且

$$\int_a^{+\infty} [f(x) \pm g(x)]\mathrm{d}x = \int_a^{+\infty} f(x)\mathrm{d}x \pm \int_a^{+\infty} g(x)\mathrm{d}x.$$

关于无穷限积分 $\int_a^{+\infty} f(x)\mathrm{d}x$ 的计算也有类似的牛顿—莱布尼茨公式.

定理 6.5.1 设 $f(x)$ 在 $[a,+\infty)$ 上连续,$F(x)$ 是 $f(x)$ 的原函数,且 $F(+\infty) = \lim\limits_{x \to +\infty} F(x)$ 存在,则

$$\int_a^{+\infty} f(x)\mathrm{d}x = F(x)\Big|_a^{+\infty} = F(+\infty) - F(a).$$

证 因为 $f(x)$ 在 $[a,+\infty)$ 上连续,所以对任意的 $b>a$,$f(x)$ 在 $[a,b]$ 上连续,从而在 $[a,b]$ 上可积.又 $f(x)$ 连续,故由牛顿—莱布尼茨公式得

$$\int_a^b f(x)\mathrm{d}x = F(x)\Big|_a^b = F(b) - F(a).$$

又已知 $\lim\limits_{b \to +\infty} F(b) = F(+\infty)$,故

$$\lim_{b \to +\infty} \int_a^b f(x)\mathrm{d}x = F(+\infty) - F(a),$$

从而得证

$$\int_a^{+\infty} f(x)\mathrm{d}x = F(+\infty) - F(a).$$

对于 $\int_{-\infty}^a f(x)\mathrm{d}x$,$\int_{-\infty}^{+\infty} f(x)\mathrm{d}x$ 也有类似的结论.

例 2 讨论下列无穷积分的敛散性:

(1) $\int_0^{+\infty} xe^{-x}\mathrm{d}x$;   (2) $\int_1^{+\infty} \dfrac{1}{x^p}\mathrm{d}x$;

(3) $\int_1^{+\infty} \dfrac{1}{x^2+x}\mathrm{d}x$;   (4) $\int_0^{+\infty} xe^{-x^2}\mathrm{d}x$.

解 (1) 由分部积分公式得

$$\int_0^{+\infty} x e^{-x} dx = \int_0^{+\infty} x d(-e^{-x}) = -x e^{-x}\Big|_0^{+\infty} + \int_0^{+\infty} e^{-x} dx$$

$$= -\lim_{b\to+\infty}\frac{b}{e^b} + (1 - \lim_{a\to+\infty} e^{-a}) = 1.$$

(2) 当 $p > 1$ 时,

$$\lim_{a\to+\infty}\int_1^a \frac{1}{x^p}dx = \lim_{a\to+\infty}\left(\frac{a^{1-p}}{1-p} - \frac{1}{1-p}\right) = \frac{1}{p-1};$$

当 $p = 1$ 时,

$$\lim_{a\to+\infty}\int_1^a \frac{1}{x}dx = \lim_{a\to+\infty}\ln a = +\infty;$$

当 $p < 1$ 时,

$$\lim_{a\to+\infty}\int_1^a \frac{1}{x^p}dx = \lim_{a\to+\infty}\left(\frac{a^{1-p}}{1-p} - \frac{1}{1-p}\right) = +\infty.$$

从而,$\int_1^a \frac{1}{x^p}dx$ 当 $p \leqslant 1$ 时发散;当 $p > 1$ 时收敛到 $\frac{1}{p-1}$.

(3) $\int_1^{+\infty}\frac{1}{x^2+x}dx = \int_1^{+\infty}\left(\frac{1}{x} - \frac{1}{x+1}\right)dx = \ln\left|\frac{x}{x+1}\right|\Big|_1^{+\infty}$

$$= \lim_{a\to+\infty}\left[\ln\left|\frac{x}{x+1}\right| - \ln\frac{1}{2}\right] = \ln 2.$$

(4) $\int_0^{+\infty} x e^{-x^2} dx = \frac{1}{2}\int_0^{+\infty} e^{-x^2} d(x^2) = \frac{1}{2}\int_0^{+\infty} e^{-t} dt$

$$= \frac{1}{2}\lim_{a\to+\infty}(1 - e^{-a}) = \frac{1}{2}.$$

2. 瑕积分

定义 6.5.2 设函数 $f(x)$ 在区间 $(a,b]$ 上有定义,在点 a 的任一右邻域内无界,但在任何内闭区间 $[u,b]$ $(u > a)$ 上有界且可积,此时称 a 为 $f(x)$ 的瑕点,如果存在极限

$$\lim_{u\to a^+}\int_u^b f(x)dx = J,$$

则称此极限为无界函数 f 在 $(a,b]$ 上的瑕积分,记作

$$J = \int_a^b f(x)dx,$$

并称反常积分(瑕积分)$\int_a^b f(x)dx$ 收敛. 如果极限 $\lim_{u\to a^+}\int_u^b f(x)dx$ 不存在,这时也说瑕积分 $\int_a^b f(x)dx$ 发散.

类似地,可定义瑕点为 b 时的瑕积分

$$\int_a^b f(x)\mathrm{d}x = \lim_{u \to b^-} \int_a^u f(x)\mathrm{d}x,$$

其中 $f(x)$ 在 $[a,b]$ 上有定义,在点 b 的任一右邻域内无界,但在任何闭区间 $[a,u]$ $(u<b)$ 上有界且可积.

若 $f(x)$ 的瑕点 $c \in (a,b)$,则定义瑕积分

$$\int_a^b f(x)\mathrm{d}x = \int_a^c f(x)\mathrm{d}x + \int_c^b f(x)\mathrm{d}x$$

$$= \lim_{u \to c^-} \int_a^u f(x)\mathrm{d}x + \lim_{v \to c^+} \int_v^b f(x)\mathrm{d}x.$$

其中 $f(x)$ 在 $[a,c] \cup (c,b]$ 上有定义,在 c 的任一邻域内无界,但在任何闭区间 $[a,u]$ 和 $[v,b]$ $(a<u<c<v<b)$ 上可积,当且仅当两个瑕积分收敛时,称 $\int_a^b f(x)\mathrm{d}x$ 收敛.

又若 a, b 均为 $f(x)$ 的瑕点,而 $f(x)$ 在任何闭区间 $[u,v]$ $(a<u<v<b)$ 上可积,定义

$$\int_a^b f(x)\mathrm{d}x = \int_a^c f(x)\mathrm{d}x + \int_c^b f(x)\mathrm{d}x$$

$$= \lim_{u \to a^+} \int_u^c f(x)\mathrm{d}x + \lim_{v \to b^-} \int_c^v f(x)\mathrm{d}x.$$

其中 c 为 (a,b) 内任一实数. 当且仅当 $\int_a^c f(x)\mathrm{d}x$ 与 $\int_c^b f(x)\mathrm{d}x$ 收敛时,称 $\int_a^b f(x)\mathrm{d}x$ 收敛. 容易证明当瑕积分 $\int_a^b f(x)\mathrm{d}x$ 收敛时,它与 c 的取法无关.

对 $f(x)$ 在 $[a,b]$ 内有有限个瑕点的情况类似地可进行讨论.

例 3 计算下列瑕积分:

(1) $\int_0^1 \dfrac{1}{\sqrt{1-x^2}}\mathrm{d}x$; (2) $\int_0^1 \dfrac{\ln x}{\sqrt{x}}\mathrm{d}x$.

解 (1) $f(x) = \dfrac{1}{\sqrt{1-x^2}}$ 在 $[0,1)$ 中连续,从而在任何闭区间 $[0,u]$ 上可积,$x=1$ 为其瑕点. 由定义得

$$\int_0^1 \frac{1}{\sqrt{1-x^2}}\mathrm{d}x = \lim_{u \to 1^-} \int_0^u \frac{1}{\sqrt{1-x^2}}\mathrm{d}x$$

$$= \lim_{u \to 1^-} (\arcsin u - \arcsin 0) = \frac{\pi}{2}.$$

(2) $f(x) = \dfrac{\ln x}{\sqrt{x}}$ 在 $(0,1]$ 中连续,从而在任何闭区间 $[u,1]$ 上可积,$x=0$

是其瑕点,由定义得

$$\int_0^1 \frac{\ln x}{\sqrt{x}} dx = \lim_{u \to 0^+} \int_u^1 \frac{\ln x}{\sqrt{x}} dx = 2\lim_{u \to 0^+} \int_u^1 \ln x\, d(\sqrt{x})$$

$$= 2\lim_{u \to 0^+} \left[(\ln x) \cdot \sqrt{x} \Big|_u^1 - \int_0^1 \frac{\sqrt{x}}{x} dx \right]$$

$$= 2\lim_{u \to 0^+} \left[-(\ln u) \cdot \sqrt{u} - 2\sqrt{x} \Big|_u^1 \right]$$

$$= 2\lim_{u \to 0^+} \left[-(\ln u) \cdot \sqrt{u} - 2 + 2\sqrt{u} \right]$$

$$= -4.$$

例 4 判别下列瑕积分的敛散性:

(1) $\int_0^1 \frac{1}{x^q} dx \; (q>0)$;   (2) $\int_{-1}^1 \frac{1}{x} dx$;

(3) $\int_0^1 \frac{1}{x(\ln x)^p} dx \; (p>0)$.

解 (1) $\frac{1}{x^q}$ 在 $(0,1]$ 内连续,$x=0$ 为其瑕点,当 $0<u<1$ 时,易算得

$$\int_u^1 \frac{1}{x^q} dx = \begin{cases} \frac{1}{1-q}(1-u^{1-q}), & q \neq 1, \\ -\ln u, & q = 1, \end{cases}$$

故当 $0<q<1$ 时,瑕积分 $\int_0^1 \frac{1}{x^q} dx$ 收敛,且

$$\int_0^1 \frac{1}{x^q} dx = \lim_{u \to 0^+} \frac{1}{1-q}(1-u^{1-q}) = \frac{1}{1-q},$$

而当 $q \geq 1$ 时,$\int_0^1 \frac{1}{x^q} dx$ 发散到 $+\infty$.

(2) 由(1)知 $\int_0^1 \frac{1}{x} dx$ 发散,从而瑕积分 $\int_{-1}^1 \frac{1}{x} dx$ 发散.

注 以下计算是错误的:

$$\int_{-1}^1 \frac{1}{x} dx = \ln|x| \Big|_{-1}^1 = 0.$$

这是因为 $x=0$ 是 $\frac{1}{x}$ 的瑕点.

(3) $\int_0^1 \frac{1}{x|\ln x|^p} dx = \int_0^1 \frac{1}{|\ln x|^p} d(\ln x) = -\int_0^1 \frac{1}{|\ln x|^p} d(|\ln x|)$

$$= -\int_{+\infty}^0 \frac{1}{t^p} dt = \int_0^1 \frac{1}{t^p} dt + \int_1^{+\infty} \frac{1}{t^p} dt.$$

无论 p 取何值,$\int_0^1 \frac{1}{t^p}dt$ 与 $\int_1^{+\infty} \frac{1}{t^p}dt$ 中至少一个发散,从而瑕积分 $\int_0^1 \frac{1}{x|\ln x|^p}dx$ 发散.

与无穷积分相类似,瑕积分具有如下一些性质:

性质 6.5.4 瑕积分 $\int_a^b f(x)dx$ 与 $\int_a^b kf(x)dx$ 同敛散($k\neq 0$ 为常数),且当 $\int_a^b f(x)dx$ 收敛时有 $\int_a^b kf(x)dx = k\int_a^b f(x)dx$.

性质 6.5.5 若瑕积分 $\int_a^b f(x)dx$ 与 $\int_a^b g(x)dx$ 都收敛,则瑕积分 $\int_a^b [f(x)\pm g(x)]dx$ 也收敛,且

$$\int_a^b [f(x)\pm g(x)]dx = \int_a^b f(x)dx \pm \int_a^b g(x)dx.$$

性质 6.5.6 设 $f(x)$ 只有一个瑕点 $x=a$,则 $\int_a^b f(x)dx$ 与 $\int_a^c f(x)dx$ 同敛散($c<b$).

关于瑕积分 $\int_a^b f(x)dx$ 的计算,也有类似的牛顿—莱布尼茨公式,这里不再作详细讨论.

3. Γ 函数

反常积分 $\int_0^{+\infty} x^{\alpha-1}e^{-x}dx$ 作为参变量 α 的函数称为 Γ 函数,记作

$$\Gamma(\alpha) = \int_0^{+\infty} x^{\alpha-1}e^{-x}dx.$$

可以证明 $\Gamma(\alpha)$ 的定义域是 $\alpha>0$.

Γ 函数有如下基本性质:

(1) $\Gamma(\alpha+1) = \alpha\Gamma(\alpha)$;

(2) $\Gamma(1) = 1$;

(3) $\Gamma(n) = (n-1)!$;

(4) $\lim\limits_{\alpha\to+\infty} \Gamma(\alpha) = +\infty$.

证 (1) 由分部积分公式可得

$$\Gamma(\alpha+1) = \int_0^{+\infty} x^{\alpha}e^{-x}dx = \int_0^{+\infty} x^{\alpha}d(-e^{-x})$$

$$= -x^{\alpha}e^{-x}\Big|_0^{+\infty} + \int_0^{+\infty} \alpha x^{\alpha-1}e^{-x}dx$$

$$= 0 + \alpha\Gamma(\alpha) = \alpha\Gamma(\alpha).$$

(2) 显然.

(3) 反复利用性质(1), 取 $\alpha = n-1$ 得
$$\Gamma(n) = (n-1)\Gamma(n-1) = \cdots = (n-1)(n-2)\cdots 1\Gamma(1)$$
$$= (n-1)!.$$

(4) 也显然.

在 Γ 函数中令 $x = t^2$, 则
$$\Gamma(\alpha) = 2\int_0^{+\infty} t^{2\alpha-1} e^{-t^2} dt.$$

当 $\alpha = \dfrac{1}{2}$ 时,
$$\Gamma\left(\frac{1}{2}\right) = 2\int_0^{+\infty} e^{-t^2} dt.$$

利用泊松积分 $\int_0^{+\infty} e^{-t^2} dt = \dfrac{\sqrt{\pi}}{2}$ (见 §7.7 例16)便得
$$\Gamma\left(\frac{1}{2}\right) = \sqrt{\pi}.$$

泊松积分是概率论中常用的积分.

例 5 计算下列积分:

(1) $\int_0^{+\infty} x^2 e^{-x^2} dx$; (2) $\int_0^{+\infty} x^{-\frac{1}{2}} e^{-2x} dx.$

解 (1) 令 $x^2 = t$, 则
$$\int_0^{+\infty} x^2 e^{-x^2} dx = \frac{1}{2}\int_0^{+\infty} t^{\frac{1}{2}} e^{-t} dt = \frac{1}{2}\Gamma\left(\frac{3}{2}\right) = \frac{\sqrt{\pi}}{4}.$$

(2) 令 $2x = t$, 则
$$\int_0^{+\infty} x^{-\frac{1}{2}} e^{-2x} dx = \frac{1}{2}\int_0^{+\infty} \left(\frac{t}{2}\right)^{-\frac{1}{2}} e^{-t} dt = \frac{1}{\sqrt{2}}\Gamma\left(\frac{1}{2}\right) = \frac{\sqrt{2\pi}}{2}.$$

习题 6

1. 根据定积分的几何意义, 说明下列各式的正确性:

(1) $\int_0^{2\pi} \sin x\, dx = 0$; (2) $\int_{-1}^{1} x^2 dx = 0$;

(3) $\int_{-2}^{2} (x^2+1) dx = 2\int_0^2 (x^2+1) dx$; (4) $\int_{-1}^{1} |2x| dx = 4\int_0^1 x\, dx.$

2. 用定积分的定义计算下列积分:

(1) $\int_a^b k\,dx$ (k 为常数);   (2) $\int_a^b x\,dx$.

3. 不计算积分值，说明下列积分哪一个大？

(1) $\int_0^1 x^2\,dx$ 与 $\int_0^1 x^3\,dx$;   (2) $\int_1^2 x^2\,dx$ 与 $\int_1^2 x^3\,dx$;

(3) $\int_1^2 \ln x\,dx$ 与 $\int_1^2 (\ln x)^2\,dx$;   (4) $\int_0^1 e^x\,dx$ 与 $\int_0^1 e^{x^2}\,dx$.

4. 估计下列积分值：

(1) $\int_1^4 (x^2+1)\,dx$;   (2) $\int_{\frac{\pi}{4}}^{\frac{5\pi}{4}} (1+\sin^2 x)\,dx$;

(3) $\int_{\frac{1}{\sqrt{3}}}^{\sqrt{3}} x\arctan x\,dx$;   (4) $\int_0^2 e^{x^2-x}\,dx$.

5. 求下列导数：

(1) $\dfrac{d}{dx}\int_0^x \sin t\,dt$;   (2) $\dfrac{d}{dx}\int_0^{x^2} \dfrac{1}{1+t^2}\,dt$;

(3) $\dfrac{d}{dx}\int_x^5 \sqrt{1+t^2}\,dt$;   (4) $\dfrac{d}{dx}\int_{\sqrt{x}}^{x^3} e^{-t^2}\,dt$.

6. 求下列极限：

(1) $\lim\limits_{x\to 0^+}\dfrac{\int_0^x (\arctan t)^2\,dt}{x^3}$;   (2) $\lim\limits_{x\to 0}\dfrac{\int_{\cos x}^1 e^{-t^2}\,dt}{x^2}$;

(3) $\lim\limits_{x\to 0}\dfrac{\int_0^{x^2} \arcsin(2\sqrt{t})\,dt}{x^3}$;   (4) $\lim\limits_{x\to 1}\dfrac{\int_1^{x^2}(t-1)\ln t\,dt}{(x-1)^3}$;

(5) $\lim\limits_{x\to +\infty}\left(\int_0^x e^{t^2}\,dt\right)^{\frac{1}{x^2}}$;   (6) $\lim\limits_{x\to 0}\dfrac{1}{x}\int_0^x (1+\sin 2t)^{\frac{1}{t}}\,dt$.

7. 设连续函数 $f(x)$ 满足 $\int_1^{2x} f\left(\dfrac{t}{2}\right)dt = e^{-x} - e^{-\frac{1}{2}}$，试求 $\int_0^1 f(x)\,dx$.

8. 证明方程 $\ln x = \dfrac{x}{e} - \int_0^\pi \sqrt{1-\cos 2x}\,dx$ 在 $(0,+\infty)$ 内有且仅有两个不同的实根.

9. 设 $f(x)$ 在 $[a,b]$ 上连续，且 $f(x)>0$，令

$$F(x) = \int_a^x f(t)\,dt + \int_b^x \dfrac{1}{f(t)}\,dt,$$

求证：

(1) $F'(x) \geq 2$;

(2) $F(x)$ 在 (a,b) 内有且仅有一个零点.

10. 设 $f(x)$ 为连续函数，且存在常数 a，分别满足

(1) $x^5+1 = \int_a^{x^3} f(t)\,dt$;   (2) $e^{x-1} - x = \int_x^a f(t)\,dt$.

求相应的 $f(x)$ 以及常数 a.

11. 设 $f(x)$ 具有一阶连续导数，且 $f(0)=0, f'(0)\neq 0$，求

$$\lim_{x\to 0}\frac{\int_0^{x^2} f(t)\mathrm{d}t}{x^2\int_0^x f(t)\mathrm{d}t}.$$

12. 当 x 为何值时,$f(x)=\int_0^x te^{-t^2}\mathrm{d}t$ 有极值?

13. 令 $f(x)=\int_0^x t(1-t)e^{-2t}\mathrm{d}t$,当 x 为何值时,$f(x)$ 取极大值或极小值.

14. 应用牛顿—莱布尼茨公式计算下列定积分:

(1) $\int_1^2 \left(x^2+\frac{1}{x^4}\right)\mathrm{d}x$;

(2) $\int_1^2 \left(x+\frac{1}{x}\right)^2\mathrm{d}x$;

(3) $\int_4^9 \sqrt{x}(1+\sqrt{x})\mathrm{d}x$;

(4) $\int_{-\frac{1}{2}}^{\frac{1}{2}} \frac{1}{\sqrt{1-x^2}}\mathrm{d}x$;

(5) $\int_a^{a\sqrt{3}} \frac{1}{a^2+x^2}\mathrm{d}x\ (a\neq 0)$;

(6) $\int_0^1 \frac{1}{\sqrt{4-x^2}}\mathrm{d}x$;

(7) $\int_a^b (x-a)(x-b)\mathrm{d}x$;

(8) $\int_0^2 \frac{1}{4+x^2}\mathrm{d}x$;

(9) $\int_0^{\frac{\pi}{2}} (1+\sin x+\cos x)\mathrm{d}x$;

(10) $\int_{\frac{\pi}{6}}^{\frac{\pi}{3}} \tan x\mathrm{d}x$;

(11) $\int_0^{\frac{\pi}{4}} \tan^2 x\mathrm{d}x$;

(12) $\int_0^{\frac{\pi}{4}} \tan^3 x\mathrm{d}x$;

(13) $\int_0^\pi (1-\sin^3 x)\mathrm{d}x$;

(14) $\int_{\frac{\pi}{6}}^{\frac{\pi}{2}} \cos^2 x\mathrm{d}x$;

(15) $\int_{\frac{\pi}{4}}^{\frac{\pi}{3}} \frac{1}{\sin x\cos x}\mathrm{d}x$;

(16) $\int_0^\pi \sqrt{1-\sin 2x}\mathrm{d}x$;

(17) $\int_1^e \frac{x^2+2\ln x}{x}\mathrm{d}x$;

(18) $\int_2^3 \frac{1}{x^4-x^2}\mathrm{d}x$;

(19) $\int_a^b |x|\mathrm{d}x\ (a<b)$;

(20) $\int_0^1 |x-a|\cdot x\mathrm{d}x$.

15. 设 $f(x)$ 在 $[0,1]$ 上有连续导数,试求 $\int_0^1 [1+xf'(x)]e^{f(x)}\mathrm{d}x$.

16. 设 k,l 为正整数,证明:

(1) $\int_{-\pi}^\pi \cos kx\cdot\cos lx\mathrm{d}x=0\ (k\neq l)$;

(2) $\int_{-\pi}^\pi \sin kx\cdot\sin lx\mathrm{d}x=0\ (k\neq l)$;

(3) $\int_{-\pi}^\pi \sin kx\cdot\cos lx\mathrm{d}x=0$;

(4) $\int_{-\pi}^\pi \sin^2 kx\mathrm{d}x=\int_{-\pi}^\pi \cos^2 lx\mathrm{d}x=\pi$.

17. 用换元积分法计算下列定积分:

(1) $\int_{-2}^{-1} \frac{1}{(11+5x)^3}\mathrm{d}x$;

(2) $\int_{-1}^2 \frac{1}{\sqrt[3]{(3-x)^4}}\mathrm{d}x$;

(3) $\int_0^{\frac{\pi}{4}} \frac{1-\cos^4 x}{2}\mathrm{d}x$;

(4) $\int_0^{\frac{\pi}{2}} \cos^5 x\sin 2x\mathrm{d}x$;

(5) $\int_0^{\frac{T}{2}} \sin\left(\frac{2\pi x}{T}-\varphi_0\right)\mathrm{d}x$;

(6) $\int_0^{\frac{\pi}{\omega}} \sin^2(\omega x+\varphi_0)\mathrm{d}x$;

(7) $\int_0^1 (e^x-1)^4 e^x dx$;

(8) $\int_1^e \dfrac{1+\ln x}{x} dx$;

(9) $\int_0^1 \dfrac{1}{1+e^x} dx$;

(10) $\int_0^1 \dfrac{1}{e^x+e^{-x}} dx$;

(11) $\int_{-2}^0 \dfrac{1}{x^2+2x+2} dx$;

(12) $\int_1^3 \dfrac{1}{x+x^2} dx$;

(13) $\int_0^4 \dfrac{1}{1+\sqrt{x}} dx$;

(14) $\int_0^1 \dfrac{x^{\frac{3}{2}}}{1+x} dx$;

(15) $\int_{-1}^1 \dfrac{x}{\sqrt{5-4x}} dx$;

(16) $\int_1^{\sqrt{3}} \dfrac{1}{x\sqrt{x^2+1}} dx$;

(17) $\int_e^{e^6} \dfrac{\sqrt{3\ln x - 2}}{x} dx$;

(18) $\int_0^{2\pi} \sin^7 x\, dx$;

(19) $\int_{\sqrt{e}}^e \dfrac{1}{x\sqrt{(1+\ln x)\ln x}} dx$;

(20) $\int_{\sqrt{3}}^{\sqrt{8}} \dfrac{1}{\sqrt{1+x^2}}\left(x+\dfrac{1}{x}\right) dx$;

(21) $\int_0^{\frac{\pi}{4}} \dfrac{\sin^2 x \cos^2 x}{(\sin^3 x + \cos^3 x)^3} dx$;

(22) $\int_0^{\frac{\pi}{2}} \dfrac{1}{2\cos x+3} dx$;

(23) $\int_0^{\frac{\pi}{2}} \dfrac{1}{2+\sin x} dx$;

(24) $\int_0^a x^2\sqrt{a^2-x^2}\, dx$;

(25) $\int_1^{e^2} \dfrac{1}{x\sqrt{1+\ln x}} dx$;

(26) $\int_{\frac{\sqrt{2}}{2}}^1 \dfrac{\sqrt{1-x^2}}{x^2} dx$;

(27) $\int_{\frac{\pi}{2}}^{2\arctan 2} \dfrac{1}{(1-\cos x)\sin^2 x} dx$;

(28) $\int_{\frac{1}{2}}^1 \dfrac{1}{x^2}\sqrt{\dfrac{1-x}{1+x}} dx$;

(29) $\int_0^{\frac{1}{2}} \sqrt{2x-x^2}\, dx$;

(30) $\int_0^1 \sqrt{4-x^2}\, dx$.

18. 用分部积分法计算下列定积分：

(1) $\int_0^{\frac{\pi}{2}} e^{-x}\sin 2x\, dx$;

(2) $\int_0^1 x^2 e^x\, dx$;

(3) $\int_0^1 x\arctan x\, dx$;

(4) $\int_0^{\frac{\pi}{4}} x\cos 2x\, dx$;

(5) $\int_e^{e^2} \dfrac{\ln x}{(x-1)^2} dx$;

(6) $\int_1^2 \ln(\sqrt{x+1}+\sqrt{x-1})\, dx$;

(7) $\int_1^{e^{\frac{\pi}{2}}} \dfrac{\sin \ln x}{x^2} dx$;

(8) $\int_0^{\sqrt{\ln 2}} x^3 e^{-x^2} dx$;

(9) $\int_0^{e-1} \ln(x+1)\, dx$;

(10) $\int_0^{\pi} x^3 \sin x\, dx$;

(11) $\int_{\frac{\pi}{4}}^{\frac{\pi}{3}} \dfrac{x}{\sin^2 x} dx$;

(12) $\int_0^1 2x\sqrt{1-x^2}\arcsin x\, dx$;

(13) $\int_0^{2\pi} |x\sin x|\, dx$;

(14) $\int_0^{\ln 2} x e^{-x}\, dx$;

(15) $\int_1^e x\ln x\, dx$;

(16) $\int_0^{\frac{\pi}{2}} e^x \cos x\, dx$.

19. 当 $x>0$ 时,$f'(x)$ 连续,且满足
$$f(x)=1+\int_1^x \frac{1}{x}f(t)dt,$$
求 $f(x)$.

20. 设 $f(x)=\frac{1}{1+x^2}+\sqrt{1-x^2}\int_0^1 f(x)dx$, 求 $\int_0^1 f(x)dx$.

21. 设 $f(x)$ 连续,且分别满足:

(1) $\int_0^x f(x-t)dt=e^{-2x}-1$; (2) $\int_0^x f(x-t)e^t dt=\sin x$,

试求相应的 $\int_0^1 f(x)dx$.

22. 证明 $\int_x^1 \frac{1}{1+t^2}dt=\int_1^{\frac{1}{x}} \frac{1}{1+t^2}dt$ ($x>0$).

23. 证明 $\int_0^1 x^m(1-x)^n dx=\int_0^1 x^n(1-x)^m dx$ (n,m 为自然数).

24. 利用适当变换证明 $\int_0^1 \frac{1}{\arccos x}dx=\int_0^{\frac{\pi}{2}} \frac{\sin x}{x}dx$.

25. 利用函数奇偶性求下列定积分:

(1) $\int_{-\frac{1}{2}}^{\frac{1}{2}} \frac{x\arcsin x}{\sqrt{1-x^2}}dx$; (2) $\int_{-5}^5 \frac{x^3\sin^2 x}{(x^4+2x^2+1)}dx$;

(3) $\int_{-1}^1 \frac{1}{\sqrt{4-x^2}}\left(\frac{1}{1+e^x}-\frac{1}{2}\right)dx$; (4) $\int_{-1}^1 \cos x \cdot \arccos x dx$.

26. 计算下列曲线所围成的平面图形的面积:

(1) $y=e^x$, $y=e^{-x}$, $x=1$;

(2) $y=x^3-4x$, $y=0$;

(3) $y=x^2$, $y=x$, $y=2x$;

(4) $y^2=2x+1$, $y=x-1$;

(5) $y=x(x-1)(x-2)$, $y=0$;

(6) $y=\sin x$, $y=\cos x$, $x=0$, $x=2\pi$.

27. 求由抛物线 $y=x^2-4x+5$,横轴及直线 $x=3,x=5$ 所围成图形的面积.

28. 求抛物线 $y=-x^2+4x-3$ 及其在点 $(0,-3)$ 和点 $(3,0)$ 处的切线所围成的图形的面积.

29. 求抛物线 $y^2=2px$ 及其在点 $\left(\frac{p}{2},p\right)$ 处的法线所围成的图形的面积.

30. 设曲线 $y=1-x^2$ ($0\leq x\leq 1$),x 轴,y 轴所围成的区域被曲线 $y=ax^2$ ($a>0$)分成面积相等的两个部分,试求 a 的值.

31. 抛物线 $y=\frac{1}{2}x^2$ 分割圆 $x^2+y^2\leq 8$ 成两个部分,分别求这两部分的面积.

32. 求由下列已知曲线围成的平面图形绕指定的轴旋转而形成的旋转体的体积:

(1) $xy=a^2$, $y=0$, $x=a$, $x=2a$ ($a>0$),绕 x 轴;

(2) $y=x^3$, $x=y^2$, 绕 x 轴;

(3) $y=\ln x$, $y=0$, $x=1$, $x=e$, 分别绕 x 轴和 y 轴;

(4) $y=e^{-x^2}$, $x=0$, $x=1$, 绕 y 轴;

(5) $y=\cos x$, $x=0$, $x=\pi$, 绕 y 轴;

(6) $y=\dfrac{a}{2}(e^{\frac{x}{a}}+e^{-\frac{x}{a}})$, $x=0$, $x=a$, $y=0$, 绕 x 轴;

(7) $y=x^2$, $x=y^2$, 绕 x 轴;

(8) $x^2+(y-5)^2=16$, 绕 x 轴.

33. 曲线 $xy=a$, $x=a$, $x=2a$, $y=0$ 所围成的平面图形分别绕 x 轴与 y 轴旋转而得到的旋转体体积分别记作 V_x 和 V_y, 问 a 取何值时, $V_x=V_y$.

34. 有一立体以抛物线 $y^2=2x$ 与直线 $x=2$ 所围成的图形为底, 而垂直于抛物线轴的截面均为等边三角形, 求其体积.

35. 过点 $P(1,0)$ 作抛物线 $y=\sqrt{x-2}$ 的切线, 该切线与上述抛物线及 x 轴围成一平面图形, 求该图形绕 x 轴一周所成旋转体的体积.

36. 已知某产品的边际收益函数为
$$R'(Q)=10(10-Q)e^{-\frac{Q}{10}},$$
其中 Q 为销售量, $R=R(Q)$ 为总收益, 求该产品的总收益函数 $R(Q)$.

37. 已知某产品的边际成本和边际收益函数分别为
$$C'(Q)=Q^2-4Q+6, \quad R'(Q)=105-2Q,$$
固定成本为 100, 其中 Q 为销售量, $C(Q)$ 为总成本, $R(Q)$ 为总收益, 求最大利润.

38. 计算下列反常积分:

(1) $\int_{-\infty}^{+\infty}\dfrac{1}{4x^2+4x+5}dx$;

(2) $\int_0^{+\infty}e^{-\sqrt{x}}dx$;

(3) $\int_0^{+\infty}e^{-ax}dx\ (a>0)$;

(4) $\int_1^{+\infty}\dfrac{1}{x^2(x+1)}dx$;

(5) $\int_e^{+\infty}\dfrac{1}{x(\ln x)^2}dx$;

(6) $\int_1^{+\infty}\dfrac{\arctan x}{x^2}dx$;

(7) $\int_0^{+\infty}e^{-x}\sin x\,dx$;

(8) $\int_0^{+\infty}x^n e^{-x}dx\ (n\text{ 为正整数})$;

(9) $\int_3^{+\infty}\dfrac{1}{(x-1)^4\sqrt{x^2-2x}}dx$;

(10) $\int_0^{+\infty}\dfrac{\arctan x}{(1+x^2)^{\frac{3}{2}}}dx$;

(11) $\int_0^{+\infty}\dfrac{x}{(1+x)^3}dx$;

(12) $\int_0^{+\infty}\dfrac{1}{1+x^3}dx$;

(13) $\int_0^1\dfrac{x}{\sqrt{1-x^2}}dx$;

(14) $\int_0^1\dfrac{1}{(2-x)\sqrt{1-x}}dx$;

(15) $\int_1^e\dfrac{1}{x\sqrt{1-(\ln x)^2}}dx$;

(16) $\int_1^2\dfrac{1}{x\sqrt{x^2-1}}dx$.

39. 已知 $\int_0^{+\infty}\dfrac{\sin x}{x}dx=\dfrac{\pi}{2}$, 求

(1) $\int_0^{+\infty} \dfrac{\sin x \cos x}{x} dx$; (2) $\int_{-\infty}^{+\infty} \dfrac{\sin^2 x}{x^2} dx$.

40. 求 c 的值,使得
$$\lim_{x\to+\infty}\left(\dfrac{x+c}{x-c}\right)^x = \int_0^c te^{2t} dt.$$

41. 当 k 为何值时,积分 $\int_2^{+\infty} \dfrac{1}{x(\ln x)^k} dx$ 收敛? 又何时发散?

42. 利用 Γ 函数计算下列积分:

(1) $\int_0^{+\infty} e^{-4x} x^{\frac{3}{2}} dx$; (2) $\int_0^{+\infty} x^{2n} e^{-x^2} dx$;

(3) $\int_0^{+\infty} t^{\frac{1}{2}} e^{-at} dt \; (a>0)$.

43. 利用定积分求下列极限:

(1) $\lim\limits_{n\to\infty} \dfrac{1}{n^4}(1+2^3+\cdots+n^3)$;

(2) $\lim\limits_{n\to\infty} n\left[\dfrac{1}{(n+1)^2}+\dfrac{1}{(n+2)^2}+\cdots+\dfrac{1}{(n+n)^2}\right]$;

(3) $\lim\limits_{n\to\infty} n\left(\dfrac{1}{n^2+1^2}+\dfrac{1}{n^2+2^2}+\cdots+\dfrac{1}{2n^2}\right)$;

(4) $\lim\limits_{n\to\infty} \dfrac{1}{n}\left(\sin\dfrac{\pi}{n}+\sin\dfrac{2\pi}{n}+\cdots+\sin\dfrac{n-1}{n}\pi\right)$.

44. 设 $f(x)$ 在区间 $[0,1]$ 上连续,在 $(0,1)$ 内可导,且满足 $f(1)=2\int_0^{\frac{1}{2}} xf(x)dx$,试证存在一点 $\xi \in (0,1)$,使
$$f(\xi)+\xi f'(\xi)=0.$$

45. 设 $a<b, f(x), g(x)$ 连续,证明不等式
$$\left[\int_a^b f(x)g(x)dx\right]^2 \leqslant \int_a^b f^2(x)dx \int_a^b g^2(x)dx.$$

46. 设 $f(x)$ 在 $[a,b]$ 上连续,且 $f(x)>0$,令
$$F(x)=\int_a^x f(t)dt+\int_b^x \dfrac{1}{f(t)}dt,$$
证明方程 $F(x)=0$ 在 $[a,b]$ 内有且仅有一个根.

47. 设函数 $f(x)$ 在 $[0,+\infty)$ 上连续,单调递增且 $f(0)\geqslant 0$,试证函数
$$F(x)=\begin{cases}\dfrac{1}{x}\int_0^x t^n f(t)dt, & x>0 \\ 0, & x=0\end{cases}$$
在 $[0,+\infty)$ 上连续且单调递增 $(n>0)$.

48. 设 $f(x)$ 在 $[a,b]$ 上连续,且 $f(x)\geqslant 0$,若
$$\int_a^b f(x)dx=0,$$
证明 $f(x)$ 在 $[a,b]$ 上恒等于零.

49. 设函数 $f(x)$ 与 $g(x)$ 在区间 $[a,b]$ 上连续,且 $g(x)\neq 0$, $x\in[a,b]$,试证:至少存在一点 $\xi\in(a,b)$,使得
$$\left(\int_a^b f(x)\mathrm{d}x\right)\Big/\left(\int_a^b g(x)\mathrm{d}x\right)=\frac{f(\xi)}{g(\xi)}.$$

50. 设 $f(x)$ 是以 T ($T>0$) 为周期的连续函数,且满足
$$\int_0^T f(x)\mathrm{d}x=0,$$
证明 $f(x)$ 的原函数也是以 T 为周期的周期函数.

51. 设 $f(x)$ 在 $[a,b]$ 上连续,在 (a,b) 内可导,$f'(x)<0$,令
$$F(x)=\frac{1}{x-a}\int_a^x f(t)\mathrm{d}t,$$
试证:(1) $F'(x)\leqslant 0$;
(2) $0\leqslant F(x)-f(x)\leqslant f(a)-f(b)$.

52. 证明 $\int_0^{\frac{\pi}{2}}\cos^m x\cdot\sin^m x\mathrm{d}x=\frac{1}{2^m}\int_0^{\frac{\pi}{2}}\cos^m x\mathrm{d}x$.

53. 设 $f(x)$ 在 $(-\infty,+\infty)$ 上有连续导数,且 $m\leqslant f(x)\leqslant M$.
(1) 求 $\lim\limits_{a\to 0}\frac{1}{4a^2}\int_{-a}^a[f(t+a)-f(t-a)]\mathrm{d}t$;
(2) 证明 $\left|\frac{1}{2a}\int_{-a}^a f(t)\mathrm{d}t-f(x)\right|\leqslant M-m$.

54. 设函数 $f(x)$ 在 $(-\infty,+\infty)$ 内满足 $f(x)=f(x-\pi)+\sin x$ 且 $f(x)=x$, $x\in[0,\pi]$,计算 $\int_\pi^{3\pi} f(t)\mathrm{d}t$.

55. 设 $f(2x+a)=x\mathrm{e}^{\frac{x}{b}}$,求 $\int_{2a+b}^y f(t)\mathrm{d}t$.

56. 设 $f(x)=\int_0^{x^2}\mathrm{e}^{-t^2}\mathrm{d}t$,求 $\int_0^1\left(x-\frac{1}{2}\right)f(x)\mathrm{d}x$.

57. 设 $f(x)$ 连续,满足 $f(1)=2$,且
$$\int_0^x tf(2x-t)\mathrm{d}t=x^2,$$
求定积分 $\int_1^2 f(x)\mathrm{d}x$.

58. 设 $f(x)=\begin{cases}1+x^2, & x\leqslant 0,\\ \mathrm{e}^{-x}, & x>0,\end{cases}$ 试求 $\int_1^3 f(x-2)\mathrm{d}x$.

59. 已知某物质在反应过程中的反应速度是 $v(t)=ak\mathrm{e}^{-kt}$,其中 a 是反应开始时原有物质的量,k 是常数,求从 $t=t_0$ 到 $t=t_1$ 这段时间内反应速度的平均值.

60. 计算下列积分:
(1) $\int_0^1\frac{\ln(1+x)}{1+x^2}\mathrm{d}x$; (2) $\int_0^\pi\frac{x\sin x}{1+\cos^2 x}\mathrm{d}x$;
(3) $\int_{-\frac{\pi}{4}}^{\frac{\pi}{4}}\mathrm{e}^{\frac{x}{2}}\frac{\cos x-\sin x}{\sqrt{\cos x}}\mathrm{d}x$; (4) $\int_{-\frac{\pi}{2}}^{\frac{\pi}{2}}\cos x\sin\left(2x-\frac{\pi}{4}\right)\mathrm{d}x$;

(5) $\int_{\frac{1}{\pi}}^{\frac{2}{\pi}} \dfrac{\sin\dfrac{1}{x}}{x^2} dx$; (6) $\int_{\frac{1}{e}}^{e} |\ln x| dx$.

61. 已知 $\int_0^{+\infty} e^{-x^2} dx = \dfrac{\sqrt{\pi}}{2}$,计算 $\int_1^{+\infty} x^2 e^{-x^2+2x} dx$.

第 7 章

多元函数微积分学

在前面几章中,我们讨论了只依赖于一个自变量的函数,这种函数称为一元函数.然而在许多实际问题中往往涉及多个因素,用数学语言来说,就是一个变量依赖于多个变量.例如,用 x 和 y 分别表示矩形的长与宽,则矩形面积 S 可表为 $S=xy$,即面积 S 是变量 x 和 y 的函数,这样的函数称为多元函数.本章着重讨论二元函数微积分学,它是一元函数微积分学的推广和发展.在掌握了二元函数的有关理论和方法之后,不难将它们推广到三元甚至更一般的多元函数中去.

§7.1 空间解析几何简介

正如平面解析几何对一元函数微积分的学习是必不可少的一样,空间解析几何的一些基础知识是学好多元函数微积分学的基础.因此,在研究多元函数之前,先简单介绍空间解析几何有关知识.

1. 空间直角坐标系

我们知道,引入平面直角坐标系以后,不仅可以利用代数知识解决几何问题,同时还可以利用几何直观来简化抽象的数学推导.为了研究空间的曲线与曲面,类似地,我们也可引进空间直角坐标系.

在空间任取一点 O,过点 O 作三条相互垂直的直线 Ox,Oy,Oz,规定单位长度,并按右手规则确定其方向,即将右手的拇指、食指和中指形成两两互相垂直的形状,则拇指、食指和中指的指向分别为 Ox,Oy 和 Oz 的正方向,这样我们便建立了一个空间直角坐标系 $Oxyz$,如图 7-1. 称点 O 为坐标原点,Ox,Oy,Oz 称为坐标轴,分别简称为 x 轴、y 轴和 z 轴.每两个坐标轴确定一个平面,称为坐标平面,分别称为 xy 平面、yz 平面、zx 平面.这三个平面将空间分成 8 个部分,每一部分称为一个卦限,这 8 个卦限的顺序按

如下方式规定(如图 7-2 所示):

$x>0, y>0, z>0$,第一卦限;
$x<0, y>0, z>0$,第二卦限;
$x<0, y<0, z>0$,第三卦限;
$x>0, y<0, z>0$,第四卦限;
$x>0, y>0, z<0$,第五卦限;
$x<0, y>0, z<0$,第六卦限;
$x<0, y<0, z<0$,第七卦限;
$x>0, y<0, z<0$,第八卦限.

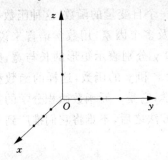

图 7-1

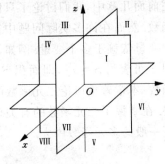

图 7-2

建立了空间直角坐标系后,就可以确定空间中任意一点 P 与三元有序数组 (x,y,z) 之间的对应关系.

设 P 是空间中任意一点,过点 P 作 xy 平面的垂线交 xy 平面于点 P_{xy},再过 P_{xy} 在 xy 平面内分别作 x 轴和 y 轴的垂线,分别交 x 轴于点 P_x,交 y 轴于点 P_y. 连接 OP_{xy},过点 P 作 OP_{xy} 的平行线必交 z 轴于一点,记为 P_z,如图 7-3 所示. 设 P_x, P_y, P_z 在 x 轴、y 轴、z 轴上的坐标分别为 x, y, z,则点 P 唯一确定了一个三维有序数组 (x,y,z),称之为点 P 的空间直角坐标,记为 $P(x,y,z)$.

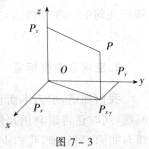

图 7-3

反之,任意给定一个三维有序数组 (x,y,z),可以唯一地确定空间中一点 P,使其直角坐标为 $P(x,y,z)$,这样就建立了空间点与有序数组 (x,y,z) 之间的一一对应关系.

2. 空间两点间的距离

设 $P_1(x_1,y_1,z_1), P_2(x_2,y_2,z_2)$ 为空间任意两点. 过 P_1, P_2 分别作平

行于坐标平面的平面,这六个平面构成一个以 P_1P_2 为对角线的长方体,如图 7-4 所示,其三条边长分别为 $|x_1-x_2|$,$|y_1-y_2|$,$|z_1-z_2|$. 由勾股定理得 P_1 与 P_2 间的距离 ρ 为

$$\rho = \sqrt{(x_1-x_2)^2 + (y_1-y_2)^2 + (z_1-z_2)^2}. \tag{1.1}$$

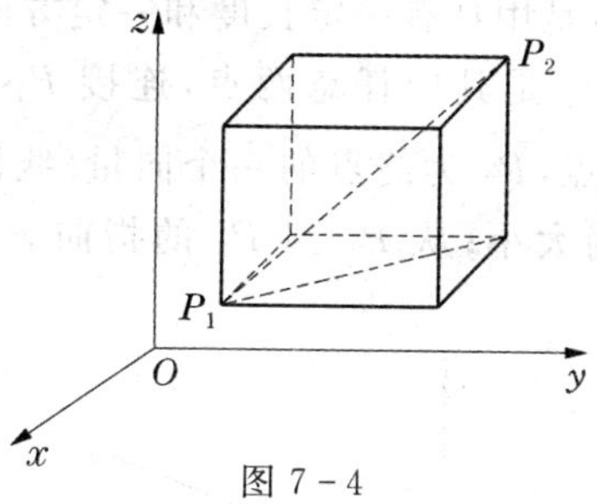

图 7-4

特别地,点 $P(x,y,z)$ 到原点 O 的距离为 $\sqrt{x^2+y^2+z^2}$.

例 1 证明:以点 $M_1(4,3,1)$,$M_2(7,1,2)$,$M_3(5,2,3)$ 为顶点的三角形是等腰三角形.

证 由于

$$|M_1M_3|^2 = (4-5)^2 + (3-2)^2 + (1-3)^2 = 6,$$
$$|M_2M_3|^2 = (7-5)^2 + (1-2)^2 + (2-3)^2 = 6,$$

所以,$|M_1M_3| = |M_2M_3| = \sqrt{6}$,即 $\triangle M_1M_2M_3$ 为等腰三角形.

例 2 求到定点 $M_1(1,0,2)$ 与 $M_2(0,1,-1)$ 等距离的点 $M(x,y,z)$ 的轨迹方程.

解 由于 $|MM_1| = |MM_2|$,所以

$$\sqrt{(x-1)^2 + y^2 + (z-2)^2} = \sqrt{x^2 + (y-1)^2 + (z+1)^2},$$

化简得点 M 的轨迹方程为

$$2x - 2y + 6z - 3 = 0.$$

由立体几何知识知,所求轨迹应为线段 M_1M_2 的中垂面,此平面的方程为一个三元一次方程.实际上,平面的一般方程为

$$Ax + By + Cz + D = 0,$$

其中 A,B,C,D 为常数,且 $A^2 + B^2 + C^2 \neq 0$.

3. 向量代数简介

向量的概念及其几何表示.

在自然科学、社会科学中,人们常把所研究的事物与数联系起来,然后

以数字为工具来分析、处理问题.如某物体的温度、质量、体积,某人的身高、腰围等,这些量只有大小而没有方向,称之为纯量或数量或标量.然而有些量不仅有大小,而且还有方向,如力、位移、速度等,这种既有大小又有方向的量称之为向量或矢量.

空间中的向量通常是用具有一定长度和一定方向的线段表示.在直角坐标系 $Oxyz$ 中,P_1, P_2 是其中任意两点,连接 P_1, P_2 的有向线段记为 $\overrightarrow{P_1P_2}$,表示以 P_1 为起点,P_2 为终点的一个向量.线段 P_1P_2 的长度,记为 $|P_1P_2|$,表示该向量的大小;从 P_1 到 P_2 的指向表示其方向,如图 7-5 所示.

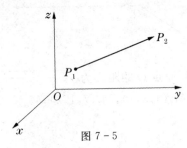

图 7-5

向量通常也用黑体字母来表示,如 a, b, c 等,上图中的向量 $\overrightarrow{P_1P_2}$ 可记为
$$\overrightarrow{P_1P_2} = a,$$
向量 a 的长度,用 $|a|$ 表示,也称为 a 的模.

若 $|a| = 1$,则称 a 为单位向量;若 $|a| = 0$,则称 a 为零向量,通常用粗体 **0** 表示,有时也用 0 表示,此时可由上下文推知其是标量 0,还是矢量 **0**.规定:零向量的方向是任意的.

如果两个向量 a 与 b 的大小相等,方向一致,则称 a 与 b 相等,记为 $a = b$.

此说明,空间中的向量可以平移,因而向量的始点可以放在空间中任意一点.

向量的加减法与数乘运算.

● 向量的加法.

我们知道,位移是向量.假设一物体从起点 A 沿 $\overrightarrow{AB}$ 移动到点 B,再沿 $\overrightarrow{BC}$ 移动到点 C,这时,该物体相对于点 A 的位移为 $\overrightarrow{AC}$,如图 7-6 所示,即有
$$\overrightarrow{AB} + \overrightarrow{BC} = \overrightarrow{AC}.$$
由此规定向量相加的三角形法则为:已知两个向量 a 和 b,将 b 平移使

b 的起点与 a 的终点重合,则以 a 的起点为起点,以 b 的终点为终点的向量 c 称为向量 a 与 b 的和,记作 $c=a+b$.

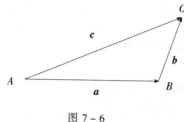

图 7-6

由平行四边形的性质知,上述向量相加的三角形法则等价于下面的向量相加的平行四边形法则.

对给定的向量 a 和 b,作 $\overrightarrow{OA}=a$,$\overrightarrow{OB}=b$,以 $\overrightarrow{OA}$ 和 $\overrightarrow{OB}$ 为邻边的平行四边形 $OACB$ 的对角线向量 $\overrightarrow{OC}$ 就是向量 a 与 b 的和,如图 7-7 所示.

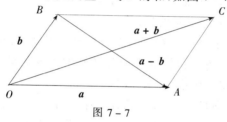

图 7-7

向量加法满足交换律与结合律,即
(i) $a+b=b+a$;
(ii) $(a+b)+c=a+(b+c)$.

● 向量的减法.

向量的减法定义为加法的逆运算,即若 $b+c=a$,则称 c 为 a 与 b 的差,记为 $a-b$,亦即 $c=a-b$. 如图 7-7 所示,$c=\overrightarrow{BA}=a-b$. 由此可知,若 a,b 是同起点的两个向量,则其差 $a-b$ 就是以 b 的终点为起点,a 的终点为终点的向量.

● 数与向量的乘积.

设 λ 是一个实数,a 是一个向量,则定义它们的乘积 λa 也是一个向量,它的模为 $|\lambda a|=|\lambda||a|$,λa 的方向:当 $\lambda>0$ 时与 a 相同;当 $\lambda<0$ 时与 a 相反;当 $\lambda=0$ 时,$\lambda a=0$,其方向任意.

由上面的定义易知

非零向量 a 与 b 平行的充要条件是:存在非零实数 λ,使得 $a=\lambda b$;规定零向量平行于任何向量.

非零向量 a 乘以 $\frac{1}{|a|}$ 所得的向量 $\frac{a}{|a|}$ 是一个与 a 同方向的单位向量. 称向量 $\frac{a}{|a|}$ 为 a 的单位化.

数与向量的乘法具有下列性质:

(i) $1 \cdot a = a$;

(ii) $(\lambda + \mu)a = \lambda a + \mu a$;

(iii) $\lambda(\mu a) = (\lambda \mu)a = \mu(\lambda a)$;

(iv) $\lambda(a + b) = \lambda a + \lambda b$,

其中(iii)称为数乘结合律,(ii)和(iv)称为数乘分配律.

向量的分解与向量的坐标表示.

为了沟通向量与数之间的联系,简化向量的计算,需建立向量与有序数组之间的对应关系,从而引进向量的坐标.

● 向量的分解与向量的坐标.

设有空间直角坐标系 $Oxyz$,在坐标轴 x 轴、y 轴和 z 轴上分别取以原点为始点的三个单位向量,其方向与各轴的正向相同,并分别用 i,j,k 表示,称之为基本单位向量,或坐标向量.

设 a 是任一向量,先将 a 平移使其始点落在坐标原点 O,这时记 a 的终点为 P,其坐标为 (x,y,z). 按照图 7-3 的作法得点 P_{xy},P_x,P_y 和 P_z(见图 7-8). 根据向量的加法和向量数乘得

$$\overrightarrow{OP} = \overrightarrow{OP_x} + \overrightarrow{OP_y} + \overrightarrow{OP_z} = xi + yj + zk.$$

上式称为 $\overrightarrow{OP}$ 在三个坐标轴上的分解式,有序数组 (x,y,z) 称为 $\overrightarrow{OP}$ 的坐标,记作 $\overrightarrow{OP} = (x,y,z)$.

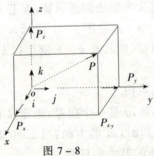

图 7-8

由此,我们容易得到

$$i = (1,0,0), \quad j = (0,1,0), \quad k = (0,0,1),$$

并且始点在原点的向量的坐标就是该向量的终点的坐标.

● 用坐标进行向量运算.

引入向量的坐标表示后,就可用代数的方法研究向量的加、减法及数乘运算.

设 $a = x_1\boldsymbol{i} + y_1\boldsymbol{j} + z_1\boldsymbol{k}, b = x_2\boldsymbol{i} + y_2\boldsymbol{j} + z_2\boldsymbol{k}$,则

$$a + b = (x_1\boldsymbol{i} + y_1\boldsymbol{j} + z_1\boldsymbol{k}) + (x_2\boldsymbol{i} + y_2\boldsymbol{j} + z_2\boldsymbol{k})$$
$$= (x_1 + x_2)\boldsymbol{i} + (y_1 + y_2)\boldsymbol{j} + (z_1 + z_2)\boldsymbol{k};$$
$$a - b = (x_1\boldsymbol{i} + y_1\boldsymbol{j} + z_1\boldsymbol{k}) - (x_2\boldsymbol{i} + y_2\boldsymbol{j} + z_2\boldsymbol{k})$$
$$= (x_1 - x_2)\boldsymbol{i} + (y_1 - y_2)\boldsymbol{j} + (z_1 - z_2)\boldsymbol{k};$$
$$\lambda a = \lambda(x_1\boldsymbol{i} + y_1\boldsymbol{j} + z_1\boldsymbol{k})$$
$$= (\lambda x_1)\boldsymbol{i} + (\lambda y_1)\boldsymbol{j} + (\lambda z_1)\boldsymbol{k}.$$

同样,非零向量平行的充要条件亦可用向量坐标来描述.

非零向量 a 与 b 平行的充要条件是对应坐标成比例,即

$$\frac{x_1}{x_2} = \frac{y_1}{y_2} = \frac{z_1}{z_2},$$

其中,若某个坐标分量为零,应理解为对应的坐标分量也为零.

两向量的内积.

设 a, b 是两个向量,它们的内积定义为

$$a \cdot b = |a||b|\cos(\widehat{a, b}),$$

其中 $(\widehat{a, b})$ 表示 a 与 b 的夹角.

内积又称为<u>标量积</u>、<u>数量积</u>或<u>点积</u>.

内积的基本性质:

(i) $a \cdot \boldsymbol{0} = \boldsymbol{0} \cdot a = 0$;

(ii) $a \cdot a = |a|^2$;

(iii) $a \cdot b = b \cdot a$ (交换律);

(iv) $(a + b) \cdot c = a \cdot c + b \cdot c$ (分配律);

(v) $\lambda(a \cdot b) = (\lambda a) \cdot b = a \cdot (\lambda b)$,$\lambda$ 为一实数(结合律).

以上几个性质,除性质(iv)之外,均可由内积的定义直接推出. 性质(iv)的证明可由内积的坐标表示直接推出.

由内积定义立得

$$a \perp b \Leftrightarrow a \cdot b = 0.$$

设 $a = (x_1, y_1, z_1), b = (x_2, y_2, z_2)$,由性质(iii)和(iv)可得内积的坐标表示为

$$a \cdot b = (x_1\boldsymbol{i} + y_1\boldsymbol{j} + z_1\boldsymbol{k}) \cdot (x_2\boldsymbol{i} + y_2\boldsymbol{j} + z_2\boldsymbol{k})$$

$$= x_1 x_2 + y_1 y_2 + z_1 z_2.$$

4. 空间曲面与方程

在空间直角坐标系 $Oxyz$ 下,对空间中的任意曲面 S,其上的点 $M(x,y,z)$ 的坐标 x,y,z 必然满足一定的条件,这个条件一般可以写成一个三元方程 $F(x,y,z)=0$. 如果曲面 S 与方程 $F(x,y,z)=0$ 之间存在这样的关系:

(1) 若点 $M(x,y,z)$ 在曲面 S 上,则点 M 的坐标 $M(x,y,z)$ 满足三元方程 $F(x,y,z)=0$;

(2) 若一组数 x,y,z 满足方程 $F(x,y,z)=0$,则点 $M(x,y,z)$ 就在曲面 S 上,则称 $F(x,y,z)=0$ 为曲面 S 的方程,而曲面 S 叫做方程 $F(x,y,z)=0$ 的图形.

值得一提的是,空间的曲线也是点的几何轨迹,它总可以看成是两个曲面的交线,因此空间曲线的方程通常可表为

$$\begin{cases} F_1(x,y,z)=0, \\ F_2(x,y,z)=0. \end{cases}$$

下面我们以向量为工具,在空间直角坐标系中讨论几个十分重要的空间曲面.

平面.

垂直于平面的非零向量称为该平面的<u>法线向量</u>,简称法向量,一般记为 $\boldsymbol{n}$. 显然该平面上任一向量都与该平面的法向量垂直. 根据这个条件,我们可以建立平面的方程.

设 $\boldsymbol{n}=(A,B,C)$,$M_0(x_0,y_0,z_0)$ 是平面上一个定点,$M(x,y,z)$ 是其上任一点,则 $\overrightarrow{M_0M} \perp \boldsymbol{n}$,由此得

$$A(x-x_0)+B(y-y_0)+C(z-z_0)=0, \tag{1.2}$$

容易验证:此即为过点 $M_0(x_0,y_0,z_0)$,以 $\boldsymbol{n}$ 为法向量的平面的方程,通常称之为<u>点法式方程</u>.

方程(1.2)可化简为

$$Ax+By+Cz+D=0, \tag{1.3}$$

其中 A,B,C,D 均为常数,且 A,B,C 不全为零,称之为<u>空间平面的一般方程</u>.

例3 求过点 $(0,0,0)$ 且以 $\boldsymbol{n}=(1,1,1)$ 为法向量的平面方程.

解 由点法式方程(1.2),所求平面的方程是

$$1 \cdot (x-0)+1 \cdot (y-0)+1 \cdot (z-0)=0,$$

即 $x+y+z=0$.

容易验证:通过坐标原点的平面方程的一般形式为
$$Ax+By+Cz=0,$$
其中 A,B,C 均为常数,且不全为零.

柱面.

平行于定直线 L 并沿定曲线 C 移动的直线所成的曲面称为柱面,定曲线 C 称为柱面的准线,动直线称为柱面的母线.如图 7-9 所示.

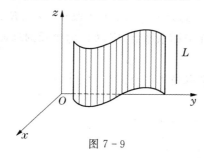

图 7-9

设柱面 Σ 的母线平行于 z 轴,准线 C 是 xy 平面上的一条曲线,其方程为
$$\begin{cases} z=0, \\ f(x,y)=0, \end{cases}$$
则可以证明:柱面 Σ 的方程是
$$F(x,y)=0. \tag{1.4}$$

在上述方程中没有出现 z 坐标,表明 z 可以任意取值.一般地,只含 x,y 而缺 z 的方程 $F(x,y)=0$,在空间直角坐标系中表示母线平行于 z 轴的柱面,其准线为 xy 平面上的曲线
$$\begin{cases} z=0, \\ F(x,y)=0. \end{cases}$$
关于母线平行于 x 轴和 y 轴也有类似的结果.

例如,方程 $\dfrac{x^2}{a^2}+\dfrac{y^2}{b^2}=1$ 表示母线平行于 z 轴,准线是 xy 平面上的椭圆
$$\begin{cases} z=0, \\ \dfrac{x^2}{a^2}+\dfrac{y^2}{b^2}=1, \end{cases}$$
的椭圆柱面.特别地,当 $a=b$ 时,称之为圆柱面.

类似的,方程 $x^2-y^2=1$ 和 $x^2=2pz$ 分别表示母线平行于 z 轴的双曲柱面和母线平行于 y 轴的抛物柱面.

二次曲面

三元二次方程所表示的曲面称为<u>二次曲面</u>.

例 4 求以 $P_0(x_0, y_0, z_0)$ 为中心,以 R 为半径的球面 S 的方程.

解 设 $P(x, y, z)$ 是球面 S 上的任一点,由球面的定义及两点间距离公式得

$$\sqrt{(x-x_0)^2+(y-y_0)^2+(z-z_0)^2}=R,$$

故所求的球面方程为

$$(x-x_0)^2+(y-y_0)^2+(z-z_0)^2=R^2.$$

特别地,若球心在坐标系原点,则以 R 为半径的球面方程为

$$x^2+y^2+z^2=R^2.$$

可以证明:经过选取适当的空间直角坐标系,二次曲面有下面几种标准形式:

(i) 球面: $x^2+y^2+z^2=R^2$ $(R>0)$;

(ii) 椭球面: $\dfrac{x^2}{a^2}+\dfrac{y^2}{b^2}+\dfrac{z^2}{c^2}=1$ $(a>0, b>0, c>0)$;

(iii) 单叶双曲面: $\dfrac{x^2}{a^2}+\dfrac{y^2}{b^2}-\dfrac{z^2}{c^2}=1$ $(a>0, b>0, c>0)$;

(iv) 双叶双曲面: $\dfrac{x^2}{a^2}+\dfrac{y^2}{b^2}-\dfrac{z^2}{c^2}=-1$ $(a>0, b>0, c>0)$;

(v) 二次锥面: $\dfrac{x^2}{a^2}+\dfrac{y^2}{b^2}-\dfrac{z^2}{c^2}=0$ $(a>0, b>0, c>0)$;

(vi) 椭圆抛物面: $\dfrac{x^2}{a^2}+\dfrac{y^2}{b^2}=2z$ $(a>0, b>0)$;

(vii) 双曲抛物面(马鞍面): $\dfrac{x^2}{a^2}-\dfrac{y^2}{b^2}=-2z$ $(a>0, b>0)$.

以上 7 种曲面的图形形状,可通过对曲面方程的定性分析(如对称性、有界性等)和"截痕法",即用坐标平面或平行于坐标平面的平面与曲面相交所得交线,通过分析交线(称为截痕)的形状,确定曲面的大致形状加以初步确定.

例 5 试作出单叶双曲面 $\dfrac{x^2}{a^2}+\dfrac{y^2}{b^2}-\dfrac{z^2}{c^2}=1$ 的草图.

解 由方程可知:单叶双曲面的图形是一个关于原点、坐标轴、坐标平面均对称的无界对称图形.用平行 xy 平面的平面 $z=h$ 截曲面得

$$\begin{cases} \dfrac{x^2}{a^2}+\dfrac{y^2}{b^2}=1+\dfrac{h^2}{c^2}, \\ z=h, \end{cases}$$

其截痕是中心在 z 轴的椭圆. 用平行于 xz 平面、yz 平面的平面截曲面所得截痕均为双曲线.

综合可知: 单叶双曲面的形状如图 7-10.

类似可得双叶双曲面的形状如图 7-11 所示.

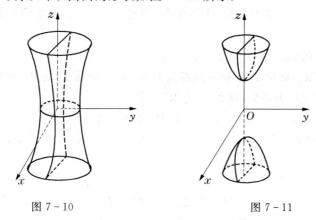

图 7-10　　　　　　　　图 7-11

5. 平面区域的概念

本段仅限于平面直角坐标系 xOy 中讨论.

邻域.

设 $p_0(x_0, y_0)$ 是 xOy 平面上的一定点,δ 是一正数,称以 P_0 为圆心, δ 为半径的圆的内部

$$\{(x,y) \mid (x-x_0)^2+(y-y_0)^2 < \delta^2\}$$

为点 P_0 的 δ 邻域,记为 $U(P_0, \delta)$.

$U(P_0, \delta)$ 中除去中心 P_0 后所剩部分,即

$$\{(x,y) \mid 0 < (x-x_0)^2+(y-y_0)^2 < \delta^2\}$$

称为点 P_0 的去心 δ 邻域,记为 $\mathring{U}(P_0, \delta)$.

如果不需要强调邻域的半径,通常用 $U(P_0)$ 或 $\mathring{U}(P_0)$ 分别表示 P_0 的某个邻域或某个去心邻域.

内点、界点、聚点.

下面用邻域来刻画平面上点与点集之间的关系.

设 D 是 xOy 平面上的一点集,P 为 xOy 平面上任一点. 若存在 $\delta > 0$,使得 $U(P, \delta) \subset D$,则称点 P 是 D 的内点;若存在 $\delta > 0$,使得 $U(P, \delta) \cap D = \varnothing$,则称 P 为 D 的外点;若 P 的任何邻域内,既含有属于 D 的点,又含有不属于 D 的点,则称 P 为点集 D 的边界点或界点;D 的所有界点所成之集

称为 D 的边界；若 P 的任何邻域内均含有 D 中无穷多个点，则称 P 是 D 的聚点.

例如，点集 $D=\{(x,y)|1<x^2+y^2\leq 2\}$，满足 $1<x^2+y^2<2$ 的点都是 D 的内点；满足 $x^2+y^2<1$ 或 $x^2+y^2>2$ 的点都是 D 的外点；满足 $x^2+y^2=1$ 或 $x^2+y^2=2$ 的点都是 D 的界点；满足 $1\leq x^2+y^2\leq 2$ 的点都是 D 的聚点.

开集与闭集.

设 $D\subset \mathbf{R}^2$，如果 D 中每一点都是 D 的内点，则称 D 是 $\mathbf{R}^2$ 中的开集；如果 D 的余集 D^c 为开集，则称 D 为 $\mathbf{R}^2$ 中的闭集.

例如，$\{(x,y)|1<x^2+y^2<2\}$ 是 $\mathbf{R}^2$ 中的开集；$\{(x,y)|1\leq x^2+y^2\leq 2\}$ 是 $\mathbf{R}^2$ 中的闭集；而 $\{(x,y)|1<x^2+y^2\leq 2\}$ 既不是 $\mathbf{R}^2$ 中的开集，也不是 $\mathbf{R}^2$ 中的闭集.

有界集与无界集.

设点集 $D\subset \mathbf{R}^2$，如果存在常数 $k>0$，使得 $D\subset U(0,k)$，则称 D 是 $\mathbf{R}^2$ 中的有界集. 一个集合如果不是有界集，则称之为无界集.

区域.

设 $D\subset \mathbf{R}^2$ 为一非空开集，如果对于 D 中任意两点 P_1 与 P_2，总存在 D 中的折线把 P_1 与 P_2 连接起来，则称 D 是 $\mathbf{R}^2$ 中的开区域；开区域与其边界所构成的集合，称为闭区域. 开区域与闭区域统称为区域.

例如，$\{(x,y)|1<x^2+y^2<2\}$ 和 $\{(x,y)|x+y>0\}$ 都是 $\mathbf{R}^2$ 中的开区域；$\{(x,y)|1\leq x^2+y^2\leq 2\}$ 和 $\{(x,y)|x+y\geq 0\}$ 都是 $\mathbf{R}^2$ 中的闭区域.

读者不难将上述这些概念推广到三维或更高维空间中去.

§7.2 多元函数的概念

1. 多元函数的定义

n 维空间 $\mathbf{R}^n$.

由 n 维有序实数组 $(x_1,x_2,\cdots,x_n)$ 的全体组成的集合称为 n 维空间，记作 $\mathbf{R}^n$，即

$$\mathbf{R}^n=\{(x_1,x_2,\cdots,x_n)|x_i\in \mathbf{R}, i=1,2,\cdots,n\},$$

其中每个有序数组 $(x_1,x_2,\cdots,x_n)$ 称为 $\mathbf{R}^n$ 中的一个点，n 个实数 $x_1,x_2,\cdots,x_n$ 就是这个点的坐标. n 维空间 $\mathbf{R}^n$ 中任意两点 $P(x_1,x_2,\cdots,x_n)$ 与 $Q(y_1,y_2,\cdots,y_n)$ 间的距离定义为

$$|PQ| = \sqrt{(x_1-y_1)^2 + (x_2-y_2)^2 + \cdots + (x_n-y_n)^2}.$$

n 元函数的定义.

定义 7.2.1 设 $D \subset \mathbf{R}^n$ 为一非空点集. 若存在对应关系 f, 使得对 D 中每一个点 $P(x_1, x_2, \cdots, x_n)$, 按照对应关系 f, 对应唯一一个 $y \in \mathbf{R}$, 则称对应关系 f 为定义在 D 上的 n 元函数, 记为

$$f: D \subset \mathbf{R}^n \to \mathbf{R},$$

或

$$y = f(x_1, x_2, \cdots x_n), \quad (x_1, x_2, \cdots x_n) \in D,$$

其中 $x_1, x_2, \cdots, x_n$ 称为自变量, y 称为因变量, D 称为函数 f 的定义域, $f(D) = \{f(x) | x \in D\}$ 为函数 f 的值域.

注 定义 7.2.1 中多元函数也可记为 $y = f(P), P \in D$, 称之为"点函数", 这样可使多元函数与一元函数在形式上保持一致.

当 $n = 1$ 时, 就是以前所学的一元函数, 通常记为 $y = f(x), x \in D$, $D \subset \mathbf{R}$; 当 $n = 2$ 时, 即为二元函数, 通常记为 $z = f(x, y), (x, y) \in D, D \subset \mathbf{R}^2$.

二元与二元以上的函数统称为多元函数. 二元函数是本章研究的重点.

二元函数的定义域.

与一元函数一样, 在讨论用解析式表示的函数时, 其定义域是一切使该解析式有意义的平面点的集合. 若函数所表示的是某一实际问题, 则自变量的取值范围要符合实际.

例 1 求函数 $z = \ln\sqrt{1-x^2-y^2}$ 的定义域 D, 并画出 D 的示意图.

解 要使函数有意义, x, y 必须满足

$$1 - x^2 - y^2 > 0,$$

故定义域 $D = \{(x, y) | x^2 + y^2 < 1\}$. D 的图形如图 7-12(a) 所示.

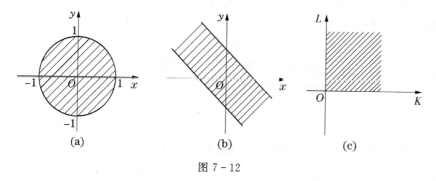

图 7-12

例 2 求函数 $z=\arcsin(x+y)$ 的定义域 D,并画出 D 的示意图.

解 要使函数有意义,x,y 必须满足:
$$|x+y|\leqslant 1,$$
即
$$-1\leqslant x+y\leqslant 1.$$
定义域 $D=\{(x,y)|-1\leqslant x+y\leqslant 1\}$. D 的图形如图 7-12(b) 所示.

例 3 二元函数 $y=CK^{\alpha}L^{\beta}$ 称为 Cobb-Douglas 生产函数,其中 K,L 分别表示劳动力数量和资本数量,y 表示生产量,而 C,α,β 均为常数,它的定义域为 $\{(K,L)|K>0,L>0\}$. 其示意图如 7-12(c),不包括坐标轴.

二元函数的图形.

在直角坐标系中,取 x 为横坐标,y 为纵坐标,z 为竖坐标,则空间中点集
$$\{(x,y,z)|z=f(x,y),(x,y)\in D\},$$
称为二元函数 $z=f(x,y)$ 的图形,它通常是一张曲面,该曲面在 xy 平面上的投影就是函数 $z=f(x,y)$ 的定义域 D.

2. 二元函数的极限与连续性

二元函数的极限.

定义 7.2.2 设二元函数 $f(x,y)$ 定义在平面点集 D 上,$P_0(x_0,y_0)$ 为 D 的聚点,A 为一常数. 如果当动点 $P(x,y)$ 在 D 内沿任意路径趋于点 $P_0(x_0,y_0)$ 时,函数 $f(x,y)$ 无限趋于常数 A,则称 A 是 $f(x,y)$ 当 $P(x,y)\to P_0(x_0,y_0)$ 时的极限,记为
$$\lim_{P\to P_0}f(P)=A \quad \text{或} \quad \lim_{(x,y)\to(x_0,y_0)}f(x,y)=A,$$
亦可写成 $\lim\limits_{\substack{x\to x_0\\y\to y_0}}f(x,y)=A$,通常称之为**二重极限**.

值得注意的是,动点 P 在 D 内趋于定点 P_0 的方式是任意的,即在 D 内 P 沿任意路径趋于 P_0 时,$f(P)$ 均以 A 为极限. 这样,若在 D 内当 P 沿两条不同的路径趋于 P_0 时,$f(P)$ 的极限不同,或沿某一路径趋于 P_0 时,$f(P)$ 的极限不存在,则称 $f(P)$ 在 $P\to P_0$ 时极限不存在,或称之为**发散**.

例 4 判断下列极限是否存在,若存在求出其值.

(1) $\lim\limits_{\substack{x\to 0\\y\to 0}}\dfrac{xy}{x^2+y^2}$; (2) $\lim\limits_{\substack{x\to 0\\y\to 0}}\dfrac{x^2y}{x^2+y^2}$.

解 (1) 当 (x,y) 沿射线 $y=kx$ 趋于 $(0,0)$ 时,有
$$\lim_{\substack{(x,y)\to(0,0)\\y=kx}}\frac{xy}{x^2+y^2}=\lim_{x\to 0}\frac{kx^2}{x^2+k^2x^2}=\frac{k}{1+k^2},$$

当 k 取不同值时,其极限不同,故(1)式极限不存在.

(2)由 $x^2+y^2 \geqslant |2xy|$ 得
$$\left|\frac{x^2 y}{x^2+y^2}\right| \leqslant \frac{1}{2}|x|,$$

由此,当 $(x,y)\to(0,0)$ 时,$\frac{1}{2}|x|\to 0$,故 $\lim\limits_{(x,y)\to(0,0)}\frac{x^2 y}{x^2+y^2}=0$.

二元函数的极限与一元函数极限具有相同的性质和运算法则,这里不再赘述. 利用这些性质与法则可计算一些较为复杂的二元函数的极限.

例 5 求下列极限:

(1) $\lim\limits_{(x,y)\to(6,0)}\frac{\sin xy}{y}$; (2) $\lim\limits_{(x,y)\to(1,0)}\frac{\ln(1+xy)}{y}$.

解 (1)当 $(x,y)\to(6,0)$ 时,$xy\to 0$,$\sin xy \sim xy$,因此
$$\lim_{(x,y)\to(6,0)}\frac{\sin xy}{y}=\lim_{(x,y)\to(6,0)}\frac{xy}{y}=6.$$

(2)由乘积的极限运算法则得
$$\lim_{(x,y)\to(1,0)}\frac{\ln(1+xy)}{y}=\lim_{(x,y)\to(1,0)}\left[\frac{\ln(1+xy)}{xy}\cdot x\right]$$
$$=\lim_{xy\to 0}\frac{\ln(1+xy)}{xy}\cdot \lim_{x\to 1}x=1.$$

二元函数的连续性.

与一元函数一样,可用二元函数的极限给出二元函数连续的定义.

定义 7.2.3 设二元函数 $z=f(x,y)$ 在点 $P_0(x_0,y_0)$ 的某邻域内有定义. 如果极限
$$\lim_{(x,y)\to(x_0,y_0)}f(x,y)=f(x_0,y_0),$$

则称函数 $f(x,y)$ 在点 $P_0(x_0,y_0)$ 连续,否则称 $f(x,y)$ 在 $P_0(x_0,y_0)$ 间断(不连续).

如果二元函数 $f(x,y)$ 在区域 D 内每一点都连续,则称 $f(x,y)$ 在 D 内连续,此时 $z=f(x,y)$ 在 D 内的图形是一张连续的曲面.

与一元函数类似,二元连续函数的和、差、积、商(分母不为零)及复合函数是连续的.

二元初等函数就是由 x,y 的基本初等函数经过有限次四则运算和复合,并能用一个统一的解析式表示的函数. 一切二元初等函数 $z=f(x,y)$ 在其定义域的区域内处处连续.

例 6 试讨论函数

$$f(x,y)=\begin{cases}\dfrac{xy}{x^2+y^2}, & (x,y)\neq(0,0)\\ 0, & (x,y)=(0,0)\end{cases}$$

的连续性.

解 当$(x,y)\neq(0,0)$时,$f(x,y)$为初等函数,故函数在$(x,y)\neq(0,0)$的点处连续.

当$(x,y)=(0,0)$时,由例 4 中(1)知 $f(x,y)$在$(0,0)$不连续.

有界闭区域上连续的二元函数,具有以下性质:

性质 7.2.1 在有界闭区域上连续的二元函数,必有最大值和最小值.

性质 7.2.2 在有界闭区域上连续的二元函数,必能取得介于函数的最大值与最小值之间的任何值.

§7.3 偏导数与全微分

1. 偏导数

在一元函数中,通过研究函数对自变量的变化率而引进了导数的概念. 对于多元函数,由于自变量不止一个,函数对自变量的变化率较为复杂,为此可考虑函数对某一个变量的变化率,从而引入偏导数的概念.

设二元函数$z=f(x,y)$在$P_0(x_0,y_0)$的某邻域$U(P_0)$内有定义. 在$P_0(x_0,y_0)$处分别给x_0,y_0一个改变量Δx和Δy,得$f(x,y)$相应的改变量为

$$\Delta z=f(x_0+\Delta x,y_0+\Delta y)-f(x_0,y_0),$$

称之为$z=f(x,y)$在$P_0(x_0,y_0)$处的全增量;称

$$\Delta_x z=f(x_0+\Delta x,y_0)-f(x_0,y_0),$$
$$\Delta_y z=f(x_0,y_0+\Delta y)-f(x_0,y_0)$$

分别为$z=f(x,y)$在$P_0(x_0,y_0)$关于x的偏增量和关于y的偏增量.

定义 7.3.1 设函数$z=f(x,y)$在$P_0(x_0,y_0)$的某一邻域内有定义. 若极限

$$\lim_{\Delta x\to 0}\frac{\Delta_x z}{\Delta x}=\lim_{\Delta x\to 0}\frac{f(x_0+\Delta x,y_0)-f(x_0,y_0)}{\Delta x}$$

存在,则称此极限值为函数$z=f(x,y)$在点$P_0(x_0,y_0)$处关于x的偏导数,记为

$$\left.\frac{\partial z}{\partial x}\right|_{(x_0,y_0)},\quad z_x(x_0,y_0),\quad \left.\frac{\partial f}{\partial x}\right|_{(x_0,y_0)}\quad 或 \quad f_x(x_0,y_0).$$

类似地,如果极限
$$\lim_{\Delta y \to 0} \frac{\Delta_y z}{\Delta y} = \lim_{\Delta y \to 0} \frac{f(x_0, y_0 + \Delta y) - f(x_0, y_0)}{\Delta y}$$
存在,则称此极限值为函数 $z = f(x, y)$ 在点 $P_0(x_0, y_0)$ 处关于 y 的偏导数,记为
$$\left. \frac{\partial z}{\partial y} \right|_{(x_0, y_0)}, \quad z_y(x_0, y_0), \quad \left. \frac{\partial f}{\partial y} \right|_{(x_0, y_0)} \quad \text{或} \quad f_y(x_0, y_0).$$

当函数 $z = f(x, y)$ 在点 (x_0, y_0) 同时存在对 x 与 y 的偏导数时,则称 $f(x, y)$ 在点 (x_0, y_0) 处可偏导.

如果函数 $z = f(x, y)$ 在某平面区域 D 内的每一点 (x, y) 处都存在对 x 或对 y 的偏导数,那么这时偏导数仍然是 x, y 的函数,称它们为 $f(x, y)$ 的偏导函数,记为
$$\frac{\partial z}{\partial x}, \quad \frac{\partial f}{\partial x}, \quad z_x, \quad f_x(x, y);$$
和
$$\frac{\partial z}{\partial y}, \quad \frac{\partial f}{\partial y}, \quad z_y, \quad f_y(x, y).$$

由偏导数的定义可以看出,计算多元函数的偏导数并不需要新的方法. 例如,若求 $f(x, y)$ 关于 x 的偏导数,只需把 y 看成常数,把 $f(x, y)$ 视为 x 的一元函数,关于 x 求导即可. 这样,一元函数的求导公式和求导法则都可移用到多元函数的偏导数计算中来.

例 1 求 $z = x^3 + \dfrac{x}{y} - y^2$ 在 $(1, 2)$ 处的偏导数.

解法一 把 y 看成常数,对 x 求导,得
$$\frac{\partial z}{\partial x} = 3x^2 + \frac{1}{y};$$
把 x 看成常数,对 y 求导,得
$$\frac{\partial z}{\partial y} = -\frac{x}{y^2} - 2y.$$
将 $x = 1, y = 2$ 代入以上两式得
$$\left. \frac{\partial z}{\partial x} \right|_{(1,2)} = \frac{7}{2}, \quad \left. \frac{\partial z}{\partial y} \right|_{(1,2)} = -\frac{17}{4}.$$

解法二 $\left. \dfrac{\partial z}{\partial x} \right|_{(1,2)} = \dfrac{\mathrm{d}}{\mathrm{d}x}\left(x^3 + \dfrac{x}{2} - 4\right)\bigg|_{x=1} = \left(3x^2 + \dfrac{1}{2}\right)\bigg|_{x=1} = \dfrac{7}{2};$

$\left. \dfrac{\partial z}{\partial y} \right|_{(1,2)} = \dfrac{\mathrm{d}}{\mathrm{d}y}\left(1 + \dfrac{1}{y} - y^2\right)\bigg|_{y=2} = \left(-\dfrac{1}{y^2} - 2y\right)\bigg|_{y=2} = -\dfrac{17}{4}.$

例 2 求下列函数的偏导数 z_x, z_y：

(1) $z = e^{x^2 y}$；　　　　(2) $z = x^y + \ln(xy)$，$x > 0, y > 0$.

解 (1) $\dfrac{\partial z}{\partial x} = \dfrac{\partial (e^{x^2 y})}{\partial x} = e^{x^2 y} \cdot \dfrac{\partial (x^2 y)}{\partial x} = 2xy e^{x^2 y}$；

$\dfrac{\partial z}{\partial y} = \dfrac{\partial (e^{x^2 y})}{\partial y} = e^{x^2 y} \cdot \dfrac{\partial (x^2 y)}{\partial y} = x^2 e^{x^2 y}$.

(2) $\dfrac{\partial z}{\partial x} = y x^{y-1} + \dfrac{y}{xy} = y x^{y-1} + \dfrac{1}{x}$；

$\dfrac{\partial z}{\partial y} = x^y \ln x + \dfrac{1}{y}$.

例 3 设某货物的需求量 Q 是其价格 P 及消费者收入 Y 的二元函数 $Q = Q(P, Y)$. 当消费者收入 Y 不变时，求需求对价格的偏弹性.

解 当消费者收入 Y 保持不变时，给价格 P 一个改变量 ΔP，需求量 Q 对于价格 P 的偏改变量为

$$\Delta_P Q = Q(P + \Delta P, Y) - Q(P, Y),$$

于是，需求对价格的偏弹性 E_P 为

$$E_P = \lim_{\Delta P \to 0} \dfrac{\dfrac{\Delta_P Q}{Q}}{\dfrac{\Delta P}{P}} = \dfrac{P}{Q} \lim_{\Delta P \to 0} \dfrac{\Delta_P Q}{\Delta P} = \dfrac{P}{Q} \dfrac{\partial Q}{\partial P}.$$

此处假设需求函数 $Q(P, Y)$ 关于 P 与 Y 的偏导数均存在.

类似可求出需求对收入的偏弹性，留作练习.

我们知道，一元函数在某点可导，则它在该点必连续. 但对于多元函数来说，即使偏导数都存在，也不能保证函数在该点连续.

例 4 讨论函数

$$f(x, y) = \begin{cases} \dfrac{xy}{x^2 + y^2}, & x^2 + y^2 \neq 0 \\ 0, & x^2 + y^2 = 0 \end{cases}$$

在 $(0, 0)$ 点的偏导数与连续性.

解 由偏导数定义得

$$f_x(0, 0) = \lim_{\Delta x \to 0} \dfrac{f(\Delta x, 0) - f(0, 0)}{\Delta x} = 0,$$

$$f_y(0, 0) = \lim_{\Delta y \to 0} \dfrac{f(0, \Delta y) - f(0, 0)}{\Delta y} = 0,$$

即 $f(x, y)$ 在 $(0, 0)$ 的两个偏导数均存在，但由 §7.2 例 6 知 $f(x, y)$ 在 $(0, 0)$ 处不连续.

不过我们有如下结论：

若函数 $z=f(x,y)$ 在 (x_0,y_0) 处关于 x 的偏导数存在,则 $f(x,y_0)$ 在 $x=x_0$ 点连续.

此结论可由偏导数的定义推出.关于 y 也有类似的结论.

2. 全微分

定义 7.3.2 设 $z=f(x,y)$ 在 $P_0(x_0,y_0)$ 的某一邻域内有定义,给 x_0,y_0 一个改变量 Δx 和 Δy,如果 z 的全增量 Δz 可表示成

$$\Delta z=f(x_0+\Delta x,y_0+\Delta y)-f(x_0,y_0)=A\Delta x+B\Delta x+o(\rho),$$

其中 A,B 是只与 $P_0(x_0,y_0),f(x,y)$ 有关,却与 $\Delta x,\Delta y$ 无关的常数；$\rho=\sqrt{\Delta x^2+\Delta y^2}$；$o(\rho)$ 表示 $(\Delta x,\Delta y)\to(0,0)$ 时 ρ 的高阶无穷小量,则称 $f(x,y)$ 在 $P_0(x_0,y_0)$ 点可微,并称 $A\Delta x+B\Delta y$ 为 $f(x,y)$ 在 $P_0(x_0,y_0)$ 处的全微分,记为

$$\mathrm{d}z\Big|_{(x_0,y_0)} \quad \text{或} \quad \mathrm{d}f\Big|_{(x_0,y_0)},$$

即 $\mathrm{d}z\Big|_{(x_0,y_0)}=A\Delta x+B\Delta y.$

与一元函数一样,$\Delta x=\mathrm{d}x,\Delta y=\mathrm{d}y$,因此,全微分可改写为

$$\mathrm{d}z\Big|_{(x_0,y_0)}=A\mathrm{d}x+B\mathrm{d}y.$$

由定义可知,当 $|\Delta x|,|\Delta y|$ 很小时,$\Delta z\approx\mathrm{d}z\Big|_{(x_0,y_0)}$,从而有

$$f(x_0+\Delta x,y_0+\Delta y)\approx f(x_0,y_0)+A\Delta x+B\Delta y,$$

此公式常用于近似计算.

二元函数的可微与偏导数有如下关系：

(i) 如果函数 $z=f(x,y)$ 在点 $P_0(x_0,y_0)$ 处可微,则在该点处的两个偏导数必存在,有

$$\frac{\partial z}{\partial x}\Big|_{P_0}=A, \qquad \frac{\partial z}{\partial y}\Big|_{P_0}=B,$$

且 $f(x,y)$ 在 $P_0(x_0,y_0)$ 连续；但反之不真.

(ii) 如果 $z=f(x,y)$ 的偏导数 $f_x(x,y)$ 和 $f_y(x,y)$ 在 (x_0,y_0) 处连续,则 $z=f(x,y)$ 在点 $P_0(x_0,y_0)$ 处可微.

性质(i)可直接由可微和偏导的定义推出.性质(ii)给出了可微的一个充分条件,其证明就不介绍了.有兴趣的同学可查阅数学专业的数学分析教材.

当 $z=f(x,y)$ 在区域 D 内处处可微时，由性质(i)，$z=f(x,y)$ 在 D 内的全微分可表为
$$dz=f_x(x,y)dx+f_y(x,y)dy.$$
类似地，对于 n 元函数 $z=f(x_1,x_2,\cdots,x_n)$，它的全微分公式为
$$dz=f_{x_1}(x_1,x_2,\cdots,x_n)dx_1+f_{x_2}(x_1,x_2,\cdots,x_n)dx_2+\cdots$$
$$+f_{x_n}(x_1,x_2,\cdots,x_n)dx_n.$$
有时也简记为
$$dz=f_1dx_1+f_2dx_2+\cdots+f_ndx_n,$$
其中 f_i 表示函数 f 对第 i 个变量的偏导数 $(i=1,2,\cdots,n)$.

例 5 求函数 $z=e^x\sin y$ 在点 $\left(0,\dfrac{\pi}{6}\right)$ 处当 $\Delta x=0.04, \Delta y=0.02$ 时的全微分.

解 $\dfrac{\partial z}{\partial x}=e^x\sin y, \dfrac{\partial z}{\partial y}=e^x\cos y,$

$\left.\dfrac{\partial z}{\partial x}\right|_{(0,\frac{\pi}{6})}=\dfrac{1}{2}, \left.\dfrac{\partial z}{\partial y}\right|_{(0,\frac{\pi}{6})}=\dfrac{\sqrt{3}}{2},$

$dz=\left.\dfrac{\partial z}{\partial x}\right|_{(0,\frac{\pi}{6})}\cdot\Delta x+\left.\dfrac{\partial z}{\partial y}\right|_{(0,\frac{\pi}{6})}\cdot\Delta y=\dfrac{1}{2}\times 0.04+\dfrac{\sqrt{3}}{2}\times 0.02$
$\approx 0.037.$

例 6 求函数 $z=x^2+e^{xy}$ 在点 $(1,2)$ 处的全微分.

解 $z_x=2x+ye^{xy}, z_y=xe^{xy},$

$\left.dz\right|_{(1,2)}=z_x(1,2)dx+z_y(1,2)dy=2(1+e^2)dx+e^2dy.$

例 7 求下列函数的全微分：

(1) $z=x^y, x>0$;   (2) $u=(2x-y)^z, 2x-y>0.$

解 (1) $z_x=yx^{y-1}, z_y=x^y\ln x$，全微分为
$$dz=yx^{y-1}dx+x^y\ln x dy.$$

(2) $u_x=2z(2x-y)^{z-1},$
$u_y=-z(2x-y)^{z-1},$
$u_z=(2x-y)^z\ln(2x-y),$

全微分为
$du=u_xdx+u_ydy+u_zdz$
$=2z(2x-y)^{z-1}dx-z(2x-y)^{z-1}dy+(2x-y)^z\ln(2x-y)dz.$

例 8 求 $(1.98)^{4.01}$ 的近似值.

解 计算 $(1.98)^{4.01}$ 的近似值可看做函数 $f(x,y)=x^y$ 当 (x_0,y_0)

跳跃间断点.

若极限 $\lim\limits_{x\to x_0^-}f(x)$ 与 $\lim\limits_{x\to x_0^+}f(x)$ 皆存在,但不相等,则称 x_0 为 $f(x)$ 的跳跃间断点,$|\lim\limits_{x\to x_0^-}f(x)-\lim\limits_{x\to x_0^+}f(x)|$ 称为 $f(x)$ 在 x_0 的跳跃度.

例如,符号函数 $f(x)=\mathrm{sgn}\,x$,由于 $\lim\limits_{x\to 0^-}\mathrm{sgn}\,x=-1$,$\lim\limits_{x\to 0^+}\mathrm{sgn}\,x=1$,所以 $x=0$ 是 $\mathrm{sgn}\,x$ 的跳跃间断点.

可去间断点和跳跃间断点统称为第一类间断点.

第二类间断点.

若极限 $\lim\limits_{x\to x_0^-}f(x)$ 与 $\lim\limits_{x\to x_0^+}f(x)$ 至少有一个不存在,则称 x_0 为 $f(x)$ 的第二类间断点.

例如,$f(x)=\begin{cases}\ln x, & x>0,\\ x+1, & x\leqslant 0,\end{cases}$ 由于 $\lim\limits_{x\to 0^+}f(x)=\lim\limits_{x\to 0^+}\ln x=-\infty$,故 $x=0$ 为 $f(x)$ 的第二类间断点.

4. 连续函数的性质与四则运算法则

连续函数的局部性质.

由于函数 $f(x)$ 在 x_0 连续意味着 $f(x)$ 在 x_0 处极限存在,因此由函数极限的性质即可得到连续函数的局部性质.

定理 2.4.2(局部有界性) 若函数 $f(x)$ 在 x_0 连续,则存在 x_0 的某邻域 $U(x_0)$,使得 $f(x)$ 在 $U(x_0)$ 内有界.

定理 2.4.3(局部保号性) 若函数 $f(x)$ 在 x_0 连续,且 $f(x_0)>0$,则存在 x_0 的某邻域 $U(x_0)$,使对一切 $x\in U(x_0)$,都有 $f(x)>0$.

定理 2.4.4(复合函数连续性) 若函数 $f(u)$ 在 u_0 连续,$u=g(x)$ 在 x_0 连续,且 $u_0=g(x_0)$,则复合函数 $f\circ g$ 在 x_0 连续.

注 复合函数连续性定理是指下述结果成立:
$$\lim_{x\to x_0}f(g(x))=f(\lim_{x\to x_0}g(x))=f(g(\lim_{x\to x_0}x))=f(g(x_0)).$$

例 4 求 $\lim\limits_{x\to x_0}\sin(x^2-1)$.

解 $f(u)=\sin u$ 在 $u_0=x_0^2-1$ 连续,$g(x)=x^2-1$ 在 x_0 连续,故由复合函数连续性定理得
$$\lim_{x\to x_0}\sin(x^2-1)=\sin(x_0^2-1).$$

例 5 求 $\lim\limits_{x\to 0}\dfrac{\ln(1+x)}{x}$.

解 $\dfrac{\ln(1+x)}{x} = \ln\left[(1+x)^{\frac{1}{x}}\right]$,令 $g(x) = \begin{cases}(1+x)^{\frac{1}{x}}, & x \neq 0,\\ \mathrm{e}, & x = 0,\end{cases}$

则 $\dfrac{\ln(1+x)}{x}$ 可视为由 $f(u) = \ln u$ 与 $g(x)$ 复合而得的函数,因为 $\ln u$ 在 $u_0 = \mathrm{e}$ 处连续,而 $\lim\limits_{x \to 0}(1+x)^{\frac{1}{x}} = \mathrm{e}$,即 $g(x)$ 在 $x = 0$ 处连续,从而

$$\lim_{x \to 0}\frac{\ln(1+x)}{x} = \lim_{x \to 0}\ln\left[(1+x)^{\frac{1}{x}}\right] = \ln \mathrm{e} = 1.$$

连续函数的四则运算法则.

定理 2.4.5 设 $f(x), g(x)$ 都在 x_0 连续,则函数 $f(x) \pm g(x)$, $f(x) \cdot g(x), \dfrac{f(x)}{g(x)}$ $(g(x_0) \neq 0)$ 在 x_0 也连续.

5. 闭区间上连续函数的基本性质

连续函数的局部性质告诉我们,尽管函数在区间上每一点都连续,也只能反映出函数在各点附近的一些局部性态.如果区间是闭区间,则连续函数具有一些整体性质.

下面先介绍函数的最大、最小值概念.

定义 2.4.4 设 $f(x)$ 在 D 上有定义.若存在 $x_0 \in D$,使对一切 $x \in D$,都有

$$f(x) \leqslant f(x_0) \quad (f(x) \geqslant f(x_0)),$$

则称 $f(x_0)$ 为 $f(x)$ 在 D 上的最大(最小)值,x_0 称为 $f(x)$ 在 D 上的最大(最小)值点.

函数 $f(x)$ 在 D 上不一定都有最大、最小值.例如 $f(x) = x, x \in (0,1)$,则 $f(x)$ 在 $(0,1)$ 上既无最大值,又无最小值.

定理 2.4.6(最大最小值定理) 若函数 $f(x)$ 在闭区间 $[a,b]$ 上连续,则 $f(x)$ 在 $[a,b]$ 必有最大、最小值.

由此定理立得

定理 2.4.7(有界性定理) 若函数 $f(x)$ 在闭区间 $[a,b]$ 上连续,则 $f(x)$ 在 $[a,b]$ 上有界.

定理 2.4.8(介值性定理) 若函数 $f(x)$ 在闭区间 $[a,b]$ 上连续,则对介于 $f(a)$ 与 $f(b)$ 之间的任何实数 c,都存在 $x_0 \in [a,b]$,使得

$$f(x_0) = c.$$

介值定理是说,闭区间 $[a,b]$ 上的连续函数 $f(x)$ 的函数值可取遍 $f(a)$ 与 $f(b)$ 之间的一切值,如图 2-8.

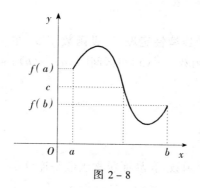

图 2-8

推论 2.4.1（根的存在性定理） 若函数 $f(x)$ 在闭区间 $[a,b]$ 上连续，且 $f(a)$ 与 $f(b)$ 反号（即 $f(a) \cdot f(b) < 0$），则存在 $x_0 \in (a,b)$，使得
$$f(x_0) = 0.$$

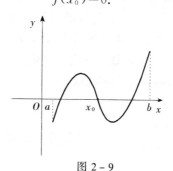

图 2-9

从几何上讲,根的存在性定理表明,一条连续曲线如果两个端点分别位于 x 轴上下两侧,则它至少穿过 x 轴一次.如图 2-9 所示.但定理只是肯定函数曲线穿过 x 轴的点是存在的,具体位置不能确定.因此,可以根据根的存在性定理判定方程 $f(x) = 0$ 根是否存在,但据此求根往往是无用的.

例 6 设 $f(x)$ 在 $[a,b]$ 上连续,且 $f(a) < a, f(b) > b$.证明方程 $f(x) = x$ 在 (a,b) 内至少有一实根.

证 令 $\varphi(x) = f(x) - x$,由 $f(x)$ 及 $g(x) = x$ 连续知 $\varphi(x)$ 在 $[a,b]$ 上连续.又 $\varphi(a) = f(a) - a < 0, \varphi(b) = f(b) - b > 0$,故由根的存在定理知,方程 $\varphi(x) = 0$ 在 (a,b) 内至少有一实根,即 $f(x) = x$ 在 (a,b) 内至少有一实根.

例 7 证明方程 $x = \sin x + 2$ 至少有一个不大于 3 的实根.

证 令 $f(x) = x - \sin x - 2$,则 $f(0) = -2 < 0, f(3) = 1 - \sin 3 > 0$.由根的存在定理,方程 $f(x) = 0$ 在 $(0,3)$ 内至少有一实根,即 $x = \sin x + 2$ 至少有

一个不大于 3 的实根.

定理 2.4.9（反函数连续性定理） 设函数 $f(x)$ 在 $[a,b]$ 上连续,且严格单增（单减）,则其反函数 $f^{-1}(x)$ 在区间 $[f(a),f(b)]$（$[f(b),f(a)]$）上也连续.

此定理的证明略去.

6. 初等函数连续性

对于六类基本初等函数,容易证明常函数是连续函数;$f(x)=x^2$ 是连续函数也是容易证明的,由反函数连续性定理,$\sqrt{x}$ 在 $[0,+\infty)$ 上也是连续的.一般地,幂函数是连续函数（这里不予证明）;已经证明正弦、余弦函数都是连续函数,由连续函数的四则运算法则,正切、余切、正割、余割函数是连续函数,再由反函数连续性定理,反三角函数是连续函数;指数函数是连续函数（这里不证明）,于是其反函数对数函数是连续函数.这样一来,六类基本初等函数都是其定义域上的连续函数.由此,我们有下述定理.

定理 2.4.10 一切初等函数在其定义域内都是连续的.

可以利用初等函数的连续性求极限.

例 8 求 $\lim\limits_{x\to 0} e^{\sqrt{x^2+x+1}}$.

解 令 $f(x)=e^{\sqrt{x^2+x+1}}$,则 $f(x)$ 是初等函数. $0\in D(f)$,故 $f(x)$ 在 $x=0$ 连续,从而
$$\lim_{x\to 0} e^{\sqrt{x^2+x+1}} = f(0) = e.$$

例 9 求 $\lim\limits_{x\to 0}\arctan\left(\dfrac{\sin x}{x}\right)$.

如果令 $f(x)=\arctan\left(\dfrac{\sin x}{x}\right)$,则 $f(x)$ 在 $x=0$ 无定义,故不能直接利用初等函数连续性求极限.可以像例 5 那样求解此题.如果我们仔细分析一下,对于复合函数求极限的问题,利用复合函数连续性定理,其条件要求太强了点.为求解的简便,我们给出下面的定理,利用它求一些复合函数的极限会是方便的.

定理 2.4.11 若 $f(u)$ 在 u_0 连续, $\lim\limits_{x\to x_0}g(x)=u_0$,则复合函数 $f\circ g$ 在 x_0 处极限存在,且
$$\lim_{x\to x_0} f(g(x)) = f(\lim_{x\to x_0} g(x)) = f(u_0).$$

现在求解例 9：因为 $\arctan u$ 在 $u=1$ 连续,而 $\lim\limits_{x\to x_0}\dfrac{\sin x}{x}=1$,由定理

2.4.11 得

$$\lim_{x \to 0} \arctan\left(\frac{\sin x}{x}\right) = \arctan 1 = \frac{\pi}{4}.$$

习题 2

1. 写出下列数列的前五项:

(1) $\{a_n\} = \left\{1 + \frac{(-1)^n}{n}\right\}$;   (2) $\{a_n\} = \{\cos n\pi\}$;

(3) $\{a_n\} = \left\{\frac{m(m-1)(m-2)\cdots(m-n+1)}{n!}\right\}$.

2. 写出下列数列的通项,观察它们的变化趋势,指出哪些数列有极限,极限值是多少,哪些数列没有极限.

(1) $1, \frac{1}{2}, \frac{1}{4}, \frac{1}{6}, \cdots$;

(2) $1, -1, 2, -2, 3, -3, \cdots$;

(3) $\frac{1}{2}, -\frac{1}{4}, \frac{1}{8}, -\frac{1}{16}, \cdots$;

(4) $1, \frac{3}{2}, \frac{1}{3}, \frac{5}{4}, \frac{1}{5}, \frac{7}{6}, \cdots$.

3. 设 $a_1 = 0.9, a_2 = 0.99, a_3 = 0.999, \cdots$ 问 $\lim_{n \to \infty} a_n = ?$ n 至少为何值时,才能使 a_n 与其极限值之差的绝对值小于 0.0001?

4. 设数列 $a_n = \frac{n+1}{n}, n = 1, 2, \cdots$ 给定

(1) $\varepsilon = 0.1$; (2) $\varepsilon = 0.01$; (3) $\varepsilon = 0.001$

时,分别取怎样的 N,才能使 $n > N$ 时,有不等式 $|a_n - 1| < \varepsilon$ 成立. 并利用 $\varepsilon - N$ 定义证明 $\{a_n\}$ 收敛于 1.

5. 利用 $\varepsilon - N$ 极限定义证明下列极限:

(1) $\lim_{n \to \infty} \frac{1}{\sqrt{n}} = 0$;   (2) $\lim_{n \to \infty} \frac{3n^2 + n}{2n^2 - 1} = \frac{3}{2}$;

(3) $\lim_{n \to \infty} \sin \frac{\pi}{n} = 0$;   (4) $\lim_{n \to \infty} \frac{n!}{n^n} = 0$.

6. 证明 $\lim_{n \to \infty} a_n = 0$ 等价于 $\lim_{n \to \infty} |a_n| = 0$.

7. 证明若 $\lim_{n \to \infty} a_n = a$, 则 $\lim_{n \to \infty} |a_n| = |a|$. 反之是否成立?

8. 求下列数列极限:

(1) $\lim_{n \to \infty} \frac{2n^3 - n + 1}{n^3 + 2n^2}$;   (2) $\lim_{n \to \infty} \frac{(-2)^n + 3^n}{(-2)^{n+1} + 3^{n+1}}$;

(3) $\lim_{n \to \infty} (\sqrt{n^2 + n} - n)$;   (4) $\lim_{n \to \infty} \frac{1 + 2 + 3 + \cdots + n}{n^2}$;

(5) $\lim_{n\to\infty}(\sqrt[n]{1}+\sqrt[n]{2}+\cdots+\sqrt[n]{10})$;

(6) $\lim_{n\to\infty}(a_1^n+a_2^n+\cdots+a_k^n)^{\frac{1}{n}}$, $a_i>0$, $i=1,2,\cdots,k$.

9. 设 $a_1=\sqrt{2}, a_2=\sqrt{2+\sqrt{2}}, \cdots, a_n=\sqrt{2+\sqrt{2+\cdots+\sqrt{2}}}$,证明 $\{a_n\}$ 收敛,并求其极限.

10. 利用 $\lim_{n\to\infty}\left(1+\frac{1}{n}\right)^n=e$,求下列极限:

(1) $\lim_{n\to\infty}\left(1-\frac{3}{n}\right)^n$;   (2) $\lim_{n\to\infty}\left(1+\frac{1}{2n}\right)^{3n}$;

(3) $\lim_{n\to\infty}\left(1-\frac{1}{n^2}\right)^n$.

11. 利用函数极限的 $\varepsilon-\delta, \varepsilon-M$ 定义证明下列极限:

(1) $\lim_{x\to 1}(x^2+2x-1)=2$;   (2) $\lim_{x\to 0}\sqrt{x^2+4}=2$;

(3) $\lim_{x\to\infty}\frac{x^2-2}{x^2+1}=1$;   (4) $\lim_{x\to+\infty}2^{-x}=0$.

12. 求下列函数极限:

(1) $\lim_{x\to 1}\frac{2x^2+x+1}{x-2}$;   (2) $\lim_{x\to 2}\frac{x^2-4x+4}{2-x}$;

(3) $\lim_{x\to\sqrt{2}}\frac{x^2-2}{x+1}$;   (4) $\lim_{h\to 0}\frac{\sqrt{x+h}-\sqrt{x}}{h}$;

(5) $\lim_{x\to-1}\left(\frac{2x-1}{x+1}+\frac{3x}{x^2+x}\right)$;   (6) $\lim_{x\to 0^+}\left(\frac{1}{\sqrt{x}}-\frac{2\sqrt{x}-1}{x-\sqrt{x}}\right)$;

(7) $\lim_{x\to 0}\frac{(1-x)^{10}-1}{(1-x)^{11}-1}$;   (8) $\lim_{x\to 0}\frac{x^2-x}{x^3+2x^2-3x}$;

(9) $\lim_{x\to-\infty}(\sqrt{x^2+2}+x)$;   (10) $\lim_{x\to\infty}\frac{2x^2+1}{5x^2+x-1}$;

(11) $\lim_{x\to\infty}\left(1-\frac{1}{x}\right)\left(1-\frac{1}{x^2}\right)\cdots\left(1-\frac{1}{x^n}\right)$($n$ 为正整数);

(12) $\lim_{x\to+\infty}\frac{(2x-1)^{30}(3x-2)^{20}}{(2x+1)^{50}}$;

(13) $\lim_{x\to+\infty}(\sqrt{x^2+x+1}-\sqrt{x^2-x+1})$;

(14) $\lim_{x\to\infty}\frac{x+1}{x^2+2}(3+\cos x)$.

13. 若 $\lim_{x\to 1}\frac{x^2+ax+b}{1-x}=5$,求 a,b 的值.

14. 若 $\lim_{x\to\infty}\left(\frac{x^2+1}{x+1}-ax-b\right)=0$,求 a,b 的值.

15. 设 $f(x)=\begin{cases} x^2-1, & x\leq 0, \\ \ln\frac{x+1}{e}, & 0<x\leq 1, \\ \frac{1}{x}, & x>1. \end{cases}$ 讨论 $f(x)$ 在 $x=0$ 及 $x=1$ 的极限是否存在.

16. 求 $\lim\limits_{x\to 0^-} e^{\frac{1}{x}}$ 与 $\lim\limits_{x\to 0^+} e^{\frac{1}{x}}$，问 $\lim\limits_{x\to 0} e^{\frac{1}{x}}$ 是否存在？

17. 求下列极限：

(1) $\lim\limits_{x\to 0}\dfrac{\sin 2x}{\sin 3x}$；

(2) $\lim\limits_{x\to 0}\dfrac{\tan x-\sin x}{x}$；

(3) $\lim\limits_{x\to 0}\dfrac{1-\cos x}{\sin^2 x}$；

(4) $\lim\limits_{n\to\infty}\dfrac{\dfrac{1}{n}-\sin\dfrac{1}{n}}{\dfrac{1}{n}+\sin\dfrac{1}{n}}$；

(5) $\lim\limits_{x\to 0}\left(\dfrac{x-1}{2x-1}\right)^{\frac{1}{x}}$；

(6) $\lim\limits_{x\to\infty}\left(\dfrac{x-1}{x+1}\right)^{x}$；

(7) $\lim\limits_{x\to\infty}\left(1-\dfrac{1}{x^2}\right)^{x}$；

(8) $\lim\limits_{x\to 0}\dfrac{\ln(1+2x)}{\sin 3x}$；

(9) $\lim\limits_{x\to 0}(1+\sin x)^{\frac{1}{x}}$；

(10) $\lim\limits_{x\to\infty}\left(1-\dfrac{2}{x}+\dfrac{3}{x^2}\right)^{x}$.

18. 当 $x\to 1$ 时，比较下列无穷小量阶的高低：

(1) $x-1$ 与 x^3-1；

(2) $x-1$ 与 $\sin(x-1)$；

(3) $x-1$ 与 $(x^2-1)^2$；

(4) $x-1$ 与 $\ln x$.

19. 利用等价无穷小性质，求下列极限：

(1) $\lim\limits_{x\to 0}\dfrac{\sin^n x}{\sin(x^m)}$（$n,m$ 为正整数）；

(2) $\lim\limits_{x\to 0}(1-2x)^{\frac{1}{\sin x}}$；

(3) $\lim\limits_{x\to+\infty}(\sqrt{x+\sqrt{x+\sqrt{x}}}-\sqrt{x})$；

(4) $\lim\limits_{x\to 0}\dfrac{\sin[\ln(1+2x)]-\sin[\ln(1-x)]}{x}$.

20. 讨论下列函数的连续性，并画出其图形：

(1) $f(x)=\begin{cases} x^3-1, & x\leqslant 0, \\ x, & x>0; \end{cases}$

(2) $f(x)=\begin{cases} \sqrt{1-x^2}, & |x|\leqslant 1, \\ |x|-1, & |x|>1. \end{cases}$

21. 设 $f(x)=\begin{cases} \dfrac{\sin ax}{x}, & x<0, \\ e, & x=0, \\ (1-bx)^{\frac{1}{x}}, & x>0, \end{cases}$ 在 $(-\infty,+\infty)$ 上连续，求 a,b 的值.

22. 讨论 $f(x)=\lim\limits_{n\to\infty}\dfrac{1-2^{nx}}{1+2^{nx}}$ 的连续性，若有间断点，求出它并判定其类型.

23. 求下列函数的间断点及其类型：

(1) $y=\dfrac{1}{x+1}$；

(2) $y=\dfrac{x^2-1}{x^2-3x+2}$；

(3) $y=\dfrac{x}{\tan x}$；

(4) $y=\dfrac{1}{\ln|x|}$；

(5) $y=\begin{cases} e^{\frac{1}{x-1}}, & x<1, \\ 0, & x=1, \\ 2, & x>1; \end{cases}$ (6) $y=\begin{cases} x^2\sin\dfrac{1}{x}, & x\neq 0, \\ 0, & x=0. \end{cases}$

24. 举例说明,若 $f(x)$ 在开区间 (a,b) 内连续,则 $f(x)$ 在 (a,b) 内未必有界.

25. 若 $f(x)$ 在 $[a,b]$ 上连续,且无零点,证明 $f(x)$ 在 $[a,b]$ 上恒正或恒负.

26. 证明方程 $x^2-\sin x=1$ 至少有一个实根.

27. 设 $f(x)=ax^{2n+1}+bx^n+c$ (a,b,c 皆常数且 $a>0$),证明存在 $x_0\in\mathbf{R}$,使 $f(x_0)=0$.

28. 有一笔资金两万元存入银行,年利率为 3%,分别用离散和连续复利公式,计算 10 年后的本利和.

29. 对某项目每月投资 1000 元,若月复利率 $r=0.2\%$,由连续复利公式求两年后投资终值是多少?

30. 某商品的销售金额 S(单位:千元)与广告费 x(单位:千元)的函数关系式为
$$S=S(x)=4000+8000(1-e^{-0.01x}),$$

(1) 作出函数 S 的图像;

(2) 求 $\lim\limits_{x\to+\infty} S(x)$,并解释这个极限;

(3) 求使销售额达到 $S=10000$ 的广告水平.

第 3 章

导数与微分

本章我们主要阐释一元函数微分学中的两个基本概念:导数与微分.由此建立起一整套的微分法公式与法则,从而系统地解决初等函数的求导问题.

§3.1 导数概念

1. 导数的定义

在实际生活中,我们经常遇到有关变化率问题.

例 1 速度问题.

设一质点在 x 轴上从某一点开始作变速直线运动,已知运动方程为 $x=f(t)$. 记 $t=t_0$ 时质点的位置坐标为 $x_0=f(t_0)$. 当 t 从 t_0 增加到 $t_0+\Delta t$ 时,x 相应地从 x_0 增加到 $x_0+\Delta x$,即 $x_0+\Delta x=f(t_0+\Delta t)$. 因此质点在 Δt 这段时间内的位移是

$$\Delta x = f(t_0+\Delta t) - f(t_0),$$

而在 Δt 时间内质点的平均速度是

$$\bar{v} = \frac{\Delta x}{\Delta t} = \frac{f(t_0+\Delta t)-f(t_0)}{\Delta t}.$$

显然,随着 Δt 的减小,平均速度 $\bar{v}$ 就愈接近质点在 t_0 时刻的所谓瞬时速度(简称速度).但无论 Δt 取得怎样小,平均速度 $\bar{v}$ 总不能精确地刻画出质点运动在 $t=t_0$ 时变化的快慢.为此我们想到采取"极限"的手段,如果平均速度 $\bar{v} = \frac{\Delta x}{\Delta t}$ 当 $\Delta t \to 0$ 时的极限存在,则自然地把这极限值(记作 v)定义为质点在 $t=t_0$ 时的瞬时速度或速度:

$$v = \lim_{\Delta t \to 0} \frac{\Delta x}{\Delta t} = \lim_{\Delta t \to 0} \frac{f(t_0+\Delta t)-f(t_0)}{\Delta t}. \tag{1.1}$$

例 2 切线问题

设曲线 L 的方程为 $y=f(x)$,$P_0(x_0,y_0)$ 为 L 上的一个定点. 为求曲线 $y=f(x)$ 在点 P_0 的切线,可在曲线上取邻近于 P_0 的点 $P(x_0+\Delta x,y_0+\Delta y)$,算出割线 P_0P 的斜率:

$$\tan\beta=\frac{\Delta y}{\Delta x}=\frac{f(x_0+\Delta x)-f(x_0)}{\Delta x},$$

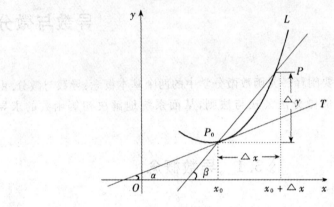

图 3-1

其中 β 为割线 P_0P 的倾角(见图 3-1). 令 $\Delta x \to 0$,P 就沿着 L 趋向于 P_0,割线 P_0P 就不断地绕 P_0 转动,角 β 也不断地发生变化. 如果 $\tan\beta=\frac{\Delta y}{\Delta x}$ 趋向于某个极限,则从解析几何知道,这极限值就是曲线在 P_0 处切线的斜率 k,而这时 $\beta=\arctan\frac{\Delta y}{\Delta x}$ 的极限也必存在,就是切线的倾角 α,即 $k=\tan\alpha$. 所以我们把曲线 $y=f(x)$ 在点 P_0 处的切线斜率定义为

$$k=\tan\alpha=\lim_{\Delta x \to 0}\frac{f(x_0+\Delta x)-f(x_0)}{\Delta x}. \qquad (1.2)$$

这里,$\frac{\Delta y}{\Delta x}$ 是函数的增量与自变量的增量之比,它表示函数的平均变化率.

上面所讲的瞬时速度和切线斜率,虽然它们来自不同的具体问题,但在计算上都归结为同一个极限形式,即函数的平均变化率的极限,称为瞬时变化率. 在生活实际中,我们会经常遇到从数学结构上看形式完全相同的各种各样的变化率,从而有必要从中抽象出一个数学概念来加以研究.

定义 3.1.1 设函数 $y=f(x)$ 在 x_0 的某一邻域内有定义. 若极限

$$\lim_{\Delta x \to 0}\frac{\Delta y}{\Delta x}=\lim_{\Delta x \to 0}\frac{f(x_0+\Delta x)-f(x_0)}{\Delta x} \qquad (1.3)$$

存在,则称函数 $y=f(x)$ 在 x_0 可导,并称这极限值为函数 $y=f(x)$ 在 x_0 的导数,记作 $f'(x_0)$, $y'\big|_{x=x_0}$, $\dfrac{\mathrm{d}y}{\mathrm{d}x}\big|_{x=x_0}$ 或 $\dfrac{\mathrm{d}f}{\mathrm{d}x}\big|_{x=x_0}$.

若极限(1.3)不存在,则称 $f(x)$ 在 x_0 不可导. 如果不可导的原因在于比式 $\dfrac{\Delta y}{\Delta x}$ 当 $\Delta x \to 0$ 时是无穷大,则为了方便,也称 $f(x)$ 在 x_0 的导数为无穷大.

在极限(1.3)中,若令 $x_0+\Delta x=x$,则有
$$\Delta x=x-x_0,\ \Delta y=f(x)-f(x_0).$$
当 $\Delta x\to 0$ 时,$x\to x_0$,从而导数的定义式又可写成
$$f'(x_0)=\lim_{x\to x_0}\frac{f(x)-f(x_0)}{x-x_0}, \tag{1.4}$$
即把 $f'(x_0)$ 表示为函数差值与自变量差值之商的极限. 因此导数也简述为差商的极限.

既然导数是比式 $\dfrac{\Delta y}{\Delta x}$ 当 $\Delta x\to 0$ 时的极限,我们也往往根据需要,考察它的单侧极限.

定义 3.1.2 设函数 $y=f(x)$ 在 x_0 的某一邻域内有定义,若极限 $\lim\limits_{\Delta x\to 0^-}\dfrac{\Delta y}{\Delta x}$ 存在,则称 $f(x)$ 在 x_0 左可导,且称这极限值为 $f(x)$ 在 x_0 的左导数,记作 $f'_-(x_0)$;若极限 $\lim\limits_{\Delta x\to 0^+}\dfrac{\Delta y}{\Delta x}$ 存在,则称 $f(x)$ 在 x_0 右可导,并称这极限值为 $f(x)$ 在 x_0 的右导数,记作 $f'_+(x_0)$.

根据单侧极限与极限的关系,我们得到

定理 3.1.1 $f(x)$ 在 x_0 可导的充要条件是 $f(x)$ 在 x_0 既左可导又右可导,且 $f'_-(x_0)=f'_+(x_0)$.

如果函数 $y=f(x)$ 在开区间 I 内每一点都可导,则称 $f(x)$ 在 I 内可导. 这时对每一个 $x\in I$,都有导数 $f'(x)$ 与之相对应,从而在 I 内确定了一个新的函数,称为 $y=f(x)$ 的导函数,记作
$$f'(x),\quad y',\quad \frac{\mathrm{d}y}{\mathrm{d}x} \quad \text{或} \quad \frac{\mathrm{d}f(x)}{\mathrm{d}x}.$$

在(1.3)式中把 x_0 换成 x,即得导函数的定义:
$$f'(x)=\lim_{\Delta x\to 0}\frac{f(x+\Delta x)-f(x)}{\Delta x},\quad x\in I.$$

于是导数 $f'(x_0)$ 就可看做导函数 $f'(x)$ 在 x_0 的函数值,即

$$f'(x_0) = f'(x)\Big|_{x=x_0}.$$

以后在不至于混淆的地方把导函数简称为导数.

一个在区间 I 内处处可导的函数称为在 I 内的可导函数.

利用"导数"术语，我们说：

(1) 瞬时速度是位移 x 对时间 t 的导数，即

$$v = \frac{dx}{dt},$$

它就是导数的力学意义.

(2) 切线的斜率是曲线上点的纵坐标 y 对点的横坐标 x 的导数，即

$$k = \tan\alpha = \frac{dy}{dx},$$

它就是导数的几何意义.

下面我们利用导数的定义来导出几个基本初等函数的导数公式.

例 3 求常数 c 的导数.

解 考虑常量函数 $y = c$. 当 x 取得增量 Δx 时，函数的增量总等于零，即 $\Delta y = 0$. 从而有

$$\frac{\Delta y}{\Delta x} = 0.$$

于是

$$\frac{dy}{dx} = \lim_{\Delta x \to 0} \frac{\Delta y}{\Delta x} = 0.$$

即

$$(c)' = 0.$$

例 4 证明 $(x^n)' = nx^{n-1}$，n 为正整数.

证 设 $y = x^n$，则

$$\Delta y = (x + \Delta x)^n - x^n$$

$$= nx^{n-1}\Delta x + \frac{n(n-1)}{2}x^{n-2}(\Delta x)^2 + \cdots + (\Delta x)^n,$$

所以

$$\lim_{\Delta x \to 0} \frac{\Delta y}{\Delta x} = \lim_{\Delta x \to 0}\left[nx^{n-1} + \frac{n(n-1)}{2}x^{n-2}(\Delta x) + \cdots + (\Delta x)^{n-1}\right]$$

$$= nx^{n-1}.$$

即

$$(x^n)' = nx^{n-1}.$$

顺便指出，当幂函数的指数不是正整数 n 而是任意实数 μ 时，也有形式

完全相同的公式(见§3.2 例4):
$$(x^\mu)' = \mu x^{\mu-1} \quad (x>0).$$

特别取 $\mu=-1,\dfrac{1}{2}$ 时,有
$$\left(\frac{1}{x}\right)' = -\frac{1}{x^2}, \quad (\sqrt{x})' = \frac{1}{2\sqrt{x}}.$$

例 5 证明 $(a^x)' = a^x \ln a \quad (a>0, a\neq 1$ 为常数$)$.

证 $(a^x)' = \lim\limits_{\Delta x\to 0}\dfrac{a^{x+\Delta x}-a^x}{\Delta x} = a^x \lim\limits_{\Delta x\to 0}\dfrac{a^{\Delta x}-1}{\Delta x} = a^x \ln a.$

例 6 证明 $(\sin x)' = \cos x.$

证 $(\sin x)' = \lim\limits_{\Delta x\to 0}\dfrac{\sin(x+\Delta x)-\sin x}{\Delta x} = \lim\limits_{\Delta x\to 0}\dfrac{2\sin\dfrac{\Delta x}{2}\cos\left(x+\dfrac{\Delta x}{2}\right)}{\Delta x}$
$= \cos x.$

作为练习,容易证明:$(\cos x)' = -\sin x.$

对于分段表示的函数,求它的导函数时需要分段进行,在分点处的导数,则通过讨论它的单侧导数以确定它的存在性.

例 7 已知 $f(x)=\begin{cases}\sin x, & x<0, \\ x, & x\geq 0,\end{cases}$ 求 $f'(x).$

解 当 $x<0$ 时,$f'(x)=(\sin x)'=\cos x$,当 $x>0$ 时,$f'(x)=(x)'=1.$
当 $x=0$ 时,由于
$$f'_-(0)=\lim_{x\to 0^-}\frac{\sin x - 0}{x}=1, \quad f'_+(0)=\lim_{x\to 0^+}\frac{x-0}{x}=1,$$
所以 $f'(0)=1$,于是得
$$f'(x)=\begin{cases}\cos x, & x<0, \\ 1, & x\geq 0.\end{cases}$$

2. 函数的可导性与连续性的关系

连续与可导是函数的两个重要概念.虽然在导数的定义中未明确要求函数在 x_0 连续,但却蕴含可导必然连续这一关系.

定理 3.1.2 若 $f(x)$ 在 x_0 可导,则它在 x_0 必连续.

证 设 $f(x)$ 在 x_0 可导,即
$$\lim_{\Delta x\to 0}\frac{\Delta y}{\Delta x}=f'(x_0),$$
则有

$$\lim_{\Delta x\to 0}\Delta y=\lim_{\Delta x\to 0}\left(\frac{\Delta y}{\Delta x}\cdot \Delta x\right)=\lim_{\Delta x\to 0}\frac{\Delta y}{\Delta x}\cdot \lim_{\Delta x\to 0}\Delta x=0.$$

所以 $f(x)$ 在 x_0 连续.

但反过来不一定成立,即在 x_0 连续的函数未必在 x_0 可导.

例 8 证明函数 $f(x)=|x|$ 在 $x=0$ 连续但不可导.

证 由 $\lim\limits_{x\to 0}x=0$ 推知 $\lim\limits_{x\to 0}|x|=0$,所以 $f(x)=|x|$ 在 $x=0$ 连续. 但由于

$$f'_-(0)=\lim_{x\to 0^-}\frac{-x-0}{x}=-1,\quad f'_+(0)=\lim_{x\to 0^+}\frac{x-0}{x}=1,$$

$f'_-(0)\neq f'_+(0)$,所以 $f(x)=|x|$ 在 $x=0$ 不可导.

例 9 分别讨论当 $m=0,1,2$ 时,函数

$$f_m(x)=\begin{cases} x^m\sin\dfrac{1}{x}, & x\neq 0, \\ 0, & x=0 \end{cases}$$

在 $x=0$ 的连续性与可导性.

解 当 $m=0$ 时,由于 $\lim\limits_{x\to 0}\sin\dfrac{1}{x}$ 不存在,故 $x=0$ 是 $f_0(x)$ 的第二类间断点,所以 $f_0(x)$ 在 $x=0$ 不连续,当然也不可导.

当 $m=1$ 时,有 $\lim\limits_{x\to 0}f_1(x)=\lim\limits_{x\to 0}x\sin\dfrac{1}{x}=0=f_1(0)$,即 $f_1(x)$ 在 $x=0$ 连续. 但由于 $\lim\limits_{x\to 0}\dfrac{x\sin\dfrac{1}{x}-0}{x}=\lim\limits_{x\to 0}\sin\dfrac{1}{x}$ 不存在,故 $f_1(x)$ 在 $x=0$ 不可导.

当 $m=2$ 时, $\lim\limits_{x\to 0}\dfrac{x^2\sin\dfrac{1}{x}-0}{x}=\lim\limits_{x\to 0}x\sin\dfrac{1}{x}=0$,所以 $f_2(x)$ 在 $x=0$ 可导,且 $f'_2(0)=0$,从而也必在 $x=0$ 连续.

§3.2 求导法则

本节我们再根据导数的定义,推出几个主要的求导法则——导数的四则运算、反函数的导数与复合函数的导数. 借助于这些法则和上节导出的几个基本初等函数的导数公式,求出其余的基本初等函数的导数公式. 在此基础上解决初等函数的求导问题.

1. 导数的四则运算

定理 3.2.1 设 $u(x),v(x)$ 在 x 可导,则 $u(x)\pm v(x),u(x)v(x)$,

$\dfrac{u(x)}{v(x)}$ $(v(x)\neq 0)$ 也在 x 可导,且有

(1) $[u(x)\pm v(x)]'=u'(x)\pm v'(x)$;

(2) $[u(x)v(x)]'=u'(x)v(x)+u(x)v'(x)$;

(3) $\left[\dfrac{u(x)}{v(x)}\right]'=\dfrac{u'(x)v(x)-u(x)v'(x)}{v^2(x)}$.

证 (1) 令 $y=u(x)+v(x)$,则
$$\begin{aligned}\Delta y&=[u(x+\Delta x)+v(x+\Delta x)]-[u(x)+v(x)]\\&=[u(x+\Delta x)-u(x)]+[v(x+\Delta x)-v(x)]\\&=\Delta u+\Delta v.\end{aligned}$$

从而有
$$\lim_{\Delta x\to 0}\frac{\Delta y}{\Delta x}=\lim_{\Delta x\to 0}\frac{\Delta u}{\Delta x}+\lim_{\Delta x\to 0}\frac{\Delta v}{\Delta x}=u'(x)+v'(x).$$

所以 $y=u(x)+v(x)$ 也在 x 可导,且
$$[u(x)+v(x)]'=u'(x)+v'(x).$$

类似可证 $[u(x)-v(x)]'=u'(x)-v'(x)$.

(2) 令 $y=u(x)v(x)$,则
$$\begin{aligned}\Delta y&=u(x+\Delta x)v(x+\Delta x)-u(x)v(x)\\&=[u(x+\Delta x)-u(x)]v(x+\Delta x)+u(x)[v(x+\Delta x)-v(x)]\\&=\Delta u\cdot v(x+\Delta x)+u(x)\cdot\Delta v.\end{aligned}$$

由于可导必连续,故推知 $\lim\limits_{\Delta x\to 0}v(x+\Delta x)=v(x)$,从而有
$$\begin{aligned}\lim_{\Delta x\to 0}\frac{\Delta y}{\Delta x}&=\lim_{\Delta x\to 0}\frac{\Delta u}{\Delta x}\cdot\lim_{\Delta x\to 0}v(x+\Delta x)+u(x)\cdot\lim_{\Delta x\to 0}\frac{\Delta v}{\Delta x}\\&=u'(x)v(x)+u(x)v'(x).\end{aligned}$$

所以 $y=u(x)v(x)$ 也在 x 可导,且有
$$[u(x)v(x)]'=u'(x)v(x)+u(x)v'(x).$$

(3) 先证 $\left[\dfrac{1}{v(x)}\right]'=-\dfrac{v'(x)}{v^2(x)}$. 令 $y=\dfrac{1}{v(x)}$,则
$$\Delta y=\frac{1}{v(x+\Delta x)}-\frac{1}{v(x)}=-\frac{v(x+\Delta x)-v(x)}{v(x+\Delta x)v(x)}.$$

由于 $v(x)$ 在 x 可导,$\lim\limits_{\Delta x\to 0}v(x+\Delta x)=v(x)\neq 0$,故有
$$\lim_{\Delta x\to 0}\frac{\Delta y}{\Delta x}=-\frac{v'(x)}{v^2(x)}.$$

所以 $y=\dfrac{1}{v(x)}$ 在 x 可导,且 $\left[\dfrac{1}{v(x)}\right]'=-\dfrac{v'(x)}{v^2(x)}$. 从而由结论(2)推出

$$\left[\frac{u(x)}{v(x)}\right]' = u'(x) \cdot \frac{1}{v(x)} + u(x)\left[\frac{1}{v(x)}\right]'$$
$$= u'(x)\frac{1}{v(x)} - u(x)\frac{v'(x)}{v^2(x)}$$
$$= \frac{u'(x)v(x) - u(x)v'(x)}{v^2(x)}.$$

推论 3.2.1 若 $u(x)$ 在 x 可导，c 是常数，则 $cu(x)$ 在 x 可导，且
$$[cu(x)]' = cu'(x).$$
即求导时常数因子可以提到求导符号的外面来.

推论 3.2.2 乘积求导公式可以推广到有限个可导函数的乘积. 例如，若 u, v, w 都是区间 I 内的可导函数，则
$$(uvw)' = u'vw + uv'w + uvw'.$$

例 1 求下列函数的导数：

(1) $y = \sec x$;　　(2) $y = \csc x$;

(3) $y = \tan x$;　　(4) $y = \cot x$.

解 (1) $(\sec x)' = \left(\dfrac{1}{\cos x}\right)' = -\dfrac{(\cos x)'}{\cos^2 x} = \dfrac{\sin x}{\cos^2 x} = \sec x \tan x.$

(2) $(\csc x)' = \left(\dfrac{1}{\sin x}\right)' = -\dfrac{\cos x}{\sin^2 x} = -\csc x \cot x.$

(3) $(\tan x)' = \left(\dfrac{\sin x}{\cos x}\right)' = \dfrac{\cos x \cos x - \sin x(-\sin x)}{\cos^2 x} = \dfrac{1}{\cos^2 x} = \sec^2 x.$

(4) $(\cot x)' = \left(\dfrac{\cos x}{\sin x}\right)' = \dfrac{(-\sin x)\sin x - \cos x \cos x}{\sin^2 x} = \dfrac{-1}{\sin^2 x} = -\csc^2 x.$

2. 反函数的导数

定理 3.2.2 设 $y = f(x)$ 为 $x = \varphi(y)$ 的反函数. 如果 $x = \varphi(y)$ 在某区间 I_y 内严格单调、可导且 $\varphi'(y) \neq 0$，则它的反函数 $y = f(x)$ 也在对应区间 I_x 内可导，且有

$$f'(x) = \frac{1}{\varphi'(y)} \quad \text{或} \quad \frac{\mathrm{d}y}{\mathrm{d}x} = \frac{1}{\dfrac{\mathrm{d}x}{\mathrm{d}y}}. \tag{2.1}$$

证 任取 $x \in I_x$ 及 $\Delta x \neq 0$，使 $x + \Delta x \in I_x$. 依假设 $y = f(x)$ 在区间 I_x 内也严格单调，因此
$$\Delta y = f(x + \Delta x) - f(x) \neq 0.$$
又由假设可知 $f(x)$ 在 x 连续，故当 $\Delta x \to 0$ 时 $\Delta y \to 0$. 而 $x = \varphi(y)$ 可导且 $\varphi'(y) \neq 0$，所以

$$\begin{cases} L_x = f_x(x,y) + \lambda \varphi_x(x,y) = 0, \\ L_y = f_y(x,y) + \lambda \varphi_y(x,y) = 0, \\ L_\lambda = \varphi(x,y) = 0, \end{cases}$$

的所有解 (x_0, y_0, λ_0)（通常只需解出 x_0 与 y_0 即可）.

第三步 判别 $z = f(x,y)$ 在 (x_0, y_0) 处取何种极值.

通常情况下,第三步并不容易.在实际问题中,可由实际意义来判别.

拉格朗日乘数法可以推广至自变量多于两个及约束条件多于一个的情形.如求函数

$$u = f(x_1, x_2, x_3, x_4)$$

在条件 $\varphi_1(x_1, x_2, x_3, x_4) = 0$ 和 $\varphi_2(x_1, x_2, x_3, x_4) = 0$ 下的极值,可构造拉格朗日函数如下：

$$L(x_1, x_2, x_3, x_4, \lambda_1, \lambda_2)$$
$$= f(x_1, x_2, x_3, x_4) + \lambda_1 \varphi_1(x_1, x_2, x_3, x_4) + \lambda_2 \varphi_2(x_1, x_2, x_3, x_4),$$

余下完全类似.

例 8 试用拉格朗日乘数法求解例 6.

解 设长、宽、高分别为 x, y, z,由题意,求函数

$$z = 2(xy + yz + zx), \quad x > 0, y > 0, z > 0,$$

在约束条件 $xyz = 8$ 下的最小值.

作拉格朗日函数

$$L(x, y, z, \lambda) = 2(xy + yz + zx) + \lambda(xyz - 8).$$

求偏导数,并令其为 0 得

$$\begin{cases} L_x = 2(y+z) + \lambda yz = 0, \\ L_y = 2(x+z) + \lambda zx = 0, \\ L_z = 2(x+y) + \lambda xy = 0, \\ L_\lambda = xyz - 8 = 0. \end{cases}$$

上述方程组中,第一至第三个方程的两端分别同乘以 x, y 和 z,并相比较可得

$$2(y+z)x = 2(x+z)y = 2(x+y)z,$$

解之得 $x = y = z$,注意到 $xyz = 8$,因此 $x = y = z = 2$,即具有唯一的驻点.而由实际意义知其一定存在最小值,从而 $(2, 2, 2)$ 即为所求,即当水箱的长、宽、高均为 2 米时用料最省.

例 9 求抛物线 $y = x^2$ 到直线 $x - y - 2 = 0$ 的最短距离.

解 设 (x, y) 是抛物线 $y = x^2$ 上任一点,它到直线 $x - y - 2 = 0$ 的距离记为 ρ,则

$$\rho = \frac{|x-y-2|}{\sqrt{2}}.$$

记 $u=\rho^2$，则当 u 取得最小值时，ρ 同时取得最小值. 于是问题转化为求函数

$$u = \frac{1}{2}(x-y-2)^2$$

在条件 $y-x^2=0$ 下的最小值.

构造拉格朗日函数

$$L(x,y,\lambda) = \frac{1}{2}(x-y-2)^2 + \lambda(y-x^2),$$

求其偏导数，并令其为 0 得

$$\begin{cases} L_x = x-y-2-2\lambda x = 0, \\ L_y = -(x-y-2)+\lambda = 0, \\ L_\lambda = y-x^2 = 0, \end{cases}$$

解之得 $x=\frac{1}{2}, y=\frac{1}{4}$.

根据实际意义知，所求最短距离一定存在，而驻点是唯一的，从而该驻点 $\left(\frac{1}{2}, \frac{1}{4}\right)$ 即为所求，此时最短距离为

$$\rho = \frac{\left|\frac{1}{2}-\frac{1}{4}-2\right|}{\sqrt{2}} = \frac{7}{8}\sqrt{2}.$$

例 10（最小二乘法） 设通过观察或实验得到一列点 (x_i, y_i) $(i=1,2,\cdots,n)$，它们大体上在一条直线上，即大体上可用直线方程来反映变量 x 与 y 之间的对应关系. 现如何确定一直线，使得与这一列点的偏差平方和最小（最小二乘方）.

解 设所求的直线方程为

$$y = ax+b,$$

则问题转化为：确定 a,b 的值，使得

$$f(a,b) = \sum_{i=1}^{n}(ax_i+b-y_i)^2$$

为最小. 为此，令

$$\begin{cases} f_a = 2\sum_{i=1}^{n} x_i(ax_i+b-y_i) = 0, \\ f_b = 2\sum_{i=1}^{n} (ax_i+b-y_i) = 0, \end{cases}$$

整理得

$$\begin{cases} a\sum_{i=1}^{n}x_i^2 + b\sum_{i=1}^{n}x_i = \sum_{i=1}^{n}x_i y_i, \\ a\sum_{i=1}^{n}x_i + nb = \sum_{i=1}^{n}y_i, \end{cases}$$

解之得 $f(a,b)$ 的稳定点为

$$\bar{a} = \frac{n\sum_{i=1}^{n}x_i y_i - \left(\sum_{i=1}^{n}x_i\right)\left(\sum_{i=1}^{n}y_i\right)}{n\sum_{i=1}^{n}x_i^2 - \left(\sum_{i=1}^{n}x_i\right)^2},$$

$$\bar{b} = \frac{\left(\sum_{i=1}^{n}x_i^2\right)\left(\sum_{i=1}^{n}y_i\right) - \left(\sum_{i=1}^{n}x_i y_i\right)\left(\sum_{i=1}^{n}x_i\right)}{n\sum_{i=1}^{n}x_i^2 - \left(\sum_{i=1}^{n}x_i\right)^2}$$

$$= \frac{1}{n}\sum_{i=1}^{n}y_i - \frac{a}{n}\sum_{i=1}^{n}x_i.$$

若记 $\bar{x} = \frac{1}{n}\sum_{i=1}^{n}x_i$, $\bar{y} = \frac{1}{n}\sum_{i=1}^{n}y_i$, 则上式可表为

$$\bar{a} = \frac{\sum_{i=1}^{n}x_i y_i - n\bar{x}\cdot\bar{y}}{\sum_{i=1}^{n}x_i^2 - n\bar{x}^2},$$

$$\bar{b} = \bar{y} - a\bar{x}.$$

进一步验证可知 $(\bar{a},\bar{b})$ 为极小值点(定理 7.6.2). 由实际意义可知,该极小值为最小值.

§7.7 二重积分

前面我们讨论了一元函数积分学,本节将通过一些实例把定积分的概念推广到多元函数,引入二重积分的概念,并分析研究二重积分的某些性质,讨论它们的计算方法,以及一些简单应用.

1. 二重积分的概念与性质

例1 曲顶柱体的体积.

设 $z = f(x,y)$ 是定义在有界闭区域 D 上的非负连续函数,称以 D 为底,以 D 的边界曲线为准线,母线平行于 z 轴,以 $z = f(x,y),(x,y)\in D$ 为顶部的立体图形为曲顶柱体(如图 7-17a 所示),求此曲顶柱体的体积 V.

对于平顶柱体，它的体积公式为

体积 $V=$ 底面积 $\times$ 高.

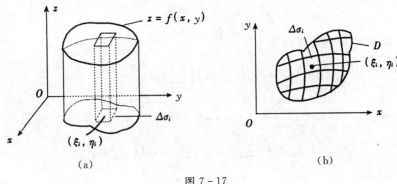

图 7-17

对于曲顶柱体，由于柱体的高是变化的，可仿照定积分中计算曲边梯形面积的思想方法来计算曲顶柱体的体积.

(1) 分割． 将区域 D 任意分成 n 个小区域：$\Delta\sigma_1, \Delta\sigma_2, \cdots, \Delta\sigma_n$，它们两两没有公共内点，并用 $\Delta\sigma_i$（$i=1,2,\cdots,n$）表示第 i 个小区域的面积，相应地，所给曲顶柱体也被分成 n 个小曲顶柱体.

(2) 求和． 由于 $f(x,y)$ 连续，当 $\Delta\sigma_i$ 的直径很小时，曲顶的变化就很小. 因此，在每个小区域 $\Delta\sigma_i$（$i=1,2,\cdots,n$）上任取一点 (ξ_i, η_i)，以 $\Delta\sigma_i$ 为底，$f(\xi_i, \eta_i)$ 为高的小平顶柱体的体积 $f(\xi_i, \eta_i)\Delta\sigma_i$ 近似替代第 i 个曲顶柱体的体积. 于是，和数

$$\sum_{i=1}^{n} f(\xi_i, \eta_i)\Delta\sigma_i$$

就是曲顶柱体体积的近似值. 显然，对区域 D 的分割越来越细时，和数应该趋近于原曲顶柱体的体积.

(3) 取极限． 记 n 个小区域中直径最大者为 λ，令 $\lambda \to 0$，上述和式的极限便是所求曲顶柱体的体积，即

$$V = \lim_{\lambda \to 0} \sum_{i=1}^{n} f(\xi_i, \eta_i)\Delta\sigma_i. \tag{7.1}$$

例 2 平面薄片的质量．

设有一密度不均匀的平面薄片，在 xOy 平面上占有区域 D（如图 7-17b 所示），面密度 $\rho(x,y)$ 是 D 上的连续函数，且 $\rho(x,y)>0$. 求此薄片的质量 M.

我们知道，当薄片是均匀时，即面密度是常数时，薄片的质量计算公

式为

$$\text{质量}=\text{面密度}\times\text{面积}.$$

现在面密度 $\rho(x,y)$ 是变量,薄片的质量就不能直接用上式来计算. 我们可用处理曲顶柱体的方法来解决这个问题.

将区域 D 分割成 n 个小区域 $\Delta\sigma_i$ $(i=1,2,\cdots,n)$,由于 $\rho(x,y)$ 连续,因而当 $\Delta\sigma_i$ 的直径很小时,$\Delta\sigma_i$ 上的密度可以近似地看成不变. 在 $\Delta\sigma_i$ 上任取一点 (ξ_i,η_i),则 $\Delta\sigma_i$ 的质量近似为 $\rho(\xi_i,\eta_i)\Delta\sigma_i$,于是整个薄片的质量的近似值为

$$M\approx\sum_{i=1}^{n}\rho(\xi_i,\eta_i)\Delta\sigma_i.$$

记 λ 为分割所得的 n 个小区域中直径最大者,则薄片的质量应为

$$M=\lim_{\lambda\to 0}\sum_{i=1}^{n}\rho(\xi_i,\eta_i)\Delta\sigma_i. \tag{7.2}$$

例 1 和例 2 是两个具有完全不同背景的实际问题,但我们通过相同的步骤把所求量化归为同一形式的和式的极限. 在物理、力学、几何和工程技术中,许多物理或几何量都可归结为这一形式的和式极限. 因此,研究这种和式的极限是十分有意义的.

抽去上述两例的具体意义,便得二重积分的定义.

定义 7.7.1 设 $f(x,y)$ 是定义在有界闭区域 D 上的有界函数,将 D 任意分割成 n 个小区域 $\Delta\sigma_1,\Delta\sigma_2,\cdots,\Delta\sigma_n$,并以 $\Delta\sigma_i$ 和 d_i 分别表示第 i 个小区域的面积和直径,$\lambda=\max\{d_1,d_2,\cdots,d_n\}$,称为<u>分割的细度</u>. 在每个小区域 $\Delta\sigma_i$ 任取一点 (ξ_i,η_i) $(i=1,2,\cdots,n)$,作和式 $\sum_{i=1}^{n}f(\xi_i,\eta_i)\Delta\sigma_i$. 如果极限

$$\lim_{\lambda\to 0}\sum_{i=1}^{n}f(\xi_i,\eta_i)\Delta\sigma_i$$

存在,则称此极限值为函数 $f(x,y)$ 在闭区域 D 上的<u>二重积分</u>,记为 $\iint_{D}f(x,y)\mathrm{d}\sigma$,即

$$\iint_{D}f(x,y)\mathrm{d}\sigma=\lim_{\lambda\to 0}\sum_{i=1}^{n}f(\xi_i,\eta_i)\Delta\sigma_i,$$

其中 $f(x,y)$ 称为<u>被积函数</u>,$f(x,y)\mathrm{d}\sigma$ 称为<u>被积表达式</u>,x,y 称为<u>积分变量</u>,$\mathrm{d}\sigma$ 称为<u>面积微元</u>,D 称为<u>积分区域</u>,$\sum_{i=1}^{n}f(\xi_i,\eta_i)\Delta\sigma_i$ 称为<u>积分和</u>,并称 $f(x,y)$ 在区域 D 上<u>可积</u>.

由二重积分的定义可知,曲顶柱体的体积就是 $f(x,y)$ 在 D 上的二重积分

$$V = \iint\limits_{D} f(x,y) \mathrm{d}\sigma;$$

平面薄片的质量就是它的面密度 $\rho(x,y)$ 在 D 上的二重积分

$$M = \iint\limits_{D} \rho(x,y) \mathrm{d}\sigma.$$

关于二重积分的几点说明:

(1)极限 $\lim\limits_{\lambda \to 0} \sum\limits_{i=1}^{n} f(\xi_i, \eta_i) \Delta\sigma_i$ 存在,指对区域 D 的任意分割和任意取点 (ξ_i, η_i),极限都存在且相等,即极限值与 D 的分割和取点无关.因此,当 $f(x,y)$ 在有界闭区域 D 上可积时,在直角坐标系下,常用平行于 x 轴和 y 轴的两组平行线来分割积分区域 D(如图 7-18 所示),这时小区域 $\Delta\sigma_i$ 的面积可表为 $\Delta\sigma_i = \Delta x_i \Delta y_i$,即 $\mathrm{d}\sigma = \mathrm{d}x\mathrm{d}y$. 于是二重积分在直角坐标系下可记为

$$\iint\limits_{D} f(x,y) \mathrm{d}x\mathrm{d}y.$$

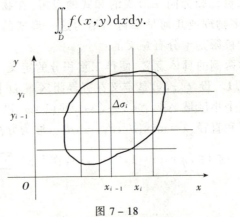

图 7-18

(2)二重积分 $\iint\limits_{D} f(x,y) \mathrm{d}\sigma$ 只与被积函数和积分区域有关,而与积分变量无关,即

$$\iint\limits_{D} f(x,y) \mathrm{d}\sigma = \iint\limits_{D} f(u,v) \mathrm{d}\sigma.$$

(3)当 $f(x,y) \geqslant 0$ 时,二重积分的几何意义就是曲顶柱体的体积;当 $f(x,y) \leqslant 0$ 时,曲顶柱体在 xOy 平面的下方,二重积分 $\iint\limits_{D} f(x,y) \mathrm{d}\sigma$ 的值是负的,其绝对值仍为曲顶柱体的体积.

特别地,当 $f(x,y)\equiv 1$ 时,二重积分 $\iint\limits_{D}\mathrm{d}\sigma$ 在数值上等于区域 D 的面积,记之为 S,即

$$S=\iint\limits_{D}\mathrm{d}\sigma,$$

以后亦可用此公式来计算平面区域的面积.

比较二重积分与定积分的定义可以看出,它们具有类似的形成过程,并且都是特定和式的极限,因此,二重积分具有与定积分完全类似的性质.

性质 7.7.1 若函数 $f(x,y)$ 在区域 D 上可积,k 为任一常数,则 $kf(x,y)$ 在 D 上也可积,且

$$\iint\limits_{D}kf(x,y)\mathrm{d}x\mathrm{d}y=k\iint\limits_{D}f(x,y)\mathrm{d}x\mathrm{d}y.$$

性质 7.7.2 若函数 $f(x,y),g(x,y)$ 在区域 D 上可积,则 $f(x,y)\pm g(x,y)$ 在 D 上也可积,且

$$\iint\limits_{D}(f(x,y)\pm g(x,y))\mathrm{d}x\mathrm{d}y=\iint\limits_{D}f(x,y)\mathrm{d}x\mathrm{d}y\pm\iint\limits_{D}g(x,y)\mathrm{d}x\mathrm{d}y.$$

性质 7.7.1 与 7.7.2 统称为<u>重积分的线性性质</u>.

性质 7.7.3 若函数 $f(x,y)$ 在区域 D_1 与 D_2 上都可积,则 $f(x,y)$ 在 $D_1\bigcup D_2$ 上也可积,且当 D_1 与 D_2 没有公共内点时,有

$$\iint\limits_{D_1\bigcup D_2}f(x,y)\mathrm{d}x\mathrm{d}y=\iint\limits_{D_1}f(x,y)\mathrm{d}x\mathrm{d}y+\iint\limits_{D_2}f(x,y)\mathrm{d}x\mathrm{d}y.$$

这一性质称为重积分的<u>区域可加性</u>.

性质 7.7.4 若函数 $f(x,y),g(x,y)$ 在区域 D 上可积,且

$$f(x,y)\leqslant g(x,y),\quad (x,y)\in D,$$

则

$$\iint\limits_{D}f(x,y)\mathrm{d}x\mathrm{d}y\leqslant\iint\limits_{D}g(x,y)\mathrm{d}x\mathrm{d}y.$$

这一性质称为重积分的<u>不等式性质</u>.

由此性质立得

推论 7.7.1 若函数 $f(x,y)$ 在区域 D 上可积,且在 D 上 $f(x,y)\geqslant 0$,则

$$\iint\limits_{D}f(x,y)\mathrm{d}x\mathrm{d}y\geqslant 0.$$

推论 7.7.2 若函数 $f(x,y)$ 在区域 D 上可积,则 $|f(x,y)|$ 在 D 上可

积,且

$$\left|\iint_D f(x,y)\mathrm{d}x\mathrm{d}y\right| \leqslant \iint_D |f(x,y)|\mathrm{d}x\mathrm{d}y.$$

推论 7.7.3 若函数 $f(x,y)$ 在区域 D 上可积,且 $f(x,y)$ 在 D 上的最大、最小值分别记为 M 和 m,D 的面积记为 σ,则有

$$m\sigma \leqslant \iint_D f(x,y)\mathrm{d}x\mathrm{d}y \leqslant M\sigma.$$

这一推论称之为**重积分估值定理**.

性质 7.7.5(中值定理) 若函数 $f(x,y)$ 在有界闭区域 D 上连续,则至少存在一点 $(\xi,\eta) \in D$,使得

$$\iint_D f(x,y)\mathrm{d}x\mathrm{d}y = f(\xi,\eta)\sigma,$$

其中 σ 表示区域 D 的面积.

此性质说明,当 $f(x,y)$ 为连续函数时,曲顶柱体的体积等于以 $f(\xi,\eta)$ 为高的同底平顶柱体的体积,因而通常称

$$f(\xi,\eta) = \frac{1}{\sigma}\iint_D f(x,y)\mathrm{d}x\mathrm{d}y$$

为 $f(x,y)$ 在 D 上的平均值.

以上性质的证明与定积分性质的证明完全类似,这里从略.

2. 二重积分的计算

一般情形下,直接用定义计算二重积分是十分困难的,通常将它化成两次定积分计算,称之为**累次积分法**.下面将从几何意义出发,导出二重积分的计算方法.

直角坐标系下二重积分的计算.

设函数 $f(x,y)$ 在有界闭区域 D 上连续,若区域 D 可表示为如图 7-19(a)所示,称之为 x-型区域,

$$D = \{(x,y) \mid a \leqslant x \leqslant b,\ \varphi_1(x) \leqslant y \leqslant \varphi_2(x)\},$$

则

$$\iint_D f(x,y)\mathrm{d}x\mathrm{d}y = \int_a^b \left[\int_{\varphi_1(x)}^{\varphi_2(x)} f(x,y)\mathrm{d}y\right]\mathrm{d}x. \tag{7.3}$$

若区域 D 可表示为如图 7-19(b)所示,称之为 y-区域,

$$D = \{(x,y) \mid c \leqslant y \leqslant d,\ \psi_1(y) \leqslant x \leqslant \psi_2(y)\},$$

则

$$\iint\limits_{D} f(x,y)\mathrm{d}x\mathrm{d}y = \int_{c}^{d}\left[\int_{\psi_{1}(y)}^{\psi_{2}(y)} f(x,y)\mathrm{d}x\right]\mathrm{d}y. \tag{7.4}$$

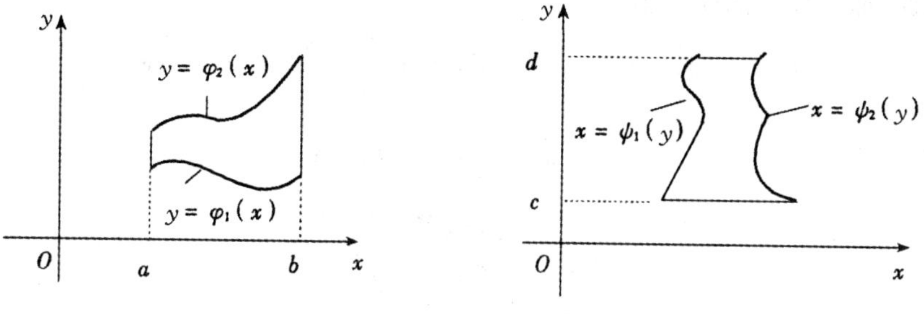

(a)   (b)

图 7 - 19

通常情况下, (7.3)和(7.4)式左端积分分别记成 $\int_{a}^{b}\mathrm{d}x\int_{\varphi_{1}(x)}^{\varphi_{2}(x)} f(x,y)\mathrm{d}y$ 和 $\int_{c}^{d}\mathrm{d}y\int_{\psi_{1}(y)}^{\psi_{2}(y)} f(x,y)\mathrm{d}x$, 即(7.3)与(7.4)式分别表示为

$$\iint\limits_{D} f(x,y)\mathrm{d}x\mathrm{d}y = \int_{a}^{b}\mathrm{d}x\int_{\varphi_{1}(x)}^{\varphi_{2}(x)} f(x,y)\mathrm{d}y, \tag{7.5}$$

$$\iint\limits_{D} f(x,y)\mathrm{d}x\mathrm{d}y = \int_{c}^{d}\mathrm{d}y\int_{\psi_{1}(y)}^{\psi_{2}(y)} f(x,y)\mathrm{d}x. \tag{7.6}$$

需要说明的是,所谓 x -型区域,就是垂直于 x 轴的直线 $x=x_{0}$ ($a<x_{0}<b$)至多与区域 D 的边界交于两点(垂直于 x 轴的边界除外);所谓 y -型区域,就是垂直于 y 轴的直线 $y=y_{0}$ ($c<y_{0}<d$)至多与 D 的边界交于两点(垂直于 y 轴的边界除外). 而许多常见的区域都可以分解成有限个除边界外无公共内点的 x -型区域或 y -型区域. 有的区域既可表示为 x -型区域,也可表示为 y -型区域. 这时要根据被积函数的情况,选用(7.3)或(7.4)式计算. 这样,只要解决了 x -型和 y -型区域上二重积分的计算问题,那么一般区域上的二重积分的计算问题也就解决了.

下面借助几何直观,简要说明(7.3)式与(7.4)式的正确性. 仅以(7.4)式为例.

设 $f(x,y)\geqslant 0$, 由二重积分的几何意义知 $\iint\limits_{D} f(x,y)\mathrm{d}x\mathrm{d}y$ 表示以 D 为底,以 $z=f(x,y)$ 为顶,以 D 的边界曲线为母线,准线平行于 z 轴的曲顶柱体的体积. 这个曲顶柱体的体积又可根据第六章中已知平行截面面积求立体体积的公式来计算. 如图 7 - 20 所示,在 $[a,b]$ 上任取一点 x, 过点 $(x,0,0)$ 作垂直于 x 轴的平面,截曲顶柱体的截面为一曲边梯形,其面积为

$$S(x) = \int_{\varphi_1(x)}^{\varphi_2(x)} f(x,y)\,\mathrm{d}y, \quad x \in [a,b],$$

因此,曲顶柱体的体积为

$$\iint_D f(x,y)\,\mathrm{d}x\mathrm{d}y = \int_a^b S(x)\,\mathrm{d}x = \int_a^b \left[\int_{\varphi_1(x)}^{\varphi_2(x)} f(x,y)\,\mathrm{d}y \right] \mathrm{d}x$$

$$= \int_a^b \mathrm{d}x \int_{\varphi_1(x)}^{\varphi_2(x)} f(x,y)\,\mathrm{d}y.$$

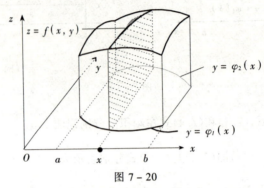

图 7-20

作为特例,当积分区域为矩形区域 $D = \{(x,y) \mid a \leqslant x \leqslant b, c \leqslant y \leqslant d\}$,则二重积分可表为

$$\iint_D f(x,y)\,\mathrm{d}x\mathrm{d}y = \int_a^b \mathrm{d}x \int_c^d f(x,y)\,\mathrm{d}y = \int_c^d \mathrm{d}y \int_a^b f(x,y)\,\mathrm{d}x.$$

例1 计算二重积分 $\iint_D e^{x+y}\,\mathrm{d}x\mathrm{d}y$,其中 D 是正方形区域 $[0,1] \times [0,1]$.

解
$$\iint_D e^{x+y}\,\mathrm{d}x\mathrm{d}y = \int_0^1 \mathrm{d}x \int_0^1 e^{x+y}\,\mathrm{d}y = \int_0^1 \left[e^x \int_0^1 e^y\,\mathrm{d}y \right] \mathrm{d}x$$

$$= \int_0^1 e^x\,\mathrm{d}x \cdot \int_0^1 e^y\,\mathrm{d}y = \left(\int_0^1 e^x\,\mathrm{d}x \right)^2 = (e-1)^2.$$

例2 求四个平面 $x+y+z=1, x=0, y=0, z=0$ 所围成的四面体的体积(见图 7-21).

解 四面体在 xOy 平面的投影是直线 $x=0, y=0$ 和 $x+y=1$ 所围成的三角形区域(如图中阴影部分所示),上面是定义在 D 上的平面 $z=1-x-y$,于是,四面体的体积为

$$V = \iint_D (1-x-y)\,\mathrm{d}x\mathrm{d}y.$$

先对 y 积分,后对 x 积分.将三角形区域 D 投影到 x 轴上得闭区间 $[0,1]$.在 $[0,1]$ 上任取一点 x,关于 y 积分.在 D 内 y 的变化范围为 $y=0$

到 $y=1-x$，因此，二重积分可化为

$$\iint_D (1-x-y)\mathrm{d}x\mathrm{d}y = \int_0^1 \mathrm{d}x \int_0^{1-x}(1-x-y)\mathrm{d}y$$
$$= \int_0^1 \left(\left[(1-x)y-\frac{y^2}{2}\right]\Big|_0^{1-x}\right)\mathrm{d}x = \frac{1}{2}\int_0^1 (1-x)^2\mathrm{d}x = \frac{1}{6}.$$

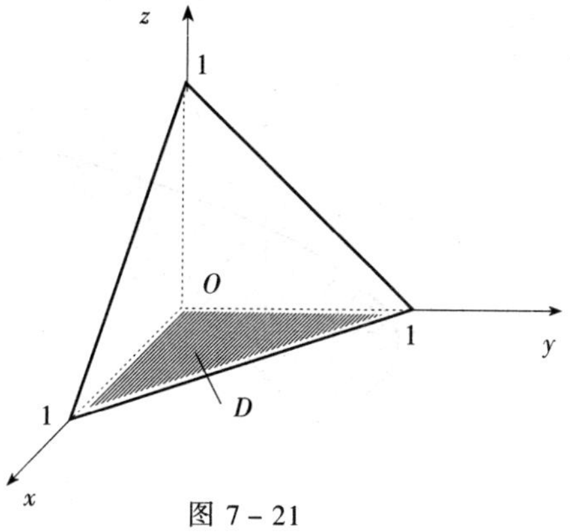

图 7-21

例 3 计算 $\iint_D (x+2y)\mathrm{d}x\mathrm{d}y$，其中 D 是由抛物线 $y=2x^2$ 及 $y=1+x^2$ 所围成的闭区域.

解 解联立方程组
$$\begin{cases} y=2x^2, \\ y=1+x^2, \end{cases}$$

得两抛物线的交点为 $(1,2)$ 和 $(-1,2)$. 如图 7-22 所示，D 是 x-型区域. 将其向 x 轴投影得 x 的变化范围是 $[-1,1]$. 在 $[-1,1]$ 上任取一点 x，过点 $(x,0)$ 作平行于 y 轴的直线，这条直线与 D 的上下边界曲线的交点的纵坐标分别是 $1+x^2$ 和 $2x^2$，从而二重积分为

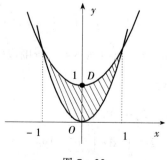

图 7-22

$$\iint_D (x+2y)\mathrm{d}x\mathrm{d}y = \int_{-1}^{1} \mathrm{d}x \int_{2x^2}^{1+x^2} (x+2y)\mathrm{d}y$$
$$= \int_{-1}^{1} (-3x^4 - x^3 + 2x^2 + x + 1)\mathrm{d}x = \frac{32}{15}.$$

例 4 计算 $\iint_D xy\mathrm{d}x\mathrm{d}y$，其中 D 是由直线 $y=x-1$ 和抛物线 $y^2 = 2x+6$ 所围成的闭区域.

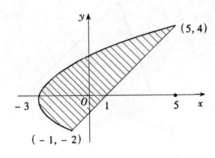

图 7 - 23

解 解联立方程组

$$\begin{cases} y^2 = 2x+6, \\ y = x-1, \end{cases}$$

得直线与抛物线的交点为 $(-1,-2)$ 和 $(5,4)$，如图 7 - 23 所示，积分区域既是 x -型区域，也是 y -型区域. 若按 x -型区域计算，则由于下方曲线没有统一的表达式，需将 D 分割成两块来计算. 若按 y -型区域来计算，则由于 D 的左右两侧的边界各自有统一的表达式，故可用一个不等式组表达出来，即

$$D = \left\{ (x,y) \,\Big|\, \frac{1}{2}(y^2-6) \leqslant x \leqslant y+1, -2 \leqslant y \leqslant 4 \right\},$$

于是得

$$\iint_D xy\mathrm{d}x\mathrm{d}y = \int_{-2}^{4} \mathrm{d}y \int_{\frac{y^2-6}{2}}^{y+1} xy\mathrm{d}x = \int_{-2}^{4} \left(-\frac{y^5}{8} + 2y^3 + y^2 - 4y \right) \mathrm{d}y = 36.$$

例 5 设 D 是由直线 $x=0, y=1$ 及 $y=x$ 所围成的区域（如图 7 - 24 所示），试计算 $I = \iint_D e^{-y^2} \mathrm{d}x\mathrm{d}y$.

解 若用先对 y 后对 x 的积分，则

$$I = \int_0^1 \mathrm{d}x \int_x^1 e^{-y^2} \mathrm{d}y.$$

由于函数 e^{-y^2} 的原函数不再是初等函数，无法继续进行计算. 因此，改用另

一种累次积分,则有
$$I=\int_0^1 \mathrm{d}y\int_0^y \mathrm{e}^{-y^2}\mathrm{d}x=\int_0^1 y\mathrm{e}^{-y^2}\mathrm{d}y=-\frac{1}{2}\mathrm{e}^{-y^2}\bigg|_0^1=\frac{1}{2}(1-\mathrm{e}^{-1}).$$

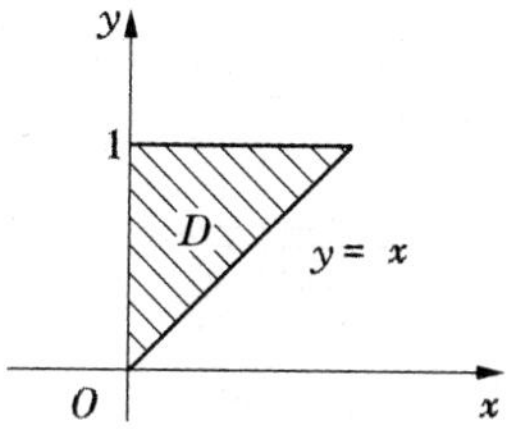

图 7 - 24

例 6 计算积分 $\int_0^1 \mathrm{d}x \int_x^1 \sin(y^2)\mathrm{d}y.$

解 由于 $\sin(y^2)$ 的原函数不是初等函数,无法使用牛顿—莱布尼茨公式算出,因此必须交换积分次序. 首先根据所给的积分上下限,画出积分区域草图,如图 7 - 25 所示. 将积分区域改写为 y -型区域得
$$D=\{(x,y)\mid 0\leqslant x\leqslant y, 0\leqslant y\leqslant 1\},$$
于是
$$\int_0^1 \mathrm{d}x\int_x^1 \sin(y^2)\mathrm{d}x=\int_0^1 \mathrm{d}y\int_0^y \sin(y^2)\mathrm{d}x=\int_0^1 y\sin(y^2)\mathrm{d}y$$
$$=\frac{1}{2}(1-\cos 1).$$

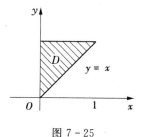

图 7 - 25

通过以上几个例题可以看出,化二重积分为累次积分,要兼顾下面两个方面来选择适当的积分次序:

(1) 考虑积分区域 D 的特点,对 D 划分的块数越少越好;

(2) 考虑被积函数 $f(x,y)$ 的特点,使第一次积分容易积出,并能为第二次积分创造有利条件.

在实施计算的过程中,要注意对称区间上函数的奇偶性、积分区域和被积函数的对称性等,这样可简化计算过程. 下面再看两个例子.

例7 计算二重积分 $\iint_D \dfrac{y}{\sqrt{1+x^2+y^2}} dxdy$,其中 $D: 0 \leqslant x \leqslant 1, 0 \leqslant y \leqslant 1$.

解 根据被积函数的特点,采取先 y 后 x 的积分次序,即

$$\iint_D \frac{y}{\sqrt{1+x^2+y^2}} dxdy$$

$$= \int_0^1 dx \int_0^1 \frac{y}{\sqrt{1+x^2+y^2}} dy$$

$$= \int_0^1 \sqrt{1+x^2+y^2} \Big|_0^1 dx$$

$$= \int_0^1 \sqrt{2+x^2}\, dx - \int_0^1 \sqrt{1+x^2}\, dx$$

$$= \left[\frac{1}{2} x \sqrt{x^2+2} + \ln(x+\sqrt{x^2+2}) \right] \Big|_0^1$$

$$\quad - \frac{1}{2} \left[x\sqrt{x^2+1} + \ln(x+\sqrt{x^2+1}) \right] \Big|_0^1$$

$$= \frac{\sqrt{3}-\sqrt{2}}{2} + \frac{1}{2} \ln \frac{2+\sqrt{3}}{1+\sqrt{2}}.$$

例8 求两个底圆半径相等的直交圆柱面 $x^2+y^2=R^2$ 与 $x^2+z^2=R^2$ 所围成的立体的体积.

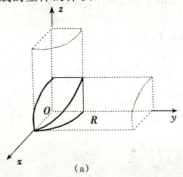
(a)

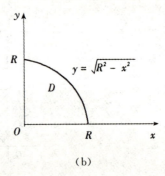
(b)

图 7 - 26

解 由对称性,所求立体的体积 V 是该立体位于第一卦限部分的体积的 8 倍.立体位于第一卦限的部分可看做一曲顶柱体,如图 7-26(a)所示,它的底为

$$D = \{(x,y) \mid 0 \leqslant y \leqslant \sqrt{R^2-x^2}, 0 \leqslant x \leqslant R\},$$

顶为 $z = \sqrt{R^2-x^2}$,因而所求体积

$$V = 8\iint_D \sqrt{R^2-x^2}\,\mathrm{d}x\mathrm{d}y = 8\int_0^R \mathrm{d}x \int_0^{\sqrt{R^2-x^2}} \sqrt{R^2-x^2}\,\mathrm{d}y$$
$$= 8\int_0^R (R^2-x^2)\,\mathrm{d}x = \frac{16}{3}R^3.$$

极坐标系下二重积分的计算.

有些二重积分的积分区域的边界曲线或被积函数用极坐标方程来表示显得比较简单,这时可考虑用极坐标来计算二重积分.

将极坐标的极点放在直角坐标系的原点,极轴与 x 轴正向重合,那么平面上任一点 P 的极坐标 (r,θ) 与其直角坐标 (x,y) 之间有如下关系:

$$\begin{cases} x = r\cos\theta, \\ y = r\sin\theta, \end{cases} \quad \text{及} \quad \begin{cases} r = \sqrt{x^2+y^2}, \\ \tan\theta = \dfrac{y}{x}. \end{cases}$$

要在极坐标系中计算二重积分 $\iint_D f(x,y)\,\mathrm{d}\sigma$,需将积分区域 D 和被积函数 $f(x,y)$ 都化为极坐标形式,并求出面积微元 $\mathrm{d}\sigma$.

在极坐标系中,用曲线族 $r=$ 常数和 $\theta=$ 常数将积分区域 D 分割为 n 个小区域: $\Delta\sigma_1, \Delta\sigma_2, \cdots, \Delta\sigma_n$. 如图 7-27 所示. 设 $\Delta\sigma$ 是由 r 到 $r+\Delta r$ 和 θ 到 $\theta+\Delta\theta$ 之间的小曲边四边形,以 $\Delta\sigma$ 表示其面积,则由扇形面积公式得

$$\Delta\sigma = \frac{1}{2}(r+\Delta r)^2 \cdot \Delta\theta - \frac{1}{2}r^2 \cdot \Delta\theta = r\Delta r\Delta\theta + \frac{1}{2}(\Delta r)^2 \Delta\theta.$$

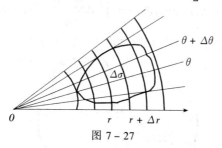

图 7-27

当分割越来越细,即 $(\Delta r, \Delta\theta) \to (0,0)$ 时,$\dfrac{1}{2}(\Delta r)^2 \Delta\theta$ 是 $\Delta r\Delta\theta$ 的高阶无穷小量,略去 $\dfrac{1}{2}(\Delta r)^2 \Delta\theta$,则得

$$\Delta\sigma \approx r\Delta r\Delta\theta.$$

于是极坐标系下的面积微元为

$$\mathrm{d}\sigma = r\mathrm{d}r\mathrm{d}\theta.$$

故在极坐标系下二重积分的表达式为

$$\iint_D f(x,y)\mathrm{d}\sigma = \iint_{D'} f(r\cos\theta, r\sin\theta) r\mathrm{d}r\mathrm{d}\theta,$$

其中 D' 表示区域 D 的极坐标.

与直角坐标系中二重积分的计算方法一样,需将重积分化为累次积分来计算. 根据区域 D' 的情况,通常可分为三种情形来计算:

(1) 极点 O 在区域 D' 外(如图 7-28 所示).

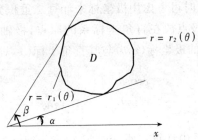

图 7-28

这时区域 D' 夹在两条射线 $\theta=\alpha$ 和 $\theta=\beta$ 之间;射线与区域边界的交点将区域边界分成两部分:$r=r_1(\theta), r=r_2(\theta); r_1(\theta), r_2(\theta)$ 均在 $[\alpha,\beta]$ 上连续,这样 D' 可表示为

$$D' = \{(r,\theta) | \alpha \leqslant \theta \leqslant \beta, r_1(\theta) \leqslant r \leqslant r_2(\theta)\},$$

于是二重积分可化为

$$\iint_{D'} f(r\cos\theta, r\sin\theta) r\mathrm{d}r\mathrm{d}\theta = \int_\alpha^\beta \mathrm{d}\theta \int_{r_1(\theta)}^{r_2(\theta)} f(r\cos\theta, r\sin\theta) r\mathrm{d}r.$$

(2) 极点 O 在区域 D' 内部(如图 7-29 所示).

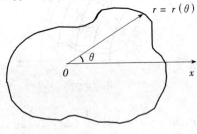

图 7-29

这时设区域的边界曲线为连续封闭曲线 $r=r(\theta)$,这时 D' 可表为

$$D' = \{(r,\theta) | 0 \leqslant \theta \leqslant 2\pi, 0 \leqslant r \leqslant r(\theta)\},$$

于是二重积分可化为

$$\iint_{D'} f(r\cos\theta, r\sin\theta) r\mathrm{d}r\mathrm{d}\theta = \int_0^{2\pi} \mathrm{d}\theta \int_0^{r(\theta)} f(r\cos\theta, r\sin\theta) r\mathrm{d}r.$$

(3)极点 O 在区域 D' 的边界上(如图 7-30 所示).

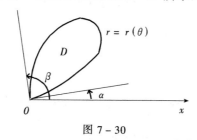

图 7-30

这时区域 D' 夹在 $\theta=\alpha$ 和 $\theta=\beta$ 两条射线之间,边界曲线为连续封闭曲线 $r=r(\theta)$,这样 D' 可表示为
$$D'=\{(r,\theta)\,|\,0\leqslant r\leqslant r(\theta),\alpha\leqslant\theta\leqslant\beta\},$$
于是二重积可分化为
$$\iint_{D'}f(r\cos\theta,r\sin\theta)r\mathrm{d}r\mathrm{d}\theta=\int_\alpha^\beta\mathrm{d}\theta\int_0^{r(\theta)}f(r\cos\theta,r\sin\theta)r\mathrm{d}r.$$

例 9 将二重积分 $\iint\limits_D f(x,y)\mathrm{d}\sigma$ 化为累次积分,其中 D 为圆环:$1\leqslant x^2+y^2\leqslant 4$.

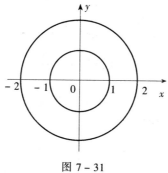

图 7-31

解 积分区域 D 如图 7-31 所示,用极坐标表示则有
$$D=\{(r,\theta)\,|\,1\leqslant r\leqslant 2,0\leqslant\theta\leqslant 2\pi\},$$
于是
$$\iint\limits_D f(x,y)\mathrm{d}\sigma=\int_1^2\mathrm{d}r\int_0^{2\pi}f(r\cos\theta,r\sin\theta)r\mathrm{d}\theta$$
$$=\int_0^{2\pi}\mathrm{d}\theta\int_1^2 f(r\cos\theta,r\sin\theta)r\mathrm{d}r.$$

若将本例在直角坐标系下化为累次积分,将是一个较为复杂的过程,读者不妨一试.

例10 计算 $\iint\limits_{D} e^{-x^2-y^2} dxdy$,其中 $D: x^2+y^2 \leqslant a^2$ $(a>0)$.

解 在极坐标系下,D 可表为
$$D=\{(r,\theta)\mid 0\leqslant r\leqslant a, 0\leqslant \theta\leqslant 2\pi\},$$
于是
$$\iint\limits_{D} e^{-x^2-y^2} dxdy = \int_0^{2\pi} d\theta \int_0^a e^{-r^2} r dr = 2\pi \cdot \frac{1}{2}(1-e^{-a^2})$$
$$=\pi(1-e^{-a^2}).$$

本例中,由于 e^{-x^2} 的原函数不是初等函数,所以在直角坐标系中无法运用累次积分直接计算此积分.

例11 计算二重积分 $\iint\limits_{D} \sqrt{x^2+y^2} d\sigma$,其中 $D: x^2+y^2 \leqslant 2x$.

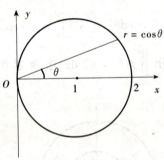

图 7-32

解 积分区域如图 7-32 所示. 在极坐标系中,圆 $x^2+y^2=2x$ 的方程为 $r=2\cos\theta$,区域 D 可表为
$$D=\left\{(r,\theta)\mid -\frac{\pi}{2}\leqslant \theta\leqslant \frac{\pi}{2}, 0\leqslant r\leqslant 2\cos\theta\right\},$$
于是
$$\iint\limits_{D} \sqrt{x^2+y^2} d\sigma = \iint\limits_{D} r\cdot r dr d\theta = \int_{-\frac{\pi}{2}}^{\frac{\pi}{2}} d\theta \int_0^{2\cos\theta} r^2 dr$$
$$=\frac{8}{3}\int_{-\frac{\pi}{2}}^{\frac{\pi}{2}} \cos^3\theta d\theta = \frac{16}{3}\int_0^{\frac{\pi}{2}} \cos^3\theta d\theta$$
$$=\frac{16}{3}\int_0^{\frac{\pi}{2}} (1-\sin^2\theta) d\sin\theta$$
$$=\frac{16}{3}\left(\sin\theta-\frac{\sin^3\theta}{3}\right)\Big|_0^{\frac{\pi}{2}}=\frac{32}{9}.$$

例 12 计算二重积分 $\iint\limits_{D} \dfrac{y}{x} \mathrm{d}\sigma$，其中积分区域

$$D=\{(x,y)\,|\,1\leqslant x^2+y^2\leqslant -2x\}.$$

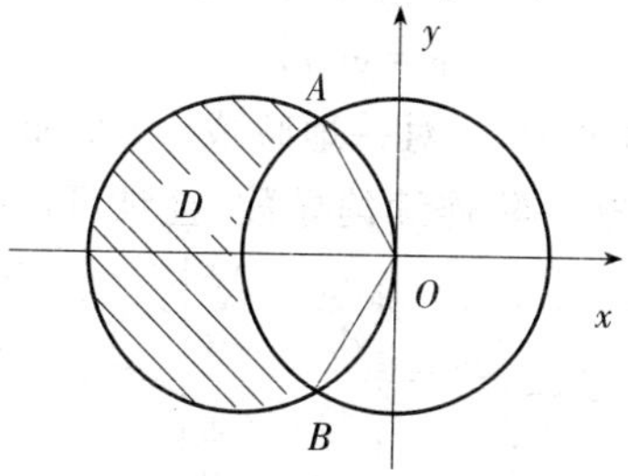

图 7 - 33

解 积分区域如图 7 - 33 所示. 两圆的交点为 $A\left(-\dfrac{1}{2},\dfrac{\sqrt{3}}{2}\right)$，$B\left(-\dfrac{1}{2},-\dfrac{\sqrt{3}}{2}\right)$，$OA$ 与 OB 分别与 x 轴正向的夹角为 $\dfrac{2\pi}{3}$ 和 $\dfrac{4\pi}{3}$，于是区域 D 又可表示为

$$D=\left\{(r,\theta)\,\bigg|\,\dfrac{2\pi}{3}\leqslant\theta\leqslant\dfrac{4\pi}{3},1\leqslant r\leqslant -2\cos\theta\right\},$$

于是

$$\begin{aligned}\iint\limits_{D}\dfrac{y}{x}\mathrm{d}\sigma &= \iint\limits_{D} r\tan\theta \mathrm{d}r\mathrm{d}\theta = \int_{\frac{2\pi}{3}}^{\frac{4\pi}{3}}\mathrm{d}\theta\int_{1}^{-2\cos\theta}r\tan\theta \mathrm{d}r\\ &=\int_{\frac{2\pi}{3}}^{\frac{4\pi}{3}}\tan\theta\left(2\cos^2\theta-\dfrac{1}{2}\right)\mathrm{d}\theta\\ &=\int_{\frac{2\pi}{3}}^{\frac{4\pi}{3}}\left(2\sin\theta\cos\theta-\dfrac{1}{2}\tan\theta\right)\mathrm{d}\theta\\ &=-\dfrac{1}{2}\cos 2\theta\,\bigg|_{\frac{2\pi}{3}}^{\frac{4\pi}{3}}+\dfrac{1}{2}\ln|\cos\theta|\,\bigg|_{\frac{2\pi}{3}}^{\frac{4\pi}{3}}=0.\end{aligned}$$

一般地，当积分区域是圆或圆的一部分，被积函数含有 x^2+y^2 情形时，采用极坐标来计算较为简单.

二重积分的一般变量替换法.

在一元函数定积分的计算中，常常对所给的定积分作适当的变量替换，使计算变得更简单、容易. 对二重积分也有类似的情况. 如前面所讨论的极坐标情形就是一种特殊的变量替换，即

$$\begin{cases} x=r\cos\theta, \\ y=r\sin\theta. \end{cases}$$

下面我们不加证明地给出二重积分的变量替换公式.

设 $f(x,y)$ 在有界闭区域 D 上可积,变换 T:
$$\begin{cases} x=x(u,v), \\ y=y(u,v). \end{cases}$$

将 uv 平面上的有界闭区域 D' 一对一地映成 xy 平面上的有界闭域 D;函数 $x(u,v),y(u,v)$ 在 D' 内有一阶连续偏导数,且雅可比行列式

$$J(u,v)=\begin{vmatrix} \dfrac{\partial x}{\partial u} & \dfrac{\partial x}{\partial v} \\ \dfrac{\partial y}{\partial u} & \dfrac{\partial y}{\partial v} \end{vmatrix} \neq 0,$$

则

$$\iint_D f(x,y)\mathrm{d}x\mathrm{d}y = \iint_{D'} f(x(u,v),y(u,v))|J(u,v)|\mathrm{d}u\mathrm{d}v.$$

容易验证:极坐标系下二重积分计算公式是上式的特例.请读者自行验证.

例 13 计算二重积分 $\iint_D (x+y)\mathrm{d}x\mathrm{d}y$,其中积分区域 D 是由直线 $x+y=0, x+y=2, y-x=1, y-x=2$ 所围成的有界闭区域.

解 令 $u=x+y, v=y-x$,则 $x=\dfrac{u-v}{2}, y=\dfrac{u+v}{2}$,其雅可比行列式为

$$J(u,v)=\begin{vmatrix} \dfrac{1}{2} & -\dfrac{1}{2} \\ \dfrac{1}{2} & \dfrac{1}{2} \end{vmatrix}=\dfrac{1}{2},$$

且 $u=x+y, v=y-x$ 将 xy 平面上的区域 D 变为 uv 平面上的区域 $D'=\{(u,v)|0\leqslant u\leqslant 2, 1\leqslant v\leqslant 2\}$,于是

$$\iint_D xy\mathrm{d}x\mathrm{d}y = \iint_{D'}\left(\dfrac{u-v}{2}+\dfrac{u+v}{2}\right)|J(u,v)|\mathrm{d}u\mathrm{d}v$$
$$=\dfrac{1}{2}\int_0^2 \mathrm{d}u \int_1^2 u\mathrm{d}v = 1.$$

例 14 求两条抛物线 $y^2=mx$ 与 $y^2=nx$ 和两条直线 $y=\alpha x$ 与 $y=\beta x$ 所围成区域 D 的面积 S $(0<m<n, 0<\alpha<\beta)$(如图 7-34 所示).

解 D 的面积为
$$S=\iint_D \mathrm{d}x\mathrm{d}y.$$

作变换 $u=\dfrac{y^2}{x}, v=\dfrac{y}{x}$,它将 xy 平面上的区域 D 变换为 uv 平面上的矩形

$[m,n] \times [\alpha, \beta]$. 从变换中解出 x, y 得
$$x = \frac{u}{v^2}, \quad y = \frac{u}{v},$$
其可比行列式为
$$J(u,v) = \begin{vmatrix} \dfrac{1}{v^2} & -\dfrac{2u}{v^3} \\ \dfrac{1}{v} & -\dfrac{u}{v^2} \end{vmatrix} = \frac{u}{v^4},$$
于是
$$S = \iint_D dxdy = \int_m^n du \int_\alpha^\beta \frac{u}{v^4} dv = \int_m^n u\, du \cdot \int_\alpha^\beta \frac{1}{v^4} dv$$
$$= \frac{(n^2 - m^2)(\beta^3 - \alpha^3)}{6\alpha^3 \beta^3}.$$

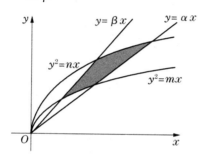

图 7-34

例 15 求椭球体 $\dfrac{x^2}{a^2} + \dfrac{y^2}{b^2} + \dfrac{z^2}{c^2} \leqslant 1$ 的体积.

解 由对称性,椭球的体积 V 是第一卦限部分体积的 8 倍,这一部分是以 $z = c\sqrt{1 - \dfrac{x^2}{a^2} - \dfrac{y^2}{b^2}}$ 为曲顶,以区域

$$D = \left\{ (x, y) \,\middle|\, 0 \leqslant x \leqslant a, 0 \leqslant y \leqslant b\sqrt{1 - \frac{x^2}{a^2}} \right\},$$

为底的曲顶柱体,所以

$$V = 8 \iint_D c\sqrt{1 - \frac{x^2}{a^2} - \frac{y^2}{b^2}} dxdy,$$

作广义极坐标变换
$$\begin{cases} x = ar\cos\theta, \\ y = br\sin\theta, \end{cases}$$

则 $z = c\sqrt{1-r^2}$, $J(r,\theta) = abr$, $D' = \{(r,\theta) \mid 0 \leqslant \theta \leqslant \frac{\pi}{2}, 0 \leqslant r \leqslant 1\}$, 于是

$$V = 8\int_0^{\frac{\pi}{2}} d\theta \int_0^1 c\sqrt{1-r^2}\, abr\, dr$$

$$= 8abc \int_0^{\frac{\pi}{2}} d\theta \cdot \int_0^1 r\sqrt{1-r^2}\, dr$$

$$= \frac{4\pi}{3} abc.$$

特别地，当 $a = b = c = R$ 时，得球的体积为 $\frac{4\pi}{3} R^3$。

如果二元函数的积分区域 D 是无界的，则类似于一元函数，可以定义二元函数的反常积分．下面举一个计算泊松积分的例子来说明．

例 16 计算泊松积分 $I = \int_0^{+\infty} e^{-x^2} dx$．

解 $I = \int_0^{+\infty} e^{-x^2} dx = \int_0^{+\infty} e^{-y^2} dy$，

于是

$$I^2 = \left(\int_0^{+\infty} e^{-x^2} dx\right)^2 = \int_0^{+\infty} e^{-x^2} dx \cdot \int_0^{+\infty} e^{-y^2} dy$$

$$= \int_0^{+\infty} dx \int_0^{+\infty} e^{-(x^2+y^2)} dy = \int_0^{\frac{\pi}{2}} d\theta \int_0^{+\infty} e^{-r^2} \cdot r\, dr$$

$$= \frac{1}{2} \int_0^{\frac{\pi}{2}} d\theta = \frac{\pi}{4},$$

从而

$$I = \int_0^{+\infty} e^{-x^2} dx = \frac{\sqrt{\pi}}{2}.$$

3. 二重积分的应用

二重积分不仅可以用来计算平面区域的面积和空间几何体的体积（如例 14 和例 15）等几何方面的问题，还可以用来解决经济管理等学科领域里的某些问题．

例 17（城市人口密度） 人口统计学家已经发现每个城市的市中心人口密度最大，离市中心越远，人口越稀少，密度越小．最为常见的人口密度模型为 $f = ce^{-ar^2}$（每平方公里人口数），其中 a, c 为大于 0 的常数，r 是距市中心的距离．一般情况下，取市中心为坐标原点，这样 $r^2 = x^2 + y^2$，于是

$$f(x,y) = ce^{-a(x^2+y^2)}.$$

已知某市城市半径为 5 公里,市中心的人口密度:$r=0, f=10^5$;在距市中心 1 公里处,$f=10^5/e$.试求该市的总人口.

解 仿例 2 知,该市总人口为

$$\iint_D c e^{-a(x^2+y^2)} dxdy,$$

其中 $D=\{(x,y)|x^2+y^2\leqslant 25\}$.为此先求出被积函数中的参数 c 和 a.

将 $r=0, f=10^5$ 代入得 $c=10^5$.再将 $r=1, f=10^5/e$ 和 $c=10^5$ 代入得 $10^5 e^{-a}=10^5/e, a=1$,因此,被积函数为

$$f(x,y)=10^5 e^{-(x^2+y^2)}.$$

利用极坐标系计算,得

$$\iint_D 10^5 e^{-r^2} rdrd\theta = \int_0^{2\pi} d\theta \int_0^5 10^5 e^{-r^2} rdr = 10^5 \cdot \pi \cdot (1-e^{-25})$$
$$\approx 314159(人),$$

即该市大约拥有人口 314159 人.

例 18(平均利润) 设公司销售商品甲 x 单位,商品乙 y 单位的利润由下式给出:

$$P(x,y)=-(x-200)^2-(y-100)^2+5000.$$

现已知一周内商品甲的销售数量在 150~200 之间,商品乙的销售量在 80~100 之间.试求销售这两种产品一周的平均利润.

解 x,y 的变化范围是 $D=\{(x,y)|150\leqslant x\leqslant 200, 80\leqslant y\leqslant 100\}$.由题意,即求函数 $f(x,y)$ 在 D 上的平均值.由二重积分性质 7.8.5 的说明知,平均利润为

$$\frac{1}{a}\iint_D f(x,y)d\sigma$$
$$=\frac{1}{50\times 20}\int_{150}^{200} dx \int_{80}^{100} [5000-(x-200)^2-(y-100)^2]dy$$
$$=\frac{1}{1000}\int_{150}^{200}\left(\left[5000y-(x-200)^2 y-\frac{(y-100)^3}{3}\right]_{80}^{100}\right)dx$$
$$=\frac{1}{1000}\int_{150}^{200}\left[\frac{292000}{3}-20(x-200)^2\right]dx$$
$$=\frac{12100000}{3000}\approx 4033(元).$$

习题 7

1. 求点 $M(4,-3,5)$ 到原点及各坐标轴的距离.

2. 已知 $A(2,3,4)$，求 x，使点 $B(x,-2,4)$ 与 A 的距离等于 5.

3. 证明以点 $A(4,1,9)$，$B(10,-1,6)$，$C(2,4,3)$ 为顶点的三角形是等腰直角三角形.

4. 求过点 $(2,5,3)$ 且平行于 xy 平面的平面方程.

5. 描绘下列平面区域，并指出开区域、闭区域、有界区域、无界区域：

   (1) $\{(x,y)\mid x^2>y\}$； (2) $\{(x,y)\mid |xy|\leqslant 1\}$；

   (3) $\{(x,y)\mid |x|+|y|<1\}$； (4) $\{(x,y)\mid |x|+y\leqslant 1\}$.

6. 求下列函数的定义域，并画出定义域的示意图：

   (1) $z=\dfrac{1}{\sqrt{2-x^2-y^2}}+\ln(x^2+y^2-1)$； (2) $z=\ln(4-xy)$；

   (3) $z=x+\arccos y$； (4) $z=\dfrac{1}{\sqrt{y-\sqrt{x}}}$；

   (5) $z=\sqrt{x^2-4}+\sqrt{4-y^2}$； (6) $z=\dfrac{1}{\sqrt{x+y}}+\dfrac{1}{\sqrt{x-y}}$.

7. 设 $f\left(x+y,\dfrac{y}{x}\right)=x^2-y^2$，求 $f(x,y)$.

8. 设 $f\left(\dfrac{1}{x},\dfrac{1}{y}\right)=\dfrac{y^2-x^2}{2xy}$，求 $f(x,y)$.

9. 求下列函数的极限：

   (1) $\lim\limits_{(x,y)\to(1,2)}\dfrac{x+y}{x^2-xy+y^2}$； (2) $\lim\limits_{(x,y)\to(0,0)}\dfrac{2-\sqrt{xy+4}}{xy}$；

   (3) $\lim\limits_{(x,y)\to(0,0)}\dfrac{(2+x)\sin(x^2+y^2)}{x^2+y^2}$； (4) $\lim\limits_{(x,y)\to(0,0)}\dfrac{x^2y^2}{x^2+y^2}$.

10. 证明下列函数当 $(x,y)\to(0,0)$ 时极限不存在：

    (1) $f(x,y)=\dfrac{xy}{x+y}$； (2) $f(x,y)=\dfrac{x^2y^2}{x^2y^2+(x-y)^2}$.

11. 求下列函数在给定点处的偏导数：

    (1) $z=\dfrac{x+y}{x-y}$，求 $z_x(1,2),z_y(1,2)$；

    (2) $f(x,y)=\begin{cases}\dfrac{xy^2}{x^2+y^2}, & x^2+y^2\neq 0,\\ 0, & x^2+y^2=0,\end{cases}$ 求 $f_x(0,0),f_y(0,0)$.

12. 求下列函数的一阶偏导数：

    (1) $z=x^2y+y+5$； (2) $z=y\cos x+\ln xy$；

(3) $z = e^{xy} + \arctan \dfrac{x}{y}$; (4) $z = \sqrt{xy}$;

(5) $z = (1+xy)^y$; (6) $u = \sin(x^2 + y^2 + z^2)$;

(7) $z = \dfrac{x}{y} + \dfrac{y}{x}$; (8) $u = \ln(z + \sqrt{x^2 + y^2})$.

13. 证明下列各题:

(1) 若 $z = \ln(\sqrt{x} + \sqrt{y})$,则 $x\dfrac{\partial z}{\partial x} + y\dfrac{\partial z}{\partial y} = \dfrac{1}{2}$;

(2) 若 $u = (y-z)(z-x)(x-y)$,则 $\dfrac{\partial u}{\partial x} + \dfrac{\partial u}{\partial y} + \dfrac{\partial u}{\partial z} = 0$.

14. 求函数 $z = x^3 y^2$,当 $x = -1, y = 2, \Delta x = 0.01, \Delta y = -0.01$ 时的全微分.

15. 求函数 $z = \ln(1 + x^2 + y^2)$ 在点 $(1, 2)$ 处的全微分.

16. 求下列函数的全微分:

(1) $z = \arctan \dfrac{x+y}{x-y}$; (2) $z = \ln \sqrt{1 + x^2 + y^2}$;

(3) $z = e^{-\frac{x}{y}}$; (4) $z = x^{\ln y}$;

(5) $u = xy + yz + zx$; (6) $u = \sqrt{x^2 + y^2 + z^2}$.

17. 计算下列近似值:

(1) $1.02^{4.01}$; (2) $\sin 29° \times \tan 46°$.

18. 求下列复合函数的偏导数或导数:

(1) $z = xe^{\frac{x}{y}}, x = \cos t, y = e^{2t}$;

(2) $u = e^{2x}(y+z), y = \sin x, z = 2\cos x$;

(3) $z = x^3 y - xy^2, x = s\cos t, y = s\sin t$;

(4) $z = x\arctan(xy), x = t^2, y = se^t$;

(5) $z = e^{x+y}, x = \tan t, y = \cot t$;

(6) $z = e^{uv}, u = \ln \sqrt{x^2 + y^2}, v = \arctan \dfrac{y}{x}$.

19. 求下列复合函数的一阶偏导数:

(1) $z = f(x+y, xy)$; (2) $u = f\left(\dfrac{x}{y}, \dfrac{y}{z}\right)$;

(3) $u = f(x, xy, xyz)$.

20. 求下列方程所确定的隐函数的导数 $\dfrac{dy}{dx}$:

(1) $x^2 y + 3x^4 y^3 - 4 = 0$; (4) $xy + \sin(xy) = 1$;

(3) $\ln \sqrt{x^2 + y^2} = \arctan \dfrac{y}{x}$; (4) $y^x = x^y \quad (x \neq y)$.

21. 求下列方程所确定的隐函数的全微分 dz:

(1) $yz = \arctan(xz)$; (2) $xyz = e^z$;

(3) $\cos^2 x + \cos^2 y + \cos^2 z = 1$; (4) $x + y + z = e^{-(x+y+z)}$.

22. 求下列函数的二阶偏导数：

(1) $u = x^4 + y^4 - 4x^2y^2$；

(2) $u = \arctan\dfrac{y}{x}$；

(3) $u = x\sin(x+y)$；

(4) $u = \dfrac{1}{\sqrt{x^2+y^2}}$.

23. 求下列复合函数的二阶偏导数：

(1) $u = f(x,y)$, $x = s+t$, $y = st$；

(2) $u = f(x,y)$, $x = st$, $y = \dfrac{s}{t}$.

24. 求下列方程所确定的隐函数的指定偏导数：

(1) $z^3 - 3xyz = 1$, $\dfrac{\partial^2 z}{\partial x \partial y}$；

(2) $e^{x+y}\sin(x+z) = 1$, $\dfrac{\partial^2 z}{\partial x \partial y}$；

(3) $e^z - xyz = 0$, $\dfrac{\partial^2 z}{\partial x^2}$；

(4) $z + \ln z - \int_y^x e^{-t^2}\,dt = 0$, $\dfrac{\partial^2 z}{\partial x \partial y}$.

25. 求下列函数的极值：

(1) $f(x,y) = (6x - x^2)(4y - y^2)$；

(2) $f(x,y) = e^{2x}(x + y^2 + 2y)$；

(3) $f(x,y) = xy + \dfrac{1}{x} + \dfrac{1}{y}$；

(4) $f(x,y) = x^2 + y^2 - 2\ln x - 2\ln y$, $x > 0, y > 0$；

(5) $z = (a - x - y)xy$, $a \neq 0$.

26. 求下列函数在给定条件下的最值：

(1) $f(x,y) = x^2 - y^2$, $x^2 + y^2 \leqslant 4$；

(2) $f(x,y) = x^3 - 4x^2 + 2xy - y^2$, $-1 \leqslant x \leqslant 4, -1 \leqslant y \leqslant 1$.

27. 求椭圆 $\dfrac{x^2}{a^2} + \dfrac{y^2}{b^2} = 1$ 内接矩形的最大面积.

28. 在半径为 a 的半球内，求出体积为最大的内接长方体的边长.

29. 将正数 a 分成三个正数之积，使它的乘积为最大.

30. 在平面 $3x - 2z = 0$ 上求一点，使它与点 $A(1,1,1)$ 和点 $B(2,3,4)$ 的距离的平方和最小.

31. 按两种不同次序化二重积分 $\iint\limits_{D} f(x,y)\,dx\,dy$ 为累次积分，其中 D 为：

(1) 由直线 $2x + 3y = 6$, x 轴和 y 轴所围成的闭区域；

(2) 由 $y = 0$ 及 $y = \sin x$ $(0 \leqslant x \leqslant \pi)$ 所围成的闭区域；

(3) 由 $(x-1)^2 + (y+1)^2 \leqslant 1$ 所确定的闭区域；

(4) 由曲线 $y = x^3$ 与直线 $y = 1, x = -1$ 所围成的闭区域.

32. 根据二重积分的性质，比较二重积分 $\iint\limits_{D}(x+y)\,d\sigma$ 与 $\iint\limits_{D}(x+y)^2\,d\sigma$ 的大小，其中 D 是顶点为 $(1,0), (0,1), (0,2)$ 的三角形区域.

33. 交换下列累次积分的次序：

(1) $\int_0^1 dy \int_0^y f(x,y) dx$；

(2) $\int_0^1 dx \int_{2x}^2 f(x,y) dy$；

(3) $\int_{-1}^1 dx \int_{-\sqrt{1-x^2}}^{1-x^2} f(x,y) dy$；

(4) $\int_0^{\frac{1}{2}} dy \int_0^y f(x,y) dx + \int_{\frac{1}{2}}^1 dy \int_0^{1-y} f(x,y) dx$.

34. 计算下列二重积分：

(1) $\iint_D (x+y)^2 dxdy, D=[0,1]\times[0,1]$；

(2) $\iint_D \sqrt{x+y}\, dxdy, D=[0,1]\times[0,3]$；

(3) $\iint_D ye^x dxdy, D$ 是顶点分别为 $(0,0),(2,4),(6,0)$ 的三角形区域；

(4) $\iint_D x^2 y dxdy, D$ 是由直线 $y=0, y=1$ 和双曲线 $x^2-y^2=1$ 所围成的区域；

(5) $\iint_D \sin\frac{x}{y} dxdy, D$ 是由直线 $y=x, y=2$ 和曲线 $x=y^3$ 所围成的区域；

(6) $\iint_D (x+y) dxdy, D$ 是由 $y=x^2, y=4x^2$ 及 $y=1$ 所围成的区域.

35. 通过交换积分次序计算下列二重积分：

(1) $\int_0^1 dy \int_{3y}^3 e^{x^2} dx$；   (2) $\int_\pi^{2\pi} dy \int_{y-\pi}^\pi \frac{\sin x}{x} dx$.

36. 利用极坐标计算下列二重积分：

(1) $\iint_D \sqrt{x^2+y^2}\, d\sigma, D: x^2+y^2 \leqslant 4$；

(2) $\iint_D \ln(1+x^2+y^2) d\sigma, D: x^2+y^2 \leqslant 1, x \geqslant 0, y \geqslant 0$；

(3) $\iint_D \sin\sqrt{x^2+y^2}\, d\sigma, D: \pi^2 \leqslant x^2+y^2 \leqslant 4\pi^2$.

37. 利用二重积分计算下列曲线所围成的平面区域的面积：

(1) $y=x^2$ 与 $y=\sqrt{x}$；

(2) $y=\sin x, y=\cos x, \frac{\pi}{4} \leqslant x \leqslant \frac{5}{4}\pi$.

38. 利用二重积分计算下列曲面所围成的立体体积：

(1) $x+2y+3z=1, x=0, y=0, z=0$；

(2) $z=x^2+y^2$ 与 $z=x+y$ 所围成的立体.

39. 试作适当变换，计算下列积分：

(1) $\iint_D (x+y)\sin(x-y) dxdy, D=\{(x,y) | 0 \leqslant x+y \leqslant \pi, 0 \leqslant x-y \leqslant \pi\}$；

(2) $\iint\limits_{D} \mathrm{d}x\mathrm{d}y$, $D=\{(x,y)\mid 1\leqslant x+y\leqslant 2, 2x\leqslant y\leqslant 3x\}$.

40. 计算反常二重积分 $\iint\limits_{D} \dfrac{\mathrm{d}x\mathrm{d}y}{(x^2+y^2)^2}$, $D: x^2+y^2\geqslant 1$.

41. 设一个矩形区域的人口密度为
$$p(x,y)=250-(x^2+y^2) \text{（千人}/\text{km}^2\text{）}.$$
当 $x=0, y=0$ 时表示矩形区域的中心. 又设该区域南北方向离中心 12 km, 东西方向离中心 9 km, 试求该区域每平方公里的平均人口.

第8章

无穷级数

无穷级数是微积分学的一个重要组成部分.它通常是表示函数、研究函数的性质以及进行数值计算的一种有力的工具.本章着重讨论常数项级数,介绍无穷级数的基本知识,最后讨论幂级数及其简单应用.

§8.1 常数项级数的概念和性质

1. 常数项级数的概念

人们在研究事物的数量方面的特性或进行某些数值计算时,往往要经历一个由近似到精确的过程.在这个认识过程中,会涉及到由有限个数量相加到无限个数量相加的问题.

例如,为了计算半径为 R 的圆的面积 A,通常会采取如下做法:先做圆的内接正六边形,并计算出它的面积 a_1,将它看做圆面积 A 的一个粗糙的近似值.为了比较准确地计算出 A 的值,我们以这个正六边形的每一边为底分别做一个顶点在圆周上的等腰三角形(如图 8-1 所示),并计算出这六个等腰三角形的面积之和 a_2,则 a_1+a_2(即圆的内接正十二边形的面积)就是 A 的一个较好的近似值.同样地,在这个正十二边形的每一边上分别做一个顶点在圆周上的等腰三角形,并计算出这十二个等腰三角形的面积之和 a_3.则 $a_1+a_2+a_3$(即内接正二十四边形的面积)是圆面积 A 的一个更好的近似值.如此继续下去,内接正 $3 \cdot 2^n$ 边形的面积就更加逼近圆的面积.即

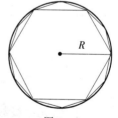

图 8-1

$$a_1+a_2+\cdots+a_n \approx A.$$

如果内接正多边形的边数无限加多,即 n 无限增大,则和式 a_1+a_2

$+\cdots+a_n$ 的极限就是所要求的面积 A. 这时和式的项无限增多,于是出现了无穷多个数量依次相加的数学式子.

一般地,如果给定一个数列
$$u_1, u_2, u_3, \cdots, u_n, \cdots,$$
则称表达式
$$u_1 + u_2 + u_3 + \cdots + u_n + \cdots$$
为常数项无穷级数,简称(常数项)级数,记作 $\sum_{n=1}^{\infty} u_n$. 即

$$\sum_{n=1}^{\infty} u_n = u_1 + u_2 + \cdots + u_n + \cdots, \tag{1.1}$$

其中第 n 项 u_n 叫作级数的一般项(或通项). 级数的前 n 项之和 $u_1 + u_2 + \cdots + u_n$ 称为级数(1.1)的部分和,记作 s_n. 即

$$s_n = u_1 + u_2 + \cdots + u_n = \sum_{k=1}^{n} u_k. \tag{1.2}$$

上述关于无穷级数的概念只是一个形式上的定义. 至于如何理解无穷多个数相加,其相加结果又如何,是一个需要进一步研究的问题. 我们不妨从有限多个数的和出发研究它.

定义 8.1.1 如果级数 $\sum_{n=1}^{\infty} u_n$ 的部分和数列 $\{s_n\}$ 有极限 s,即
$$\lim_{n \to \infty} s_n = s,$$
则称级数 $\sum_{n=1}^{\infty} u_n$ 收敛,并称 s 为级数 $\sum_{n=1}^{\infty} u_n$ 的和,记作
$$s = \sum_{n=1}^{\infty} u_n = u_1 + u_2 + \cdots + u_n + \cdots.$$

如果 $\{s_n\}$ 没有极限(发散),则称级数(1.1)发散.

于是,无穷级数 $\sum_{n=1}^{\infty} u_n$ 的收敛性问题,实质上就是其部分和数列 $\{s_n\}$ 的收敛性问题. 两者之间是可以互相转化的.

例 1 无穷级数
$$\sum_{n=1}^{\infty} aq^{n-1} = a + aq + aq^2 + \cdots + aq^{n-1} + \cdots \tag{1.3}$$

叫作等比级数(或几何级数),其中 $a \neq 0$,q 称为级数(1.3)的公比. 试讨论其敛散性.

解 当 $|q| = 1$ 时,级数(1.3)显然发散.

当 $|q| \neq 1$ 时,级数(1.3)的前 n 项部分和为

$$s_n = a + aq + \cdots + aq^{n-1} = \frac{a - aq^n}{1-q}.$$

(1) 当 $|q| < 1$ 时，有 $\lim\limits_{n \to \infty} s_n = \frac{a}{1-q}$. 此时级数(1.3)收敛,且其和为 $\frac{a}{1-q}$.

(2) 当 $|q| > 1$ 时，有 $\lim\limits_{n \to \infty} s_n = \infty$. 此时级数(1.3)发散.

综上讨论知,等比级数 $\sum\limits_{n=1}^{\infty} aq^{n-1}$ 当 $|q| < 1$ 时收敛于 $\frac{a}{1-q}$,当 $|q| \geqslant 1$ 时发散.

例 2 判别级数 $\sum\limits_{n=1}^{\infty} \frac{1}{n(n+1)}$ 的敛散性.

解 由于
$$u_n = \frac{1}{n(n+1)} = \frac{1}{n} - \frac{1}{n+1},$$
所以
$$s_n = \sum_{i=1}^{n} u_i = \left(1 - \frac{1}{2}\right) + \left(\frac{1}{2} - \frac{1}{3}\right) + \cdots + \left(\frac{1}{n} - \frac{1}{n+1}\right)$$
$$= 1 - \frac{1}{n+1}.$$
从而
$$\lim_{n \to \infty} s_n = \lim_{n \to \infty} \left(1 - \frac{1}{n+1}\right) = 1.$$
即该级数收敛,且其和为 1. 也即
$$\sum_{n=1}^{\infty} \frac{1}{n(n+1)} = 1.$$

例 3 证明调和级数
$$\sum_{n=1}^{\infty} \frac{1}{n} = 1 + \frac{1}{2} + \cdots + \frac{1}{n} + \cdots \tag{1.4}$$
发散.

证 用反证法. 设级数(1.4)收敛且其和为 s,则依定义,其部分和的极限为
$$\lim_{n \to \infty} s_n = s \quad \text{且} \quad \lim_{n \to \infty} s_{2n} = s.$$
于是有
$$\lim_{n \to \infty} (s_{2n} - s_n) = s - s = 0. \tag{1.5}$$
然而
$$s_{2n} - s_n = \frac{1}{n+1} + \frac{1}{n+2} + \cdots + \frac{1}{2n}$$

$$> \frac{1}{2n} + \frac{1}{2n} + \cdots + \frac{1}{2n} = \frac{1}{2}.$$

此与(1.5)式相矛盾. 故调和级数 $\sum_{n=1}^{\infty} \frac{1}{n}$ 发散.

2. 级数的基本性质

根据级数的敛散性定义,不难得出如下基本性质:

性质 8.1.1 设 k 为非零常数,则级数 $\sum_{n=1}^{\infty} ku_n$ 与级数 $\sum_{n=1}^{\infty} u_n$ 同时收敛或者同时发散,并且在收敛时有

$$\sum_{n=1}^{\infty} ku_n = k \sum_{n=1}^{\infty} u_n.$$

证 设级数 $\sum_{n=1}^{\infty} u_n$ 与 $\sum_{n=1}^{\infty} ku_n$ 的部分和分别为 s_n 与 σ_n,则

$$\sigma_n = ku_1 + ku_2 + \cdots + ku_n = ks_n. \tag{1.6}$$

于是,由数列极限的性质知,当 $n \to \infty$ 时,$\{s_n\}$ 与 $\{\sigma_n\}$ 同时收敛或者同时发散. 在同时收敛时,由(1.6)式得

$$\lim_{n \to \infty} \sigma_n = k \lim_{n \to \infty} s_n,$$

即

$$\sum_{n=1}^{\infty} ku_n = k \sum_{n=1}^{\infty} u_n.$$

性质 8.1.2 若级数 $\sum_{n=1}^{\infty} u_n$ 与级数 $\sum_{n=1}^{\infty} v_n$ 分别收敛于 s 与 σ,则级数 $\sum_{n=1}^{\infty} (u_n \pm v_n)$ 收敛于 $s \pm \sigma$.

证 记级数 $\sum_{n=1}^{\infty} u_n$, $\sum_{n=1}^{\infty} v_n$ 及 $\sum_{n=1}^{\infty} (u_n \pm v_n)$ 的部分和分别为 s_n, σ_n 及 τ_n,则有

$$\begin{aligned}\tau_n &= (u_1 \pm v_1) + (u_2 \pm v_2) + \cdots + (u_n \pm v_n) \\ &= (u_1 + u_2 + \cdots + u_n) \pm (v_1 + v_2 \cdots + v_n) \\ &= s_n \pm \sigma_n.\end{aligned}$$

于是

$$\lim_{n \to \infty} \tau_n = \lim_{n \to \infty} (s_n \pm \sigma_n) = s \pm \sigma.$$

即级数 $\sum_{n=1}^{\infty} (u_n \pm v_n)$ 收敛,且其和为 $s \pm \sigma$.

该性质表明,两个收敛级数可以逐项相加或逐项相减.

推论 8.1.1 若级数 $\sum\limits_{n=1}^{\infty} u_n$ 与级数 $\sum\limits_{n=1}^{\infty} v_n$ 都收敛,a,b 为常数,则
$$\sum_{n=1}^{\infty}(au_n\pm bv_n)=a\sum_{n=1}^{\infty}u_n\pm b\sum_{n=1}^{\infty}v_n.$$

性质 8.1.3 在级数中去掉、加上或者改变有限项,不会改变级数的敛散性.

证 只证在级数前面去掉有限项不影响级数的敛散性.其他情形同理可证.

考察级数 $\sum\limits_{n=1}^{\infty} u_n$ 及级数 $\sum\limits_{n=k+1}^{\infty} u_n$ (k 为正整数).记 $\sum\limits_{n=1}^{\infty} u_n$ 的前 n 项部分和及 $\sum\limits_{n=k+1}^{\infty} u_n$ 的前 $n-k$ 项部分和分别为 s_n 及 σ_{n-k} ($n>k$),并记 $\sum\limits_{n=1}^{k} u_n=a$,则有
$$s_n=a+\sigma_{n-k}.$$

由数列极限的性质知,当 $n\to\infty$ 时,数列 $\{s_n\}$ 与数列 $\{\sigma_{n-k}\}$ 同时收敛或者同时发散,并且在收敛时有
$$\lim_{n\to\infty}s_n=a+\lim_{n\to\infty}\sigma_{n-k}.$$

因此,级数 $\sum\limits_{n=1}^{\infty} u_n$ 与级数 $\sum\limits_{n=k+1}^{\infty} u_n$ 有相同的敛散性(在收敛情形下,一般说来,其和数会有改变).

性质 8.1.4 设级数 $\sum\limits_{n=1}^{\infty} u_n$ 收敛,则对该级数的项任意加括号后所形成的级数也收敛,且其和不变.

证 设加括号后的级数为
$$(u_1+\cdots+u_{n_1})+(u_{n_1+1}+\cdots+u_{n_2})+\cdots+(u_{n_{k-1}+1}+\cdots+u_{n_k})+\cdots \tag{1.7}$$

并设 $\sum\limits_{n=1}^{\infty} u_n$ 的前 n 项部分和为 s_n,级数(1.7)的前 k 项部分和为 σ_k,则
$$\sigma_k=(u_1+\cdots+u_{n_1})+(u_{n_1+1}+\cdots+u_{n_2})+\cdots+(u_{n_{k-1}+1}+\cdots+u_{n_k})$$
$$=s_{n_k}.$$

可见,数列 $\{\sigma_k\}$ 乃是数列 $\{s_n\}$ 的一个子数列.由数列 $\{s_n\}$ 收敛知数列 $\{\sigma_n\}$ 也收敛,并且
$$\lim_{k\to\infty}\sigma_k=\lim_{n\to\infty}s_n.$$

这表明加括号之后所形成的级数收敛且其和不变.

注 对收敛级数,可对它任意加括号,但注意不能改变相关项的次序,另外如果加括号后所形成的级数收敛,并不能断定去括号后原来的级数也收敛.例如,级数

$$(1-1)+(1-1)+\cdots+(1-1)+\cdots$$

收敛于零,但是级数

$$1-1+1-1+\cdots$$

却是发散的.

性质 8.1.5(级数收敛的必要条件) 如果级数 $\sum_{n=1}^{\infty} u_n$ 收敛,则其一般项趋于零,即

$$\lim_{n\to\infty} u_n = 0.$$

证 设级数 $\sum_{n=1}^{\infty} u_n$ 的部分和为 s_n,且其和为 s,则

$$\lim_{n\to\infty} u_n = \lim_{n\to\infty}(s_n - s_{n-1}) = \lim_{n\to\infty} s_n - \lim_{n\to\infty} s_{n-1} = s - s = 0.$$

据此可知,若级数的一般项 $u_n \not\to 0 \ (n\to\infty)$,则级数 $\sum_{n=1}^{\infty} u_n$ 一定是发散的.但是,仅凭 $\lim_{n\to\infty} u_n = 0$,并不能断言级数 $\sum_{n=1}^{\infty} u_n$ 一定是收敛的.例如,发散的调和级数 $\sum_{n=1}^{\infty} \frac{1}{n}$ 也有

$$\lim_{n\to\infty} u_n = \lim_{n\to\infty} \frac{1}{n} = 0.$$

§8.2 常数项级数收敛判别法

1. 正项级数

上节中讨论的一般常数项级数中,它的各项的数值可以是正数、负数或者是零.本节专门讨论其中一类特殊的级数,即其各项均非负数的级数,通常称之为<u>正项级数</u>.若其各项均非正数的级数,通常称之为<u>负项级数</u>.正项级数与负项级数统称为<u>同号级数(或保号级数)</u>.鉴于级数 $\sum_{n=1}^{\infty} u_n$ 与级数 $\sum_{n=1}^{\infty} (-u_n)$ 具有相同的敛散性,故本节只讨论正项级数.

设级数
$$u_1 + u_2 + \cdots + u_n + \cdots \qquad (2.1)$$
是一个正项级数. 由于 $u_n \geqslant 0$ $(n=1,2,\cdots)$, 故有
$$s_{n+1} = s_n + u_{n+1} \geqslant s_n \quad (n=1,2,\cdots),$$
即 $\{s_n\}$ 是单调递增数列. 根据单调有界数列收敛准则可得如下结论.

定理 8.2.1（正项级数收敛原理） 正项级数 $\sum_{n=1}^{\infty} u_n$ 收敛的充要条件是其部分和数列 $\{s_n\}$ 有（上）界.

据此可见, 若正项级数 $\sum_{n=1}^{\infty} u_n$ 发散, 则其部分和数列 $s_n \to +\infty$ $(n\to\infty)$. 即
$$\sum_{n=1}^{\infty} u_n = +\infty.$$

定理 8.2.2（比较判别法） 设 $\sum_{n=1}^{\infty} u_n$ 和 $\sum_{n=1}^{\infty} v_n$ 都是正项级数, 且存在正整数 N, 使当 $n > N$ 时恒有
$$u_n \leqslant c v_n \quad (c > 0),$$
则

(1) 若级数 $\sum_{n=1}^{\infty} v_n$ 收敛, 则级数 $\sum_{n=1}^{\infty} u_n$ 也收敛.

(2) 若级数 $\sum_{n=1}^{\infty} u_n$ 发散, 则级数 $\sum_{n=1}^{\infty} v_n$ 也发散.

证 由性质 8.1.1 和性质 8.1.3 知, 级数 $\sum_{n=1}^{\infty} c v_n$ 与级数 $\sum_{n=1}^{\infty} v_n$ 有相同的敛散性. 不失一般性, 可设
$$u_n \leqslant v_n \quad (n=1,2,\cdots),$$
记级数 $\sum_{n=1}^{\infty} u_n$ 和 $\sum_{n=1}^{\infty} v_n$ 的部分和分别为 s_n 和 σ_n, 则有
$$s_n = u_1 + u_2 + \cdots + u_n \leqslant v_1 + v_2 + \cdots + v_n = \sigma_n.$$

由定理 8.2.1 知, 若级数 $\sum_{n=1}^{\infty} v_n$ 收敛, 则 $\{\sigma_n\}$ 有上界, 从而 $\{s_n\}$ 有上界. 因此级数 $\sum_{n=1}^{\infty} u_n$ 收敛; 若级数 $\sum_{n=1}^{\infty} u_n$ 发散, 则 $\{s_n\}$ 无上界, 从而 $\{\sigma_n\}$ 无上界. 因此级数 $\sum_{n=1}^{\infty} v_n$ 发散.

例1 讨论 p 级数

$$\sum_{n=1}^{\infty} \frac{1}{n^p} = 1 + \frac{1}{2^p} + \cdots + \frac{1}{n^p} + \cdots \qquad (2.2)$$

的敛散性,其中常数 $p>0$.

解 若 $p \leqslant 1$,则 $\frac{1}{n} \leqslant \frac{1}{n^p}$ ($n=1,2,\cdots$).由于调和级数 $\sum_{n=1}^{\infty} \frac{1}{n}$ 发散,故据定理 8.2.2 知级数 $\sum_{n=1}^{\infty} \frac{1}{n^p}$ 发散.

若 $p>1$,则当 $k-1 \leqslant x \leqslant k$ 时,有 $\frac{1}{k^p} \leqslant \frac{1}{x^p}$,所以

$$\frac{1}{k^p} = \int_{k-1}^{k} \frac{1}{k^p} dx \leqslant \int_{k-1}^{k} \frac{1}{x^p} dx \quad (k=2,3,\cdots).$$

于是级数(2.2)的部分和

$$\begin{aligned} s_n &= 1 + \sum_{k=2}^{n} \frac{1}{k^p} \leqslant 1 + \sum_{k=2}^{n} \int_{k-1}^{k} \frac{1}{x^p} dx \\ &= 1 + \int_{1}^{n} \frac{1}{x^p} dx = 1 + \frac{1}{p-1}\left(1 - \frac{1}{n^{p-1}}\right) \\ &< 1 + \frac{1}{p-1} = \frac{p}{p-1} \quad (n=2,3,\cdots). \end{aligned}$$

这表明部分和数列 $\{s_n\}$ 有上界,因而级数(2.2)收敛.

p 级数及几何级数——作为其敛散性为已知的正项级数,常常被用于正项级数的比较判别法.因此应当熟记它们的敛散性条件.

例2 判别级数 $\sum_{n=1}^{\infty} \frac{1}{\sqrt{n(n+1)}}$ 的敛散性.

解 因为

$$\frac{1}{\sqrt{n(n+1)}} > \frac{1}{n+1} \quad (n=1,2,\cdots),$$

且级数 $\sum_{n=1}^{\infty} \frac{1}{n+1} = \sum_{n=2}^{\infty} \frac{1}{n}$ 发散,所以由比较判别法知原级数发散.

例3 判别级数 $\sum_{n=1}^{\infty} 2^n \sin \frac{x}{3^n}$ $(0<x<3\pi)$ 的敛散性.

解 因为

$$0 < 2^n \sin \frac{x}{3^n} < x \cdot \left(\frac{2}{3}\right)^n \quad (n=1,2,\cdots),$$

且几何级数 $\sum_{n=1}^{\infty} \left(\frac{2}{3}\right)^n$ 收敛,故由比较判别法知原级数收敛.

为应用方便起见,我们给出比较判别法的极限形式.

定理 8.2.3（比较判别法的极限形式） 设级数 $\sum\limits_{n=1}^{\infty} u_n$ 及 $\sum\limits_{n=1}^{\infty} v_n$ 都是正项级数，且

$$\lim_{n\to\infty}\frac{u_n}{v_n}=l,$$

则有

(1) 若 $0<l<+\infty$，则级数 $\sum\limits_{n=1}^{\infty} u_n$ 与 $\sum\limits_{n=1}^{\infty} v_n$ 同时收敛或者同时发散；

(2) 若 $l=0$，则当级数 $\sum\limits_{n=1}^{\infty} v_n$ 收敛时，级数 $\sum\limits_{n=1}^{\infty} u_n$ 也收敛；

(3) 若 $l=+\infty$，则当级数 $\sum\limits_{n=1}^{\infty} v_n$ 发散时，级数 $\sum\limits_{n=1}^{\infty} u_n$ 也发散.

证 (1) 由 $\lim\limits_{n\to\infty}\frac{u_n}{v_n}=l>0$ 知数列 $\left\{\frac{u_n}{v_n}\right\}$ 在某项 N 后完全位于 l 的某邻域 $U\left(l,\frac{1}{2}\right)$ 内. 即当 $n>N$ 时，恒有

$$\frac{l}{2}<\frac{u_n}{v_n}<\frac{3l}{2},$$

即有

$$\frac{l}{2}v_n<u_n<\frac{3l}{2}v_n.$$

于是，由定理 8.2.2 知，级数 $\sum\limits_{n=1}^{\infty} u_n$ 与 $\sum\limits_{n=1}^{\infty} v_n$ 同时收敛或者同时发散.

类似地可以证明结论(2)及(3). 从而定理获证.

例 4 判别级数 $\sum\limits_{n=1}^{\infty}\frac{1}{n\sqrt[n]{n}}$ 的敛散性.

解 因为

$$\lim_{n\to\infty}\frac{\frac{1}{n\sqrt[n]{n}}}{\frac{1}{n}}=\lim_{n\to\infty}\frac{1}{\sqrt[n]{n}}=1,$$

而级数 $\sum\limits_{n=1}^{\infty}\frac{1}{n}$ 发散，故由定理 8.2.3 知原级数发散.

例 5 判别级数 $\sum\limits_{n=1}^{\infty}\left(1-\cos\frac{x}{n}\right)$ 的敛散性.

解 因为

$$\lim_{n\to\infty}\frac{1-\cos\frac{x}{n}}{\frac{1}{n^2}}=\frac{x^2}{2}\geqslant 0,$$

且级数 $\sum_{n=1}^{\infty}\frac{1}{n^2}$ 收敛,故由定理 8.2.3 知原级数收敛.

推论 8.2.1 设 $\sum_{n=1}^{\infty}u_n$ 为正项级数.

(1) 如果 $\lim\limits_{n\to\infty}nu_n=l>0$（或 $\lim\limits_{n\to\infty}nu_n=+\infty$）,则级数 $\sum_{n=1}^{\infty}u_n$ 发散.

(2) 如果 $p>1$ 且 $\lim\limits_{n\to\infty}n^p u_n=l$ $(0\leqslant l<+\infty)$,则级数 $\sum_{n=1}^{\infty}u_n$ 收敛.

证 (1) 在定理 8.2.3 中取 $v_n=\frac{1}{n}$,由于调和级数 $\sum_{n=1}^{\infty}\frac{1}{n}$ 发散,所以级数 $\sum_{n=1}^{\infty}u_n$ 发散.

(2) 若取 $v_n=\frac{1}{n^p}$,则当 $p>1$ 时,级数 $\sum_{n=1}^{\infty}\frac{1}{n^p}$ 收敛.由定理 8.2.3 知级数 $\sum_{n=1}^{\infty}u_n$ 收敛.

推论 8.2.1 是利用 p 级数 $\sum_{n=1}^{\infty}\frac{1}{n^p}$ 的敛散性,由比较判别法的极限形式而推导出来的一个判别法.实际上它只是定理 8.2.3 的一个特例,不过用起来比较方便.

例如,对于正项级数 $\sum_{n=1}^{\infty}\frac{P(n)}{Q(n)}$,其中 $P(n)$ 和 $Q(n)$ 粗略地说,都是 n 的正实数幂的和式,其最高次数分别为正实数 α 和 β,当 $\beta-\alpha>1$ 时级数收敛;当 $\beta-\alpha\leqslant 1$ 时级数发散.

例 6 判别级数 $\sum_{n=1}^{\infty}\ln\left(1+\frac{1}{n}\right)$ 的敛散性.

解 因为 $\ln\left(1+\frac{1}{n}\right)\sim\frac{1}{n}$ $(n\to\infty)$,所以,

$$\lim_{n\to\infty}nu_n=\lim_{n\to\infty}n\ln\left(1+\frac{1}{n}\right)=\lim_{n\to\infty}\left(n\cdot\frac{1}{n}\right)=1.$$

由推论 8.2.1 知所给级数发散.

例 7 判别级数 $\sum_{n=1}^{\infty}\frac{n\cdot\sqrt{2n+1}}{(n+1)^3}$ 的敛散性.

解 不难看出,分子的最高次数为 $\alpha = \dfrac{3}{2}$,分母的最高次数为 $\beta = 3$,由于 $\beta - \alpha = \dfrac{3}{2} > 1$,故所给级数收敛.

事实上,由于

$$\lim_{n\to\infty} n^{\frac{3}{2}} u_n = \lim_{n\to\infty} n^{\frac{3}{2}} \sum_{n=1}^{\infty} \frac{n \cdot \sqrt{2n+1}}{(n+1)^3} = \lim_{n\to\infty} \frac{\sqrt{2+\dfrac{1}{n}}}{\left(1+\dfrac{1}{n}\right)^3} = \sqrt{2},$$

根据推论 8.2.1 知所给级数收敛.

将正项级数与几何级数比较,还可得到两个实用上很方便的判别法.

定理 8.2.4(比值判别法,达郎贝尔(D'Alembert 判别法)) 设 $\sum\limits_{n=1}^{\infty} u_n$ 为正项级数,且

$$\lim_{n\to\infty} \frac{u_{n+1}}{u_n} = \rho,$$

则当 $\rho < 1$ 时级数 $\sum\limits_{n=1}^{\infty} u_n$ 收敛;当 $\rho > 1$ $\left(\text{或} \lim\limits_{n\to\infty} \dfrac{u_{n+1}}{u_n} = +\infty\right)$ 时,级数 $\sum\limits_{n=1}^{\infty} u_n$ 发散;当 $\rho = 1$ 时,级数 $\sum\limits_{n=1}^{\infty} u_n$ 的敛散性需进一步判定.

证 (1) 设 $\rho < 1$.由于 $\lim\limits_{n\to\infty} \dfrac{u_{n+1}}{u_n} = \rho < 1$,可适当选取 $\varepsilon > 0$,使得 $\rho + \varepsilon = r < 1$.则存在 N,当 $n \geq N$ 时,有

$$0 < \frac{u_{n+1}}{u_n} < \rho + \varepsilon = r,$$

因此

$$u_{n+1} < r u_n < r^2 u_{n-1} < \cdots < r^{n-N} u_{N+1}.$$

由于级数 $\sum\limits_{n=N+1}^{\infty} r^{n-N} u_{N+1}$ 收敛,故据定理 8.2.2 知级数 $\sum\limits_{n=1}^{\infty} u_n$ 收敛.

(2) 设 $\rho > 1$.由于 $\lim\limits_{n\to\infty} \dfrac{u_{n+1}}{u_n} = \rho > 1$,故可适当选取 $\varepsilon > 0$ 使得 $\rho - \varepsilon > 1$.根据极限定义知,存在 N,使当 $n > N$ 时有

$$\frac{u_{n+1}}{u_n} > \rho - \varepsilon > 1$$

即

$$u_{n+1} > u_n.$$

鉴于当 $n > N$ 时一般项 u_n 逐渐增大,因而 $\lim\limits_{n\to\infty} u_n \neq 0$. 故由性质 8.1.5 知级数 $\sum\limits_{n=1}^{\infty} u_n$ 发散.

类似地可以证明 $\lim\limits_{n\to\infty}\dfrac{u_{n+1}}{u_n} = +\infty$ 时,级数 $\sum\limits_{n=1}^{\infty} u_n$ 发散.

(3) 当 $\rho = 1$ 时,级数 $\sum\limits_{n=1}^{\infty} u_n$ 可能收敛也可能发散. 例如,对于 p 级数,不论 p 值如何,恒有

$$\lim_{n\to\infty}\frac{u_{n+1}}{u_n} = \lim_{n\to\infty}\frac{\frac{1}{(n+1)^p}}{\frac{1}{n^p}} = \lim_{n\to\infty}\left(\frac{n}{n+1}\right)^p = 1.$$

而当 $p > 1$ 时 p 级数收敛,当 $p \leq 1$ 时 p 级数发散. 故当 $\rho = 1$ 时不能用此法判定级数 $\sum\limits_{n=1}^{\infty} u_n$ 的敛散性. 需用更为细致的判别法来判定.

例 8 判别级数 $\sum\limits_{n=1}^{\infty} nx^{n-1}$ $(x > 0)$ 的敛散性.

解 因为

$$\lim_{n\to\infty}\frac{u_{n+1}}{u_n} = \lim_{n\to\infty}\frac{(n+1)x^{n+1}}{nx^n} = \lim_{n\to\infty}\frac{n+1}{n}x = x,$$

所以,当 $0 < x < 1$ 时级数 $\sum\limits_{n=1}^{\infty} nx^{n-1}$ 收敛;当 $x > 1$ 时级数 $\sum\limits_{n=1}^{\infty} nx^{n-1}$ 发散;当 $x = 1$ 时原级数成为 $\sum\limits_{n=1}^{\infty} n$,发散.

综上可得:当 $0 < x < 1$ 时原级数收敛,当 $x \geq 1$ 时原级数发散.

例 9 判别级数 $\sum\limits_{n=1}^{\infty} n!\left(\dfrac{x}{n}\right)^n$ $(x > 0)$ 的敛散性.

解 因为

$$\lim_{n\to\infty}\frac{u_{n+1}}{u_n} = \lim_{n\to\infty}\frac{(n+1)!\left(\frac{x}{n+1}\right)^{n+1}}{n!\left(\frac{x}{n}\right)^n} = \lim_{n\to\infty}\frac{x}{\left(1+\frac{1}{n}\right)^n} = \frac{x}{e},$$

所以,当 $x < e$ 时原级数收敛;当 $x > e$ 时原级数发散. 当 $x = e$ 时,此判别法不适用. 但是由于 $\left(1+\dfrac{1}{n}\right)^n$ 递增地接近 e,故当 n 充分大时恒有

$$\frac{u_{n+1}}{u_n} > 1 \text{ 即 } u_{n+1} > u_n.$$

于是 $\lim\limits_{n\to\infty} u_n \neq 0$,从而原级数发散.

综上可知,所给级数当 $0 < x < e$ 时收敛,当 $x \geq e$ 时发散.

定理 8.2.5(**根值判别法,柯西(Cauchy)判别法**) 设 $\sum\limits_{n=1}^{\infty} u_n$ 为正项级数,如果

$$\lim_{n\to\infty} \sqrt[n]{u_n} = \rho,$$

则当 $\rho < 1$ 时级数 $\sum\limits_{n=1}^{\infty} u_n$ 收敛;当 $\rho > 1$(或 $\rho \neq +\infty$)时,级数 $\sum\limits_{n=1}^{\infty} u_n$ 发散;当 $\rho = 1$ 时,级数 $\sum\limits_{n=1}^{\infty} u_n$ 可能收敛也可能发散.

证明与定理 8.2.4 相仿.从略.

例 10 判别级数 $\sum\limits_{n=1}^{\infty} \left(\dfrac{x}{a_n}\right)^n$ ($x > 0, a_n > 0$ 且 $\lim\limits_{n\to\infty} a_n = a$)的敛散性.

解 (1)若 $a = 0$,则 $\rho = \lim\limits_{n\to\infty} \sqrt[n]{u_n} = \lim\limits_{n\to\infty} \dfrac{x}{a_n} = +\infty$,因而所给级数发散.

(2)若 $a = +\infty$,则 $\rho = \lim\limits_{n\to\infty} \dfrac{x}{a_n} = 0$,因而所给级数收敛.

(3)若 $0 < a < +\infty$,则原级数的收敛性取决于 x 的值:即当 $x < a$ 时原级数收敛,当 $x > a$ 时原级数发散.当 $x = a$ 时,在一般情形下,不能断定级数是否收敛.级数的收敛与否要由 a_n 接近于 a 的特性来决定.

从以上的讨论可以看出,正项级数的基本性质及比较判别法,与非负连续函数在 $[a, +\infty)$ 上的无穷限积分的基本性质及收敛判别法颇为相似,实际上它们之间有着本质的联系.

定理 8.2.6(**柯西积分判别法**) 设 $f(x)$ 是 $[1, +\infty)$ 上非负单减连续函数,则级数 $\sum\limits_{n=1}^{\infty} f(n)$ 与无穷限积分 $\int_1^{+\infty} f(x)\mathrm{d}x$ 有相同的敛散性.

证 由题设知,当 $k \leq x \leq k+1$ 时,有
$$f(k+1) \leq f(x) \leq f(k).$$
从而有
$$u_{k+1} = f(k+1) \leq \int_k^{k+1} f(x)\mathrm{d}x \leq f(k) = u_k$$
以及
$$\sum_{k=1}^n u_{k+1} \leq \sum_{k=1}^n \int_k^{k+1} f(x)\mathrm{d}x \leq \sum_{k=1}^n u_k,$$
即

$$s_{n+1} - u_1 \leqslant \int_1^{n+1} f(x)\mathrm{d}x \leqslant s_n. \tag{2.3}$$

由此得到

(1) 若 $\int_1^{+\infty} f(x)\mathrm{d}x$ 收敛,即 $\int_1^{+\infty} f(x)\mathrm{d}x = c$ 为一非负常数,则由

$$s_{n+1} \leqslant u_1 + \int_1^{n+1} f(x)\mathrm{d}x \leqslant u_1 + \int_1^{+\infty} f(x)\mathrm{d}x = u_1 + c$$

知 $\{s_n\}$ 有界,从而级数 $\sum_{n=1}^{\infty} f(n)$ 收敛.

(2) 若 $\int_1^{+\infty} f(x)\mathrm{d}x$ 发散,则由于 $f(x) \geqslant 0$,必有 $\int_1^{+\infty} f(x)\mathrm{d}x = +\infty$.

从而

$$\lim_{n\to\infty} \int_1^{n+1} f(x)\mathrm{d}x = +\infty.$$

由不等式(2.3)知 $\{s_n\}$ 无界.于是级数 $\sum_{n=1}^{\infty} f(n)$ 发散.

例 11 判别级数 $\sum_{n=2}^{\infty} \dfrac{1}{n(\ln n)^p}$ 的敛散性.

解 因为

$$f(x) = \frac{1}{x(\ln x)^p}, \quad x \in [2, +\infty)$$

非负,单调减少,并且

$$\int_2^{+\infty} f(x)\mathrm{d}x = \int_2^{+\infty} \frac{1}{(\ln x)^p} \mathrm{d}(\ln x) = \begin{cases} \ln\ln x \Big|_2^{+\infty}, & \text{当 } p=1 \text{ 时,} \\ \dfrac{1}{1-p}(\ln x)^{1-p} \Big|_2^{+\infty}, & \text{当 } p \neq 1 \text{ 时,} \end{cases}$$

所以,当 $p \leqslant 1$ 时,无穷限积分 $\int_2^{+\infty} f(x)\mathrm{d}x$ 发散,从而所给级数发散;当 $p > 1$ 时,无穷限积分 $\int_2^{+\infty} f(x)\mathrm{d}x$ 收敛,从而所给级数收敛.

以上介绍了正项级数的几种判别法.在具体应用时,宜先考察级数的一般项是否趋于零,若趋于零,再针对一般项特点,选择适当的判别法.

2. 交错级数

在任意项级数(各项正负不加限制的常数项级数)中,有一类各项正负交错的重要级数.

定义 8.2.1 设 $u_n > 0$ $(n=1,2,\cdots)$,形如

$$\sum_{n=1}^{\infty}(-1)^{n-1}u_n = u_1 - u_2 + u_3 - u_4 + \cdots \qquad (2.4)$$

或

$$\sum_{n=1}^{\infty}(-1)^n u_n = -u_1 + u_2 - u_3 + u_4 + \cdots \qquad (2.5)$$

的常数项级数,称之为交错级数.

不失一般性,今后主要讨论级数(2.4).

定理 8.2.7（莱布尼兹（Leibniz）定理） 设交错级数 $\sum_{n=1}^{\infty}(-1)^{n-1}u_n$ 满足条件:

(1) $u_n \geqslant u_{n+1}$ $(n=1,2,\cdots)$;

(2) $\lim\limits_{n\to\infty} u_n = 0$,

则级数 $\sum_{n=1}^{\infty}(-1)^n u_n$ 收敛,且其和 $s \leqslant u_1$.

证 由条件(1)有

$$s_{2n} = (u_1 - u_2) + (u_3 - u_4) + \cdots + (u_{2n-1} - u_{2n}) \geqslant 0$$

及

$$s_{2n} = u_1 - (u_2 - u_3) - (u_4 - u_5) - \cdots - (u_{2n-2} - u_{2n-1}) - u_{2n} \leqslant u_1.$$

不难看出 $\{s_{2n}\}$ 为非负单增数列且有上界,故存在极限 s,且其值不大于 u_1,即

$$\lim_{n\to\infty} s_{2n} = s \leqslant u_1,$$

于是

$$\lim_{n\to\infty} s_{2n+1} = \lim_{n\to\infty}(s_n + u_{n+1}).$$

由条件(2)知 $\lim\limits_{n\to\infty} u_{n+1} = 0$,所以

$$\lim_{n\to\infty} s_{2n+1} = s,$$

于是

$$\lim_{n\to\infty} s_n = s \leqslant u_1.$$

例 12 证明交错级数 $\sum_{n=1}^{\infty}(-1)^{n-1}\dfrac{1}{n}$ 收敛.

证 所给级数显然满足条件:

(1) $u_n = \dfrac{1}{n} > \dfrac{1}{n+1} = u_{n+1}$ $(n=1,2,\cdots)$;

(2) $\lim\limits_{n\to\infty} u_n = \lim\limits_{n\to 0}\dfrac{1}{n} = 0.$

由莱布尼茨定理知该级数收敛.

3. 绝对收敛与条件收敛

对于一般的任意项级数 $\sum\limits_{n=1}^{\infty} u_n$，通常先判断正项级数 $\sum\limits_{n=1}^{\infty} |u_n|$ 的敛散性. 为此引进绝对收敛与条件收敛概念.

定义 8.2.2 如果级数 $\sum\limits_{n=1}^{\infty} |u_n|$ 收敛，则称级数 $\sum\limits_{n=1}^{\infty} u_n$ 绝对收敛；如果级数 $\sum\limits_{n=1}^{\infty} u_n$ 收敛而级数 $\sum\limits_{n=1}^{\infty} |u_n|$ 发散，则称级数 $\sum\limits_{n=1}^{\infty} u_n$ 条件收敛.

定理 8.2.8 如果级数 $\sum\limits_{n=1}^{\infty} |u_n|$ 收敛，则级数 $\sum\limits_{n=1}^{\infty} u_n$ 收敛.

证 令 $v_n = \dfrac{1}{2}(u_n + |u_n|)$，则显有

$$0 \leqslant v_n \leqslant |u_n| \quad (n=1,2,\cdots).$$

因为级数 $\sum\limits_{n=1}^{\infty} |u_n|$ 收敛，所以由比较判别法知正项级数 $\sum\limits_{n=1}^{\infty} v_n$ 收敛. 再由性质 8.2.1 及性质 8.2.2 之推论知级数

$$\sum_{n=1}^{\infty} u_n = \sum_{n=1}^{\infty} (2v_n - |u_n|)$$

收敛.

该定理的实际意义是可借助正项级数的判别法确定任意项级数的绝对收敛性. 余下的只是研究一般级数 $\sum\limits_{n=1}^{\infty} u_n$ 的条件收敛性了.

例 13 判定级数 $\sum\limits_{n=1}^{\infty} \dfrac{\sin n\alpha}{n^2}$ 的收敛性.

解 由于 $|u_n| = \left|\dfrac{\sin n\alpha}{n^2}\right| \leqslant \dfrac{1}{n^2}$ 及级数 $\sum\limits_{n=1}^{\infty} \dfrac{1}{n^2}$ 收敛，根据比较判别法知 $\sum\limits_{n=1}^{\infty} \left|\dfrac{\sin n\alpha}{n^2}\right|$ 收敛；再由定理 8.2.8 及定义知级数 $\sum\limits_{n=1}^{\infty} \dfrac{\sin n\alpha}{n^2}$ 收敛，且绝对收敛.

例 14 判别级数 $\sum\limits_{n=1}^{\infty} (-1)^n \left(\dfrac{n}{n+1}\right)^{n^2}$ 的收敛性.

解 由于 $|u_n| = \left(\dfrac{n}{n+1}\right)^{n^2} = \dfrac{1}{\left(1+\dfrac{1}{n}\right)^{n^2}}$，所以

$$\lim_{n\to\infty}\sqrt[n]{|u_n|}=\lim_{n\to\infty}\frac{1}{\left(1+\frac{1}{n}\right)^n}=\frac{1}{\mathrm{e}}<1.$$

因此,据定理 8.2.5 及定理 8.2.8 知所给级数绝对收敛.

§8.3 幂级数

1. 函数项级数概念

设 $u_n(x)(n=0,1,2,\cdots)$ 为定义在实数集合 D 上的函数序列,则称

$$\sum_{n=0}^{\infty}u_n(x)=u_0(x)+u_1(x)+\cdots+u_n(x)+\cdots \tag{3.1}$$

为定义在集合 D 上的函数项无穷级数,简称函数项级数.

对于每一个确定的值 $x_0 \in D$,函数项级数(3.1)成为常数项级数

$$\sum_{n=0}^{\infty}u_n(x_0)=u_0(x_0)+u_1(x_0)+\cdots+u_n(x_0)+\cdots. \tag{3.2}$$

如果级数(3.2)收敛,则称函数项级数(3.1)在 x_0 点收敛,并称 x_0 是函数项级数(3.1)的一个收敛点;如果级数(3.2)发散,则称函数项级数(3.1)在 x_0 点发散,并称 x_0 是函数项级数(3.1)的一个发散点. 函数项级数 $\sum_{n=0}^{\infty}u_n(x)$ 的全体收敛点的集合称为 $\sum_{n=0}^{\infty}u_n(x)$ 的收敛域. 函数项级数 $\sum_{n=0}^{\infty}u_n(x)$ 的所有发散点的集合称为函数项级数 $\sum_{n=0}^{\infty}u_n(x)$ 的发散域.

对于收敛域中每个 x 值,函数项级数 $\sum_{n=0}^{\infty}u_n(x)$ 都对应一个唯一的和数,记为 $s(x)$,即

$$\sum_{n=0}^{\infty}u_n(x)=s(x) \quad (x\in\text{收敛域}).$$

通常称 $s(x)$ 为定义在收敛域上的函数项级数 $\sum_{n=0}^{\infty}u_n(x)$ 的和函数.

若记函数项级数(3.1)的前 n 项部分和为 $s_n(x)$,则在收敛域上有

$$s(x)=\lim_{n\to\infty}s_n(x).$$

记 $r(x)=s(x)-s_n(x)$,并称之为函数项级数(3.1)的余项.(当然只有在收敛域内,$r(x)$ 才有意义). 于是有

$$\lim_{n\to\infty} r(x) = 0 \quad (x \in \text{收敛域}).$$

例如,几何级数

$$\sum_{n=0}^{\infty} x^n = 1 + x + x^2 + \cdots + x^n + \cdots,$$

已知其当 $|x|<1$ 时收敛,当 $|x|\geqslant 1$ 时发散;故其收敛域为 $(-1,1)$,发散域为 $(-\infty,-1]\cup[1,+\infty)$,且有

$$s(x) = \sum_{n=0}^{\infty} x^n = \frac{1}{1-x}, \quad x \in (-1,1).$$

注 函数 $\frac{1}{1-x}$ 的定义域为 $(-\infty,1)\cup(1,+\infty)$,但是仅在 $(-1,1)$ 内才有 $\sum_{n=0}^{\infty} x^n = \frac{1}{1-x}$. 即仅在 $(-1,1)$ 内,$\frac{1}{1-x}$ 才是 $\sum_{n=0}^{\infty} x^n$ 的和函数,在 $(-\infty,-1]\cup[1,+\infty)$ 内,$\sum_{n=0}^{\infty} x^n$ 没有意义.

2. 幂级数及其收敛域

形如

$$\sum_{n=0}^{\infty} a_n(x-x_0)^n = a_0 + a_1(x-x_0) + a_2(x-x_0)^2 + \cdots$$
$$+ a_n(x-x_0)^n + \cdots \tag{3.3}$$

的函数项级数称为<u>在点 x_0 的幂级数</u>或 $(x-x_0)$ 的幂级数. 其中 a_n $(n=0,1,\cdots)$ 为常数,称为<u>幂级数的系数</u>. 若取 $x_0=0$,则得

$$\sum_{n=0}^{\infty} a_n x^n = a_0 + a_1 x + a_2 x^2 + \cdots + a_n x^n + \cdots,$$

称为<u>在零点的幂级数</u>或 <u>x 的幂级数</u>.

若在(3.3)式中令 $t=x-x_0$,则(3.3)式便成为

$$\sum_{n=0}^{\infty} a_n t^n = a_0 + a_1 t + a_2 t^2 + \cdots + a_n t^n + \cdots, \tag{3.4}$$

因此,本节主要讨论幂级数(3.4).

显然,幂级数(3.4)在 $t=0$ 点一定收敛. 因而主要讨论当 $t\neq 0$ 时幂级数(3.4)的收敛性问题.

例1 求幂级数 $\sum_{n=1}^{\infty} n^n x^n$ 的收敛域.

解 当 $x\neq 0$ 时有

$$\lim_{n\to\infty} \frac{|u_{n+1}(x)|}{|u_n(x)|} = \lim_{n\to\infty} \left| \frac{(n+1)^{n+1} x^{n+1}}{n^n x^n} \right|$$

$$= \lim_{n\to\infty}\left(1+\frac{1}{n}\right)^n (n+1)|x| = +\infty,$$

或

$$\lim_{n\to\infty}\sqrt[n]{|u_n(x)|} = \lim_{n\to\infty}\sqrt[n]{n^n|x|^n} = \lim_{n\to\infty} n|x| = +\infty,$$

于是,

$$\lim_{n\to\infty} u_n(x) \neq 0.$$

所以,幂级数 $\sum_{n=1}^{\infty} n^n x^n$ 在 $x \neq 0$ 处发散. 从而知所给幂级数的收敛域为 $x=\{0\}$（单点集）.

例 2 求幂级数 $\sum_{n=0}^{\infty} q^{n^2} x^n$ $(0<q<1)$ 的收敛域.

解 当 $x \neq 0$ 时,由

$$\lim_{n\to\infty}\frac{|u_{n+1}(x)|}{|u_n(x)|} = \lim_{n\to\infty}\left|\frac{q^{(n+1)^2} x^{n+1}}{q^{n^2} x^n}\right| = \lim_{n\to\infty} q^{2n+1}|x| = 0$$

知级数 $\sum_{n=0}^{\infty} q^n x^n$ 收敛. 故幂级数 $\sum_{n=0}^{\infty} q^{n^2} x^n$ 的收敛域为 $(-\infty, +\infty)$.

例 3 求幂级数 $\sum_{n=0}^{\infty} \frac{(-1)^n}{2n+1} x^n$ 的收敛域.

解 当 $x \neq 0$ 时,由

$$\lim_{n\to\infty}\frac{|u_{n+1}(x)|}{|u_n(x)|} = \lim_{n\to\infty}\left|\frac{(-1)^{n+1}}{2n+3} x^{n+1} \Big/ \frac{(-1)^n}{2n+1} x^n\right|$$

$$= \lim_{n\to\infty}\frac{2n+1}{2n+3}|x| = |x|$$

知,当 $|x|<1$ 时级数 $\sum_{n=0}^{\infty}\frac{(-1)^n}{2n+1}x^n$ 收敛;当 $|x|>1$ 时级数 $\sum_{n=0}^{\infty}\frac{(-1)^n}{2n+1}x^n$ 发散;当 $x=1$ 时原级数成为 $\sum_{n=0}^{\infty}\frac{(-1)^n}{2n+1}$,由莱布尼茨定理知其收敛;当 $x=-1$ 时原级数成为 $\sum_{n=0}^{\infty}\frac{1}{2n+1}$,由调和级数 $\sum_{n=0}^{\infty}\frac{1}{n}$ 的发散性知其发散. 故幂级数 $\sum_{n=0}^{\infty}\frac{(-1)^n}{2n+1}x^n$ 的收敛域为 $(-1,1]$.

以上三例表现出幂级数 $\sum_{n=0}^{\infty} a_n x^n$ 的三个类型. 例 3 表明,幂级数 $\sum_{n=0}^{\infty} a_n x^n$ 的收敛域是一个以原点为中心的对称区间(不考虑区间端点的对称性). 例 1 和例 2 是其两个极端的特殊情形. 一般地,有如下定理:

定理 8.3.1（阿贝尔（Abel）定理） 如果幂级数 $\sum_{n=0}^{\infty} a_n x^n$ 在某点 x_0 ($x_0 \neq 0$) 处收敛，则在满足不等式 $|x| < |x_0|$ 的一切点 x 处，级数 $\sum_{n=0}^{\infty} a_n x^n$ 绝对收敛；如果幂级数 $\sum_{n=0}^{\infty} a_n x^n$ 在某点 x_0 处发散，则在适合不等式 $|x| > |x_0|$ 的一切点 x 处，级数 $\sum_{n=0}^{\infty} a_n x^n$ 发散．

证 （1）设 x_0 是其收敛点，即级数

$$\sum_{n=0}^{\infty} a_n x_0^n = a_0 + a_1 x_0 + \cdots + a_n x_0^n + \cdots$$

收敛，则根据级数收敛必要条件有

$$\lim_{n \to \infty} a_n x_0^n = 0,$$

从而知存在 $M > 0$ 使得

$$|a_n x_0^n| \leq M \quad (n = 0, 1, 2 \cdots),$$

于是对于满足不等式 $|x| < |x_0|$ 的一切 x，皆有

$$|a_n x^n| = |a_n x_0^n| \cdot \left|\frac{x}{x_0}\right|^n < Mq^n,$$

其中 $q = \left|\frac{x}{x_0}\right| < 1$．由于几何级数 $\sum_{n=0}^{\infty} Mq^n$ 收敛，故级数 $\sum_{n=0}^{\infty} a_n x^n$ 绝对收敛．

（2）设 x_0 是其发散点．若存在 x_1 满足 $|x_1| > |x_0|$ 而使级数 $\sum_{n=0}^{\infty} a_n x_1^n$ 收敛，则根据结论(1)知级数 $\sum_{n=0}^{\infty} a_n x_0^n$ 也收敛，与假设相矛盾．定理获证．

推论 8.3.1 若幂级数 $\sum_{n=0}^{\infty} a_n x^n$ 不是仅在 $x = 0$ 点收敛，也不是在所有点都收敛，则存在 $R > 0$ 使得

（1）当 $|x| < R$ 时幂级数绝对收敛；

（2）当 $|x| > R$ 时幂级数发散；

（3）当 $x = R$ 或 $x = -R$ 时幂级数可能收敛也可能发散．

由阿贝尔定理知道：幂级数(3.4)的收敛域是以原点为中心的区间．若以 $2R$ 表示区间的长度，则称 R 为幂级数的收敛半径，称区间 $(-R, R)$ 为幂级数的收敛区间．

当 $R = 0$ 时，幂级数(3.4)仅在 $x = 0$ 处收敛；

当 $R=+\infty$ 时,幂级数(3.4)在 $(-\infty,+\infty)$ 处收敛;

当 $0<R<+\infty$ 时,幂级数(3.4)在 $(-R,+R)$ 内收敛,对一切满足不等式 $|x|>R$ 的 x,幂级数(3.4)都发散;至于 $x=\pm R$,幂级数(3.4)可能收敛也可能发散.

关于收敛半径 R 的求法,我们有如下定理:

定理 8.3.2 在幂级数 $\sum\limits_{n=0}^{\infty}a_n x^n$ 中,如果

$$\lim_{n\to\infty}\left|\frac{a_{n+1}}{a_n}\right|=\rho,$$

则有

(1) 当 $0<\rho<+\infty$ 时,$R=\dfrac{1}{\rho}$;

(2) 当 $\rho=0$ 时,$R=+\infty$;

(3) 当 $\rho=+\infty$ 时,$R=0$.

证 (1) 由于

$$\lim_{n\to\infty}\frac{|a_{n+1}x^{n+1}|}{|a_n x^n|}=\lim_{n\to\infty}\left|\frac{a_{n+1}}{a_n}\right||x|=\rho|x|.$$

根据比值判别法知,当 $\rho|x|<1$ 即 $|x|<\dfrac{1}{\rho}$ 时,幂级数(3.4)绝对收敛;当 $\rho|x|>1$ 即 $|x|>\dfrac{1}{\rho}$ 时,幂级数 $\sum\limits_{n=0}^{\infty}|a_n x^n|$ 发散,且 $\lim\limits_{n\to\infty}a_n x^n\neq 0$,从而幂级数 $\sum\limits_{n=0}^{\infty}a_n x^n$ 发散.所以,$R=\dfrac{1}{\rho}$.

(2) 由 $\rho=0$ 知对于任意 $x\neq 0$,恒有

$$\lim_{n\to\infty}\left|\frac{a_{n+1}x^{n+1}}{a_n x^n}\right|=0<1,$$

于是幂级数(3.4)绝对收敛.因而 $R=+\infty$.

(3) 由 $\rho=+\infty$ 知对于一切 $x\neq 0$,恒有

$$\lim_{n\to\infty}\left|\frac{a_{n+1}x^{n+1}}{a_n x^n}\right|=+\infty,$$

于是级数 $\sum\limits_{n=0}^{\infty}|a_n x^n|$ 及 $\sum\limits_{n=0}^{\infty}a_n x^n$ 都发散.因而 $R=0$.

注 (1) 幂级数(3.3)的收敛半径的求法与此相同.

(2) 在求出收敛半径 R 后,再验证级数 $\sum\limits_{n=0}^{\infty}a_n R^n$ 及 $\sum\limits_{n=0}^{\infty}a_n(-R)^n$ 的敛散性,即可求出幂级数(3.4)的收敛域.

例 4 求幂级数 $\sum_{n=0}^{\infty} \frac{(2n)!}{(n!)^2} x^{2n}$ 的收敛半径.

解 所给级数缺少奇次幂项,不能直接应用定理 8.3.2 求 R,因此,根据比值判别法求其收敛半径.

因为
$$\lim_{n\to\infty}\left|\frac{[2(n+1)]!}{[(n+1)!]^2}x^{2(n+1)} \Big/ \frac{(2n)!}{(n!)^2}x^{2n}\right|=4|x|^2,$$

所以,当 $4|x|^2<1$ 即 $|x|<\frac{1}{2}$ 时,原级数绝对收敛;当 $4|x|^2>1$,即 $|x|<\frac{1}{2}$ 时,原级数发散.因而所求收敛半径为 $R=\frac{1}{2}$.

例 5 求幂级数 $\sum_{n=0}^{\infty} \frac{(-1)^n}{2n+1}(2x-1)^n$ 的收敛半径,收敛区间及收敛域.

解 令 $t=2x-1$,则原级数成为幂级数 $\sum_{n=0}^{\infty} \frac{(-1)^n}{2n+1}t^n$.由于
$$\lim_{n\to\infty}\left|\frac{a_{n+1}}{a_n}\right|=1$$

所以,当 $|t|<1$ 即 $|2x-1|<1$,亦即 $|x-\frac{1}{2}|<\frac{1}{2}$ 时,原级数绝对收敛;当 $|t|>1$ 即 $|x-\frac{1}{2}|>\frac{1}{2}$ 时,原级数发散,因而原级数的收敛半径为 $R=\frac{1}{2}$;收敛区间为 $\left(\frac{1}{2}-\frac{1}{2}, \frac{1}{2}+\frac{1}{2}\right)=(0,1)$.

当 $x=0$ 时,原级数成为发散的正项级数 $\sum_{n=0}^{\infty} \frac{1}{2n+1}$;当 $x=1$ 时,原级数成为收敛的交错级数 $\sum_{n=0}^{\infty} \frac{(-1)^n}{2n+1}$,所以原级数的收敛域为 $(0,1]$.

3. 幂级数的基本性质

幂级数 $\sum_{n=0}^{\infty} x^n$ 在其收敛域内有着良好的性质.现在叙述如下,证明从略.

性质 8.3.1 幂级数 $\sum_{n=0}^{\infty} a_n x^n$ 的和函数 $s(x)$ 在其收敛域 I 上是连续的.

性质 8.3.2 幂级数 $\sum_{n=0}^{\infty} a_n x^n$ 的和函数 $s(x)$ 在其收敛域 I 上可积,并

且有逐项积分公式

$$\int_0^x s(t)\mathrm{d}t = \int_0^x \Big[\sum_{n=0}^\infty a_n t^n\Big]\mathrm{d}t = \sum_{n=0}^\infty \int_0^x a_n t^n \mathrm{d}t$$

$$= \sum_{n=0}^\infty \frac{a_n}{n+1} x^{n+1} \quad (x \in I). \tag{3.5}$$

逐项积分后所得到的幂级数与原级数有相同的收敛半径.

性质 8.3.3 幂级数 $\sum_{n=0}^\infty a_n x^n$ 的和函数 $s(x)$ 在其收敛区间 $(-R,R)$ 内可导,且有逐项求导公式

$$s'(x) = \Big[\sum_{n=0}^\infty a_n x^n\Big]' = \sum_{n=0}^\infty (a_n x^n)'$$

$$= \sum_{n=0}^\infty n a_n x^{n-1} \quad (|x| < R). \tag{3.6}$$

逐项求导后所得到的幂级数与原级数有相同的收敛半径.

由此可知, $s(x) = \sum_{n=0}^\infty a_n x^n$ 在其收敛区间 $(-R,R)$ 内有任意阶导数.

例 6 求幂级数 $\sum_{n=0}^\infty \frac{(-1)^n}{n+1} x^n$ 的和函数.

解 不难确定该级数的收敛半径为 1,收敛域为 $(-1,1]$,利用上述性质求其在收敛域内的和函数 $s(x)$.

显然, $s(0) = 1$,当 $x \neq 0$ 且 $x \in [-1,1]$ 时,有

$$s(x) = \sum_{n=0}^\infty \frac{(-1)^n}{n+1} x^n = \frac{1}{x} \sum_{n=0}^\infty \frac{(-1)^n}{n+1} x^{n+1},$$

令 $f(x) = \sum_{n=0}^\infty \frac{(-1)^n}{n+1} x^{n+1}$,则在收敛区间 $(-1,1)$ 内有

$$f'(x) = \sum_{n=0}^\infty (-1)^n x^n = \frac{1}{1+x}.$$

从而在收敛域 $(-1,1]$ 上有

$$f(x) = \int_0^x \frac{1}{1+t} \mathrm{d}t + f(0) = \ln(1+x).$$

由此得到原级数的和函数为

$$s(x) = \sum_{n=0}^\infty \frac{(-1)^n}{n+1} x^n = \begin{cases} \frac{1}{x} \ln(1+x), & -1 < x < 0 \text{ 或 } 0 < x \leq 1. \\ 1, & x = 0. \end{cases}$$

注 也可以利用和函数的连续性求得

$$s(0) = \lim_{x\to 0} s(x) = \lim_{x\to 0} \frac{1}{x}\ln(1+x) = 1$$

例 7 求常数项级数 $\sum_{n=0}^{\infty} \frac{(-1)^{n-1}}{n \cdot 3^{n-1}}$ 的和.

解 不难看出该级数乃是幂级数 $\sum_{n=0}^{\infty} \frac{(-1)^n}{n+1} x^n$ 在 $x = \frac{1}{3}$ 时的常数项级数. 由例 6 结果知其和为

$$s\left(\frac{1}{3}\right) = 3\ln\left(1 + \frac{1}{3}\right) = 3(2\ln 2 - \ln 3).$$

注 利用幂级数的和函数求常数项级数的和是一个极为有效的求和方法. 其步骤为: 首先选定相应的幂级数使得该常数项级数是幂级数在其收敛域内某一点 x_0 处的级数; 再求出幂级数的和函数 $s(x)$, 则 $s(x_0)$ 就是所求常数项级数的和.

例如, 求常数项级数

$$\sum_{n=1}^{\infty} \frac{(-1)^{n-1}}{n} = 1 - \frac{1}{2} + \frac{1}{3} - \frac{1}{4} + \cdots \tag{3.7}$$

的和. 不难看出级数(3.7)乃是幂级数 $\sum_{n=0}^{\infty} \frac{(-1)^n}{n+1} x^n$ 在 $x = 1$ 处的常数项级数. 因而由例 6 结果知级数(3.7)的和为

$$s(1) = \ln 2.$$

§8.4 泰勒级数

1. 泰勒级数概念

前面讨论了幂级数的收敛域及其和函数的性质. 但是在实际应用中常常遇到相反的问题: 给定函数 $f(x)$, $f(x)$ 能否在某个区间内"展开成幂级数"? 即能否找到一个幂级数, 它在某区间内收敛且其和函数恰好就是 $f(x)$? 若能找到这样的幂级数, 我们就说函数 $f(x)$ 在该区间内能够展开成幂级数. 这个幂级数在该区间内就表达了函数 $f(x)$. 即该幂级数就是函数 $f(x)$ 的一个表达式, 称之为函数的<u>幂级数表达式</u>.

一般地, 如果

$$f(x) = \sum_{n=0}^{\infty} a_n (x - x_0)^n, \quad x \in I,$$

则称上式为函数 $f(x)$ 在 $x = x_0$ 点的<u>幂级数展开式</u>, 其中 I 为等式成立的范围.

在 §4.2 中,我们已经看到,若 $f(x)$ 在 x_0 点的某邻域内具有 $n+1$ 阶连续导数,则在该邻域内有 n 阶泰勒公式

$$f(x) = f(x_0) + f'(x_0)(x-x_0) + \cdots + \frac{f^{(n)}(x_0)}{n!}(x-x_0)^n + R_n(x) \quad (4.1)$$

成立,其中 $R_n(x)$ 为拉格朗日型余项,且有

$$R_n(x) = \frac{f^{(n+1)}(\xi)}{(n+1)!}(x-x_0)^{n+1} \quad (\xi \text{ 介于 } x_0 \text{ 与 } x \text{ 之间})$$

$$= \frac{f^{(n+1)}[x_0+\theta(x-x_0)]}{(n+1)!}(x-x_0)^{n+1} \quad (0<\theta<1).$$

这时,在该邻域内,$f(x)$ 可以用 n 次多项式

$$P_n(x) = f(x_0) + f'(x_0)(x-x_0) + \cdots + \frac{f^{(n)}(x_0)}{n!}(x-x_0)^n \quad (4.2)$$

近似表示,其误差为余项的绝对值 $|R_n(x)|$.

可以设想,如果函数 $f(x)$ 在 x_0 的某个邻域内有任意阶连续导数且 $\lim_{n\to\infty} R_n(x) = 0$,则在该邻域内函数 $f(x)$ 可展开成幂级数形式:

$$f(x_0) + f'(x_0)(x-x_0) + \cdots + \frac{f^{(n)}(x_0)}{n!}(x-x_0)^n + \cdots. \quad (4.3)$$

级数(4.3)称为 $f(x)$ 的<u>泰勒(Taylor)级数</u>.显然,当 $x=x_0$ 时,$f(x)$ 的泰勒级数(4.3)收敛于 $f(x_0)$.在 $x=x_0$ 点以外级数(4.3)是否收敛?如果收敛,是否收敛到 $f(x)$?则是一个必须进一步研究的问题.于是有如下定理(其证明省略).

定理 8.4.1 设函数 $f(x)$ 在 x_0 点的某一邻域 $U(x_0)$ 内具有任意阶导数,则 $f(x)$ 在该邻域内能够展开成泰勒级数的充要条件是 $f(x)$ 的泰勒公式的余项 $R_n(x)$ 当 $n\to\infty$ 时的极限为零,即

$$\lim_{n\to\infty} R_n(x) = 0 \quad (x \in U(x_0)).$$

我们所关心的问题是如果 $f(x)$ 可以展开成幂级数,其各项系数如何确定?展开式是否唯一?回答是肯定的.即如果 $f(x)$ 能够展开成幂级数,则其展开式是唯一的,它就是 $f(x)$ 的泰勒级数.

事实上,若 $f(x)$ 在 $U(x_0) = (x_0-R, x_0+R)$ 内能够展开成幂级数,即

$$f(x) = a_0 + a_1(x-x_0) + \cdots + a_n(x-x_0)^n + \cdots$$

$$= \sum_{n=0}^{\infty} a_n(x-x_0)^n, \quad x \in U(x_0), \quad (4.4)$$

则有

$$f'(x) = a_1 + 2a_2(x-x_0) + 3a_3(x-x_0)^2 + \cdots + na_n(x-x_0)^{n-1} + \cdots,$$
$$f''(x) = 2!a_2 + 3 \cdot 2a_3(x-x_0) + \cdots + n(n-1)(x-x_0)^{n-2} + \cdots,$$
······
$$f^{(n)}(x) = n!a_n + (n+1) \cdot n \cdots 3 \cdot 2a_{n+1}(x-x_0) + \cdots.$$

把 $x = x_0$ 代入以上各式得
$$f^{(n)}(x_0) = n!a_n \quad (n=1,2,\cdots),$$

从而得到
$$a_n = \frac{f^{(n)}(x_0)}{n!} \quad (n=1,2,\cdots).$$

这便证明,如果 $f(x)$ 能够展开成幂级数,则该幂级数一定是它的泰勒级数,因而是唯一的.

特别,在幂级数(4.3)中取 $x_0 = 0$ 得
$$f(0) + f'(0)x + \frac{f''(0)}{2!}x^2 + \cdots + \frac{f^{(n)}(0)}{n!}x^n + \cdots. \tag{4.5}$$

幂级数(4.5)称为 $f(x)$ 的麦克劳林(Maclaurin)级数.它是 x 的幂级数.函数 $f(x)$ 能够展开成 x 的幂级数也是唯一的,即麦克劳林级数,其各项系数为
$$a_n = \frac{f^{(n)}(0)}{n!} \quad (n=1,2,\cdots).$$

2. 函数展开成幂级数

直接展开法

将 $f(x)$ 展开成幂级数的步骤如下:

(1) 求出 $f(x)$ 的各阶导数 $f^{(n)}(x)$ $(n=1,2,\cdots)$.如果 $f(x)$ 在 $x=0$ 点的某阶导数不存在,则 $f(x)$ 不能展开成 x 的幂级数.

(2) 求出 $f(x)$ 及 $f^{(n)}(x)$ 在 $x=0$ 点的值 $f(0)$ 及 $f^{(n)}(0)$ $(n=1,2,\cdots)$.

(3) 写出幂级数
$$\sum_{n=0}^{\infty} \frac{f^{(n)}(0)}{n!}x^n = f(0) + f'(0)x + \cdots + \frac{f^{(n)}(0)}{n!}x^n + \cdots,$$
这里 $f^{(0)}(0) = f(0)$.并求出其收敛半径 R.

(4) 在 $(-R, R)$ 内考察余项 $R_n(x)$ 的极限
$$\lim_{n\to\infty} R_n(x) = \lim \frac{f^{(n+1)}(\xi)}{(n+1)!}x^{n+1} \quad (\xi \text{ 介于 } 0 \text{ 与 } x \text{ 之间})$$
$$= \lim_{n\to\infty} \frac{f^{(n+1)}(\theta x)}{(n+1)!}x^{n+1} \quad (0 \leqslant \theta \leqslant 1)$$

是否为 0, 如果为 0, 则函数 $f(x)$ 在 $(-R,R)$ 内的幂级数展开式为

$$f(x)=f(0)+f'(0)x+\cdots+\frac{f''(0)}{2!}x^2+\cdots$$
$$+\frac{f^{(n)}(0)}{n!}x^n+\cdots \quad (-R<x<R).$$

例 1 将 $f(x)=\mathrm{e}^x$ 展开成 x 的幂级数.

解 由于
$$f^{(n)}(x)=\mathrm{e}^x=f(x) \quad (n=1,2,\cdots),$$
所以
$$f^{(n)}(0)=1 \quad (n=0,1,2,\cdots).$$
于是得 $f(x)$ 的麦克劳林级数为
$$\sum_{n=0}^{\infty}\frac{x^n}{n!}=1+x+\frac{x^2}{2!}+\cdots+\frac{x^n}{n!}+\cdots,$$
其收敛半径为 $R=+\infty$. 于是, 对于任意的 x, 有
$$|R_n(x)|=\left|\frac{\mathrm{e}^{\theta x}}{(n+1)!}x^{n+1}\right|<\mathrm{e}^{|x|}\frac{|x|^{n+1}}{(n+1)!} \quad (0<\theta<1).$$
由于 $\mathrm{e}^{|x|}$ 为有限数, 而 $\frac{|x|^{n+1}}{(n+1)!}$ 是收敛级数 $\sum_{n=0}^{\infty}\frac{|x|^{n+1}}{(n+1)!}$ 的一般项, 所以
$$\lim_{n\to\infty}R_n(x)=0.$$
从而得到
$$\mathrm{e}^x=\sum_{n=0}^{\infty}\frac{x^n}{n!}=1+x+\frac{x^2}{2!}+\cdots+\frac{x^n}{n!}+\cdots \quad (-\infty<x<+\infty). \quad (4.6)$$

例 2 将 $f(x)=\sin x$ 展开成 x 的幂级数.

解 由于
$$f^{(n)}(x)=\sin\left(x+\frac{n}{2}\pi\right) \quad (n=1,2,\cdots),$$
所以
$$f^{(2k)}(0)=0 \quad (k=0,1,2,\cdots),$$
$$f^{(2k+1)}(0)=(-1)^k \quad (k=0,1,2,\cdots).$$
于是得到幂级数
$$\sum_{n=0}^{\infty}\frac{(-1)^n}{(2n+1)!}x^{2n+1}=x-\frac{x^3}{3!}+\frac{x^5}{5!}-\cdots+(-1)^n\frac{x^{2n+1}}{(2n+1)!}+\cdots.$$
其收敛半径为 $R=+\infty$. 对于 x 的任意值, 余项 $R_n(x)$ 的绝对值为
$$|R_n(x)|=\left|\frac{\sin\left(\theta x+\frac{2n+3}{2}\pi\right)}{(2n+3)!}x^{2n+3}\right|\leqslant\frac{|x|^{2n+3}}{(2n+3)!}.$$

由上例知
$$\lim_{n\to\infty} R_n(x) = 0.$$

从而得到
$$\sin x = \sum_{n=0}^{\infty} (-1)^n \frac{x^{2n+1}}{(2n+1)!} = x - \frac{x^3}{3!} + \frac{x^5}{5!} - \cdots$$
$$+ (-1)^n \frac{x^{2n+1}}{(2n+1)!} + \cdots \quad (-\infty < x < +\infty). \quad (4.7)$$

(2) 间接展开法.

由以上二例可见,使用直接展开法比较麻烦,尤其是求 $R_n(x)$ 的极限,有时是十分困难的. 所以,在求一般函数 $f(x)$ 的幂级数展开式时,常常利用已知函数的幂级数展开式和幂级数的性质,间接求出所要求的展开式.

例 3 将 $f(x) = \cos x$ 展开成 x 的幂级数.

解 已知
$$\sin x = \sum_{n=0}^{\infty} (-1)^n \frac{x^{2n+1}}{(2n+1)!} \quad (-\infty < x < +\infty)$$

及 $(\sin x)' = \cos x$,应用逐项求导公式得
$$\cos x = \sum_{n=0}^{\infty} \left[(-1)^n \frac{x^{2n+1}}{(2n+1)!} \right]'$$
$$= \sum_{n=0}^{\infty} (-1)^n \frac{x^{2n}}{(2n)!} \quad (-\infty < x < +\infty). \quad (4.8)$$

例 4 将 $f(x) = \ln(1+x)$ 展开成 x 的幂级数.

解 因为
$$\frac{1}{1+x} = \sum_{n=0}^{\infty} (-1)^n x^n$$
$$= 1 - x + x^2 - \cdots + (-1)^n x^n + \cdots \quad (-1 < x < 1),$$

所以
$$\ln(1+x) = \int_0^x \frac{dt}{1+t} = \sum_{n=0}^{\infty} \int_0^x (-1)^n x^n dx = \sum_{n=0}^{\infty} (-1)^n \frac{x^{n+1}}{n+1}$$
$$= x - \frac{x^2}{2} + \frac{x^3}{3} - \cdots + (-1)^n \frac{x^{n+1}}{n+1} + \cdots \quad (-1 < x \leq 1).$$
$$(4.9)$$

例 5 将 $f(x) = \arctan x$ 展开成 x 的幂级数.

解 因为
$$\frac{1}{1+t} = \sum_{n=0}^{\infty} (-1)^n t^n = 1 - t + t^2 - \cdots + (-1)^n t^n + \cdots$$
$$(-1 < t < 1),$$

所以
$$\frac{1}{1+x^2} = \sum_{n=0}^{\infty}(-1)^n x^{2n} = 1-x^2+x^4-\cdots+(-1)^n x^{2n}+\cdots$$
$$(-1<x<1),$$
逐项积分得
$$\arctan x = \int_0^x \frac{\mathrm{d}t}{1+t^2} = \sum_{n=0}^{\infty}(-1)^n \int_0^x t^{2n}\mathrm{d}t = \sum_{n=0}^{\infty}(-1)^n \frac{x^{2n+1}}{2n+1}$$
$$= x - \frac{x^3}{3} + \frac{x^5}{5} - \cdots + (-1)^n \frac{x^{2n+1}}{2n+1} + \cdots \quad (-1<x<1).$$
由于当 $x=\pm 1$ 时 $\arctan x$ 连续，且级数 $\sum_{n=0}^{\infty}(-1)^n \dfrac{x^{2n+1}}{2n+1}$ 收敛，故有
$$\arctan x = \sum_{n=0}^{\infty}(-1)^n \frac{x^{2n+1}}{2n+1} \quad (-1\leqslant x\leqslant 1). \tag{4.10}$$

例 6 将 $f(x)=(1+x)^\alpha$ 展开成 x 的幂级数，其中 α 为任意不为零的常数．

解 将直接展开法和间接展开法结合起来，可将 $(1+x)^\alpha$ 展开成 x 幂级数
$$(1+x)^\alpha = 1 + \sum_{n=1}^{\infty} \frac{\alpha(\alpha-1)\cdots(\alpha-n+1)}{n!} x^n \quad (-1<x<1). \tag{4.11}$$
由于计算复杂，此处从略．

(4.11)式又称为<u>牛顿二项公式</u>，其在端点 $x=\pm 1$ 处是否成立，视 α 的值而定：

(1) 当 $\alpha \leqslant -1$ 时,(4.11)式的成立范围是 $(-1,1)$.

(2) 当 $-1<\alpha<0$ 时,(4.11)式的成立范围是 $(-1,1]$.

(3) 当 $0<\alpha$ 时,(4.11)式的成立范围是 $[-1,1]$.

例如,当 α 为正整数时,(4.11)式就是代数学中的二项式定理；当 $\alpha=\pm\dfrac{1}{2}$ 时,有
$$\sqrt{1+x} = 1 + \sum_{n=1}^{\infty}(-1)^{n-1}\frac{(2n-3)!!}{2n!!}x^n \quad (-1\leqslant x\leqslant 1),$$
$$\frac{1}{\sqrt{1+x}} = 1 + \sum_{n=1}^{\infty}(-1)^n \frac{(2n-1)!!}{2n!!}x^n \quad (-1<x\leqslant 1).$$

上述展开式以后在间接展开法中可以直接使用．应将这些展开式连同其收敛域牢牢记住．为了使用方便，现将其集中写在下面：
$$\mathrm{e}^x = \sum_{n=0}^{\infty} \frac{x^n}{n!} = 1 + x + \frac{x^2}{2!} + \cdots + \frac{x^n}{n!} + \cdots, \quad x \in (-\infty, +\infty);$$

$$\sin x = \sum_{n=0}^{\infty}(-1)^n \frac{x^{2n+1}}{(2n+1)!} = x - \frac{x^3}{3!} + \frac{x^5}{5!} - \cdots + (-1)^n \frac{x^{2n+1}}{(2n+1)!} + \cdots,$$
$$x \in (-\infty, \infty);$$

$$\cos x = \sum_{n=0}^{\infty}(-1)^n \frac{x^{2n}}{(2n)!} = 1 - \frac{x^2}{2!} + \frac{x^4}{4!} - \cdots + (-1)^n \frac{x^{2n}}{(2n)!} + \cdots,$$
$$x \in (-\infty, \infty);$$

$$\ln(1+x) = \sum_{n=0}^{\infty}(-1)^n \frac{x^{n+1}}{n+1} = x - \frac{x^2}{2} + \frac{x^3}{3} - \cdots + (-1)^n \frac{x^{n+1}}{n+1} + \cdots,$$
$$x \in (-1, 1];$$

$$\arctan x = \sum_{n=0}^{\infty}(-1)^n \frac{x^{2n+1}}{2n+1} = x - \frac{x^3}{3} + \frac{x^5}{5} - \cdots + (-1)^n \frac{x^{2n+1}}{2n+1} + \cdots,$$
$$x \in [-1, 1];$$

$$(1+x)^\alpha = 1 + \sum_{n=1}^{\infty} \frac{\alpha(\alpha-1)(\alpha-2)\cdots(\alpha-n+1)}{n!} x^n$$
$$= 1 + \alpha x + \frac{\alpha(\alpha-1)}{2!} x^2 + \cdots + \frac{\alpha(\alpha-1)\cdots(\alpha-n+1)}{n!} x^n + \cdots,$$
$$x \in (-1, 1).$$

对于 α 的不同值,该级数的收敛域即等式成立的范围有所不同. 但是不论 α 为何值,上式在 $(-1, 1)$ 内恒成立.

例 7 将 $\sin x$ 展开成 $\left(x - \frac{\pi}{4}\right)$ 的幂级数.

解 因为
$$\sin x = \sin\left[\frac{\pi}{4} + \left(x - \frac{\pi}{4}\right)\right] = \frac{1}{\sqrt{2}}\left[\cos\left(x - \frac{\pi}{4}\right) + \sin\left(x - \frac{\pi}{4}\right)\right],$$

并且
$$\cos\left(x - \frac{\pi}{4}\right) = \sum_{n=0}^{\infty}(-1)^n \frac{\left(x - \frac{\pi}{4}\right)^{2n}}{(2n)!} \quad (-\infty < x < +\infty),$$

$$\sin\left(x - \frac{\pi}{4}\right) = \sum_{n=0}^{\infty}(-1)^n \frac{\left(x - \frac{\pi}{4}\right)^{2n+1}}{(2n+1)!} \quad (-\infty < x < +\infty),$$

所以
$$\sin x = \frac{1}{\sqrt{2}} \sum_{n=0}^{\infty}(-1)^{\frac{n(n-1)}{2}} \frac{\left(x - \frac{\pi}{4}\right)^n}{n!} \quad (-\infty < x < +\infty).$$

例 8 将 $f(x) = \dfrac{x}{x^2 - x - 2}$ 展开成 x 的幂级数.

解 因为

$$f(x) = \frac{x}{(x-1)(x-2)} = \frac{1}{3}\left(\frac{1}{x+1} + \frac{2}{x-2}\right)$$

$$= \frac{1}{3}\left(\frac{1}{1+x} - \frac{1}{1-\frac{x}{2}}\right),$$

并且

$$\frac{1}{1+x} = \sum_{n=0}^{\infty} (-1)^n x^n \quad (-1 < x < 1),$$

$$\frac{1}{1-\frac{x}{2}} = \sum_{n=0}^{\infty} \left(\frac{x}{2}\right)^n \quad (-2 < x < 2),$$

所以

$$f(x) = \frac{1}{3}\left[\sum_{n=0}^{\infty} (-1)^n x^n - \sum_{n=0}^{\infty} \left(\frac{x}{2}\right)^n\right]$$

$$= \frac{1}{3} \sum_{n=0}^{\infty} \left[(-1)^n - \frac{1}{2^n}\right] x^n \quad (-1 < x < 1).$$

例 9 将 $f(x) = \dfrac{1}{5-x}$ 展开成 $(x-2)$ 的幂级数.

解 因为

$$\frac{1}{1-t} = \sum_{n=0}^{\infty} t^n \quad (-1 < t < 1).$$

所以

$$\frac{1}{5-x} = \frac{1}{3-(x-2)} = \frac{1}{3} \cdot \frac{1}{1-\frac{x-2}{3}} = \frac{1}{3} \sum_{n=0}^{\infty} \left(\frac{x-2}{3}\right)^n$$

$$= \sum_{n=0}^{\infty} \frac{(x-2)^n}{3^{n+1}} \quad (-1 < x < 5).$$

习题 8

1. 写出下列级数的一般项：

(1) $1 + \dfrac{1}{3} + \dfrac{1}{5} + \dfrac{1}{7} + \cdots$；

(2) $\dfrac{2}{1} - \dfrac{3}{2} + \dfrac{4}{3} - \dfrac{5}{4} + \cdots$；

(3) $\dfrac{1}{2} - \dfrac{1\cdot 3}{2\cdot 4} + \dfrac{1\cdot 3\cdot 5}{2\cdot 4\cdot 6} - \dfrac{1\cdot 3\cdot 5\cdot 7}{2\cdot 4\cdot 6\cdot 8} + \cdots$;

(4) $\dfrac{a^2}{3} - \dfrac{a^3}{5} + \dfrac{a^4}{7} - \dfrac{a^5}{9} + \cdots$;

(5) $\dfrac{1}{2} + \dfrac{2x}{5} + \dfrac{3x^2}{10} + \dfrac{4x^3}{17} + \cdots$.

2. 判断下列级数的收敛性. 若收敛, 求出其和:

(1) $\sum\limits_{n=1}^{\infty}(\sqrt{n+1}-\sqrt{n})$; (2) $\sum\limits_{n=1}^{\infty}\dfrac{1}{4n^2-1}$;

(3) $\sum\limits_{n=1}^{\infty}\ln\dfrac{n+1}{n+2}$; (4) $\sum\limits_{n=1}^{\infty}\dfrac{1}{n(n+1)(n+2)}$;

(5) $\sum\limits_{n=1}^{\infty}\dfrac{3^n}{2^n}$.

3. 选择填空(将下列各题中的备选答案中正确的题号填入括号内):

(1) 若级数 $\sum\limits_{n=1}^{\infty}(u_n+v_n)$ 收敛, 则(   );

   A. $\sum\limits_{n=1}^{\infty}u_n$ 与 $\sum\limits_{n=1}^{\infty}v_n$ 都收敛

   B. $\sum\limits_{n=1}^{\infty}u_n$ 与 $\sum\limits_{n=1}^{\infty}v_n$ 中至少有一个收敛

   C. $\sum\limits_{n=1}^{\infty}u_n$ 与 $\sum\limits_{n=1}^{\infty}v_n$ 中至少有一个发散

   D. $\sum\limits_{n=1}^{\infty}u_n$ 与 $\sum\limits_{n=1}^{\infty}v_n$ 或者同时收敛或者同时发散

(2) 若级数 $\sum\limits_{n=1}^{\infty}u_n$ 收敛, 则(   ).

   A. $\sum\limits_{n=1}^{\infty}(u_{2n-1}+u_{2n})$ 收敛 B. $\sum\limits_{n=1}^{\infty}ku_n$ (k 为常数)收敛

   C. $\sum\limits_{n=1}^{\infty}|u_n|$ 收敛   D. $\lim\limits_{n\to\infty}u_n=0$

4. 设级数 $\sum\limits_{n=1}^{\infty}u_n$ 满足条件: (1) $\lim\limits_{n\to\infty}u_n=0$, (2) $\lim\limits_{n\to\infty}S_{2n}=S$, 试判别 $\sum\limits_{n=1}^{\infty}u_n$ 是否收敛, 若收敛, 求其和.

5. 利用无穷级数的性质, 以及几何级数与调和级数的敛散性, 判别下列级数的敛散性:

(1) $\sin 1 + \sin^2 1 + \sin^3 1 + \cdots$;

(2) $\cos\dfrac{\pi}{3} + \cos\dfrac{\pi}{9} + \cos\dfrac{\pi}{27} + \cdots$;

(3) $1 + 6 + \sum\limits_{n=1}^{\infty}\left(\dfrac{\ln 2}{2}\right)^n$;

(4) $\sum_{n=1}^{\infty} (-1)^n e^{-1}$;

(5) $\sqrt{a} + \sqrt[3]{a} + \sqrt[4]{a} + \sqrt[5]{a} + \cdots$ $(a>0)$;

(6) $\frac{1}{1} + \frac{1}{\sqrt{2^2}} + \frac{1}{\sqrt[3]{3^2}} + \frac{1}{\sqrt[4]{4^2}} + \cdots$;

(7) $\frac{2}{1} + \frac{4}{3} + \frac{8}{9} + \frac{16}{27} + \cdots$;

(8) $\sum_{n=1}^{\infty} \left(\frac{\sin a}{n^2} + \frac{1}{n} \right)$;

(9) $\sum_{n=1}^{\infty} \frac{2^n + (-3)^n}{6^n}$;

(10) $\sum_{n=1}^{\infty} \frac{n - \sqrt{n}}{2n+3}$;

(11) $\sum_{n=1}^{\infty} \frac{(n+1)^2}{n^3}$;

(12) $\left(\frac{1}{2} + \frac{1}{3} \right) + \left(\frac{1}{4} + \frac{1}{9} \right) + \left(\frac{1}{8} + \frac{1}{27} \right) + \cdots$.

6. 用比较判别法或极限形式的比较判别法判定下列级数的收敛性：

(1) $1 + \frac{1}{3} + \frac{1}{5} + \cdots + \frac{1}{2n+1} + \cdots$;

(2) $1 + \frac{1+2}{1+2^2} + \frac{1+3}{1+3^2} + \cdots + \frac{1+n}{1+n^2} + \cdots$;

(3) $\frac{1}{2 \cdot 5} + \frac{1}{3 \cdot 6} + \cdots + \frac{1}{(n+1)(n+4)} + \cdots$;

(4) $\sin \frac{\pi}{2} + \sin \frac{\pi}{2^2} + \sin \frac{\pi}{2^3} + \cdots + \sin \frac{\pi}{2^n} + \cdots$;

(5) $\sum_{n=1}^{\infty} \frac{1}{1+a^n}$ $(a>0)$.

7. 利用比值判别法判定下列级数的收敛性：

(1) $\frac{3}{1 \cdot 2} + \frac{3^2}{2 \cdot 2^2} + \frac{3^3}{3 \cdot 2^3} + \cdots + \frac{3^n}{n \cdot 2^n} + \cdots$;

(2) $\sum_{n=1}^{\infty} \frac{n^2}{3^n}$;

(3) $\sum_{n=1}^{\infty} \frac{2^n \cdot n!}{n^n}$;

(4) $\sum_{n=1}^{\infty} n \tan \frac{\pi}{2^{n+1}}$.

8. 利用根值判别法判定下列级数的收敛性：

(1) $\sum_{n=1}^{\infty} \left(\frac{n}{2n+1} \right)^n$;   (2) $\sum_{n=1}^{\infty} \left(\frac{1}{[\ln(n+1)]^n} \right)$;

(3) $\sum_{n=1}^{\infty} \left(\frac{n}{3n-1} \right)^{2n-1}$;

(4) $\sum_{n=1}^{\infty}\left(\dfrac{b}{a_n}\right)$,其中 $a_n\to a(n\to\infty)$, a_n,b,a 均为正数.

9. 判定下列级数的收敛性:

(1) $\dfrac{3}{4}+2\left(\dfrac{3}{4}\right)^2+3\left(\dfrac{3}{4}\right)^3+\cdots+n\left(\dfrac{3}{4}\right)^n+\cdots$;

(2) $\dfrac{1^4}{1!}+\dfrac{2^4}{2!}+\dfrac{3^4}{3!}+\cdots+\dfrac{n^4}{n!}+\cdots$;

(3) $\sum_{n=1}^{\infty}\dfrac{n+1}{n(n+2)}$;

(4) $\sum_{n=1}^{\infty}2^n\sin\dfrac{\pi}{3^n}$;

(5) $\sqrt{2}+\sqrt{\dfrac{3}{2}}+\cdots+\sqrt{\dfrac{n+1}{n}}+\cdots$;

(6) $\dfrac{1}{a+b}+\dfrac{1}{2a+b}+\cdots+\dfrac{1}{na+b}+\cdots$ $(a>0,b>0)$.

10. 利用积分判别法判别下列级数的敛散性:

(1) $\sum_{n=2}^{\infty}\dfrac{1}{n(\ln n)^2}$; (2) $\sum_{n=2}^{\infty}\dfrac{1}{n(\ln n)^k}$;

(3) $\sum_{n=3}^{\infty}\dfrac{1}{n\ln n[\ln(\ln n)]^{\frac{1}{2}}}$; (4) $\sum_{n=2}^{\infty}\ln\dfrac{n-1}{n+3}$.

11. 判断下列结论正确与否,并说明理由:

(1) 若级数 $\sum_{n=1}^{\infty}u_n$ 发散,则 $\lim_{n\to\infty}u_n\neq 0$;

(2) 若级数 $\sum_{n=1}^{\infty}u_n$ 收敛,则 $\sum_{n=1}^{\infty}u_n^2$ 收敛;

(3) 若正项级数 $\sum_{n=1}^{\infty}u_n$ 收敛,则 $\sum_{n=1}^{\infty}u_n^2$ 收敛;

(4) 若级数 $\sum_{n=1}^{\infty}u_n^2$ 收敛,则正项级数 $\sum_{n=1}^{\infty}u_n$ 收敛;

(5) 若 $u_n\leqslant v_n$ $(n=1,2,\cdots)$,则必有 $\sum_{n=1}^{\infty}u_n\leqslant\sum_{n=1}^{\infty}v_n$;

(6) 若 $u_n\leqslant v_n$ $(n=1,2,\cdots)$ 且 $\sum_{n=1}^{\infty}u_n$ 发散,则必有 $\sum_{n=1}^{\infty}v_n$ 发散;

(7) 若 $u_n\leqslant v_n$ $(n=1,2,\cdots)$ 且 $\sum_{n=1}^{\infty}v_n$ 收敛,则必有 $\sum_{n=1}^{\infty}v_n$ 收敛;

(8) 若 $\dfrac{u_{n+1}}{u_n}<1$,则正项级数 $\sum_{n=1}^{\infty}u_n$ 收敛;

(9) 若正项级数 $\sum_{n=1}^{\infty}u_n$ 收敛,则必有 $\lim_{n\to\infty}\dfrac{u_{n+1}}{u_n}<1$;

(10) 若级数 $\sum_{n=1}^{\infty}u_n$ 收敛,则 $\sum_{n=1}^{\infty}u_{2n}$ 也收敛;

(11) 若级数 $\sum\limits_{n=1}^{\infty}(u_n+u_{n+1})$ 收敛，则 $\sum\limits_{n=1}^{\infty}u_n$ 必收敛；

(12) 若级数 $\sum\limits_{n=1}^{\infty}u_n$ 收敛，则 $\sum\limits_{n=1}^{\infty}(u_n+a)$ 也收敛 $(a>0)$.

12. 判定下列级数是否收敛，如果收敛，是绝对收敛还是条件收敛：

(1) $1-\dfrac{1}{\sqrt{2}}+\dfrac{1}{\sqrt{3}}-\dfrac{1}{\sqrt{4}}+\cdots$；

(2) $\sum\limits_{n=1}^{\infty}(-1)^{n-1}\dfrac{n}{3^{n-1}}$；

(3) $\dfrac{1}{3}\cdot\dfrac{1}{2}-\dfrac{1}{3}\cdot\dfrac{1}{2^2}+\dfrac{1}{3}\cdot\dfrac{1}{2^3}-\dfrac{1}{3}\cdot\dfrac{1}{2^4}+\cdots$；

(4) $\dfrac{1}{\ln 2}-\dfrac{1}{\ln 3}+\dfrac{1}{\ln 4}-\dfrac{1}{\ln 5}+\cdots$；

(5) $\sum\limits_{n=1}^{\infty}(-1)^{n-1}\dfrac{2^{n^2}}{n!}$；

(6) $\sum\limits_{n=1}^{\infty}\dfrac{(-1)^{n-1}}{\ln(2+n)}$；

(7) $\sum\limits_{n=1}^{\infty}(-1)^n\dfrac{n}{n+1}$；

(8) $\sum\limits_{n=1}^{\infty}\left(\dfrac{1}{n}-e^{-n^2}\right)$；

(9) $\sum\limits_{n=1}^{\infty}\dfrac{(-1)^n n^3}{2^n}$；

(10) $\sum\limits_{n=1}^{\infty}(-1)^n\ln\left(1+\dfrac{1}{n}\right)$.

13. 判断下列结论正确与否，并说明理由：

(1) 若级数 $\sum\limits_{n=1}^{\infty}u_n$ 收敛，则 $\sum\limits_{n=1}^{\infty}(-1)^n u_n$ 条件收敛；

(2) 若交错级数 $\sum\limits_{n=1}^{\infty}(-1)^n u_n$ 收敛，则必为条件收敛；

(3) 若级数 $\sum\limits_{n=1}^{\infty}|u_n|$ 发散，则 $\sum\limits_{n=1}^{\infty}u_n$ 也发散；

(4) 若 $\lim\limits_{n\to\infty}\left|\dfrac{u_{n+1}}{u_n}\right|>1$，则 $\sum\limits_{n=0}^{\infty}u_n$ 必然发散.

14. 求下列幂级数的收敛域：

(1) $x+2x^2+3x^3+\cdots+nx^n+\cdots$；

(2) $1-x+\dfrac{x^2}{2^2}-\cdots+(-1)^n\dfrac{x^n}{n^2}+\cdots$；

(3) $\dfrac{x}{2}+\dfrac{x^2}{2\cdot 4}+\dfrac{x^3}{2\cdot 4\cdot 6}+\cdots+\dfrac{x^n}{2\cdot 4\cdot 6\cdots(2n)}+\cdots$；

(4) $\dfrac{x}{1\cdot 3}+\dfrac{x^2}{2\cdot 3^2}+\dfrac{x^3}{3\cdot 3^3}+\cdots+\dfrac{x^n}{n\cdot 3^n}+\cdots$;

(5) $\dfrac{2}{2}x+\dfrac{2^2}{5}x^2+\dfrac{2^3}{10}x^3+\cdots+\dfrac{2^n}{n^2+1}x^n+\cdots$;

(6) $\sum\limits_{n=0}^{\infty}(-1)^n\dfrac{x^{2n+1}}{2n+1}$;

(7) $\sum\limits_{n=1}^{\infty}\dfrac{2n-1}{2^n}x^{2n-2}$;

(8) $\sum\limits_{n=1}^{\infty}\dfrac{(x-5)^n}{\sqrt{n}}$.

15. 求下列幂级数的和函数：

(1) $\sum\limits_{n=1}^{\infty}\dfrac{1}{n}x^n$;

(2) $\sum\limits_{n=1}^{\infty}n^2 x^{n-1}$;

(3) $\sum\limits_{n=0}^{\infty}(n+1)x^{n+1}$;

(4) $\sum\limits_{n=0}^{\infty}\dfrac{1}{2^{n-1}}x^n$;

(5) $\sum\limits_{n=1}^{\infty}\dfrac{1}{n(n+1)}x^{n+1}$;

(6) $\sum\limits_{n=1}^{\infty}\dfrac{5^n+(-3)^n}{n}x^n$.

16. 求幂级数 $\sum\limits_{n=1}^{\infty}n(n+1)x^n$ 在其收敛区间内的和函数，并求常数项级数 $\sum\limits_{n=1}^{\infty}\dfrac{n(n+1)}{2^n}$ 的和.

17. 将下列函数展开成 x 的幂级数，并求展开式成立的区间：

(1) $\mathrm{sh}x=\dfrac{1}{2}(\mathrm{e}^x-\mathrm{e}^{-x})$;

(2) $\ln(a+x)\ (a>0)$;

(3) a^x;

(4) $\sin^2 x$;

(5) $(1+x)\ln(1+x)$;

(6) $\dfrac{x}{\sqrt{1+x^2}}$;

(7) $\dfrac{x^2}{1+x}$;

(8) $x^3\mathrm{e}^{-x}$;

(9) $\arcsin x$;

(10) $\sin(x+a)$;

(11) $\dfrac{1}{(x-1)(x-2)}$;

(12) $\ln(1+x-2x^2)$;

(13) $\dfrac{1}{x}\ln(1+x)$;

(14) $\int_0^x \dfrac{\sin t}{t}\mathrm{d}t$;

(15) $\int_0^x \mathrm{e}^{-t^2}\mathrm{d}t$.

18. 将下列函数展开成 $(x-1)$ 的幂级数，并求展开式成立的区间：

(1) $\sqrt{x^3}$;

(2) $\lg x$.

19. 将 $f(x)=\cos x$ 展开成 $\left(x+\dfrac{\pi}{3}\right)$ 的幂级数.

20. 将 $f(x)=\dfrac{1}{x}$ 展开成 $(x-3)$ 的幂级数.

21. 将 $f(x)=\dfrac{1}{x^2+3x+2}$ 展开成 $(x+4)$ 的幂级数.

第 9 章

微分方程初步

寻求变量之间的函数关系,在实践中具有重要意义. 在第 1 章中我们曾经举过建立函数关系的例子,但在很多情况下,根据实际问题往往很难直接得到所研究的变量之间的函数关系,却比较容易地建立这些变量和它们的导数(或微分)间的关系式. 这种联系着自变量、未知函数以及它的导数(或微分)的关系式,称为<u>微分方程</u>,其中未知函数的导数或微分是不可缺少的. 本章我们主要介绍微分方程的基本概念,讨论一阶微分方程和二阶常系数线性微分方程的求解方法,并举例说明微分方程在经济学中的有关应用.

§9.1 微分方程的基本概念

一、微分方程的定义

先看几个几何、物理、经济与管理等科学领域的实例.

例 1 已知曲线上各点的切线斜率等于该点横坐标的平方,且该曲线通过原点. 求曲线方程.

解 设曲线方程 $y=f(x)$,根据题意有

$$\frac{\mathrm{d}y}{\mathrm{d}x}=x^2. \tag{1.1}$$

这就是曲线 $y=f(x)$ 所满足的微分方程.

对其两端积分,得到

$$y=\frac{x^3}{3}+C.$$

这个函数满足方程(1.1),其中常数 C 可根据题设:曲线通过原点,即 $y(0)=0$ 来确定. 易得

$$C=0.$$

从而所求的曲线方程为
$$y = \frac{1}{3}x^3.$$

例 2 列车在平直轨道上以 20 米/秒的速度行驶,当制动时,列车加速度为 -0.4 米/秒^2.求制动后列车的运动规律.

解 设列车开始制动后 t 秒内行驶了 s 米,按题意,欲求出未知函数 $s = s(t)$.

由题意列出微分方程:
$$\frac{d^2 s}{d t^2} = -0.4, \tag{1.2}$$

积分一次,得 $\dfrac{ds}{dt} = -0.4t + C_1$,再积分一次,得
$$s = -0.2t^2 + C_1 t + C_2.$$

根据题意 s 应满足:$s'(0) = 20$,因假定路程 s 是从开始制动时算起的,也就是说 $s(0) = 0$,把这两个条件代入上式得
$$C_1 = 20, \quad C_2 = 0.$$

于是制动后列车的运动规律为
$$s = -0.2t^2 + 20t.$$

例 3 设某地区在 t 时刻人口数量为 $P(t)$,在没有人员迁入或迁出的情况下,人口增长率与 t 时刻人口数 $P(t)$ 成正比,于是有微分方程
$$\frac{dP(t)}{dt} = rP(t), \tag{1.3}$$

其中 r 为常数,方程表述的定律称为群体增长的马尔萨斯定律.

上述三个例子中的方程(1.1),(1.2)和(1.3)都含有未知函数的导数,它们都是微分方程.

一般地,未知函数是一元函数的微分方程,称为<u>常微分方程</u>;未知函数是多元函数的微分方程,称为<u>偏微分方程</u>.本章只介绍常微分方程,且简称为微分方程或方程.

方程中实际出现的未知函数导数的最高阶数,称为该微分方程的<u>阶</u>.

例如,$\dfrac{dy}{dx} = x^2$ 是一阶微分方程,$\dfrac{d^2 s}{d t^2} = -0.4$ 是二阶微分方程.

n 阶常微分方程的一般形式为
$$F(x, y, y', \cdots, y^{(n)}) = 0, \tag{1.4}$$

其中 x 为自变量,y 是 x 的未知函数,$F(x, y, y', \cdots, y^{(n)})$ 是 $x, y, y' \cdots y^{(n)}$ 的已知函数,且 $y^{(n)}$ 在方程中一定出现.

如果方程(1.4)的左端为 y 及 $\dfrac{\mathrm{d}y}{\mathrm{d}x},\cdots,\dfrac{\mathrm{d}^n y}{\mathrm{d}x^n}$ 的一次有理整式, 则称(1.4)为 n 阶线性微分方程. 例如, 方程 $\dfrac{\mathrm{d}^2 s}{\mathrm{d}t^2}=-0.4$ 是二阶线性微分方程. 一般 n 阶线性微分方程具有形式

$$y^{(n)}+a_1(x)y^{(n-1)}+\cdots+a_{n-1}(x)y'+a_n(x)y=f(x).$$

这里 $a_1(x),\cdots,a_n(x),f(x)$ 是 x 的已知函数.

不是线性方程的方程称为**非线性方程**. 例如, 方程

$$\dfrac{\mathrm{d}^2 \varphi}{\mathrm{d}t^2}+\dfrac{\theta}{l}\sin\varphi=0$$

是二阶非线性方程.

二、微分方程的解

如果把函数 $y=\varphi(x)$ 代入方程(1.4)后, 能使它成为恒等式, 则称函数 $y=\varphi(x)$ 为方程(1.4)的**解**. 例如, 函数 $y=\dfrac{1}{3}x^3$ 就是方程(1.1)的解. 如果关系式 $\Phi(x,y)=0$ 决定的隐函数 $y=\varphi(x)$ 是(1.4)的解, 我们称 $\Phi(x,y)=0$ 为方程(1.4)的**隐式解**. 例如, 一阶微分方程

$$\dfrac{\mathrm{d}y}{\mathrm{d}x}=-\dfrac{x}{y} \tag{1.5}$$

有解 $y=\sqrt{1-x^2}$ 和 $y=-\sqrt{1-x^2}$; 而关系式

$$x^2+y^2=1$$

就是方程(1.5)的隐式解. 为了简单起见, 以后我们对解和隐式解不加以区别, 统称为方程的解.

如果微分方程(1.4)的解中含有 n 个独立的任意常数, 则称它为微分方程(1.4)的**通解**. 不含任意常数的解称为它的**特解**. 这里 n 个任意常数是独立的, 其含义是指它们不能合并而使得任意常数的个数减少.

例如, $y=\dfrac{1}{3}x^3+C$ 是方程 $\dfrac{\mathrm{d}y}{\mathrm{d}x}=x^2$ 的通解; $s=-0.2t^2+C_1 t+C_2$ 是方程 $s''=-0.4$ 的通解.

为了确定微分方程一个特解, 我们通常给出这个解所必需满足的条件, 这就是所谓**定解条件**. 常见的定解条件是**初始条件**. n 阶常微分方程(1.4)的初始条件是指如下的 n 个条件:

$$y(x_0)=y_0,\ y'(x_0)=y_1,\ \cdots,\ y^{(n-1)}(x_0)=y_{n-1}, \tag{1.6}$$

其中 $x_0,y_0,y_1,\cdots y_{n-1}$ 为给定常数.

求微分方程满足定解条件的解的问题称为定解问题. 当定解条件为初始条件时, 相应的定解问题称为初值问题.

§9.2 一阶微分方程

一阶微分方程的一般形式是
$$F(x,y,y')=0 \tag{2.1}$$
其中 $F(x,y,y')$ 是 x,y,y' 的已知函数.

1. 变量分离方程

形如
$$\frac{dy}{dx}=f(x)g(y), \tag{2.2}$$
或
$$M_1(x)M_2(y)dx=N_1(x)N_2(y)dy \tag{2.3}$$
的方程, 称为<u>变量分离微分方程</u>. 当 $g(y)\neq 0$ 时, 方程(2.2)可改写为
$$\frac{dy}{g(y)}=f(x)dx,$$
两边积分即得方程(2.2)的通解
$$\int \frac{dy}{g(y)}=\int f(x)dx+C.$$

这里我们把积分常数 C 明确写出来, 而把 $\int \frac{dy}{g(y)}, \int f(x)dx$ 分别理解为 $\frac{1}{g(y)}$ 和 $f(x)$ 的一个确定的原函数.

此外, 若存在 y_0 使 $g(y_0)=0$, 则直接代入验证可知 $y=y_0$ 也是方程(2.2)的解. 可类似讨论方程(2.3)的求解问题.

例1 求微分方程
$$\frac{dy}{dx}=2xy$$
的通解.

解 分离变量得
$$\frac{dy}{y}=2xdx,$$

两边积分

$$\int \frac{\mathrm{d}y}{y} = \int 2x\,\mathrm{d}x.$$

有
$$\ln|y| = x^2 + \ln C_1.$$

记任意常数为 $\ln C_1$（其中 $C_1 > 0$），这是为了便于整理和化简. 从而
$$|y| = C_1 \mathrm{e}^{x^2},$$

或
$$y = C_1 \mathrm{e}^{x^2} \quad (C = \pm C_1 \neq 0).$$

此外，$y=0$ 是方程的解，它可并入上式中（即 $C=0$）. 因此，方程的通解为
$$y = C\mathrm{e}^{x^2},$$

其中 C 为任意常数.

例 2 解方程
$$\frac{\mathrm{d}y}{\mathrm{d}x} = y^2 \cos x,$$

并求满足初始条件：当 $x=0$ 时，$y=1$ 的特解.

解 将变量分离，得
$$\frac{\mathrm{d}y}{y^2} = \cos x\,\mathrm{d}x,$$

两边积分，即得
$$-\frac{1}{y} = \sin x + C,$$

因而，通解为
$$y = -\frac{1}{\sin x + C}.$$

其中 C 是任意常数.

此外，方程还有解 $y=0$.

为了确定所求的特解，以 $x=0, y=1$ 代入通解中以决定任意常数 C，得到
$$C = -1.$$

因而，所求特解为
$$y = \frac{1}{1 - \sin x}.$$

例 3 求解逻辑斯谛方程 $\dfrac{\mathrm{d}y}{\mathrm{d}x} = ay(N-y)$ 的通解，其中 $a > 0$，

$N > y > 0$.

解 将变量分离，得到
$$\frac{dy}{y(N-y)} = a\,dx,$$

即有
$$\left(\frac{1}{y} + \frac{1}{N-y}\right)dy = aN\,dx,$$

两边积分，即得
$$\ln\left|\frac{y}{N-y}\right| = aNx + \ln C = \ln Ce^{aNx}.$$

由于 $\dfrac{y}{N-y} > 0$，整理得通解为
$$y = \frac{CNe^{Nax}}{1+Ce^{Nax}},$$

其中 C 为正常数.

2. 齐次微分方程

形如
$$\frac{dy}{dx} = f\left(\frac{y}{x}\right) \tag{2.4}$$

的微分方程称为<u>齐次微分方程</u>.

令 $u = \dfrac{y}{x}$ 则
$$y = xu, \quad \frac{dy}{dx} = u + x\frac{du}{dx},$$

代入方程(2.4)，得到变量分离方程
$$x\frac{du}{dx} + u = f(u),$$

然后按变量分离方程求解，再代回原变量，即得方程(2.4)的通解.

例 4 求微分方程
$$y^2 + x^2\frac{dy}{dx} = xy\frac{dy}{dx}$$

的通解.

解 原方程可写成
$$\frac{dy}{dx} = \frac{y^2}{xy - x^2} = \frac{\left(\dfrac{y}{x}\right)^2}{\dfrac{y}{x} - 1}.$$

因此,它是齐次方程.令 $u=\dfrac{y}{x}$,则 $y=ux$,$\dfrac{\mathrm{d}y}{\mathrm{d}x}=u+x\dfrac{\mathrm{d}u}{\mathrm{d}x}$,于是原方程变成

$$u+x\dfrac{\mathrm{d}u}{\mathrm{d}x}=\dfrac{u^2}{u-1},$$

即

$$x\dfrac{\mathrm{d}u}{\mathrm{d}x}=\dfrac{u}{u-1}.$$

分离变量

$$\left(1-\dfrac{1}{u}\right)\mathrm{d}u=\dfrac{\mathrm{d}x}{x},$$

两端积分得

$$u-\ln|u|+C=\ln|x|,$$

即

$$\ln|ux|=u+C.$$

以 $\dfrac{y}{x}$ 代上式中的 u,便得原方程的通解为

$$\ln|y|=\dfrac{y}{x}+C,$$

其中 C 为任意常数.

例 5 设商品 A 和商品 B 的售价分别为 P_1,P_2,已知价格 P_1 与 P_2 相关,且价格 P_1 相对 P_2 的弹性为 $\dfrac{P_2\mathrm{d}P_1}{P_1\mathrm{d}P_2}=\dfrac{P_2-P_1}{P_2+P_1}$,求 P_1 与 P_2 的函数关系式.

解 所给方程为齐次方程,整理得

$$\dfrac{\mathrm{d}P_1}{\mathrm{d}P_2}=\dfrac{1-\dfrac{P_1}{P_2}}{1+\dfrac{P_1}{P_2}}\dfrac{P_1}{P_2}.$$

令 $u=\dfrac{P_1}{P_2}$,则有

$$P_2 u'+u=\dfrac{1-u}{1+u}\cdot u,$$

分离变量,得

$$\left(-\dfrac{1}{u}-\dfrac{1}{u^2}\right)\mathrm{d}u=2\dfrac{\mathrm{d}P_2}{P_2},$$

积分得

$$\dfrac{1}{u}-\ln u=\ln(CP_2)^2,$$

将 $u=\dfrac{P_1}{P_2}$ 回代，于是有通解

$$\dfrac{P_2}{P_1}\mathrm{e}^{\frac{P_2}{P_1}}=C'P_2^2.$$

其中 $C'=C^2$ 为任意正常数.

3. 一阶线性微分方程

形如

$$y'+P(x)y=Q(x) \tag{2.5}$$

的方程称为<u>一阶线性微分方程</u>.

当 $Q(x)=0$ 时，

$$y'+P(x)y=0 \tag{2.6}$$

称为<u>一阶齐次线性微分方程</u>. 当 $Q(x)\neq 0$ 时，方程(2.5)称为<u>一阶非齐次线性微分方程</u>.

一阶齐次线性方程的解法.

注意到方程(2.6)是变量分离方程，移项后两边积分，得到

$$\dfrac{\mathrm{d}y}{y}=-P(x)\mathrm{d}x,$$

$$\ln|y|=-\int P(x)\mathrm{d}x+\ln C_1,$$

$$y=C\,\mathrm{e}^{-\int P(x)\mathrm{d}x}. \tag{2.7}$$

其中 C 为任意常数.

一阶非齐次线性方程的解法.

已经求出齐次方程(2.6)的通解为(2.7)，其中 C 为常数. 现在设想，如果(2.7)中的 C 不是常数，而是 x 的函数，设为 $C(x)$，那么能否选取适当的函数 $C(x)$，使

$$y=C(x)\,\mathrm{e}^{-\int P(x)\mathrm{d}x} \tag{2.8}$$

满足非齐次方程(2.5)呢？先计算(2.8)式的导数

$$\begin{aligned}y'&=C'(x)\,\mathrm{e}^{-\int P(x)\mathrm{d}x}+C(x)\,\mathrm{e}^{-\int P(x)\mathrm{d}x}[-P(x)]\\&=C'(x)\,\mathrm{e}^{-\int P(x)\mathrm{d}x}-P(x)y,\end{aligned} \tag{2.9}$$

把(2.8)式和(2.9)式代入方程(2.5)，可得

$$C'(x)\,\mathrm{e}^{-\int P(x)\mathrm{d}x}=Q(x).$$

可见，$C(x)$ 应选为

$$C(x) = \int Q(x)\, e^{\int P(x)\,dx}\, dx + \tilde{C}.$$

于是非齐次线性微分方程(2.5)的通解为

$$y = e^{-\int P(x)\,dx}\left[\int Q(x)\, e^{\int P(x)\,dx}\, dx + \tilde{C}\right], \tag{2.10}$$

其中 $\tilde{C}$ 为任意常数.

回顾一下上面的做法,将相应的齐次线性微分方程的通解中的常数 C 变为待定函数 $C(x)$,然后代入非齐次方程,求出 $C(x)$,这种方法叫<u>常数变易法</u>.

例6 求方程 $(x+1)\dfrac{dy}{dx} - ny = e^x(x+1)^{n+1}$ 的通解(n 为常数).

解 将方程改写为

$$y' - \frac{n}{x+1}y = e^x(x+1)^n. \tag{2.11}$$

首先,求齐次线性方程

$$y' - \frac{n}{x+1}y = 0$$

的通解,从

$$\frac{dy}{y} = \frac{n}{x+1}dx$$

得到齐次线性方程的通解

$$y = C(x+1)^n.$$

其次应用常数变易法求非齐次线性方程的通解. 为此,在上式中把 C 看成为 x 的待定函数 $C(x)$,即

$$y = C(x)(x+1)^n, \tag{2.12}$$

求导得

$$y' = C'(x)(x+1)^n + n(x+1)^{n-1}C(x), \tag{2.13}$$

以(2.12)式及(2.13)式代入方程(2.11),得到

$$C'(x) = e^x,$$

于是

$$C(x) = e^x + \tilde{C}.$$

因此,以所求的 $C(x)$ 代入(2.12)式,即得原方程的通解

$$y = (x+1)^n(e^x + \tilde{C}).$$

其中 $\tilde{C}$ 是任意常数.

例7 设某企业 t 时刻产值 $y(t)$ 的增长率与产值 $y(t)$,以及新增投资 $2abt$ 有关,并有方程

$$y' = -2aty + 2abt, \qquad (2.14)$$

其中 a,b 均为正常数. $y(0) = y_0 < b$, 求 $y(t)$.

解 与方程(2.14)对应的齐次方程为

$$\frac{\mathrm{d}y}{\mathrm{d}t} = -2aty,$$

分离变量并积分得

$$y = C\mathrm{e}^{-at^2}.$$

其次应用常数变易法求非齐次线性方程的通解. 设方程(2.14)的通解为

$$y = C(t)\mathrm{e}^{-at^2},$$

代入方程得

$$C'(t) = 2abt\mathrm{e}^{at^2},$$

积分得

$$C(t) = b\mathrm{e}^{at^2} + C,$$

于是方程(2.14)的通解为

$$y(t) = b + C\mathrm{e}^{-at^2}.$$

将初始条件 $y(0) = y_0$ 代入通解, 得

$$C = y_0 - b,$$

故所求产值函数为

$$y(t) = b + (y_0 - b)\mathrm{e}^{-at^2}.$$

求解非齐次线性微分方程时, 也可以直接利用通解公式(2.10).

§9.3 二阶常系数线性微分方程

形如

$$y'' + py' + qy = f(x) \qquad (3.1)$$

的微分方程, 当 p,q 是常数时, 称为<u>二阶常系数线性微分方程</u>. 对应于方程(3.1)的二阶常系数线性齐次方程是

$$y'' + py' + qy = 0. \qquad (3.2)$$

下面对方程(3.1), (3.2)的解法分别进行讨论.

1. 二阶常系数齐次线性方程

定义 9.3.1 设 $y_1(x), y_2(x)$ 为定义在 (a,b) 上的函数, 如果存在非零常数 k, 使得 $y_1(x) \equiv ky_2(x)$, 则称 $y_1(x), y_2(x)$ <u>线性相关</u>; 如果对任意常数

k, $y_1(x) \not\equiv k y_2(x)$, 则称 $y_1(x)$, $y_2(x)$ 线性无关.

例如,函数 e^x 与 $x e^x$, $\sin x$ 与 $\cos x$ 之间线性无关,而 x^2 与 $2x^2$ 之间线性相关.

定理 9.3.1 设 $y_1(x)$ 与 $y_2(x)$ 是方程(3.2)的两个线性无关的解,则
$$y(x) = C_1 y_1(x) + C_2 y_2(x) \tag{3.3}$$
是方程(3.2)的通解,其中 C_1, C_2 为任意常数.

证 因为 $y_1(x)$ 与 $y_2(x)$ 是(3.2)的解,所以有
$$y_1''(x) + p y_1'(x) + q y_1(x) = 0$$
与
$$y_2''(x) + p y_2'(x) + q y_2(x) = 0,$$
而
$$y'(x) = C_1 y_1'(x) + C_2 y_2'(x),$$
$$y''(x) = C_1 y_1''(x) + C_2 y_2''(x),$$
代入(3.2)的左端,得
$$\begin{aligned}
& y''(x) + p y'(x) + q y(x) \\
&= (C_1 y_1''(x) + C_2 y_2''(x)) + p(C_1 y_1'(x) + C_2 y_2'(x)) \\
&\quad + q(C_1 y_1(x) + C_2 y_2(x)) \\
&= C_1(y_1''(x) + p y_1'(x) + q y_1(x)) + C_2(y_2''(x) + p y_2'(x) + q y_2(x)) \\
&= C_1 \cdot 0 + C_2 \cdot 0 = 0.
\end{aligned}$$
即 $y(x)$ 是方程(3.2)的解. 在 $y_1(x)$ 与 $y_2(x)$ 线性无关的条件下,可以证明 $y(x)$ 含有两个任意常数,所以 $y(x)$ 是方程(3.2)的通解.

定理 9.3.1 表明,求解方程(3.2)的关键是设法找到方程(3.2)的两个线性无关解. 根据求导的经验,我们知道指数函数 $e^{\lambda x}$ 的一、二阶导数 $\lambda e^{\lambda x}$, $\lambda^2 e^{\lambda x}$ 仍是同类型的指数函数,如果选取适当的常数 λ,则有可能使 $e^{\lambda x}$ 满足方程(3.2). 因此,猜想线性常系数微分方程的解具有形式
$$y = e^{\lambda x}.$$

现将 $y = e^{\lambda x}$ 代入方程(3.2),得
$$e^{\lambda x}(\lambda^2 + p\lambda + q) = 0.$$
由于 $e^{\lambda x} \neq 0$,必须
$$\lambda^2 + p\lambda + q = 0. \tag{3.4}$$
由此可见,只要 λ 满足代数方程(3.4),函数 $e^{\lambda x}$ 就是方程(3.2)的解.

代数方程(3.4)称为微分方程(3.2)的特征方程,其中 λ^2, λ 的系数及常数项恰好依次是方程(3.2)中 y'', y' 及 y 的系数.

特征方程的两个根 λ_1, λ_2 称为方程(3.2)的特征根,可以用公式

$$\lambda_{1,2} = \frac{-p \pm \sqrt{p^2 - 4q}}{2}$$

求出. 它们可能出现三种情况:

当 $p^2 - 4q > 0$ 时,λ_1,λ_2 是两个不相等的实根;当 $p^2 - 4q = 0$ 时,λ_1,λ_2 是两个相等的实根;当 $p^2 - 4q < 0$ 时,λ_1,λ_2 是一对共轭复根.

下面根据特征根的三种不同情况,分别讨论齐次方程(3.2)的通解.

(1) 当 $\lambda_1 \neq \lambda_2$ 时,方程(3.4)有两个相异实根.

这时方程(3.2)有两个特解

$$y_1 = e^{\lambda_1 x}, \quad y_2 = e^{\lambda_2 x}.$$

由于

$$\frac{y_1}{y_2} = e^{(\lambda_1 - \lambda_2)x} \neq 常数,$$

所以 y_1 与 y_2 线性无关,故方程(3.2)的通解为

$$y(x) = C_1 e^{\lambda_1 x} + C_2 e^{\lambda_2 x},$$

其中 C_1, C_2 为任意常数.

(2) 当 $\lambda_1 = \lambda_2 = \lambda$ 是方程(3.4)的两个相等的实根时,方程(3.2)有一个特解

$$y_1 = e^{\lambda x}.$$

可以验证方程(3.2)有另一个特解

$$y_2 = x e^{\lambda x}.$$

由于

$$\frac{y_2}{y_1} = x \neq 常数,$$

所以 y_1 与 y_2 线性无关,故方程(3.2)的通解可表为

$$y(x) = (C_1 + C_2 x) e^{\lambda x},$$

其中 C_1, C_2 为任意常数.

(3) 当 $\lambda = \alpha \pm i\beta$ ($\beta \neq 0$)是一对共轭复根时,

通过直接验证可知,函数

$$y_1 = e^{\alpha x} \cos\beta x, \quad y_2 = e^{\alpha x} \sin\beta x,$$

是方程(3.2)的两个特解,且由

$$\frac{y_1}{y_2} = \cot\beta x \neq 常数$$

可知 y_1 与 y_2 线性无关,故方程(3.2)的通解可表为

$$y(x) = (C_1 \cos\beta x + C_2 \sin\beta x) e^{\alpha x},$$

其中 C_1, C_2 为任意常数.

综上所述,求二阶线性常系数齐次微分方程通解的步骤如下:

第一步 写出方程(3.2)的特征方程
$$\lambda^2 + p\lambda + q = 0;$$

第二步 求出特征方程的根 λ_1, λ_2;

第三步 根据特征方程的三种不同情况,按照表 9－1 得到微分方程(3.2)的通解.

表 9－1

特征根 λ	方程的通解
$\lambda_1 \neq \lambda_2$ 是两个实根	$y = C_1 e^{\lambda_1 x} + C_2 e^{\lambda_2 x}$
$\lambda_1 = \lambda_2 = \lambda$ 是相等实根	$y = (C_1 + C_2 x) e^{\lambda x}$
$\lambda = \alpha \pm i\beta$ $(\beta \neq 0)$ 是共轭复根	$y = (C_1 \cos\beta x + C_2 \sin\beta x) e^{\alpha x}$

例 1 求方程 $y'' - 3y' - 10y = 0$ 的通解.

解 特征方程为
$$\lambda^2 - 3\lambda - 10 = 0,$$

其特征根 $\lambda_1 = -2, \lambda_2 = 5$ 为两个相异实根,所以所给方程的通解为
$$y(x) = C_1 e^{-2x} + C_2 e^{5x},$$

其中 C_1, C_2 为任意常数.

例 2 求方程 $y'' - 4y' + 4y = 0$ 的通解.

解 特征方程为
$$\lambda^2 - 4\lambda + 4 = 0,$$

其特征根 $\lambda = 2$ 为二重实根,所以所给方程的通解为
$$y(x) = (C_1 + C_2 x) e^{2x},$$

其中 C_1, C_2 为任意常数.

例 3 求方程 $y'' - 6y' + 13y = 0$ 的通解.

解 特征方程为
$$\lambda^2 - 6\lambda + 13 = 0,$$

其特征根 $\lambda = 3 \pm 2i$ 为一对共轭复根,所以所给方程的通解为
$$y(x) = e^{3x}(C_1 \cos 2x + C_2 \sin 2x),$$

其中 C_1, C_2 为任意常数.

2. 二阶常系数非齐次方程

容易证明方程(3.1)有如下通解结构定理:

定理 9.3.2 如果 $y^*(x)$ 是二阶非齐次微分方程
$$y'' + py' + qy = f(x) \tag{3.1}$$
的一个特解，$Y = c_1 y_1 + c_2 y_2$ 是方程(3.1)所对应的齐次线性微分方程
$$y'' + py' + qy = 0$$
的通解，那么
$$y(x) = Y + y^*(x) \tag{3.5}$$
是二阶非齐次线性微分方程(3.1)的通解.

上一段已经详细讨论了求齐次方程通解的方法，因此，根据定理9.3.2，只要求出非齐次方程(3.1)的一个特解 $y^*(x)$ 就行了.

下面介绍当 $f(x)$ 取三种特殊形式时求 $y^*(x)$ 的方法.

(1) $f(x) = P_n(x)$.

其中 $P_n(x)$ 是一个关于 x 的 n 次多项式，即
$$P_n(x) = a_n x^n + a_{n-1} x^{n-1} + \cdots + a_1 x + a_0.$$

于是 $P_n(x)$ 的导数仍是多项式，因此，推测方程的特解也是多项式. 故设 $y^* = Q(x)$，其中 $Q(x)$ 为多项式，代入方程(3.1)后，有等式
$$Q''(x) + pQ'(x) + qQ(x) = P_n(x). \tag{3.6}$$

于是，要使等式(3.6)恒成立，

(i) 当 $q \neq 0$ 时，$Q(x)$ 应为 n 次多项式，即设
$$y^* = Q_n(x) = b_n x^n + b_{n-1} x^{n-1} + \cdots + b_1 x + b_0.$$
其中 $b_0, b_1, \cdots, b_n$ 为待定系数.

(ii) 当 $q = 0$，且 $p \neq 0$ 时，$Q(x)$ 应为 $n+1$ 次多项式，即设
$$y^* = xQ_n(x) = b_n x^{n+1} + b_{n-1} x^n + \cdots + b_1 x^2 + b_0 x.$$
其中 $b_0, b_1, \cdots, b_n$ 为待定系数.

(iii) 当 $q = 0$，且 $p = 0$ 时，$Q(x)$ 应为 $n+2$ 次多项式，即设
$$y^* = x^2 Q_n(x) = b_n x^{n+2} + b_{n-1} x^{n+1} + \cdots + b_1 x^3 + b_0 x^2,$$
其中 $b_0, b_1, \cdots, b_n$ 为待定系数.

为了确定待定系数 $b_0, b_1, \cdots, b_n$，可将 y^* 代入原方程，令同次幂的系数相等，即用待定系数法.

例 4 求微分方程 $y'' - 2y' - 3y = 3x + 1$ 的通解.

解 方程所对应的齐次线性微分方程为
$$y'' - 2y' - 3y = 0,$$
它的特征方程为
$$\lambda^2 - 2\lambda - 3 = 0,$$
其特征根为

$$\lambda_1 = 3, \quad \lambda_2 = -1.$$

所以,方程所对应的齐次线性微分方程的通解为
$$Y = C_1 e^{3x} + C_2 e^{-x}.$$

设所给方程的特解为
$$y^* = b_1 x + b_0,$$

把它代入所给的方程,得
$$-3b_1 x - 2b_1 - 3b_0 = 3x + 1,$$

比较两端 x 同次幂的系数,得
$$\begin{cases} -3b_1 = 3 \\ -2b_1 - 3b_0 = 1. \end{cases}$$

解得
$$b_0 = \frac{1}{3}, \quad b_1 = -1.$$

由此求得一个特解为
$$y^* = -x + \frac{1}{3},$$

从而所求的通解为
$$y = C_1 e^{3x} + C_2 e^{-x} - x + \frac{1}{3},$$

其中 C_1, C_2 为任意常数.

(2) $f(x) = P_n(x) e^{\lambda x}$.

其中 λ 是常数,$P_n(x)$ 是关于 x 的一个 n 次多项式,即
$$P_n(x) = a_n x^n + a_{n-1} x^{n-1} + \cdots + a_1 x + a_0.$$

我们知道,$P_n(x) e^{\lambda x}$ 的导数仍是多项式与指数函数的乘积,因此,推测方程的特解也是多项式与 $e^{\lambda x}$ 的乘积. 故设
$$y^* = Q(x) e^{\lambda x}.$$

其中 $Q(x)$ 为多项式,把 y^* 及 $y^{*\prime} = e^{\lambda x} [\lambda Q(x) + Q'(x)]$,
$y^{*\prime\prime} = e^{\lambda x} [\lambda^2 Q(x) + 2\lambda Q'(x) + Q''(x)]$ 代入方程(3.1),经整理得
$$Q''(x) + (2\lambda + p) Q'(x) + (\lambda^2 + p\lambda + q) Q(x) = P_n(x). \tag{3.7}$$

(i) 如果 $\lambda^2 + p\lambda + q \neq 0$,由于 $P_n(x)$ 是一个 n 次多项式,要使(3.7)两端相等,$Q(x)$ 应是一个与 $P_n(x)$ 次数相同的多项式 $Q_n(x)$:
$$Q_n(x) = b_n x^n + b_{n-1} x^{n-1} + \cdots + b_1 x + b_0.$$

这时特解的形式为
$$y^* = Q_n(x) e^{\lambda x}.$$

为了确定待定系数 $b_0, b_1, \cdots, b_n$,可将 $y^* = Q_n(x)e^{\lambda x}$ 代入原方程,令同次幂的系数相等,即用待定系数法.

(ii) 如果 $\lambda^2 + p\lambda + q = 0$ 而 $2\lambda + p \neq 0$,则式(3.7)成为
$$Q''(x) + (2\lambda + p)Q'(x) = P_n(x). \tag{3.8}$$

因 $Q'(x)$ 是比 $Q(x)$ 低一次的多项式,要使式(3.8)两端恒等,$Q(x)$ 应是 $n+1$ 次的多项式,此时可令
$$Q(x) = xQ_n(x),$$
这时特解 y^* 的形式为
$$y^* = xQ_n(x)e^{\lambda x}.$$

(iii) 如果 $\lambda^2 + p\lambda + q = 0$ 且 $2\lambda + p = 0$,式(3.7)成为
$$Q''(x) = P_n(x), \tag{3.9}$$

表明 $Q(x)$ 为 $n+2$ 次多项式,于是可令
$$y^* = x^2 Q_n(x)e^{\lambda x}.$$

综上讨论,对于 $f(x) = P_n(x)e^{\lambda x}$ 类型的非齐次线性方程,可试解函数为
$$y^* = x^k Q_n(x)e^{\lambda x}.$$

其中 $Q_n(x)$ 是与 $P_n(x)$ 同次的多项式,而 k 视 λ 不是对应齐次方程的特征根,是特征方程的单根或是特征方程的重根,分别取 0,1 或 2. 然后将 y^* 代入方程(3.1),令两边同次幂的系数相等,可求出系数 b_i $(i = 0, 1, 2, \cdots, n)$,从而求得 y^*. 类型 1 也可以看做类型 2 在 $\lambda = 0$ 时的特例.

例 5 求方程 $y'' - 3y' + 2y = xe^{2x}$ 的通解.

解 方程所对应的齐次线性微分方程为
$$y'' - 3y' + 2y = 0,$$
它的特征方程为
$$\lambda^2 - 3\lambda + 2 = 0,$$
其特征根为
$$\lambda_1 = 1, \quad \lambda_2 = 2,$$
所以,方程所对应的齐次线性微分方程的通解为
$$Y = C_1 e^x + C_2 e^{2x}.$$

由于 $\lambda = 2$ 是特征方程的单根,所以应设 y^* 为
$$y^* = x(b_1 x + b_0)e^{2x}.$$

把它代入所给的方程,得
$$2b_1 x + 2b_1 + b_0 = x.$$

比较两端 x 同次幂的系数,得

$$\begin{cases} 2b_1 = 1, \\ 2b_1 + b_0 = 0, \end{cases}$$

解得 $b_0 = -1, b_1 = \dfrac{1}{2}$. 由此求得一个特解为

$$y^* = x\left(\dfrac{1}{2}x - 1\right)e^{2x}$$

从而方程的通解为

$$y = C_1 e^x + C_2 e^{2x} + x\left(\dfrac{1}{2}x - 1\right)e^{2x},$$

其中 C_1, C_2 为任意常数.

(3) $f(x) = e^{\alpha x}[A_1 \cos\beta x + A_2 \sin\beta x]$.

其中 α, β, A_1, A_2 为常数. 类似于当 $f(x) = P_n(x)e^{\alpha x}$ 时的讨论,这时,方程 (3.1) 具有形如

$$y^* = x^k e^{\alpha x}(Q_1 \cos\beta x + Q_2 \sin\beta x)$$

的特解,其中 Q_1, Q_2 为待定系数,且当 $\alpha \pm \beta i$ 为对应齐次方程的特征根时,$k = 1$,否则 $k = 0$.

例 6 求方程 $y'' + y = 3\sin x$ 的通解.

解 对应齐次方程的特征方程为

$$\lambda^2 + 1 = 0.$$

解得

$$\lambda_1 = i, \quad \lambda_2 = -i,$$

于是,对应齐次方程的通解为

$$Y = C_1 \cos x + C_2 \sin x.$$

设所给方程的特解为 $y^* = x(Q_1 \cos x + Q_2 \sin x)$,其中 Q_1, Q_2 为待定系数,代入所给方程,得

$$-2Q_1 \sin x + 2Q_2 \cos x = 3\sin x.$$

比较 $\sin x$ 及 $\cos x$ 各自的系数,可得

$$\begin{cases} -2Q_1 = 3, \\ 2Q_2 = 0, \end{cases}$$

由此解得

$$Q_1 = -\dfrac{3}{2}, \quad Q_2 = 0,$$

从而求得一个特解为

$$y^* = -\dfrac{3}{2}x\cos x.$$

所给方程的通解是
$$y = C_1\cos x + C_2\sin x - \frac{3}{2}x\cos x,$$
其中 C_1, C_2 为任意常数.

例 7 求方程 $y'' + y' - 2y = e^{-2x}\sin x$ 的通解.

解 对应齐次方程的特征方程为
$$\lambda^2 + \lambda - 2 = 0.$$
解得
$$\lambda_1 = 1, \quad \lambda_2 = -2,$$
于是对应齐次方程的通解为
$$Y = C_1 e^x + C_2 e^{-2x}.$$
设所给方程的特解为
$$y^* = (Q_1\cos x + Q_2\sin x)e^{-2x},$$
其中 Q_1, Q_2 为待定系数,代入所给方程,有
$$(-Q_1 - 3Q_2)\cos x + (3Q_1 - Q_2)\sin x = \sin x.$$
分别比较 $\sin x, \cos x$ 前的系数,得
$$Q_1 = 0.3, \quad Q_2 = -0.1,$$
于是得
$$y^* = (0.3\cos x - 0.1\sin x)e^{-2x}.$$
所给方程的通解是
$$y = C_1 e^x + C_2 e^{-x} + (0.3\cos x - 0.1\sin x)e^{-2x}.$$

综上所述,求解二阶常系数非齐次微分方程 $y'' + py' + qy = f(x)$ 的步骤如下:

第一步 用特征根法求出相应的齐次方程的通解 Y;

第二步 用待定系数法求出方程的一个特解 y^*;

第三步 写出通解
$$y = Y + y^*;$$

第四步 如果题目给出初始条件
$$y(x_0) = y_0, \quad y'(x_0) = y_0',$$
再将此条件代入通解的表达式,确定出常数 C_1, C_2,从而求得满足初始条件的特解.

§9.4 微分方程在经济学中的应用

在经济学和管理科学中,经常要涉及到有关经济量的变化、增长、速率、

边际等内容,通常根据动态平衡法,即在每一个瞬时,遵循
$$\text{净变化率} = \text{输入率} - \text{输出率}$$
模式,可将描述经济量变化形式的 y',y 和 t 之间建立关系式;或者,根据某个经济法则或某种经济假说,如一项新技术推广的速度与已掌握该技术的人数以及尚未掌握有待推广该项技术的人数成正比,t 时刻的产品价格 $P(t)$ 的变化率与 t 时刻该产品的超额需求量 $D-S$ 成正比等,也可建立 y' 与 y 和 t 的关系式,在统一量纲的基础上,可以得到一系列的微分方程. 这就是经济学和管理学的微分方程模型. 通过求解方程,我们就可以描述出经济量的变化规律并作出决策和预测分析.

1. 人口增长问题模型

人口增长是一个很复杂的生物学和社会学问题. 这里只介绍它的一种简单模型. 令 $x(t)$ 表示某个国家在时间 t 的人口总数,记 γ 为其人口自然增长率(出生率减去死亡率),一般地,γ 既依赖于人口总数 x,又依赖于时间 t. 如果不考虑移民及其他因素,那么人口的变化率 $\dfrac{\mathrm{d}x}{\mathrm{d}t}$ 应等于 γ 与 x 的乘积.

$$\frac{\mathrm{d}x}{\mathrm{d}t} = \gamma x. \tag{4.1}$$

一种最简单的假设是 γ 等于常数 a ($a>0$),于是

$$\frac{\mathrm{d}x}{\mathrm{d}t} = ax.$$

这是一阶齐次线性微分方程. 考虑到初始条件

$$x(t_0) = x_0, \tag{4.2}$$

即在时间 t_0 的人口总数为 x_0,应用分离变量法容易求得问题(4.1)在条件(4.2)下的解为

$$x(t) = x_0 \mathrm{e}^{a(t-t_0)}. \tag{4.3}$$

它表明在人口自然增长率 γ 为常数的假设下,人口总数是按照指数规律增长的,这是马尔萨斯人口论的主要依据. 根据这种模型,人口增长的速度非常快,这与长期以来各国人口普查的结果不吻合,说明上述假设不合理. 后来,人们通过实验和调查,又提出假设:

$$\gamma = a - bx. \tag{4.4}$$

其中正常数 a 与 b 称作生命系数. 一些生态学家测得 $a = 0.029$,而 b 的值依赖于不同国家不同时期的社会经济条件. 这时,人口增长的数学模型成为下列微分方程

$$\frac{dx}{dt}=(a-bx)x, \tag{4.5}$$

这是可分离变量型方程,得

$$\frac{dx}{(a-bx)x}=dt,$$

积分后得到

$$\frac{1}{a}\ln\frac{x}{a-bx}=t+C,$$

代入初始条件(4.2)后,可求得解为

$$x(t)=\frac{ax_0 e^{a(t-t_0)}}{a-bx_0+bx_0 e^{a(t-t_0)}}. \tag{4.6}$$

2. 供给与需求模型

我们曾经研究过供给 S 与需求 D 都是价格 p 的函数. 现在进一步讨论. 如果 p 是某商品在时间 t 的价格,那么价格又是时间 t 的函数. 这样一来,在任一时刻生产者供给的单位数量 S 与消费者所需求的单位数量 D 就都是时间 t 的函数. 事实上,供给量与需求量不仅仅取决于时间 t 的价格,价格的变化率也在指导着供、需的变化. 最简单的假设就是线性关系,一般表达为

$$S(t)=a_1+b_1 p(t)+c_1\frac{dp}{dt},$$

$$D(t)=a_2+b_2 p(t)+c_2\frac{dp}{dt}.$$

假定市场上的价格是由供给和需求确定的,那么市场均衡价格为

$$S(t)=D(t).$$

例如,设商品百个单位的供给和需求函数由下列公式给出:

$$S(t)=30+p+5\frac{dp}{dt},$$

$$D(t)=51-2p+4\frac{dp}{dt}.$$

其中 $p(t)$ 表示时间 t 时的价格,$\frac{dp}{dt}$ 表示价格关于时间的变化率. 如果 $t=0$ 时,价格是 12,试将市场均衡价格表示为时间的函数.

根据题意,市场均衡价格处有 $S(t)=D(t)$,即

$$30+p+5\frac{dp}{dt}=51-2p+4\frac{dp}{dt},$$

整理得
$$p(t) = 7 + Ce^{-3t},$$
将 $p(0) = 12$ 代入,得 $C = 5$,因此
$$p(t) = 7 + 5e^{-3t}.$$
这就是均衡价格关于时间的函数.

注意到此例中 $\lim\limits_{t \to \infty} p(t) = 7$,这意味着这个市场对于这种商品的价格稳定,且我们可以认为此商品的价格趋向于 7. 如果 $\lim\limits_{t \to \infty} p(t) = \infty$,那么价格随时间的推移而无限增大,此时认为价格不稳定(膨胀),需从经济学因素来改变供给和需求的方程模型.

3. 新产品的推广模型

设有某种新产品要推向市场,t 时刻的销售量为 $x(t)$,由于产品良好性能,每个产品都是一个宣传品,因此,t 时刻产品销售的增长率 $\dfrac{dx}{dt}$ 与 $x(t)$ 成正比;同时,考虑到产品销售存在一定的市场容量 N,统计表明 $\dfrac{dx}{dt}$ 与尚未购买该产品的潜在顾客的数量 $N - x(t)$ 也成正比,于是有

$$\dfrac{dx}{dt} = kx(N-x), \tag{4.7}$$

其中 k 为比例系数. 分离变量积分,可以解得

$$x(t) = \dfrac{N}{1 + Ce^{-kNt}}. \tag{4.8}$$

方程 (4.7) 也称为<u>逻辑斯谛模型</u>,通解表达式 (4.8) 也称为<u>逻辑斯谛曲线</u>.

$$\dfrac{dx}{dt} = \dfrac{CN^2 k e^{-kNt}}{(1 + Ce^{-kNt})^3},$$

以及

$$\dfrac{d^2 x}{dt^2} = \dfrac{Ck^2 N^3 e^{-kNt}(Ce^{-kNt} - 1)}{(1 + Ce^{-kNt})^3}.$$

当 $x(t) < \dfrac{N}{2}$ 时,则有 $\dfrac{d^2 x}{dt^2} > 0$,即销量 $x'(t)$ 单调增加;当 $x(t) = \dfrac{N}{2}$ 时, $\dfrac{d^2 x}{dt^2} = 0$;当 $x(t) > \dfrac{N}{2}$ 时, $\dfrac{d^2 x}{dt^2} < 0$. 即销量达到最大需求量 N 的一半时,产品最为畅销;当销量不足 N 的一半时,销售速度不断增大;当销量超过 N 的一半时,销售速度逐渐减少.

国内外许多经济学家调查表明,许多产品的销售曲线与公式(4.8)的曲线十分接近.根据对曲线性状的分析,许多分析家认为,在新产品推出的初期,应采用小批量生产并加强广告宣传,而在产品用户达到20%到80%期间,产品应大批量生产;在产品用户超80%时,应适时转产,可以达到最大的经济效益.

习题 9

1. 验证下列各函数是所给微分方程的通解:

(1) $y' = e^{x-y}$, $y = \ln(C + e^x)$;

(2) $y' = -\dfrac{x}{y}$, $x^2 + y^2 = C$ ($C > 0$);

(3) $y'' - \dfrac{2}{x}y' + \dfrac{2y}{x^2} = 0$, $y = C_1 x + C_2 x^2$;

(4) $y'' - 7y' + 12y = 0$, $y = C_1 e^{3x} + C_2 e^{4x}$;

(5) $xy'' + 2y' - xy = 0$, $xy = C_1 e^x + C_2 e^{-x}$;

(6) $y'' + 3y' - 10y = 2x$, $y = C_1 e^{2x} + C_2 e^{-5x} - \dfrac{x}{5} - \dfrac{3}{50}$.

2. 求下列微分方程的通解或在给定初始条件下的特解:

(1) $\dfrac{\mathrm{d}x}{\sqrt{x}} + \dfrac{\mathrm{d}y}{\sqrt{y}} = 0$;

(2) $(1 + y^2)\mathrm{d}x + (1 + x^2)\mathrm{d}y = 0$;

(3) $y' = e^{x-y}$;

(4) $(1 + y)\mathrm{d}x + (1 - x)\mathrm{d}y = 0$;

(5) $y' \sin y \cos x + \cos y \sin x = 0$;

(6) $y \ln x \mathrm{d}x + x \ln y \mathrm{d}y = 0$;

(7) $\sec^2 x \mathrm{d}x + \sec^2 y \mathrm{d}y = 0$;

(8) $(y^2 + xy^2)\mathrm{d}x + (x^2 - yx^2)\mathrm{d}y = 0$;

(9) $\dfrac{\mathrm{d}x}{y} + \dfrac{\mathrm{d}y}{x} = 0$, $y(3) = 4$;

(10) $\dfrac{x}{1+y}\mathrm{d}x - \dfrac{y}{1+x}\mathrm{d}y = 0$, $y(0) = 1$;

(11) $(1 + e^x) y y' = e^x$, $y(0) = 1$;

(12) $\cot y \mathrm{d}x + \cot x \mathrm{d}y = 0$, $y(0) = 0$.

3. 求下列微分方程的通解或在给定初始条件下的特解:

(1) $y' = \dfrac{y}{y - x}$;

(2) $(x + y)\mathrm{d}x + x \mathrm{d}y = 0$;

(3) $xy' - y - \sqrt{x^2 + y^2} = 0$;

(4) $x\dfrac{\mathrm{d}y}{\mathrm{d}x} = y \ln \dfrac{y}{x}$;

(5) $y' = e^{-\frac{x}{y}} + \dfrac{y}{x}$;

(6) $y' = \dfrac{2xy}{x^2 + y^2}$;

(7) $(x^3 + y^3)\mathrm{d}x - xy^2 \mathrm{d}y = 0$, $y(1) = 0$;

(8) $(x + 2y)y' = y - 2x$, $y(1) = 1$;

(9) $(y^2 - 3x^2)\mathrm{d}y - xy \mathrm{d}x = 0$, $y(1) = 0$;

(10) $(x^2 + 2xy - y^2)\mathrm{d}x + (y^2 + 2xy - x^2)\mathrm{d}y = 0$, $y(1) = 1$;

(11) $(y+\sqrt{x^2+y^2})dx-xdy=0$, $y(1)=0$;

(12) $xyy'=x^2+y^2$, $y(1)=2$.

4. 求一曲线方程,使该曲线通过原点,并且在点(x,y)处的切线斜率等于$2x+y$.

5. 求下列微分方程的通解或给定初始条件下的特解：

(1) $y'-\dfrac{1}{x+1}y=e^x(x+1)$;   (2) $y'+y\sin x=\sin^3 x$;

(3) $y'+2xy+2x^3=0$;   (4) $y'-2xy=e^{x^2}\cos x$;

(5) $(x^2+1)y'+2xy=4x^2$;   (6) $y'-\dfrac{ny}{x}=e^x x^n$;

(7) $y'+2xy=4x$;   (8) $xy'=x-y$;

(9) $xy'-2y=x^3 e^x$, $y(1)=0$;   (10) $xy'+y=3$, $y(1)=0$;

(11) $y'-\dfrac{y}{x+2}=x^2+2x$, $y(-1)=\dfrac{3}{2}$;

(12) $y'-\dfrac{y}{x}+\dfrac{\ln x}{x}=0$, $y(1)=1$;

(13) $xy'+y=\sin x$, $y(\pi)=1$;

(14) $2xy'=y-x^3$, $y(1)=0$.

6. 验证形如 $yf(xy)+xg(xy)dy=0$ 的微分方程,可经变量代换 $v=xy$ 化为变量分离方程,并求其通解.

7. 求下列齐次线性微分方程的通解或在给定初始条件下的特解：

(1) $y''-4y'+3y=0$;   (2) $y''-4y'+4y=0$;

(3) $y''+4y=0$;   (4) $y''-4y'+13y=0$;

(5) $y''+y'+y=0$;   (6) $2y''+y'+\dfrac{1}{8}y=0$;

(7) $y''-5y'+6y=0$, $y'(0)=1$, $y(0)=\dfrac{1}{2}$;

(8) $y''-6y'+9y=0$, $y'(0)=2$, $y(0)=0$;

(9) $y''+4y'+29y=0$, $y(0)=0$, $y'(0)=15$;

(10) $y''+\pi^2 y=0$, $y(0)=3$, $y'(0)=0$.

8. 求下列非齐次线性微分方程的通解或在给定初始条件下的特解：

(1) $2y''+5y'=5x^2-2x-1$;   (2) $y''-6y'+13y=14$;

(3) $y''-2y'-3y=2x+1$;   (4) $y''+2y'-3y=e^{2x}$;

(5) $y''-2y'-3y=xe^{-x}$;   (6) $y''+2y'+5y=-2\sin x$;

(7) $y''+2y'=4e^x(\sin x+\cos x)$;

(8) $y''-4y=4$, $y'(0)=0$, $y(0)=1$;

(9) $y''-5y'+6y=2e^x$, $y'(0)=1$, $y(0)=1$;

(10) $y''+2y'+2y=xe^{-x}$, $y'(0)=0$, $y(0)=0$;

(11) $y''+y=-\sin 2x$, $y'(\pi)=1$, $y(\pi)=1$;

(12) $y''+6y'+25y=2\sin x+2\cos x$.

9. 求出通过点 M_0 的曲线,使得其上任一点 M 的法线夹在 Oy, Ox 坐标轴之间的线段被该点 M 分成 $a:b$.

(1) $M_0(-2,3), a:b=1:3$;

(2) $M_0(0,1), a:b=2:3$.

10. 假设设备在每一时刻由于磨损而亏价的速度与它的实际价格成正比.已知最初价格为 A_0,试求其 t 年后的价格.

11. 假设某种细菌的繁殖速度与现有细菌数成正比,$x(t)$ 是 t 小时的细菌数量,如果最初有 1000 个细菌,2 小时后细菌数量为原来的 3 倍.试问经过多长时间可以使细菌数量为原来的 100 倍?

12. 某银行账户以当年余额的 5% 的年利率连续每年盈取利息,假设最初存入的数额为 10000 元,并且这之后没有其他数额存入和取出,给出账户中余额所满足的微分方程,以及存款到第十年余额.

13. 设某商品的供给函数 $S(t) = 60 + p + 4\dfrac{dp}{dt}$,需求函数 $D(t) = 100 - p + 3\dfrac{dp}{dt}$,其中 $p(t)$ 表示时间 t 的价格,且 $p(0) = 8$,试求均衡价格关于时间的函数,并说明实际意义.

14. 在某一人群中推广新技术是通过其中掌握新技术的人进行的.设该人群的总人数为 N,在 $t=0$ 时刻已掌握新技术的人数为 x_0,在任意时刻 t 已掌握新技术的人数为 $x(t)$(将 $x(t)$ 视为连续可微变量),其变化率与已掌握新技术人数和未掌握新技术人数之积成正比,比例常数 $k>0$,求 $x(t)$.

15. 已知某产品的净利润 P 与广告支出 x 有如下关系:
$$P' = b - a(x+P),$$
其中 a, b 为正的已知常数,且 $P(0) = P_0 \geq 0$,求 $P = P(x)$.

第 10 章

差分方程简介

在前面章节讨论的一些实例中,我们研究的变量基本上是属于连续变化的类型.但是,在经济与管理领域的许多实际应用中,大多数变量往往只能取一些整数或正整数的值.例如,银行中的定期存款所设定的时间等间隔计息.

差分方程主要应用在经济与管理领域中按固定时间间隔统计的情况,是同微分方程相辅相成的另一数学工具.本章将简单的介绍几种差分方程及其解法,很多方法同微分方程有相似的地方.

§10.1 差分方程的基本概念

1. 差分概念

给定函数 $y_n = f(n)$,其自变量 n(通常表示时间)取值为离散等间隔整数值 $n = \cdots, -2, -1, 0, 1, \cdots$,则函数 $f(n)$ 在 n 时刻的一阶差分定义为

$$\Delta y_n = y_{n+1} - y_n = f(n+1) - f(n).$$

函数 $f(n)$ 在 n 时刻一阶差分的差分,称为 $f(n)$ 在 n 时刻的二阶差分,记为 $\Delta^2 y_n$. 一般地, $f(n)$ 的 k 阶差分可定义为

$$\Delta^k y_n = \Delta(\Delta^{k-1} y_n) = \Delta^{k-1} y_{n+1} - \Delta^{k-1} y_n$$

$$= \sum_{i=0}^{k} (-1)^i C_k^i y_{i+k-1}. \tag{1.1}$$

其中 $k = 1, 2, \cdots, C_k^i = \dfrac{k!}{i!(k-i)!}$.

例 1 设 $y_n = n^2 + 3$,求 $\Delta y_n, \Delta^2 y_n$.

解 $\Delta y_n = (n+1)^2 + 3 - (n^2 + 3) = 2n + 1$.

$\Delta^2 y_n = \Delta(\Delta y_n) = 2(n+1) + 1 - (2n+1) = 2$.

二阶及二阶以上的差分统称为**高阶差分**. 为了便于计算与应用, 通常采用表格形式计算差分, 如表 10-1 所示.

表 10-1

y_n	Δy_n	$\Delta^2 y_n$	$\Delta^3 y_n$	$\Delta^4 y_n$
y_0				
	Δy_0			
y_1		$\Delta^2 y_0$		
	Δy_1		$\Delta^3 y_0$	
y_2		$\Delta^2 y_1$		$\Delta^4 y_0$
	Δy_2		$\Delta^3 y_1$	
y_3		$\Delta^2 y_2$		
	Δy_3			
y_4				

由定义可知差分具有以下性质:

(1) $\Delta(Cy_n) = C\Delta y_n$ (C 为常数);

(2) $\Delta(y_n + z_n) = \Delta y_n + \Delta z_n$ (请读者自己验证).

2. 差分方程

先看一个例子:

有某种商品 n 时期的供给量 S_n 与需求量 D_n 都是这一时期价格 P_n 的线性函数

$$S_n = -a + bP_n \ (a,b>0), \quad D_n = c - dP_n \ (c,d>0).$$

设 n 时期的价格 P_n 由 $n-1$ 时期的价格 P_{n-1} 与供给量及需求量之差 $S_{n-1} - D_{n-1}$ 按如下关系确定

$$P_n = P_{n-1} - \lambda(S_{n-1} - D_{n-1}) \quad (\lambda \text{ 为常数}),$$

即

$$P_n - [1 - \lambda(b+d)]P_{n-1} = \lambda(a+)c.$$

这样的方程就是差分方程.

定义 10.1.1 含有自变量 n 和两个或两个以上的函数值 $y_n, y_{n+1}, \cdots$, 的函数方程, 称为(常)**差分方程**. 其中两个未知函数下标的最大差称为**差分方程的阶**.

由定义 10.1.1 知, k 阶差分方程的一般形式为

$$F(n, y_n, y_{n+1}, \cdots, y_{n+k}) = 0,$$

其中 $F(n, y_n, y_{n+1}, \cdots, y_{n+k})$ 是 $n, y_n, y_{n+1}, \cdots, y_{n+k}$ 的已知函数, 且 y_n 和 y_{n+k} 一定要出现.

例如, 根据定义知, 方程

$$2\Delta y_n = y_n + n, \tag{1.2}$$

$$y_{n+3}+2y_{n+1}=n^2+2n \tag{1.3}$$

均为差分方程.将等式(1.2)整理可得 $2y_{n+1}-3y_n=n$,故(1.2)式是一阶差分方程,(1.3)式为二阶差分方程.而关系式

$$\Delta^2 y_n=y_{n+2}-2y_{n+1}+y_n, \tag{1.4}$$

$$-2\Delta y_n=2y_n+3n, \tag{1.5}$$

按定义都不是差分方程.

形如

$$y_{n+k}+a_1(n)y_{n+k-1}+\cdots+a_{k-1}(n)y_{n+1}+a_k(n)y_n=f(n) \tag{1.6}$$

的差分方程,称为 k 阶线性差分方程,其中 $a_1(n),\cdots,a_k(n)$ 和 $f(n)$ 均为已知函数,且 $a_k(n)\neq 0$.如果 $f(n)\not\equiv 0$,则(1.6)式又称为 k 阶非齐次线性差分方程;如果 $f(n)\equiv 0$,则(1.6)式变为

$$y_{n+k}+a_1(n)y_{n+k-1}+\cdots+a_{k-1}(n)y_{n+1}+a_k(n)y_n=0 \tag{1.7}$$

称之为 k 阶齐次线性差分方程,有时也称(1.7)式为(1.6)式的对应齐次方程.

例如,$y_{n+1}-y_n=n^2-1$ 是一阶非齐次线性差分方程,$y_{n+1}-y_n=0$ 是对应的齐次方程.

3. 差分方程的解

若函数 $y_n=\varphi(n)$ 代入差分方程使其对 $n=0,1,\cdots$ 均为恒等式,则称 $y_n=\varphi(n)$ 为差分方程的解,含有 k 个独立的任意常数 $C_1,C_2,\cdots,C_k$ 的解称为 n 阶差分方程的通解.任意常数取定值的解称为特解,确定特解的条件称为定解条件.对于 k 阶差分方程,一种常见的定解条件是初始条件:

$$y_0=a_0,\quad y_1=a_1,\quad \cdots,\quad y_k=a_k.$$

例 2 验证 $y_n=C5^n-\dfrac{1}{2}3^n$ 是差分方程 $y_{n+1}-5y_n=3^n$ 的通解.

解 将 $y_n=C5^n-\dfrac{1}{2}3^n$ 代入方程,

$$\text{左边}=C5^{n+1}-\frac{1}{2}3^{n+1}-5(C5^n-\frac{1}{2}3^n)=3^n=\text{右边},$$

所以,$y_n=C5^n-\dfrac{1}{2}3^n$ 是方程的解,且含任意常数 C,故为方程的通解.

在前面的讨论中可以看到,关于差分方程和差分方程解的概念与微分方程十分相似.事实上,微分与差分都是描述变量变化的状态,只是前者描述的是连续变化过程,后者描述的是离散变化过程.在取单位时间为1,且

单位时间间隔很小的情况下，$\Delta y = f(x+1) - f(x) \approx \mathrm{d}y = \dfrac{\mathrm{d}y}{\mathrm{d}x}\Delta x = \dfrac{\mathrm{d}y}{\mathrm{d}x}$，即差分可看做连续变换的一种近似．因此，差分方程和微分方程无论在方程结构、解的结构，还是在求解的方法上有很多相似的地方．下面，我们就依照 n 阶线性微分方程，给出 k 阶线性差分方程(1.6)解的结构定理．

定理 10.1.1 如果函数 $y_1(n), y_2(n), \cdots, y_m(n)$ 均为 k 阶齐次线性差分方程(1.7)的解，则
$$y(n) = C_1 y_1(n) + C_2 y_2(n) + \cdots + C_m y_m(n),$$
也是方程(1.7)的解，其中 $C_1, C_2, \cdots, C_m$ 是任意常数．

定理 10.1.2 如果函数 $y_1(n), y_2(n), \cdots, y_k(n)$ 是 k 阶齐次线性差分方程的 k 个线性无关的特解，则
$$y(n) = C_1 y_1(n) + C_2 y_2(n) + \cdots + C_k y_k(n)$$
是方程(1.7)的通解，其中 $C_1, C_2, \cdots, C_k$ 是任意常数．

定理 10.1.3 如果 $y^*(n)$ 是 k 阶非齐次线性差分方程(1.7)的一个特解，y 是对应齐次方程(1.7)的通解，则
$$y(n) = y + y^*(n)$$
是方程(1.6)的通解．

定理 10.1.4 如果 $y_1^*(n), y_2^*(n)$ 分别是 k 阶非齐次线性差分方程
$$y_{n+k} + a_1(n) y_{n+k-1} + \cdots + a_{k-1} y_{n+1} + a_k(n) y_n = f_1(n),$$
$$y_{n+k} + a_1(n) y_{n+k-1} + \cdots + a_{k-1} y_{n+1} + a_k(n) y_n = f_2(n)$$
的两个特解，y 是对应齐次方程(1.7)的通解，则
$$y(n) = y + y_1^*(n) + y_2^*(n)$$
是方程
$$y_{n+k} + a_1(n) y_{n+k-1} + \cdots + a_{k-1} y_{n+1} + a_k(n) y_n = f_1(n) + f_2(n)$$
的通解．

上述定理证明从略．

根据线性差分方程解的结构定理，要求 k 阶齐次线性差分方程的通解，只要找出 k 个线性无关的特解，再用 k 个任意常数线性组合而成．要求 k 阶非齐次线性差分方程的通解，在求出对应齐次方程的通解基础上，只要再找到所给非齐次方程的一个特解，然后将已求对应齐次方程的通解与特解相加而成．

例 3 求方程 $y_{n+2} + y_{n+1} - 2y_n = 12$ 的通解及 $y_0 = 0, y_1 = 0$ 的特解．

解 对应齐次方程为
$$y_{n+2} + y_{n+1} - 2y_n = 0.$$

可以验证 $y_1(n)=(-2)^n$ 和 $y_2(n)=1$ 是其两个线性无关解,所以通解为
$$y=C_1(-2)^n+C_2.$$
同样可以验证 $y^*(n)=4n$ 是所给非齐次方程的特解. 于是所给非齐次方程的通解为
$$y(n)=y+y^*(n)=C_1(-2)^n+C_2+4n.$$
其中 C_1,C_2 是任意常数.

由
$$y_0=C_1+C_2,$$
即
$$C_1+C_2=0,$$
$$y_1=-2C_1+C_2+4,$$
即
$$-2C_1+C_2+4=0$$
可得
$$C_1=\frac{4}{3}, \quad C_2=-\frac{4}{3},$$
故此时特解为
$$y^*(n)=4n+\frac{4}{3}(-2)^n-\frac{4}{3}.$$

利用线性差分方程解的结构特点,本章将重点介绍一阶和二阶常系数线性差分方程的解法.

§10.2 一阶常系数线性差分方程

一阶常系数线性差分方程的一般形式为
$$y_{n+1}-ay_n=f(n). \tag{2.1}$$
其中 $n=0,1,2,\cdots,a$ 为非零常数,$f(n)$ 为已知函数,y_n 为未知函数. 相应的齐次方程为
$$y_{n+1}-ay_n=0. \tag{2.2}$$
下面介绍一阶常系数差分方程的解法.

1. 齐次方程的通解

迭代法.

设 y_0 已知,将 $n=0,1,2,\cdots$ 依次代入 $y_{n+1}=ay_n$ 中得

$$y_1 = ay_0, \quad y_2 = ay_1 = a^2 y_0, \quad y_3 = ay_2 = a^3 y_0, \cdots.$$

一般地，$y_n = a^n y_0$ $(n=0,1,2,\cdots)$，容易验证 $y_n = a^n y_0$ 满足差分方程，因此是差分方程的解. 所以差分方程的通解为 $y_n = Ca^n$ $(n=0,1,2\cdots, C$ 为任意常数). 这个解法称为<u>迭代法</u>.

一般解法.

设 $y_n = \lambda^n$ $(\lambda \neq 0)$ 是方程(2.2)的一个特解，代入方程(2.2)得

$$\lambda^{n+1} - a\lambda^n = 0 \quad (\lambda \neq 0).$$

所以，$\lambda - a = 0$ 称为方程(2.2)的特征方程，它的根 $\lambda = a$ 称为方程(2.2)的特征根，故 $y_n = a^n$ 是方程(2.2)的一个特解，因而 $y_n = Ca^n$（C 为任意常数）是方程(2.2)的通解.

2. 非齐次方程的特解与通解

迭代法.

将方程(2.1)改写成迭代方程形式

$$y_{n+1} = ay_n + f(n) \quad n=0,1,2\cdots, \tag{2.3}$$

则有

$$y_1 = ay_0 + f(0),$$
$$y_2 = ay_1 + f(1) = a^2 y_0 + af(0) + f(1),$$
$$y_3 = ay_2 + f(2) = a^3 y_0 + a^2 f(0) + af(1) + f(2),$$
$$\cdots\cdots$$

一般地，由数学归纳法可证

$$y_n = a^n y_0 + a^{n-1} f(0) + a^{n-2} f(1) + \cdots + af(n-2) + f(n-1)$$
$$= a^n y_0 + y_n^* \quad n=0,1,2,\cdots,$$

其中

$$y_n^* = a^{n-1} f(0) + a^{n-2} f(1) + \cdots + af(n-2) + f(n-1)$$
$$= \sum_{i=0}^{n-1} a^i f(n-i-1) \tag{2.4}$$

为方程(2.1)的特解，又 Ca^n 为方程(2.1)对应的齐次方程(2.2)的通解，利用线性方程解的结构定理，$y = Ca^n + y_n^*$（C 为任意常数）为差分方程(2.1)的通解.

例1 求差分方程 $y_{n+1} - 3y_n = -2$ 的通解.

解 将 $a=3, f(n)=-2$ 代入公式(2.4)有

$$y_n^* = \sum_{i=0}^{n-1} 3^i (-2) = -2 \sum_{i=0}^{n-1} 3^i = -2 \frac{1-3^n}{1-3} = 1 - 3^n,$$

所以,所给方程的通解为
$$y_n = C3^n + (1-3^n) = \tilde{C}3^n + 1,$$
其中 $\tilde{C} = C - 1$ 为任意常数.

一般解法.

求方程(2.1)的特解,常用的方法是<u>待定系数法</u>,其基本做法与微分方程的待定系数法相同,即先设一个与非齐次项 $f(n)$ 形式相同的但含待定系数的函数 $f^*(n)$ 为特解,代入方程后再求出待定系数,从而确定所求特解.

(i) $f(n) = P_m(n), P_m(n)$ 为 m 次多项式,则方程(2.1)为
$$y_{n+1} - ay_n = P_m(n), \qquad (2.5)$$
设方程(2.5)具有形如 $y^*(n) = n^s(a_0 + a_1 n + \cdots + a_m n^m)$ 的特解.

当 $a \neq 1$ 时,取 $S = 0$,把 $y^*(n) = a_0 + a_1 n + \cdots a_m n^m$ 代入(2.5)式,比较两端同次项的系数,确定出 $a_0, a_1, \cdots a_m$,便得到(2.5)的特解.

当 $a = 1$ 时,取 $S = 1$,此时把 $y^*(n) = n(a_0 + a_1 n + \cdots + a_m n^m)$ 代入(2.5),比较两端同次项系数来确定 $a_0, a_1, \cdots a_m$,从而可得特解.

例 2 求差分方程 $y_{n+1} - 2y_n = 3n^2$ 的通解.

解 因 $a = 2$,对应齐次方程的通解为
$$y = C \cdot 2^n = C2^n.$$
设 $y^*(n) = a_0 + a_1 n + a_2 n^2$,将它代入给定的方程,则有
$$a_0 + a_1(n+1) + a_2(n+1)^2 - 2a_0 - 2a_1 n - 2a_2 n^2 = 3n^2,$$
整理得
$$(-a_0 + a_1 + a_2) + (-a_1 + 2a_2)n - a_2 n^2 = 3n^2,$$
比较同次项系数得
$$-a_0 + a_1 + a_2 = 0, \quad -a_1 + 2a_2 = 0, \quad -a_2 = 3.$$
故
$$a_0 = -9, \quad a_1 = -6, \quad a_2 = -3.$$
即给定方程的特解为
$$y^*(n) = -9 - 6n - 3n^2,$$
所给方程通解为
$$y(n) = C2^n - 9 - 6n - 3n^2,$$
其中 C 为任意常数.

例 3 在农业生产中,种植先于产出及产品出售一个适当的时期,n 时期该产品的价格 P_n 决定着生产者在下一时期愿意提供市场产量 S_{n+1},P_n 还决定着本期该产品的需求量 D_n,因此有
$$D_n = a - bP_n, \quad S_n = -c + dP_{n-1},$$

其中 a,b,c,d 均为正的常数,求价格随时间变动的规律.

解 假定在每一个时期中价格总是确定在市场售清的水平上,即 $S_n = D_n$,因此可得到
$$-c + dP_{n-1} = a - bP_n,$$
即
$$bP_n + dP_{n-1} = a + c.$$
于是得
$$P_n + \frac{d}{b}P_{n-1} = \frac{a+c}{b},$$

其中常数 $a,b,c,d > 0$. 因为 $d > 0, b > 0$,所以 $\frac{d}{b} \neq -1$,可设方程的特解为
$$P^*(n) = a_0,$$
代入方程可得,
$$a_0 = \frac{a+c}{b+d},$$
于是,方程的特解为
$$P^*(n) = \frac{a+c}{b+d},$$
而相应齐次方程的通解为 $C\left(-\frac{d}{b}\right)^n$,故问题的通解为
$$P_n = \frac{a+c}{b+d} + C\left(-\frac{d}{b}\right)^n,$$
其中 C 为任意常数.

当 $n = 0$ 时,$P_n = P_0$(初始价格),代入通解式,得
$$C = P_0 - \frac{a+c}{b+d}.$$
即满足初始条件 $n = 0$ 时 $P_n = P_0$ 的特解为
$$P_n = \frac{a+c}{b+d} + \left(P_0 - \frac{a+c}{b+d}\right)\left(-\frac{d}{b}\right)^n.$$

(ii) $f(n) = cb^n$ (其中 $c, b \neq 1$,均为常数),则方程(2.1)为
$$y_{n+1} - ay_n = cb^n. \tag{2.6}$$
设方程(2.6)具有形如 $y_n^* = An^s b^n$ 的特解.

当 $b \neq a$ 时,取 $S = 0$,即 $y_n^* = Ab^n$,代入方程(2.6)得
$$Ab^{n+1} - aAb^n = cb^n.$$
即
$$A(b-a) = c.$$

所以
$$A = \frac{c}{b-a}.$$
于是
$$y_n^* = \frac{c}{b-a} b^n.$$
从而得方程(2.6)的通解
$$y(n) = \frac{c}{b-a} b^n + Ca^n \quad (C \text{ 为任意常数}).$$

当 $b=a$ 时,取 $S=1$,从而得到
$$y_n^* = Anb^n.$$
代入方程(2.6)可得 $A = \frac{c}{b}$,于是方程(2.6)的特解为
$$y_n^* = \frac{c}{b} nb^n = cnb^{n-1}.$$
此时,差分方程的通解为
$$y(n) = cnb^{n-1} + Ca^n \quad (C \text{ 为任意常数}).$$

例 7 求差分方程 $y_{n+1} - \frac{1}{2} y_n = \left(\frac{5}{2}\right)^n$ 的通解.

解 对应齐次方程的通解为
$$y = C\left(\frac{1}{2}\right)^n.$$
又设
$$y_n^* = A\left(\frac{5}{2}\right)^n,$$
代入方程得
$$A\left(\frac{5}{2}\right)^{n+1} - \frac{1}{2} A\left(\frac{5}{2}\right)^n = \left(\frac{5}{2}\right)^n.$$
从而解得
$$A = \frac{1}{2}, \quad y_n^* = \frac{1}{2}\left(\frac{5}{2}\right)^n.$$
所给方程的通解为
$$y(n) = \frac{1}{2}\left(\frac{5}{2}\right)^n + C\left(\frac{1}{2}\right)^n \quad (C \text{ 为任意常数}).$$

§10.3 二阶常系数线性差分方程

在经济研究或其他问题中,也会遇到如下的二阶常系数线性差分方程

$$y_{n+2} + a y_{n+1} + b y_n = f(n). \qquad (3.1)$$

其中 $a, b \neq 0$,均为常数,$f(n)$ 是已知函数或常数.相应的齐次方程为

$$y_{n+2} + a y_{n+1} + b y_n = 0. \qquad (3.2)$$

下面讨论差分方程(3.1)的解法.

1. 齐次方程的通解

根据线性差分方程解的结构定理 10.1.2,只要找出二阶齐次线性方程(3.2)的两个线性无关的特解,考虑到方程的系数均为常数,只要找出一类函数,使得 y_{n+2} 与 y_{n+1} 均为 y_n 的常数倍,即可解决求特解问题.显然幂函数 λ^n 符合这类函数特征.因此,我们不妨设 $y_n = \lambda^n$ 为方程(3.2)的特解,其中 λ 为非零待定常数,代入方程后,有

$$\lambda^n (\lambda^2 + a\lambda + b) = 0.$$

因 $\lambda^n \neq 0$,故函数 $y_n = \lambda^n$ 是方程(3.2)的特解充分必要条件是 λ 满足方程

$$\lambda^2 + a\lambda + b = 0. \qquad (3.3)$$

方程(3.3)称为方程(3.1)或(3.2)的<u>特征方程</u>,特征方程的解称为<u>特征根或特征值</u>,其值为

$$\lambda_1 = \frac{-a + \sqrt{a^2 - 4b}}{2}, \quad \lambda_2 = \frac{-a - \sqrt{a^2 - 4b}}{2}.$$

现在根据 $a^2 - 4b$ 的符号来确定(3.2)的通解形式.

第一种情形: $a^2 > 4b$. 方程(3.2)有两个互异的实特征根 λ_1 与 λ_2,于是方程(3.2)有两个特解

$$y_1(n) = \lambda_1^n, \quad y_2(n) = \lambda_2^n,$$

且由

$$\frac{y_1(n)}{y_2(n)} = \left(\frac{\lambda_1}{\lambda_2}\right)^n \neq 常数$$

知 $y_1(n)$ 与 $y_2(n)$ 线性无关,从而得到方程(3.2)的通解

$$y_n = C_1 \lambda_1^n + C_2 \lambda_2^n,$$

其中 λ_1, λ_2 由方程(3.3)给出,C_1, C_2 为任意常数.

例 1 求差分方程 $y_{n+2} + y_{n+1} - 2 y_n = 0$ 的通解.

解 特征方程为

$$\lambda^2 + \lambda - 2 = 0.$$

解得两个互异实根 $\lambda_1 = -2, \lambda_2 = 1$,于是,所给方程的通解为

$$y(n) = C_1 (-2)^n + C_2.$$

其中 C_1, C_2 为任意常数.

第二种情形：$a^2=4b$. 此时方程(3.3)有两个相同的实特征根

$$\lambda_1=\lambda_2=-\frac{a}{2},$$

此时方程(3.2)有一个特解

$$y_1(n)=\left(-\frac{1}{2}a\right)^n.$$

可以验证方程(3.2)有另一个特解

$$y_2(n)=n\left(-\frac{1}{2}a\right)^n.$$

且由

$$\frac{y_1(n)}{y_2(n)}=\frac{1}{n}\neq 常数$$

知 $y_1(n)$ 与 $y_2(n)$ 线性无关，从而得到方程(3.2)的通解

$$y_n=(C_1+C_2n)\left(-\frac{1}{2}a\right)^n.$$

其中 C_1,C_2 为任意常数.

例2 求方程 $y_{n+2}-2y_{n+1}+y_n=0$ 的通解.

解 特征方程为

$$\lambda^2-2\lambda+1=0.$$

解得特征根 $\lambda_1=\lambda_2=1$，于是，所给方程的通解为

$$Cy_n=(C_1+C_2n)\cdot 1^n=C_1+C_2n.$$

其中 C_1,C_2 为任意常数.

第三种情形：$a^2<4b$. 此时方程(3.3)有两个共轭的复特征根：

$$\lambda_1=-\frac{1}{2}a+\mathrm{i}\frac{1}{2}\sqrt{4b-a^2}=\alpha+\mathrm{i}\beta,$$

$$\lambda_2=-\frac{1}{2}a-\mathrm{i}\frac{1}{2}\sqrt{4b-a^2}=\alpha-\mathrm{i}\beta.$$

把它们化为三角表示式：

$$r=\sqrt{\alpha^2+\beta^2}=\sqrt{b},\quad \tan\theta=\frac{\beta}{\alpha}=-\frac{\sqrt{4b-a^2}}{a},$$

则

$$\alpha=r\cos\theta,\quad \beta=r\sin\theta,$$

所以

$$\lambda_1=r(\cos\theta+\mathrm{i}\sin\theta),\quad \lambda_2=r(\cos\theta-\mathrm{i}\sin\theta),$$

因此

$$y_1(n)=\lambda_1^n=r^n(\cos n\theta+\mathrm{i}\sin n\theta),$$

$$y_2(n) = \lambda_2^n = r^n(\cos n\theta - i\sin n\theta)$$

都是方程(3.2)的解. 可以证明

$$\frac{1}{2}(y_1(n) + y_2(n)) \quad \text{及} \quad \frac{1}{2i}(y_1(n) - y_2(n))$$

也都是方程(3.2)的特解,即 $r^n\cos n\theta$ 及 $r^n\sin n\theta$ 都是方程(3.2)的特解.

又因

$$\frac{y_1(n)}{y_2(n)} = \cot n\theta \neq 常数,$$

知 $y_1(n)$ 与 $y_2(n)$ 线性无关,所给方程(3.2)的通解可表示为

$$y(n) = r^n(C_1\cos n\theta + C_2\sin n\theta),$$

其中 C_1, C_2 为任意常数.

例 3 求方程 $y_{n+2} + 4y_n = 0$ 的通解.

解 特征方程为

$$\lambda^2 + 4 = 0.$$

解得特征根 $\lambda_1 = 2i, \lambda_2 = -2i$,因此,所给方程的通解为

$$y(n) = 2^n\left(C_1\cos\frac{\pi n}{2} + C_2\sin\frac{\pi n}{2}\right).$$

其中 $r = 2, \theta = \frac{\pi}{2}, C_1, C_2$ 为任意常数.

2. 非齐次方程的特解和通解

求解常系数非齐次线性差分方程(3.1)的特解,常用方法是与求解一阶常系数非齐次线性差分方程和二阶常系数非齐次微分方程类似的待定系数法. 现就函数 $f(n)$ 在经济学和管理科学中常见类型,分别介绍特解的求解方法.

(1) $f(n) = P_m(n), P_m(n)$ 为 m 次多项式,则方程(3.1)为

$$y_{n+2} + ay_{n+1} + by_n = P_m(n). \tag{3.4}$$

设(3.4)具有形式为 $y^*(n) = n^s(a_0 + a_1n + \cdots + a_mn^m)$ 的特解(其中 $a_0, a_1, \cdots a_m$ 为待定系数).

当 $1 + a + b \neq 0$ 时,取 $S = 0$;

当 $1 + a + b = 0$ 且 $a \neq -2$ 时,取 $S = 1$;

当 $1 + a + b = 0$ 且 $a = -2$ 时,取 $S = 2$;

分别就以上各种情形,把所设特解代入方程(3.4),比较两端同次项系数,确定出 $a_0, a_1, \cdots, a_m$,可得方程(3.4)的特解.

例 4 求差分方程 $y_{n+2} + 5y_{n+1} + 4y_n = n$ 的通解.

解 由于 $1+a+b=1+5+4=10\neq 0$,有
$$y^*(n)=a_0+a_1n.$$
代入方程
$$a_0+a_1(n+2)+5a_0+5a_1(n+1)+4a_0+4a_1n=n,$$
比较两端同次项系数有
$$10a_0+7a_1=0, \quad 10a_1=1,$$
所以
$$a_0=-\frac{7}{100}, \quad a_1=\frac{1}{10},$$
则
$$y^*(n)=-\frac{7}{100}+\frac{1}{10}n,$$
故通解为
$$y(n)=-\frac{7}{100}+\frac{1}{10}n+C_1(-1)^n+C_2(-4)^n,$$
其中 C_1,C_2 为任意常数.

(2) $f(n)=cd^n$ ($c,q\neq 1$ 都是常数).

则方程(3.1)为
$$y_{n+2}+ay_{n+1}+by_n=cd^n. \tag{3.5}$$
设方程(3.5)具有形式为 $y^*(n)=kn^sd^n$ 的特解.

当 $d^2+ad+b\neq 0$ 时,取 $S=0$,得方程(3.5)的特解为
$$y^*(n)=\frac{cd^n}{d^2+ad+b};$$
当 $d^2+ad+b=0$ 但 $2d+a\neq 0$ 时,取 $S=1$,得方程(3.5)的特解为
$$y^*(n)=\frac{cnd^{n-1}}{2d+a};$$
当 $d^2+ad+b=0$ 且 $2d+a=0$ 时,取 $S=2$,得方程(3.5)的特解为
$$y^*(n)=\frac{cn^2d^{n-1}}{4d+a}.$$

例 5 求差分方程 $y_{n+2}+4y_{n+1}-5y_n=3^n$.

解 由于
$$d^2+ad+b=3^2+4\times 3-5=16\neq 0,$$
有
$$y^*(n)=\frac{cd^n}{d^2+ad+b}=\frac{1}{16}3^n,$$
从而得到所给方程的通解为

$$y(n) = C_1 + C_2(-5)^n + \frac{1}{16}3^n,$$

其中 C_1, C_2 为任意常数.

(3) $f(n) = b_1\cos\theta n + b_2\sin\theta n$,则方程(3.1)为

$$y_{n+2} + ay_{n+1} + by_n = b_1\cos\theta n + b_2\sin\theta n, \tag{3.6}$$

设方程(3.6)具有形式为 $y^*(n) = n^S(A\cos\theta n + B\sin\theta n)$ 的特解.

当 $r^2 + ar + b \neq 0$ 时,其中 $r = \cos\theta + i\sin\theta$,取 $S = 0$,得方程(3.6)的特解为

$$y^*(n) = A\cos\theta n + B\sin\theta n;$$

当 $r^2 + ar + b = 0$ 且 $2r + a \neq 0$ 时,取 $S = 1$,得方程(3.6)的特解为

$$y^*(n) = n(A\cos\theta n + B\sin\theta n).$$

当 $r^2 + ar + b = 0$,且 $2r + a = 0$ 时,取 $S = 2$,得方程(3.6)的特解为

$$y^*(n) = n^2(A\cos\theta n + B\sin\theta n).$$

例 6 求方程 $3y_{n+2} - 2y_{n+1} - y_n = 10\sin\frac{\pi}{2}n$ 的通解.

解 $r = \cos\frac{\pi}{2} + i\sin\frac{\pi}{2} = i$,由于

$$3i^2 - 2i - 1 = -4 - 2i \neq 0,$$

所以可设

$$y^*(n) = A\cos\frac{\pi}{2}n + B\sin\frac{\pi}{2}n,$$

代入方程得

$$-3A\cos\frac{\pi}{2}n - 3B\sin\frac{\pi}{2}n + 2A\sin\frac{\pi}{2}n - 2B\cos\frac{\pi}{2}n$$

$$-A\cos\frac{\pi}{2}n - B\sin\frac{\pi}{2}n = 10\sin\frac{\pi}{2}n,$$

比较 $\cos\frac{\pi}{2}n$ 和 $\sin\frac{\pi}{2}n$ 前的系数,得

$$A = 1, \quad B = -2,$$

所以所给方程的通解为

$$y(n) = C_1 + C_2\left(-\frac{1}{3}\right)^n + \cos\frac{\pi}{2}n - 2\sin\frac{\pi}{2}n,$$

其中 C_1, C_2 为任意常数.

§10.4　差分方程在经济学中的简单应用

1. "分期偿还贷款"模型

假设从银行借款 P_0 元,年利率是 P,这笔借款要在 m 年内按月等额归还,试问每月应偿还多少?

假设每月应偿还 a 元.

第一步计算第 1 个月应付的利息 $y_1 = P_0 \cdot \dfrac{P}{12}$;

第二步计算第 2 个月应付的利息.

第 1 个月偿还 a 元后,还需偿还的贷款是

$$P_0 - a + P_0 \cdot \dfrac{P}{12} = P_0 - a + y_1.$$

故第二个月应付利息

$$y_2 = (P_0 - a + y_1)\dfrac{P}{12} = \left(1+\dfrac{P}{12}\right)y_1 - \dfrac{P}{12}a.$$

类似地,可推导出第 $n+1$ 个月应付利息

$$y_{n+1} = \left(1+\dfrac{P}{12}\right)y_n - \dfrac{P}{12}a. \tag{4.1}$$

这是一个一阶非齐次线性差分方程.

方程(4.1)的通解是

$$y_n = C\left(1+\dfrac{P}{12}\right)^n + a.$$

将 $y_1 = P_0 \cdot \dfrac{P}{12}$,代入得

$$C = \dfrac{\dfrac{P}{12}P_0 - a}{1+\dfrac{P}{12}}.$$

方程(4.1)的特解是

$$y_n^* = \left(\dfrac{P}{12}P_0 - a\right)\left(1+\dfrac{P}{12}\right)^{n-1} + a,$$

m 年的利息之和是

$$I = y_1 + y_2 + \cdots + y_{12m}$$
$$= \dfrac{P}{12}P_0 \sum_{n=1}^{12m}\left(1+\dfrac{P}{12}\right)^{n-1} + 12ma - a\sum_{n=1}^{12m}\left(1+\dfrac{P}{12}\right)^{n-1}$$

$$= \frac{P}{12}P_0 \times \frac{\left(1+\frac{P}{12}\right)^{12m}-1}{\left(1+\frac{P}{12}\right)-1} + 12ma - a \times \frac{\left(1+\frac{P}{12}\right)^{12m}-1}{\left(1+\frac{P}{12}\right)-1}$$

$$= 12ma - P_0 + P_0\left(1+\frac{P}{12}\right)^{12m} - \frac{12}{P}a\left[\left(1+\frac{P}{12}\right)^{12m}-1\right].$$

上式中,$12ma$ 是 m 年还款总数,P_0 是贷款数,则 $12ma - P_0$ 等于 m 年利息总数 I,这样一来,

$$P_0\left(1+\frac{P}{12}\right)^{12m} - \frac{12}{P}a\left[\left(1+\frac{P}{12}\right)^{12m}-1\right] = 0,$$

解得

$$a = \frac{\frac{P}{12}P_0\left(1+\frac{P}{12}\right)^{12m}}{\left(1+\frac{P}{12}\right)^{12m}-1}.$$

2. "价格与库存"模型

设 $P(n)$ 为第 n 个时段某类产品的价格,$L(n)$ 为第 n 个时段的库存量,I 为该产品的合理库存量. 一般情况下,如果库存量超过合理库存,则该产品的售价要下跌,如果库存量低于合理库存,则该产品售价要上涨. 于是有方程

$$P_{n+1} - P_n = C(I - L_n). \tag{4.2}$$

其中 C 为比例常数. 由方程(4.2)变形可得

$$P_{n+2} - 2P_{n+1} + P_n = C(L_{n+1} - L_n). \tag{4.3}$$

又设库存量 $L(n)$ 的改变与产品的生产销售状态有关,且在第 $n+1$ 时段库存增加量等于该时段的供求之差,即

$$L_{n+1} - L_n = S_{n+1} - D_{n+1}. \tag{4.4}$$

若设供给函数和需求函数分别为

$$S = a(P-\alpha) + \beta, \quad D = -b(P-\alpha) + \beta,$$

代入方程(4.4)后,有

$$L_{n+1} - L_n = (a+b)P_{n+1} - a\alpha - b\alpha.$$

再由方程(4.3),有方程

$$P_{n+2} + [C(a+b)-2]P_{n+1} + P_n = (a+b)\alpha. \tag{4.5}$$

设方程(4.5)的特解为 $P_n^* = A$,代入方程得

$$A = \alpha$$

方程(4.5)对应齐次方程的特征方程为

$$\lambda^2 + [C(a+b)-2]\lambda + 1 = 0.$$

解得 $\lambda_{1,2} = -r \pm \sqrt{r^2-1}$, $r = \frac{1}{2}[C(a+b)-2]$,于是

若 $|r|<1$,并设 $r=\cos\theta$,则方程(4.5)的通解为

$$P_n = B_1\cos(n\theta) + B_2\sin(n\theta) + \alpha.$$

即第 n 个时段价格将围绕稳定值 α 循环变化.

若 $|r|>1$,则 λ_1, λ_2 为两个实根,方程(4.5)的通解为

$$P_n = A_1\lambda_1^n + A_2\lambda_2^n + \alpha.$$

这时由于 $\lambda_2 = -r - \sqrt{r^2-1} < -r < -1$,则当 $n\to\infty$ 时,λ_2^n 将迅速变化,方程无稳定解.

因此,当 $1>r>-1$,即 $0<r+1<2$,也即 $-\frac{4}{a+b}<C<0$ 时,价格相对稳定,其中 a,b,c 为正常数.

3. 捕食—被捕食模型

设在一个海岛上考察狐狸—野兔生态系统.野兔(被捕食)的数量取决于两个方面:自身数量与狐狸(捕食)的数量.狐狸的数量也取决于两个方面:自身数量与野兔的数量.每个群体的改变必然引起另一群体的改变.

将时间离散化为时段,每个时段之间相应一个单位,即每个 $\Delta t_n = 1$.

设第 n 个时段后野兔的数量为 x_n,狐狸的数量为 y_n.

依题意,野兔的增长速率一方面与自身数量 x_n 成正比;另一方面,由于狐狸的存在制约了野兔的增长速率,故模型又假设野兔的增长速率是一个与狐狸数量成比例的量的减函数.因此,捕食差分方程为

$$\Delta x_n = x_{n+1} - x_n = x_n(a - by_n).$$

狐狸的增长速率也取决于自然数量与野兔数量.狐狸越多,对食物有更多的竞争,更多的狐狸会饿死,所以狐狸的增长速率会变小;另一方面,野兔的增长使狐狸增加了增长机会,故模型又假设狐狸的增长率是一个与野兔数量成比例的量的增函数.因此,捕食差分方程为

$$\Delta y_n = y_{n+1} - y_n = y_n(hx_n - c).$$

将上述两个方程联立,得

$$\begin{cases} \Delta x_n = x_n(a - by_n), \\ \Delta y_n = y_n(hx_n - c), \end{cases}$$

其中 a,c 表示另一个种群不存在时的常数增长率,b,h 表示捕食系数 $(a,b,c,h>0)$.

习题 10

1. 计算下列各题的差分：
   (1) $y_n = c$ （c 为常数），求 Δy_n；
   (2) $y_n = \sin an$，求 Δy_n；
   (3) $y_n = a^n$，求 Δy_n；
   (4) $y_n = n^2$，求 $\Delta^3 y_n$；
   (5) $y_n = \ln(n+1)$，求 $\Delta^2 y_n$.

2. 确定下列方程的阶：
   (1) $y_{n+3} - n^2 y_{n+1} + 3 y_n = 2$；
   (2) $y_{n-2} - y_{n-4} = y_{n+2}$.

3. 某学校的扇形教室的座位是这样安排的：每一排比前一排多两个座位. 已知第一排有 28 个座位.
   (1) 若用 y_n 表示第 n 排的座位数，试写出用 y_n 表示 y_{n+1} 的公式.
   (2) 第 10 排的座位是多少？
   (3) 若扇形教室共有 20 排，那么该教室一共有多少座位？

4. 设 Y_n, Z_n, U_n 分别是下列差分方程
   $$y_{n+1} + a y_n = f_1(n), \quad y_{n+1} + a y_n = f_2(n), \quad y_{n+1} + a y_n = f_3(n)$$
   的解，求证：$y(n) = Y_n + Z_n + U_n$ 是差分方程
   $$y_{n+1} + a y_n = f_1(n) + f_2(n) + f_3(n)$$
   的解.

5. 已知 $y_n^* = e^n$ 是方程 $y_{n+2} + a y_n = 2 e^{n+1}$ 的一个特解，求满足条件的常数 a.

6. 试证函数 $y_1(n) = \left(-\dfrac{1}{2}a\right)^n$ 和 $y_2(n) = n\left(-\dfrac{1}{2}a\right)^n$ 是方程
   $$y_{n+2} + a y_{n+1} + \dfrac{a^2}{4} y_n = 0$$
   的两个线性无关的特解，并求该方程的通解.

7. 求下列差分方程的通解：
   (1) $y_{n+1} - 5 y_n = 3^n$；
   (2) $y_{n+1} - y_n = 40 + 6n^2$；
   (3) $6 y_{n+1} + 2 y_n = 8$；
   (4) $y_{n+1} - 2 y_n = 2^n - 1$.

8. 求下列差分方程满足给定条件的特解：
   (1) $y_{n+1} - 5 y_n = 3, y_0 = \dfrac{7}{3}$；
   (2) $y_{n+1} + y_n = 2^n, y_0 = 2$；
   (3) $y_{n+1} - \dfrac{1}{2} y_n = \left(\dfrac{5}{2}\right)^n, y_0 = -1$；
   (4) $y_{n+1} + 4 y_n = 2 n^2 + n - 1, y_0 = 1$.

9. 设 Y_n 为 n 期国民收入，C_n 为 n 期消费，I 为投资（各期相同），设三者有关系
   $$Y_n = C_n + I, \quad C_n = \alpha Y_{n-1} + \beta,$$
   其中 $0 < \alpha < 1, \beta > 0$，试求 Y_n 和 C_n.

10. 已知差分方程 $(a + b y_n) y_{n+1} = c y_n$，其中 a, b, c 为正的常数，y_0 为正的已知初始

条件. 试证经代换 $Z_n = \dfrac{1}{y_n}$, 可将方程化为关于 Z_n 的线性差分方程, 并由此找出原方程的通解.

11. 求下列二阶齐次线性差分方程的通解:
   (1) $y_{n+2} - 4y_{n+1} + 16y_n = 0$;
   (2) $y_{n+2} - 2y_{n+1} + 2y_n = 0$;
   (3) $y_{n+2} = y_{n+1} + y_n$;
   (4) $y_{n+2} - 3y_{n+1} - 4y_n = 0$;
   (5) $y_{n+2} - y_{n+1} + y_n = 0$;
   (6) $y_{n+2} + 4y_{n+1} + 4y_n = 0$.

12. 求下列二阶非齐次线性差分方程的通解:
   (1) $y_{n+2} + 3y_{n+1} - \dfrac{7}{4}y_n = 9$;
   (2) $y_{n+2} - 4y_{n+1} + 4y_n = 3 \cdot 2^n$;
   (3) $y_{n+2} + 4y_{n+1} - 5y_n = 2n - 3$;
   (4) $y_{n+2} - y_n = 2\cos 2k\pi n - \sin 2k\pi n$.

13. 某人最初在年利率是 4% 的银行内存入 1000 元, 计划以后每年年终再连续加存 100 元. 试列出差分方程并计算 m 年后此人账目有存款多少? 再用迭代法求出前四年此人账目中的存款额.

14. 设某产品在时期 n 的价格、总供给与总需求分别为 P_n, S_n 与 D_n, 并设对于 $n = 0, 1, 2, \cdots$, 有
$$S_n = 2P_n + 1; \quad D_n = -4P_{n-1} + 5; \quad S_n = D_n.$$
   (1) 求证: 由以上三式可推出差分方程 $P_{n+1} + 2P_n = 2$;
   (2) 已知 P_0 时, 求上述方程的解.

15. 渔业生物学家在一湖中研究某种鱼的生产效果, 假设开始有 10 万条, 且鱼的年增长率是 25%, 每年容许收获 3 万条.
   (1) 按上面假设列出鱼的条数的差分方程, 并解之;
   (2) 多少年后, 湖中的鱼将捕捞完?

参 考 答 案

习题 1

1. (1)$[1,3]$； (2)$[2,5)$； (3)$(-\infty,0]$； (4)$(-2,0) \cup (0,2)$；
   (5) $(a-\varepsilon, a+\varepsilon)$； (6)$(-\infty,-2) \cup (0,+\infty)$.

2. (1) $(-5,1)$； (2)$(0,2) \cup (2,4)$； (3)$(-\infty,-2) \cup (0,+\infty)$；
   (4) $\left(-\infty, \dfrac{1}{4}\right)$； (5) $\varnothing$.

3. 略.

4. (1) 不同； (2) 不同； (3) 不同； (4) 不同； (5) 相同； (6) 相同.

5. $1, \sqrt{2}, \dfrac{\sqrt{a^2+1}}{|a|}, \sqrt{(a+h)^2+1}$.

6. (1) $(-2,2)$； (2) $\left(\dfrac{3}{2},+\infty\right)$； (3) $(-\infty,-2]$；
   (4) $(-\infty,-\sqrt{3}] \cup [\sqrt{3},+\infty)$； (5) $(1,4)$； (6) $(-\infty,-6) \cup (1,+\infty)$.

7. $[-2,3], [-3,-2] \cup [2,6], -3, -\dfrac{5}{2}, 6, 3$.

8. $f(-x) = \begin{cases} -3x-1, & x>0, \\ x^2, & x \leqslant 0, \end{cases} \quad f(x-2) = \begin{cases} 3x-7, & x<2, \\ (x-2)^2, & x \geqslant 2. \end{cases}$

9. 2

10. (1) 单增区间为$(-\infty,+\infty)$；
    (2) 单增区间为$(-\infty,+\infty)$；
    (3) $a>1$时,单增区间为$\left(-\dfrac{1}{3},+\infty\right)$,
    $0<a<1$时,单减区间为$\left(-\dfrac{1}{3},+\infty\right)$；
    (4) $(-1,0)$ 及 $(1,+\infty)$ 为单增区间,$(-\infty,-1)$ 及 $(0,1)$ 为单减区间.

11. (1) 有界； (2) 有界； (3) 有界； (4) 有下界,无上界.

12. (1) 奇； (2) 偶； (3) 奇； (4) 奇； (5) 非奇非偶； (6) 奇； (7) 偶； (8) 偶.

14. (1) $T=2\pi$； (2) $T=\pi$； (3) $T=\pi$； (4) $T=1$； (5) 非周期函数.

15. (1) $f^{-1}(x) = \dfrac{x-1}{2}, x \in (-\infty,+\infty)$；
    (2) $f^{-1}(x) = \ln x + 2, x \in (0,+\infty)$；
    (3) $f^{-1}(x) = \dfrac{1}{2}\arcsin\dfrac{x}{3}, x \in [-3,3]$；
    (4) $f^{-1}(x) = \dfrac{1-x}{1+x}, x \in (-\infty,-1) \cup (-1,+\infty)$；

(5) $f^{-1}(x) = \ln(x + \sqrt{1+x^2})$, $x \in (-\infty, +\infty)$;

(6) $f^{-1}(x) = \begin{cases} 1+x, & x < -1, \\ \sqrt{x}, & x \geqslant 0, \end{cases}$ $x \in (-\infty, -1) \cup [0, +\infty)$.

16. (1) $ad \neq bc$, $f^{-1}(x) = \dfrac{b-dx}{cx-a}$; (2) $ad \neq bc$, $a+d = 0$.

17. (1) $y = \sqrt{1+e^x}$; (2) $y = \arcsin \dfrac{x^2}{1+x^2}$;

    (3) $y = e^{\sin(x^2+1)}$; (4) $y = \ln\sqrt{2^x+1}$.

18. 略.

19. (1) $\dfrac{x}{x-1}$; (2) $x^2 - x$.

20. $\dfrac{x^x + 1}{x^x - 1}$.

21. (1) $x \in (2k\pi, 2k\pi + \pi)$, $k = 0, \pm 1, \pm 2, \cdots$;

    (2) $x \in [-1, 1]$; (3) $x \in \left[\dfrac{1}{3}, \dfrac{2}{3}\right]$.

22. $a = 1$, $b = 2$.

23. (1) $Q = 1100 - 40p$; (2) $R = 1100p - 40p^2$; (3) $R = 27.5Q - \dfrac{1}{40}Q^2$.

24. $S = 2\pi r^2 + \dfrac{2V}{r}$, $r \in (0, +\infty)$.

25. $C = 8000 + 0.3x$.

26. $L = \dfrac{A_0}{h} + \dfrac{2-\cos 40°}{\sin 40°}h$, $0 < h < \sqrt{\dfrac{A_0 \sin 40°}{2-\cos 40°}}$.

27. $R = -\dfrac{1}{2}x^2 + 4x$.

28. $p = 4$.

29. (1) $R = 300p - p^2$; (2) $L = 60Q - \dfrac{3}{2}Q^2$; (3) $p = 150$.

30. $Q \geqslant 1861$.

习题 2

1 ~ 2. 略.

3. $n > 4$.

4. (1) $n > 10$; (2) $n > 100$; (3) $n > 1000$.

5 ~ 7. 略.

8. (1) 2; (2) $\dfrac{1}{3}$; (3) $\dfrac{1}{2}$; (4) $\dfrac{1}{2}$; (5) 10; (6) $\max\{a_1, a_2, \cdots a_k\}$.

9. 略.

10. (1) e^{-3}; (2) $e^{\frac{3}{2}}$; (3) 1.

11. 略.

12. (1) -4; (2) 0; (3) 0; (4) $\dfrac{1}{2\sqrt{x}}$; (5) 2; (6) 1; (7) $\dfrac{10}{11}$; (8) $\dfrac{1}{3}$;

(9) 0; (10) $\dfrac{2}{5}$; (11) 1; (12) $\left(\dfrac{3}{2}\right)^{20}$; (13) 1; (14) 0.

13. $a=-7, b=6$.

14. $a=1, b=-1$.

15. $\lim\limits_{x\to 0}f(x)=-1, \lim\limits_{x\to 1}f(x)$ 不存在.

16. $0, +\infty$, 不存在.

17. (1) $\dfrac{2}{3}$; (2) 0; (3) $\dfrac{1}{2}$; (4) 0; (5) e; (6) e^{-2}; (7) 1;

(8) $\dfrac{2}{3}$; (9) e; (10) e^{-2}.

18. (1) 同阶; (2) 等价; (3) $(x^2-1)^2=o(x-1)$ $(x\to 1)$; (4) 等价.

19. (1) $n<m$ 时极限不存在, $n=m$ 时极限为 1, $n>m$ 时极限为 0;

(2) e^{-2}; (3) $\dfrac{1}{2}$; (4) 3.

20. (1) 在 $x=0$ 不连续, 其余点皆连续; (2) $f(x)$ 是连续函数.

21. $a=e, b=-1$.

22. $x=0$ 为跳跃间断点.

23. (1) $x=-1$, 第二类;

(2) $x=1$, 可去; $x=2$, 第二类;

(3) $x=0$, 可去; $x=k\pi$ $(k=\pm 1,\pm 2,\cdots)$, 第二类;

(4) $x=0$, 可去; $x=\pm 1$, 第二类;

(5) $x=0$, 跳跃;

(6) 处处连续..

24. $f(x)=\dfrac{1}{x}, x\in(0,1)$.

25~27. 略.

28. $2(1+3\%)^{10}, 2e^{0.3}$ (万元).

29. $1000e^r\dfrac{e^{24r}-1}{e^r-1}, r=0.2\%$.

30. (2) 不论广告费化费多少, 销售额不会超过 12000 元;

(3) 138.63 元.

习题 3

1. -20.

2. 略.

3. 切线方程 $y=x$, 法线方程 $y=-x$.

4. (1) $v_0 - gt$; (2) $\dfrac{v_0}{g}$; (3) $-v_0$.

5. $f(x)$ 在 $x = 0$ 连续,但不可导.

6. $a = 2, b = -1$.

7. $f'(0) = 2g(0)$.

8. 略.

9. (1) 1; (2) $\ln 2 - 1$; (3) -1.

10. $a = d = 1, b = c = 0$.

11. $x = 1$.

12. (1) $4x + \dfrac{3}{x^4} + 5$; (2) $x(2\sin x + x\cos x)$;

(3) $-\dfrac{1}{2\sqrt{x^3}}$; (4) $\dfrac{\sin x - 1}{(x + \cos x)^2}$;

(5) $3x^2 - 1 + \dfrac{1}{x^2} - \dfrac{3}{x^4}$; (6) 0;

(7) $\dfrac{(1-x^2)\tan x}{(1+x^2)^2} + \dfrac{x\sec^2 x}{1+x^2}$; (8) $\dfrac{(2\ln 10)10^x}{(10^x + 1)^2}$.

13. (1) $y'\Big|_{x=\frac{\pi}{6}} = \dfrac{\sqrt{3}+1}{2}, y'\Big|_{x=\frac{\pi}{4}} = \sqrt{2}$; (2) $\dfrac{\sqrt{2}}{4}\left(1 + \dfrac{\pi}{2}\right)$;

(3) $-\dfrac{1}{18}$; (4) $f'(0) = \dfrac{3}{25}, f'(2) = \dfrac{17}{25}$.

14. (1) $2f(x)f'(x)$; (2) $e^{f(x)}f'(x)$;

(3) $2xf'(x^2)$; (4) $\dfrac{2e^x f(e^x) f'(e^x)}{1 + f^2(e^x)}$.

15. 1.

16. (1) $6x^3(x^4 - 1)^{\frac{1}{2}}$; (2) $\dfrac{4\sqrt{x}\sqrt{x + \sqrt{x}} + 2\sqrt{x} + 1}{8\sqrt{x}\sqrt{x+\sqrt{x}}\sqrt{x + \sqrt{x + \sqrt{x}}}}$;

(3) $\dfrac{1}{x \ln x}$; (4) $3\cos 2x(\cos x + \sin x)$;

(5) $-\dfrac{\sin(2\sqrt{1-2x})}{\sqrt{1-2x}}$; (6) $\dfrac{\ln 2}{\sqrt{x+1}} \cdot 2^{\sqrt{x+1}-1} - \cot x$;

(7) $2\sqrt{x^2 - a^2}$; (8) $\dfrac{a}{(ax+b)[1 + \ln^2(ax+b)]}$;

(9) $\dfrac{-3\arcsin\dfrac{1}{x}}{|x|\sqrt{x^2 - 1}}$; (10) $\dfrac{\sin 2x}{\sqrt{1 - \sin^4 x}}$;

(11) $e^{-3x}(2\cos 2x - 3\sin 2x)$; (12) $x\sin x\left(\cos x \ln x + \dfrac{\sin x}{x}\right)$;

(13) $\dfrac{1}{x\sqrt{1-x^2}}$.

(14) $\dfrac{x^2}{1-x}\sqrt{\dfrac{x+1}{x^2+x+1}}\left[\dfrac{2}{x}+\dfrac{1}{1-x}+\dfrac{1}{2(x+1)}-\dfrac{2x+1}{2(x^2+x+1)}\right]$.

17. 略.

18. $\dfrac{d^2 x}{dy^2}=-\dfrac{y''}{(y')^3}$, $\dfrac{d^3 x}{dy^3}=\dfrac{3(y'')^2-y'y'''}{(y')^5}$.

19. $y'=-\dfrac{ye^{-xy}+\cos(x+y)}{xe^{-xy}+\cos(x+y)}$, $y=x$.

20. $y'\Big|_{(1,0)}=1$.

21. 当 $\Delta x=1$ 时,$\Delta y=18$,$dy=11$; 当 $\Delta x=0.1$ 时,$\Delta y=1.161$,$dy=1.1$; 当 $\Delta x=0.01$ 时,$\Delta y=0.110601$,$dy=0.11$.

22. (1) $dy=\left(1-\dfrac{1}{x^2}+\dfrac{1}{\sqrt{x}}\right)dx$;

    (2) $dy=\ln x\, dx$;

    (3) $dy=(x^2+1)^{-\frac{3}{2}}dx$;

    (4) $dy=e^{-x}\left[\sin(3-x)-\cos(3-x)\right]dx$;

    (5) $dy=\begin{cases}\dfrac{dx}{\sqrt{1-x^2}}, & -1<x<0,\\ -\dfrac{dx}{\sqrt{1-x^2}}, & 0<x<1;\end{cases}$

    (6) $dy=8x\tan(1+2x^2)\sec^2(1+2x^2)dx$.

23. (1) 9.9867; (2) 0.87476; (3) 0.01; (4) 1.0058.

24. (1) $4t$; (2) $-\tan\theta$; (3) $\dfrac{e^{2t}}{1-t}$; (4) $\dfrac{t}{2}$.

25. $\dfrac{d^2 y}{dx^2}$ 不对.

26~27. 略.

28. (1) $\dfrac{1}{x}$; (2) $(12x-8x^3)e^{-x^2}$; (3) $\dfrac{1}{x^2}\left[f''(\ln x)-f'(\ln x)\right]$;

    (4) $(x^3+150x^2+7350x+117600)e^x$.

29. $f^{(2k)}(0)=0$, $f^{(2k+1)}(0)=(-1)^k(2k)!$, $(k=0,1,2\cdots)$.

30. $x\in\left(\dfrac{1}{\sqrt{2}},+\infty\right)$.

31. $n!\left[\dfrac{(-1)^n}{x^{n+1}}+\dfrac{1}{(1-x)^{n+1}}\right]$ $(x\neq 0, x\neq 1)$.

32. $\dfrac{1}{f''(t)}$.

33. (1) $dy=e^x dx$, $d^2 y=e^x dx^2$;

    (2) $dy=e^{x(t)}x'(t)dt$, $d^2 y=e^{x(t)}\left[(x'(t))^2+x''(t)\right]dt^2$.

34. 17.5, 10, 17.5.

35. $350, 2$.

36. 提价 $\Delta p > 0, \Delta q < 0, \Delta R > 0$；降价 $\Delta p > 0, \Delta q > 0, \Delta R < 0$.

37. 由 $\dfrac{\mathrm{d}q}{q} = \dfrac{\mathrm{d}M}{M} E_M$，$\dfrac{\Delta q}{q} \approx \dfrac{\Delta M}{M} E_M$ 可知当收入增加（或减少）百分之一时，需求量相应地增加（或减少）百分之 E_M.

习题 4

1. $x=0$，不是极值点.

2. 方程 $f(x) = \sqrt[3]{x^2 - 5x + 6}$ 的两个根为 2 与 3，$f'(x) = 0$ 的一个根为 $2\dfrac{1}{2}$，它在 2 与 3 之间.

3~11. 略.

12. (1) 1； (2) 0； (3) 1； (4) $-\dfrac{1}{3}$； (5) $\dfrac{1}{6}$； (6) $\ln\dfrac{2}{3}$；

    (7) 2； (8) $-\dfrac{1}{6}$.

13. (1) 1； (2) 0； (3) 0； (4) $+\infty$； (5) 1； (6) 1.

14. (1) $-\dfrac{1}{2}$； (2) $\dfrac{1}{2}$； (3) $-\dfrac{2}{\pi}$； (4) 1； (5) $-\dfrac{\mathrm{e}}{2}$； (6) 0.

15. (1) 1； (2) 1； (3) $\mathrm{e}^{\frac{1}{6}}$； (4) $\mathrm{e}^{-\frac{2}{\pi}}$； (5) 1； (6) 1.

16. (1) 0； (2) $\dfrac{1}{2}$； (3) 1.

17. (1) $6 + 11(x-1) + 7(x-1)^2 + (x-1)^3$；

    (2) $(x-1) - \dfrac{1}{2}(x-1)^2 + \cdots + (-1)^{n-1}\dfrac{1}{n}(x-1)^n$

    $+ (-1)^n \dfrac{1}{n+1} \dfrac{(x-1)^{n+1}}{[1+\theta(X-1)]^{n+1}}$ $(0 < \theta < 1)$；

    (3) $1 - \dfrac{x^2}{2!} + \cdots + (-1)^n \dfrac{x^{2n}}{(2n)!} + (-1)^{n+1} \dfrac{\cos[\theta x + (n+1)\pi]}{(2n+2)!} x^{2n+2}$ $(0 < \theta < 1)$；

    (4) $1 - x + x^2 + \cdots + (-1)^n x^n + \dfrac{(-1)^{n+1}}{(1+\theta x)^{n+2}} x^{n+1}$ $(0 < \theta < 1)$.

18~19. 略.

20. (1) 单增区间 $\left(-\infty, \dfrac{3}{4}\right]$，单减区间 $\left[\dfrac{3}{4}, +\infty\right)$，在 $x = \dfrac{3}{4}$ 取得极大值 $\dfrac{27}{256}$；

    (2) 单增区间 $[-1, 1]$，单减区间 $(-\infty, -1]$，$[1, +\infty)$，在 $x = -1$ 取得极小值 $-\dfrac{1}{2}$，在 $x = 1$ 取得极大值 $\dfrac{1}{2}$；

    (3) 单增区间 $\left(-\infty, \dfrac{1}{3}\right]$，$[1, +\infty)$，单减区间 $\left[\dfrac{1}{3}, 1\right]$. 在 $x = \dfrac{1}{3}$ 取得极大值 $\dfrac{\sqrt[3]{4}}{3}$，在 $x = 1$ 取得极小值 0；

    (4) 单增区间 $[\mathrm{e}, +\infty)$，单减区间 $(0, 1)$，$(1, \mathrm{e})$. 在 $x = \mathrm{e}$ 取得极小值 $3\mathrm{e}$.

21. 略.

22. (1) 最小值 $y(1) = 5$, 最大值 $y(-1) = 13$;

   (2) 最小值 $y(-\ln 2) = 4$, 最大值 $y(1) = 4e + \dfrac{1}{e}$;

   (3) 最小值 $y\left(-\dfrac{1}{\sqrt{2}}\right) = -\dfrac{2}{\sqrt{2e}}$, 最大值 $y\left(\dfrac{1}{\sqrt{2}}\right) = \dfrac{1}{\sqrt{2e}}$;

   (4) 最小值 $y(1) = 2$, 最大值 $y(\dfrac{1}{2}) = y(2) = \dfrac{5}{2}$..

23. 略.

24. $r = \sqrt[3]{\dfrac{v}{4\pi}}$.

25. $p = \dfrac{1}{e}$.

26. 当销售量为 2080 件时得到最大利润.

27. 当广告费为 156250 元时,可使利润为最大.

28. (1) $\left(-\infty, \dfrac{1}{2}\right)$ 向上凸, $\left(\dfrac{1}{2}, +\infty\right)$ 向下凸, $\left(\dfrac{1}{2}, \dfrac{13}{2}\right)$ 为拐点;

   (2) $(-\infty, 0)$ 向上凸, $(0, +\infty)$ 向下凸;

   (3) $(-\infty, -1)$ 向下凸, $(-1, 0)$ 向上凸, $(0, +\infty)$ 向下凸, $(-1, 0)$ 为拐点;

   (4) $(-\infty, -1), (1, +\infty)$ 向上凸, $(-1, 1)$ 向下凸, $(\pm 1, \ln 2)$ 为拐点..

29. $a = -\dfrac{3}{2}, b = \dfrac{9}{2}$.

30. $a = 1, b = -3, c = -24, d = 16$.

31. 略.

32. (1) $y = x + 3, x = 0$;   (2) $y = \dfrac{\pi}{2}x - 1, y = -\dfrac{\pi}{2}x - 1$;

   (3) $y = 0, x = 1, x = 2$;   (4) $y = x - 1, y = -x + 1$.

33. 略.

习题 5

1. $f(x) = x^3 + 1$.

2. (1) $v_t = t^3 + \cos t + 2$;   (2) $s_t = \dfrac{1}{4}t^4 + \sin t + 2t + 2$.

3. (1) $\dfrac{1}{4}x^4 + \dfrac{1}{6}x^2 + \dfrac{2}{3}x^{\frac{3}{2}} + C$;   (2) $2x^{\frac{1}{2}} + \dfrac{2}{3}x^{\frac{3}{2}} + C$;

   (3) $\dfrac{2}{5}x^{\frac{5}{2}} + \dfrac{4}{3}x^{\frac{3}{2}} + 2x^{\frac{1}{2}} + C$;   (4) $\dfrac{1}{6\ln 3}9^{3x} + C$;

   (5) $\dfrac{8}{15}x^{\frac{15}{8}} + C$;   (6) $\dfrac{1}{6}\ln\left|\dfrac{x+3}{x-3}\right| + C$;

   (7) $-\dfrac{1}{x} + \arctan x + C$;   (8) $e^{2x} + x^2 + C$;

(9) $\dfrac{1}{2\ln 2}2^{2x}+\dfrac{1}{2\ln 3}3^{2x}+\dfrac{2}{\ln 6}6^{x}+C$;   (10) $x-\dfrac{1}{2}\cos 2x+C$;

(11) $2\arcsin x+C$;   (12) $-\cot x-\tan x+C$;

(13) $\sin x-\cos x+C$;   (14) $\dfrac{3}{8}x+\dfrac{1}{4}\sin 2x+\dfrac{1}{32}\sin 4x+C$;

(15) $e^{x}-\ln|x|+C$;   (16) $-\dfrac{2}{\ln 5}5^{-x}+\dfrac{1}{5\ln 2}2^{-x}+C$;

(17) $e^{x}+\dfrac{(2e)^{x}}{1+\ln 2}+\dfrac{3^{x}}{\ln 3}+\dfrac{6^{x}}{\ln 6}+C$;   (18) $\dfrac{1}{3}e^{3x}-3e^{x}-3e^{-x}+\dfrac{1}{3}e^{-3x}+C$;

(19) $\dfrac{1}{2}x^{2}-\dfrac{1}{2}\ln(1+x^{2})+C$;   (20) $\ln|x+x^{2}|+C$.

4. (1) $-\dfrac{3}{4b}(1-bx)^{\frac{4}{3}}+C$;   (2) $e^{e^{x}}+C$;

(3) $2\sqrt{1+x}+\dfrac{2}{3}(1+x)^{\frac{3}{2}}+C$;   (4) $\dfrac{1}{n+1}(1+x)^{n+1}+C$;

(5) $\arcsin\dfrac{x}{\sqrt{3}}+\dfrac{1}{\sqrt{3}}\arcsin\sqrt{3}x+C$;   (6) $-\dfrac{1}{2}\cos x^{2}+C$;

(7) $\tan x-\sec x+C$;   (8) $-\cot x+\csc x+C$;

(9) $-\sqrt{1-x^{2}}+C$;   (10) $\dfrac{1}{4}\arctan\dfrac{x^{2}}{2}+C$;

(11) $\arctan e^{x}+C$;

(12) $-\dfrac{6}{7}x^{\frac{7}{6}}-\dfrac{6}{5}x^{\frac{5}{6}}-2x^{\frac{1}{2}}-6x^{\frac{1}{6}}-3\ln\left|\dfrac{x^{\frac{1}{6}}-1}{x^{\frac{1}{6}}+1}\right|+C$;

(13) $-\dfrac{1}{2}(\arctan\dfrac{1}{x})^{2}+C$;   (14) $\arcsin\ln x+C$;

(15) $\dfrac{x}{a^{2}\sqrt{x^{2}+a^{2}}}+C$;

(16) $x-4\sqrt{x+1}+4\ln(1+\sqrt{1+x})+C$;

(17) $\ln|\ln x|+C$;   (18) $\dfrac{1}{2}(\ln\tan x)^{2}+C$;

(19) $\dfrac{1}{2}\ln(2+\sin^{2}x)+C$;   (20) $-\ln|\cos e^{x}|+C$;

(21) $-\arcsin\left(\dfrac{\cos x}{\sqrt{2}}\right)+C$;   (22) $-\dfrac{1}{2+\tan x}+C$;

(23) $\dfrac{1}{4}\ln\left|\dfrac{x^{2}-1}{x^{2}+1}\right|+C$;   (24) $\dfrac{2}{3}\arcsin(x\sqrt{x})+C$;

(25) $x^{x}+C$;   (26) $-\dfrac{1}{4}\arctan\dfrac{1+x^{2}}{2}+C$;

(27) $-(1-x^{2})^{\frac{1}{2}}+\dfrac{2}{3}(1-x^{2})^{\frac{3}{2}}-\dfrac{1}{5}(1-x^{2})^{\frac{5}{2}}+C$;

(28) $\ln|x^{2}-3x+8|+C$;

(29) $\ln|x+1| + \dfrac{2}{x+1} - \dfrac{3}{2(x+1)^2} + C$;

(30) $\dfrac{1}{3}x^3 - \dfrac{1}{3}(x^2-1)^{\frac{3}{2}} + C$;

(31) $\ln|x| - \dfrac{1}{5}\ln|1+x^5| + C$;

(32) $\dfrac{1}{8}\ln|x| - \dfrac{1}{24}\ln|x^3+8| + C$;

(33) $2\sqrt{x-2} + \sqrt{2}\arctan\sqrt{\dfrac{x}{2}-1} + C$;

(34) $\dfrac{1}{\sqrt{2}}\ln\left|\dfrac{\sqrt{1-x}-\sqrt{2}}{\sqrt{1-x}+\sqrt{2}}\right| + C$;

(35) $-\dfrac{2}{7}(1-x)^{\frac{7}{2}} + \dfrac{4}{5}(1-x)^{\frac{5}{2}} - \dfrac{2}{3}(1-x)^{\frac{3}{2}} + C$;

(36) $2\sqrt{1+e^x} + \ln\left(\dfrac{\sqrt{1+e^x}-1}{\sqrt{1+e^x}+1}\right) + C$;

(37) $\dfrac{1}{4}\ln(2x^2 + \sqrt{4x^4+9}) + C$;

(38) $2\sqrt{1-x^2} + 3\ln(x + \sqrt{1+x^2}) + C$;

(39) $-\dfrac{2}{5}\cos^5 x + C$;

(40) $\dfrac{1}{\sqrt{2}}\arctan\left(\dfrac{\tan x}{\sqrt{2}}\right) + C$;

(41) $-\dfrac{1}{2}\cot\left(2x + \dfrac{\pi}{4}\right) + C$;

(42) $\dfrac{1}{4}\sin\left(2x - \dfrac{\pi}{2}\right) - \dfrac{1}{8}\sin(4x + \pi) + C$;

(43) $e^{-\frac{1}{x}} + C$;

(44) $\sin x - \dfrac{2}{3}\sin^3 x + \dfrac{1}{5}\sin^5 x + C$;

(45) $\sqrt{x^2-2x+4} + 3\ln\left|x-1+\sqrt{x^2-2x+4}\right| + C$;

(46) $\dfrac{1}{4}\dfrac{x^4}{(1-x^2)^2} + C$;

(47) $-\dfrac{1}{2}(\arcsin(1-x))^2 + C$;

(48) $\dfrac{4}{3}(\arcsin\sqrt{x})^{\frac{3}{2}} + C$;

(49) $\sqrt{x^2-16} - 4\arccos\dfrac{4}{x} + C$;

(50) $\dfrac{1}{9}\dfrac{\sqrt{x^2-9}}{x} + C.$

5. (1) $\sqrt{a^2+x^2} + \dfrac{a}{\sqrt{a^2+x^2}} + C$; (2) $\dfrac{x}{\sqrt{1-x^2}} - \dfrac{\sqrt{1-x^2}}{x} + C$;

(3) $\ln|x+\sqrt{x^2-9}| - \dfrac{\sqrt{x^2-9}}{x} + C$;

(4) $\dfrac{1}{2}\arctan\sqrt{x^2-1} - \dfrac{1}{2}\dfrac{\sqrt{x^2-1}}{x^2} + C$;

(5) $\dfrac{1}{2\sqrt{2}}\ln\left|\dfrac{\sqrt{2}+\sqrt{1+x^2}}{\sqrt{2}-\sqrt{1+x^2}}\right| + C$; (6) $-\dfrac{1}{3}\left(\dfrac{x}{\sqrt{x^2-1}}\right)^3 + \dfrac{x}{\sqrt{x^2-1}} + C$;

(7) $\dfrac{1}{99}\left(\dfrac{x}{\sqrt{1-x^2}}\right)^{99} + C$; (8) $\dfrac{2}{3}\left(\dfrac{x}{1-x}\right)^{\frac{3}{2}} + C$;

(9) $\arccos\dfrac{1}{x} + C$; (10) $\dfrac{1}{2a^2}\cdot\dfrac{x}{x^2+a^2} + \dfrac{1}{2a^3}\arctan\dfrac{x}{a} + C$.

6. (1) $\dfrac{1}{2}x^2 e^{2x} - \dfrac{1}{2}x e^{2x} + \dfrac{1}{4}e^{2x} + C$; (2) $\dfrac{1}{16}\sin 4x - \dfrac{1}{4}x\cos 4x + C$;

(3) $e^x \cos x + C$; (4) $\dfrac{x}{2}(\sin(\ln x) - \cos(\ln x)) + C$;

(5) $-\dfrac{1}{x}(\ln x)^2 - \dfrac{2}{x}\ln x - \dfrac{2}{x} + C$; (6) $-\dfrac{\sin x + \cos x}{2e^x} + C$;

(7) $\dfrac{1}{4}x^4 \ln^2 x - \dfrac{1}{8}x^4 \ln x + \dfrac{1}{32}x^4 + C$;

(8) $\dfrac{1}{3}(1+x^3)\ln(1+x) - \dfrac{1}{9}x^3 + \dfrac{1}{6}x^2 - \dfrac{1}{3}x + C$;

(9) $x(\arccos x)^2 - 2\sqrt{1-x^2}\arccos x - 2x + C$;

(10) $-\dfrac{1}{2}(x\csc^2 x + \cot x) + C$;

(11) $x\ln(1+x^2) + 2\arctan x - 2x + C$;

(12) $x\tan x + \ln|\cos x| + C$;

(13) $x\ln(x+\sqrt{1+x^2}) - \sqrt{1+x^2} + C$;

(14) $\dfrac{1}{2}(x^2-1)\ln\left|\dfrac{x-1}{x+1}\right| - x + C$;

(15) $-\cot x \cdot \ln(\sin x) - \cot x - x + C$;

(16) $\tan x \cdot \ln(\sin x) - x + C$;

(17) $-\dfrac{1}{2(1+x^2)}\ln x + \dfrac{1}{2}\ln x - \dfrac{1}{4}\ln(1+x^2) + C$;

(18) $-\dfrac{1}{x}\arcsin x + \ln\left|\dfrac{1-\sqrt{1-x^2}}{x}\right| + C$;

(19) $x\ln(\ln x) + C$;

(20) $-\dfrac{1}{4x^2}(2\ln x + 1) + C$;

(21) $\dfrac{1}{2}(\sec x \cdot \tan x + \ln|\sec x + \tan x|) + C$;

(22) $-\cos x \cdot \ln(\tan x) + \ln\left|\tan\dfrac{x}{2}\right| + C$;

(23) $\dfrac{1}{2}(x^2+1)^2 \arctan x - \dfrac{1}{6}x^3 - \dfrac{1}{2}x + C$;

(24) $\ln x \cdot \ln(\ln x) - \ln x + C$;

(25) $(1-\dfrac{1}{x})\ln(1-x) + C$;

(26) $x \arctan\sqrt{x^2-1} - \ln\left|x+\sqrt{x^2-1}\right| + C$;

(27) $x \arctan x - \dfrac{1}{2}\ln(1+x^2) - \dfrac{1}{2}(\arctan x)^2 + C$;

(28) $-\sqrt{1-x^2}\arcsin x + x + C$;

(29) $\sin^2 x \ln(\sin x) - \dfrac{\sin^2 x}{2} + C$;

(30) $\dfrac{1}{3}x^3 e^{x^3} + C$.

7. (1) $\dfrac{x^2}{2} + 3x + 6\ln|x-1| - \dfrac{4}{x-1} - \dfrac{1}{2(x-1)^2} + C$;

(2) $-2\ln|x| - \dfrac{1}{x} + 2\ln|2x+1| + C$;

(3) $\dfrac{1}{3}x^3 + \dfrac{1}{2}x^2 + x + \ln|x-1| + C$;

(4) $2\ln|x-4| - \ln|x-3| + C$;

(5) $\dfrac{1}{6}\ln\dfrac{(1+x)^2}{x^2-x+1} + \dfrac{1}{\sqrt{3}}\arctan\dfrac{2x-1}{\sqrt{3}} + C$;

(6) $\dfrac{\sqrt{2}}{8}\ln\left|\dfrac{x^2+\sqrt{2}x+1}{x^2-\sqrt{2}x+1}\right| + \dfrac{\sqrt{2}}{4}\arctan\dfrac{\sqrt{2}x}{1-x^2} + C$;

(7) $\dfrac{1}{2}\ln(1+x^2) + \arctan x + C$;

(8) $\dfrac{1}{3}\ln|1+x^3| + C$;

(9) $\ln|x^2+2x-3| + \dfrac{1}{4}\ln\left|\dfrac{x-1}{x+3}\right| + C$;

(10) $\dfrac{1}{4}\ln\left|\dfrac{1+x}{1-x}\right| - \dfrac{1}{2}\arctan x + C$.

8. (1) $2\sqrt{e^x-1} - 2\arctan\sqrt{e^x-1} + C$;

(2) $2\arctan\sqrt{e^x-1} + C$;

(3) $x - \ln(1+e^x) + C$;

(4) $2x\sqrt{e^x+1} - 4\sqrt{e^x+1} - 2\ln\left|\dfrac{\sqrt{e^x+1}-1}{\sqrt{e^x+1}+1}\right| + C$;

(5) $-\dfrac{\ln(e^x+2)}{e^x} + \dfrac{1}{2}x - \dfrac{1}{2}\ln(e^x+2) + C$;

(6) $\sqrt{x(x+1)} + \ln(\sqrt{x} + \sqrt{x+1}) + C$;

(7) $\sqrt{x^2-1}\arctan\sqrt{x^2-1} - \ln|x| + C$;

(8) $\sqrt{x^2-x+2} + \frac{1}{2}\ln\left|x - \frac{1}{2} + \sqrt{x^2-x+2}\right| + C$

(9) $\frac{1}{2}\arctan(\tan x)^2 + C$;

(10) $\frac{1}{2}\arctan(2\tan\frac{x}{2}) + C$.

9. 略.

10. $I_n = \frac{2}{(2n+1)b_1}[v^n\sqrt{u} + n(a_2b_1 - a_1b_2)I_{n-1}]$.

11. $I_0 = x + C$,
$I_n = (x\arcsin x)^n + n\sqrt{1-x^2}(\arcsin x)^{n-1} - n(n-1)I_{n-2}$.

12. $I_0 = x + C$,
$I_n = \frac{n-1}{n}I_{n-2} - \frac{\cos x}{n} \cdot \sin^{n-1} x$.

13. (1) $\frac{1}{2}f(2x+3) + C$;   (2) $xf'(x) - f(x) + C$

(3) $-\frac{1}{\sin x} + \sin x + C$;   (4) $\frac{1}{4}[f(x^2)]^2 + C$.

14. (i) $\frac{1}{2}x^4 e^{x^2} - x^2 e^{x^2} + e^{x^2} + C$;   (2) $\frac{x}{2}(\sin\ln x - \cos\ln x) + C$;

(3) $-2\sqrt{1-\sin x} + C$;   (4) $e^x + \tan\frac{x}{2} + C$;

(5) $(12\sqrt{x} - 2x^{\frac{3}{2}})\cos\sqrt{x} + (12 + 6x)x\sin\sqrt{x} + C$;

(6) $\frac{1}{\sqrt{2}}\arctan\frac{\tan x}{\sqrt{2}} + C$;

(7) $\ln(e^x + \sqrt{e^{2x}-1}) + \arcsin(e^{-x}) + C$;

(8) $\ln\left|\frac{1-\sqrt{1-x^2}}{x}\right| - \arcsin x + C$;

(9) $\frac{1}{\sqrt{2}}\arcsin\left(\sqrt{\frac{2}{3}}\sin x\right) + C$;

(10) $\sqrt{x^2+x+1} + \frac{1}{2}\ln\left|x + \frac{1}{2} + \sqrt{x^2+x+1}\right| + C$;

(11) $x\tan\frac{x}{2} + 2\ln\left|\cos\frac{x}{2}\right| + C$;

(12) $x(\tan x - \sec x) + C$;

(13) $\frac{1}{2}(x - \sqrt{1-x^2})e^{\arcsin x} + C$;

(14) $x(\arcsin x)(\arccos x) - 2\sqrt{1-x^2}\arcsin x + \frac{\pi}{2}\sqrt{1-x^2} + 2x + C$;

(15) $-\dfrac{1}{x}(\arctan\sqrt{x^2-1})^2 + 2\dfrac{\sqrt{x^2-1}}{x}\arctan\sqrt{x^2-1} + \dfrac{2}{x} + C$;

(16) $\dfrac{1}{\sqrt{a^2+b^2}}\ln\left|\dfrac{a\tan\dfrac{x}{2}-b+\sqrt{a^2+b^2}}{a\tan\dfrac{x}{2}-b-\sqrt{a^2+b^2}}\right| + C$;

(17) $x\arctan(1+\sqrt{x}) - \sqrt{x} + \ln(x+2+2\sqrt{x}) + C$;

(18) $-3x^{\frac{2}{3}}\cos(\sqrt[3]{x}) + 6(x^{\frac{1}{3}}\sin x^{\frac{1}{3}} + \cos x^{\frac{1}{3}}) + C$;

(19) $-\dfrac{1}{4}[\ln(x+2) - \ln x]^2 + C$;

(20) $\dfrac{2}{\sqrt{23}}\arctan\left(\dfrac{6\tan\dfrac{x}{2}+1}{\sqrt{23}}\right) + C$.

15. $\dfrac{\pi}{2}x + C$.

16. $\dfrac{1}{\sqrt{2}}\ln\left|\tan\left(\dfrac{x}{2}+\dfrac{\pi}{8}\right)\right| + C$;

$-\sin x - \cos x + C$;

$\dfrac{1}{2\sqrt{2}}\ln\left|\tan\left(\dfrac{x}{2}+\dfrac{\pi}{8}\right)\right| - \dfrac{1}{2}(\sin x + \cos x) + C$;

$\dfrac{1}{2\sqrt{2}}\ln\left|\tan\left(\dfrac{x}{2}+\dfrac{\pi}{8}\right)\right| + \dfrac{1}{2}(\sin x + \cos x) + C$.

习题 6

1～3. 略.

4. (1) $[6, 51]$; (2) $[\pi, 2\pi]$; (3) $\left[\dfrac{\pi}{9}, \dfrac{2\pi}{3}\right]$; (4) $[2e^{-\frac{1}{4}}, 2e^2]$.

5. (1) $\sin x$; (2) $\dfrac{2x}{1+x^4}$; (3) $-\sqrt{1+x^2}$; (4) $2x^2 e^{-x^6} - \dfrac{1}{2\sqrt{x}}e^{-x}$.

6. (1) $\dfrac{1}{3}$; (2) $\dfrac{1}{2e}$; (3) $\dfrac{4}{3}$; (4) $\dfrac{8}{3}$; (5) e; (6) e^2.

7. $\dfrac{1}{2}\left(\dfrac{1}{e}-1\right)$.

8～9. 略.

10. (1) $f(x) = \dfrac{5}{3}x^{\frac{2}{3}}$, $a = -1$; (2) $f(x) = 1 - e^{x-1}$, $a = 1$.

11. 1.

12. 当 $x = 0$ 时.

13. 当 $x = 0$ 时取极小值,当 $x = 1$ 时取极大值.

14. (1) $2\dfrac{5}{8}$; (2) $4\dfrac{5}{6}$; (3) $45\dfrac{1}{6}$; (4) $\dfrac{\pi}{3}$; (5) $\dfrac{\pi}{12a}$; (6) $\dfrac{\pi}{6}$;

(7) $\dfrac{(a-b)^3}{6}$; (8) $\dfrac{\pi}{8}$; (9) $2+\dfrac{\pi}{2}$; (10) $\dfrac{1}{2}\ln 3$; (11) $1-\dfrac{\pi}{4}$;

(12) $\dfrac{1}{2}(1-\ln 2)$; (13) $\pi-\dfrac{4}{3}$; (14) $\dfrac{\pi}{6}-\dfrac{\sqrt{3}}{8}$; (15) $\dfrac{1}{2}\ln 3$;

(16) $2\sqrt{2}$; (17) $\dfrac{1}{2}(1+e^2)$; (18) $\dfrac{1}{2}\ln\dfrac{3}{2}-\dfrac{1}{6}$;

(19) $\begin{cases} \dfrac{1}{2}(b^2-a^2), & 0\leqslant a<b, \\ \dfrac{1}{2}(a^2+b^2), & a<0<b, \\ -\dfrac{1}{2}(b^2-a^2), & a<b<0; \end{cases}$

(20) $\begin{cases} \dfrac{1}{3}-\dfrac{a}{2}, & a\leqslant 0, \\ \dfrac{1}{3}-\dfrac{1}{2}a+\dfrac{1}{3}a^3, & 0<a<1, \\ \dfrac{a}{2}-\dfrac{1}{3}, & a\geqslant 1. \end{cases}$

15. $e^{f(x)}$.

16. 略.

17. (1) $\dfrac{7}{72}$; (2) $-3+\dfrac{3}{2^{\frac{2}{3}}}$; (3) $\dfrac{5\pi}{64}-\dfrac{1}{8}$; (4) $\dfrac{2}{7}$; (5) $\dfrac{7}{\pi}\cos\varphi_0$; (6) $\dfrac{\pi}{2w}$;

(7) $\dfrac{1}{5}(e-1)^5$; (8) $\dfrac{3}{2}$; (9) $\ln\dfrac{2e}{1+e}$; (10) $\arctan e-\dfrac{\pi}{4}$; (11) $\dfrac{\pi}{2}$;

(12) $\ln\dfrac{3}{2}$; (13) $2(2-\ln 3)$; (14) $\dfrac{\pi}{2}-\dfrac{4}{3}$; (15) $\dfrac{1}{6}$; (16) $\ln\dfrac{1+\sqrt{2}}{\sqrt{3}}$;

(17) 14; (18) 0; (19) $\ln\dfrac{3+2\sqrt{2}}{\sqrt{3}}$; (20) $1+\dfrac{1}{2}\ln\dfrac{3}{2}$; (21) $\dfrac{1}{6}$;

(22) $\dfrac{2}{\sqrt{5}}\arctan\dfrac{1}{\sqrt{5}}$; (23) $\dfrac{\pi}{2+\sqrt{3}}$; (24) $\dfrac{a^4\pi}{16}$; (25) $2(\sqrt{3}-1)$; (26) $1-\dfrac{\pi}{4}$;

(27) $\dfrac{55}{96}$; (28) $\sqrt{3}-\ln(2+\sqrt{3})$; (29) $\dfrac{\pi}{6}-\dfrac{\sqrt{3}}{8}$; (30) $\dfrac{\pi}{3}+\dfrac{\sqrt{3}}{2}$.

18. (1) $\dfrac{2}{5}(1+e^{-\frac{\pi}{2}})$; (2) e^{-2}; (3) $\dfrac{\pi}{4}-\dfrac{1}{2}$; (4) $\dfrac{\pi}{8}-\dfrac{1}{4}$;

(5) $\ln(1+e)-\dfrac{e}{1+e}$; (6) $2\ln(1+\sqrt{3})-\dfrac{1}{2}\ln 2-\dfrac{\sqrt{3}}{2}$; (7) $\dfrac{1}{2}(1-e^{-\frac{\pi}{2}})$;

(8) $\dfrac{1}{4}(1-\ln 2)$; (9) 1; (10) $\pi(\pi^2-6)$; (11) $\dfrac{(9-4\sqrt{3})\pi}{36}+\dfrac{1}{2}\ln\dfrac{3}{2}$;

(12) $\dfrac{4}{9}$; (13) 4π; (14) $\dfrac{1}{2}(1-\ln 2)$; (15) $\dfrac{1}{4}(e^2+1)$; (16) $\dfrac{1}{2}(e^{\frac{\pi}{2}}-1)$.

19. $f(x)=\ln|x|+1$.

20. $\dfrac{\pi}{4-\pi}$.

21. (1) e^2-1; (2) $\sin 1+\cos 1-\dfrac{\pi}{2}$.

22～24. 略.

25. (1) $1-\dfrac{\sqrt{3}}{6}\pi$; (2) 0; (3) 0; (4) $\pi\sin 1$.

26. (1) $e-e^{-1}-2$; (2) 8; (3) $\dfrac{1}{6}$; (4) $\dfrac{16}{3}$; (5) $\dfrac{1}{2}$; (6) $4\sqrt{2}$.

27. $10\dfrac{2}{3}$.

28. $\dfrac{9}{4}$.

29. $\dfrac{16}{3}p^2$.

30. $a=3$.

31. $2\pi+\dfrac{4}{3}$, $6\pi-\dfrac{4}{3}$.

32. (1) $\dfrac{1}{2}a^3\pi$; (2) $\dfrac{5}{14}\pi$; (3) $V_x=\pi(e-2), V_y=\dfrac{\pi}{2}(e^2+1)$;

    (4) $\pi\left(1-\dfrac{1}{e}\right)$; (5) $2\pi^2$; (6) $\dfrac{\pi a^2}{4}\left[2a+\dfrac{a}{2}(e^2-e^{-2})\right]$; (7) $\dfrac{3}{10}\pi$;

    (8) $160\pi^2$.

33. $a=\dfrac{1}{4}$.

34. $4\sqrt{3}$.

35. $\dfrac{\pi}{6}$;.

36. $100e^{-\frac{9}{10}}$.

37. $666\dfrac{1}{3}$.

38. (1) $\dfrac{\pi}{4}$; (2) 2; (3) $\dfrac{1}{a}$; (4) $1-\ln 2$; (5) 1; (6) $\dfrac{\pi}{4}+\dfrac{1}{2}\ln 2$;

    (7) $\dfrac{1}{2}$; (8) $n!$; (9) $\dfrac{2}{3}-\dfrac{3\sqrt{3}}{8}$; (10) $\dfrac{\pi}{2}-1$; (11) $\dfrac{1}{2}$; (12) $\dfrac{2\pi}{3\sqrt{3}}\pi$;

    (13) 1; (14) $\dfrac{\pi}{2}$; (15) $\dfrac{\pi}{2}$; (16) $\dfrac{\pi}{3}$.

39. (1) $\dfrac{\pi}{4}$; (2) $\dfrac{\pi}{2}$.

40. $c=\dfrac{5}{2}$.

41. $k>1$ 时收敛，$k\leqslant 1$ 时发散.

42. (1) $\frac{3}{128}\sqrt{\pi}$; (2) $\frac{1}{2}\Gamma\left(n+\frac{1}{2}\right)$; (3) $\frac{\sqrt{a\pi}}{2a^2}$.

43. (1) $\frac{1}{4}$; (2) $\frac{1}{2}$; (3) $\frac{\pi}{4}$; (4) $\frac{2}{\pi}$.

44 ~ 52. 略.

53. (1) $f'(0)$; (2) 略.

54. $\pi^2 - 2$.

55. $b(y-a-2b)e^{\frac{y-a}{2b}}$.

56. $\frac{1}{4}\left(\frac{1}{e}-1\right)$.

57. 2.

58. $\frac{7}{3}-\frac{1}{e}$.

59. $\frac{a}{t_1-t_0}(e^{-kt_0}-e^{-kt_1})$.

60. (1) $\frac{\pi}{8}\ln 2$; (2) $\frac{\pi^2}{4}$; (3) $\sqrt[4]{8}(e^{\frac{\pi}{8}}-e^{-\frac{\pi}{8}})$; (4) $-\frac{\sqrt{2}}{3}$; (5) 1;

(6) $2\left(1-\frac{1}{e}\right)$.

61. $e\left(1+\frac{3}{4}\sqrt{\pi}\right)$.

习题 7

1. $5\sqrt{2}$, 到 x 轴 $\sqrt{34}$, 到 y 轴 $\sqrt{41}$, 到 z 轴 5.

2. 2.

3. 略.

4. $z-3=0$.

5. (1) 无界开区域; (2) 无界闭区域; (3) 有界开区域; (4) 无界闭区域.

6. (1) $\{(x,y) \mid 1 < x^2+y^2 < 2\}$; (2) $\{(x,y) \mid xy < 4\}$;
   (3) $\{(x,y) \mid |y| \leqslant 1\}$; (4) $\{(x,y) \mid x \geqslant 0, y > \sqrt{x}\}$;
   (5) $\{(x,y) \mid |x| \geqslant 2, |y| \leqslant 2\}$; (6) $\{(x,y) \mid x+y>0, x-y>0\}$.

7. $f(x,y) = \frac{x^2(1-y^2)}{(1+y)^2}$.

8. $f(x,y) = \frac{x^2-y^2}{xy(x+2y)}$.

9. (1) 1; (2) $\frac{1}{4}$; (3) 2; (4) 0.

10. 略.

11. (1) $z_x(1,2) = -4$, $z_y(1,2) = 2$;

(2) $f_x(0,0) = f_y(0,0) = 0$.

12. (1) $z_x = 2xy$, $z_y = x^2 + 1$;

(2) $z_x = -y\sin x + \dfrac{1}{x}$, $z_y = \cos x + \dfrac{1}{y}$;

(3) $z_x = ye^{xy} + \dfrac{y}{x^2+y^2}$, $z_y = xe^{xy} - \dfrac{x}{x^2+y^2}$;

(4) $z_x = \dfrac{y}{2\sqrt{xy}}$, $z_y = \dfrac{x}{2\sqrt{xy}}$;

(5) $z_x = y^2(1+xy)^{y-1}$, $z_y = (1+xy)^y \left[\ln(1+xy) + \dfrac{xy}{1+xy}\right]$;

(6) $u_x = 2x\cos(x^2+y^2+z^2)$, $u_y = 2y\cos(x^2+y^2+z^2)$,
$u_z = 2z\cos(x^2+y^2+z^2)$;

(7) (1) $z_x = \dfrac{1}{y} - \dfrac{y}{x^2}$, $z_y = -\dfrac{x}{y^2} + \dfrac{1}{x}$;

(8) $u_x = \dfrac{x}{x^2+y^2+z\sqrt{x^2+y^2}}$, $u_y = \dfrac{y}{x^2+y^2+z\sqrt{x^2+y^2}}$,
$u_z = \dfrac{1}{z+\sqrt{x^2+y^2}}$.

13. 略.

14. 0. 16.

15. $dz\Big|_{(1,2)} = \dfrac{1}{3}dx + \dfrac{2}{3}dy$.

16. (1) $dz = -\dfrac{y}{x^2+y^2}dx + \dfrac{x}{x^2+y^2}dy$;

(2) $dz = \dfrac{x}{1+x^2+y^2}dx + \dfrac{y}{1+x^2+y^2}dy$;

(3) $dz = \dfrac{e^{-\frac{x}{y}}}{y^2}(xdy - ydx)$;

(4) $dz = x^{\ln y}\left(\dfrac{\ln y}{x}dx + \dfrac{\ln x}{y}dy\right)$;

(5) $du = (y+z)dx + (x+z)dy + (x+y)dz$;

(6) $du = \dfrac{x}{\sqrt{x^2+y^2+z^2}}dx + \dfrac{y}{\sqrt{x^2+y^2+z^2}}dy + \dfrac{z}{\sqrt{x^2+y^2+z^2}}dz$.

17. (1) 1.08; (2) 0.5023.

18. (1) $\dfrac{dz}{dt} = -z\left(\dfrac{\sin t}{x} + \dfrac{\sin t}{y} + \dfrac{2x}{y}\right)$.

(2) $\dfrac{dz}{dx} = \dfrac{5}{2}ze^{2x}$;

(3) $\dfrac{\partial z}{\partial s} = 3xy(\cos t - \sin t)$, $\dfrac{\partial z}{\partial t} = x^3 + y^3 - 2xy(x+y)$;

(4) $\dfrac{\partial z}{\partial s} = \dfrac{x^2}{1+x^2y^2}e^t$, $\dfrac{\partial z}{\partial s} = 2t\left(\arctan xy + \dfrac{xy}{1+x^2y^2}\right) + \dfrac{x^2y}{1+x^2y^2}$;

(5) $\dfrac{dz}{dt} = e^{\tan t + \cot t}(\sec^2 t - \csc^2 t)$;

(6) $\dfrac{\partial z}{\partial x} = \dfrac{xv - yu}{x^2 + y^2} e^{uv}$, $\dfrac{\partial z}{\partial y} = \dfrac{xu + yv}{x^2 + y^2} e^{uv}$.

19. (1) $z_x = f_1 + yf_2$, $z_y = f_1 + xf_2$;

(2) $u_x = \dfrac{1}{y}f_1$, $u_y = -\dfrac{x}{y^2}f_1 + \dfrac{1}{z}f_2$, $u_z = -\dfrac{y}{z^2}f_2$;

(3) $u_x = f_1 + yf_2 + yzf_3$, $u_y = xf_2 + xzf_3$, $u_z = xyf_3$.

20. (1) $\dfrac{dy}{dx} = -\dfrac{2y + 12x^2 y^3}{x + 9x^3 y^2}$;

(2) $\dfrac{dy}{dx} = -\dfrac{y}{x}$;

(3) $\dfrac{dy}{dx} = \dfrac{x + y}{x - y}$;

(4) $\dfrac{dy}{dx} = \dfrac{y^2 - xy\ln y}{x^2 - xy\ln x}$ 或 $\dfrac{y^2(1 - \ln x)}{x^2(1 - \ln y)}$.

21. (1) $dz = \dfrac{z}{y(1 + x^2 z^2) - x} dx - \dfrac{z(1 + x^2 z^2)}{y(1 + x^2 z^2) - x} dy$;

(2) $dz = \dfrac{yz}{e^z - xy} dx + \dfrac{xz}{e^z - xy} dy$;

(3) $dz = -\dfrac{\sin 2x}{\sin 2z} dx - \dfrac{\sin 2y}{\sin 2z} dy$;

(4) $dz = -dx - dy$.

22. (1) $\dfrac{\partial^2 u}{\partial x^2} = 12x^2 - 8y^2$, $\dfrac{\partial^2 u}{\partial x \partial y} = -16xy$, $\dfrac{\partial^2 u}{\partial y^2} = 12y^2 - 8x^2$;

(2) $\dfrac{\partial^2 u}{\partial x^2} = \dfrac{2xy}{(x^2 + y^2)^2}$, $\dfrac{\partial^2 u}{\partial x \partial y} = \dfrac{y^2 - x^2}{(x^2 + y^2)^2}$, $\dfrac{\partial^2 u}{\partial y^2} = -\dfrac{2xy}{(x^2 + y^2)^2}$;

(3) $\dfrac{\partial^2 u}{\partial x^2} = 2\cos(x + y) - x\sin(x + y)$,

$\dfrac{\partial^2 u}{\partial x \partial y} = \cos(x + y) - x\sin(x + y)$, $\dfrac{\partial^2 u}{\partial y^2} = -x\sin(x + y)$;

(4) $\dfrac{\partial^2 u}{\partial x^2} = \dfrac{2x^2 - y^2}{(x^2 + y^2)^{5/2}}$, $\dfrac{\partial^2 u}{\partial x \partial y} = \dfrac{3xy}{(x^2 + y^2)^{5/2}}$, $\dfrac{\partial^2 u}{\partial y^2} = \dfrac{2y^2 - x^2}{(x^2 + y^2)^{5/2}}$.

23. (1) $\dfrac{\partial^2 u}{\partial s^2} = \dfrac{\partial^2 f}{\partial x^2} + 2t\dfrac{\partial^2 f}{\partial x \partial y} + t^2 \dfrac{\partial^2 f}{\partial y^2}$,

$\dfrac{\partial^2 u}{\partial s \partial t} = \dfrac{\partial^2 f}{\partial x^2} + (s + t)\dfrac{\partial^2 f}{\partial x \partial y} + st\dfrac{\partial^2 f}{\partial y^2} + \dfrac{\partial f}{\partial y}$,

$\dfrac{\partial^2 u}{\partial t^2} = \dfrac{\partial^2 f}{\partial x^2} + 2s\dfrac{\partial^2 f}{\partial x \partial y} + s^2 \dfrac{\partial^2 f}{\partial y^2}$;

(2) $\dfrac{\partial^2 u}{\partial s^2} = t^2 \dfrac{\partial^2 f}{\partial x^2} + 2\dfrac{\partial^2 f}{\partial x \partial y} + \dfrac{1}{t^2} \dfrac{\partial^2 f}{\partial y^2}$,

$\dfrac{\partial^2 u}{\partial s \partial t} = st\dfrac{\partial^2 f}{\partial x^2} - \dfrac{s}{t^3} \dfrac{\partial^2 f}{\partial y^2} + \dfrac{\partial f}{\partial x} - \dfrac{1}{t^2} \dfrac{\partial f}{\partial y}$,

$$\frac{\partial^2 u}{\partial t^2} = s^2 \frac{\partial^2 f}{\partial x^2} - 2\frac{s^2}{t^2}\frac{\partial^2 f}{\partial x \partial y} + \frac{s^2}{t^4}\frac{\partial^2 f}{\partial y^2} + \frac{2s}{t^3}\frac{\partial f}{\partial y}.$$

24. (1) $\dfrac{z(z^4 - 2xyz^2 - x^2y^2)}{(z^2-xy)^3}$; (2) $\sec^2(x+z)\tan(x+z)$

(3) $\dfrac{z(z^2-2z+2)}{x^2(1-z)^3}$; (4) $-\dfrac{z}{(1+z)^3}e^{-(x^2+y^2)}$.

25. (1) 极大值：$f(3,2)=36$；

(2) 极小值：$f\left(\dfrac{1}{2},-1\right)=-\dfrac{e}{2}$；

(3) 极小值：$f(1,1)=3$；

(4) 极小值：$f(1,1)=2$；

(5) $a>0$，极大值：$f\left(\dfrac{a}{3},\dfrac{a}{3}\right)=\dfrac{a^3}{27}$.

$a<0$，极小值：$f\left(\dfrac{a}{3},\dfrac{a}{3}\right)=\dfrac{a^3}{27}$.

26. (1) 最大值：$f(2,0)=f(-2,0)=4$，

最小值：$f(0,2)=f(0,-2)=-4$；

(2) 最大值：$f(4,1)=7$，

最小值：$f\left(\dfrac{4}{3}+\dfrac{\sqrt{22}}{3},-1\right)\approx -11.67$.

27. 最大面积 $S = 2ab$.

28. $\dfrac{2}{\sqrt{3}}a$, $\dfrac{2}{\sqrt{3}}a$, $\dfrac{1}{\sqrt{3}}a$.

29. $\dfrac{a}{3}$, $\dfrac{a}{3}$, $\dfrac{a}{3}$；面积最大为 $\dfrac{a^3}{27}$.

30. $P\left(\dfrac{21}{13},2,\dfrac{63}{26}\right)$.

31. (1) $\iint\limits_D f(x,y)\mathrm{d}x\mathrm{d}y = \int_0^3 \mathrm{d}x \int_0^{2-\frac{2}{3}x} f(x,y)\mathrm{d}y = \int_0^2 \mathrm{d}y \int_0^{3-\frac{3}{2}y} f(x,y)\mathrm{d}x$；

(2) $\iint\limits_D f(x,y)\mathrm{d}x\mathrm{d}y = \int_0^\pi \mathrm{d}x \int_0^{\sin x} f(x,y)\mathrm{d}y = \int_0^1 \mathrm{d}y \int_{\arcsin y}^{\pi-\arcsin y} f(x,y)\mathrm{d}x$；

(3) $\iint\limits_D f(x,y)\mathrm{d}x\mathrm{d}y = \int_0^2 \mathrm{d}x \int_{-1-\sqrt{2x-x^2}}^{-1+\sqrt{2x-x^2}} f(x,y)\mathrm{d}y = \int_{-2}^0 \mathrm{d}y \int_{1-\sqrt{-2y-y^2}}^{1+\sqrt{-2y-y^2}} f(x,y)\mathrm{d}x$；

(4) $\iint\limits_D f(x,y)\mathrm{d}x\mathrm{d}y = \int_{-1}^1 \mathrm{d}x \int_{x^3}^1 f(x,y)\mathrm{d}x = \int_{-1}^1 \mathrm{d}y \int_{-1}^{\sqrt[3]{y}} f(x,y)\mathrm{d}x$.

32. $\iint\limits_D (x+y)\mathrm{d}\sigma \leqslant \iint\limits_D (x+y)^2 \mathrm{d}\sigma$.

33. (1) $\int_0^1 \mathrm{d}x \int_x^1 f(x,y)\mathrm{d}y$；

(2) $\int_0^2 \mathrm{d}y \int_0^{\frac{y}{2}} f(x,y)\mathrm{d}x$；

(3) $\int_{-1}^{0} dy \int_{-\sqrt{1-y^2}}^{\sqrt{1-y^2}} f(x,y) dx + \int_{0}^{1} dy \int_{-\sqrt{1-y}}^{\sqrt{1-y}} f(x,y) dx$;

(4) $\int_{0}^{\frac{1}{2}} dx \int_{x}^{1-x} f(x,y) dy$.

34. (1) $\dfrac{7}{6}$; (2) $\dfrac{4}{15}(32-9\sqrt{3})$; (3) $e^6 - 9e^2 - 4$;

(4) $\dfrac{2}{15}(4\sqrt{2}-1)$; (5) $\dfrac{3\cos 1 + \sin 1 - \sin 4}{2}$; (6) $\dfrac{2}{5}$.

35. (1) $\dfrac{1}{6}(e^9 - 1)$; (2) 2.

36. (1) $\dfrac{16}{3}\pi$; (2) $\dfrac{\pi}{4}(2\ln 2 - 1)$; (3) $-6\pi^2$.

37. (1) $\dfrac{1}{3}$; (2) $2\sqrt{2}$.

38. (1) $\dfrac{1}{36}$; (2) $\dfrac{\pi}{8}$.

39. (1) $\dfrac{\pi^2}{2}$; (2) $\dfrac{1}{8}$.

40. π.

41. 175 千人/km².

习题 8

1. (1) $\dfrac{1}{2n-1}$; (2) $(-1)^{n-1}\dfrac{n+1}{n}$; (3) $(-1)^{n-1}\dfrac{(2n-1)!!}{(2n)!!}$;

(4) $(-1)^{n-1}\dfrac{a^{n+1}}{2n+1}$; (5) $\dfrac{nx^{n-1}}{n^2+1}$.

2. (1) 发散; (2) 收敛,$S=\dfrac{1}{2}$; (3) 发散; (4) 收敛,$S=\dfrac{1}{4}$; (5) 发散.

3. (1) D; (2) A,B,D.

4. 收敛,S.

5. (1) 收敛; (2) 发散; (3) 收敛; (4) 发散; (5) 发散; (6) 发散;
(7) 收敛; (8) 发散; (9) 发散; (10) 发散; (11) 发散; (12) 收敛.

6. (1) 发散; (2) 发散; (3) 收敛; (4) 收敛; (5) $a>1$ 时收敛,$a\leqslant 1$ 时发散.

7. (1) 发散; (2) 收敛; (3) 收敛; (4) 收敛.

8. (1) 收敛; (2) 收敛; (3) 收敛; (4) $b<a$ 时收敛,$b>a$ 时发散,$b=a$ 时不能确定.

9. (1) 收敛; (2) 收敛; (3) 发散; (4) 收敛; (5) 收敛; (6) 发散.

10. (1) 收敛; (2) $k>1$ 时收敛,$k\leqslant 1$ 时发散; (3) 发散; (4) 发散.

11. (1) 否; (2) 否; (3) 正确; (4) 否; (5) 否; (6) 否; (7) 否;
(8) 否; (9) 否; (10) 否; (11) 否; (12) 否.

12. (1) 条件收敛； (2) 绝对收敛； (3) 绝对收敛； (4) 条件收敛； (5) 发散；
    (6) 条件收敛； (7) 发散； (8) 发散； (9) 绝对收敛； (10) 条件收敛．

13. (1) 否； (2) 否； (3) 否； (4) 正确．

14. (1) $(-1,1)$； (2) $[-1,1]$； (3) $(-\infty,+\infty)$； (4) $[-3,3]$；
    (5) $\left[-\frac{1}{2},\frac{1}{2}\right]$； (6) $[-1,1]$； (7) $(-\sqrt{2},\sqrt{2})$； (8) $[4,6]$．

15. (1) $-\ln(1-x)$, $x\in[-1,1)$； (2) $\frac{1+x}{(1-x)^3}$, $x\in(-1,1)$；
    (3) $\frac{x}{(1-x)^2}$, $x\in(-1,1)$； (4) $\frac{4}{2-x}$, $x\in(-2,2)$；
    (5) $(1-x)\ln(1-x)+x$, $x\in[-1,1]$, 当 $x=1$ 时和为 1；
    (6) $-\ln(1-2x-15x^2)$, $x\in\left[-\frac{1}{5},\frac{1}{5}\right)$．

16. $\frac{2x}{(1-x)^3}$, 8.

17. (1) $\sum\limits_{n=0}^{\infty}\frac{x^{2n+1}}{(2n+1)!}$, $(-\infty,+\infty)$;.
    (2) $\ln a+\sum\limits_{n=0}^{\infty}(-1)^n\frac{1}{n+1}\left(\frac{x}{a}\right)^{n+1}$, $(-a,a]$;.
    (3) $\sum\limits_{n=0}^{\infty}\frac{(\ln a)^n}{n!}x^n$, $(-\infty,+\infty)$;.
    (4) $\sum\limits_{n=1}^{\infty}(-1)^n\frac{(2x)^{2n}}{2(2n)!}$, $(-\infty,+\infty)$;.
    (5) $x+\sum\limits_{n=2}^{\infty}(-1)^n\frac{x^n}{n(n-1)}$, $(-1,1]$;.
    (6) $x+\sum\limits_{n=1}^{\infty}(-1)^n\frac{(2n-1)!!}{(2n)!!}x^{2n+1}$, $(-1,1]$;.
    (7) $\sum\limits_{n=0}^{\infty}(-1)^nx^{n+2}$, $(-1,1)$;
    (8) $\sum\limits_{n=0}^{\infty}(-1)^n\frac{x^{n+3}}{n!}$, $(-\infty,+\infty)$;.
    (9) $\sum\limits_{n=0}^{\infty}\frac{2(2n)!}{(n!)^2(2n+1)}\left(\frac{x}{2}\right)^{2n+1}$, $[-1,1]$;.
    (10) $\sum\limits_{n=0}^{\infty}\sin\left(a+\frac{n\pi}{2}\right)\frac{x^n}{n!}$, $(-\infty,+\infty)$;.
    (11) $\sum\limits_{n=0}^{\infty}\left(1-\frac{1}{2^{n+1}}\right)x^n$, $(-1,1)$;
    (12) $\sum\limits_{n=1}^{\infty}\frac{(-1)^{n-1}2^n-1}{n}x^n$, $\left(-\frac{1}{2},\frac{1}{2}\right]$;.
    (13) $\sum\limits_{n=0}^{\infty}\frac{(-1)^n}{n+1}x^n$, $(-1,0)\cup(0,1]$;

(14) $\sum_{n=0}^{\infty}(-1)^n \frac{x^{2n+1}}{(2n+1)(2n+1)!}$, $(-\infty, +\infty)$;

(15) $\sum_{n=0}^{\infty} \frac{(-1)^n x^{2n+1}}{(2n+1) \cdot n!}$, $(-\infty, +\infty)$.

18. (1) $1 + \frac{3}{2}(x-1) + \sum_{n=0}^{\infty}(-1)^n \frac{3 \cdot (2n)!}{2^n(n+2)(n+1)(n!)^2}\left(\frac{x-1}{2}\right)^{n+2}$, $[0, 2]$;

(2) $\frac{1}{\ln 10} \sum_{n=1}^{\infty}(-1)^{n-1} \frac{(x-1)^n}{n}$, $(0, 2]$.

19. $\frac{1}{2} \sum_{n=0}^{\infty}(-1)^n \left[\frac{(x+\frac{\pi}{3})^{2n}}{(2n)!} + \sqrt{3} \frac{\left(x+\frac{\pi}{3}\right)^{2n+1}}{(2n+1)!}\right]$, $(-\infty, +\infty)$.

20. $\sum_{n=0}^{\infty}(-1)^n \frac{(x-3)^n}{3^{n+1}}$, $(0, 6)$.

21. $\sum_{n=0}^{\infty}\left(\frac{1}{2^{n+1}} - \frac{1}{3^{n+1}}\right)(x+4)^n$, $(-6, -2)$.

习题 9

1. 略.

2. (1) $\sqrt{x} + \sqrt{y} = C$;   (2) $y = \frac{C-x}{1+Cx}$.

   (3) $e^x - e^y = C$;   (4) $(1-x)(1+y) = C$;

   (5) $\cos x \cos y = C$;   (6) $\ln^2 x + \ln^2 y = C$;

   (7) $\tan x + \tan y = C$;   (8) $\frac{1}{x} + \frac{1}{y} + \ln\left|\frac{y}{x}\right| = C$;

   (9) $x^2 + y^2 = 25$;   (10) $2y^3 + 3y^2 - 2x^3 - 3x^2 = 5$;

   (11) $e^{\frac{1}{2}y^2} = \frac{1}{2}\sqrt{e}(1+e^x)$;   (12) $\cos y = \sec x$.

3. (1) $2xy - y^2 = C$;   (2) $2xy + y^2 = C$;

   (3) $y + \sqrt{x^2+y^2} = Cx^2$;   (4) $y = x^{Cx+1}$;

   (5) $e^{\frac{y}{x}} = \ln|x| + C$;   (6) $x^2 - y^2 = Cy$;

   (7) $y^3 = 3x^3 \ln x$;   (8) $\arctan \frac{y}{x} + \ln(x^2+y^2) = \frac{\pi}{4}\ln 2$;

   (9) $y^3 - 9x^2 y = x^3$;   (10) $\frac{x+y}{x^2+y^2} = 1$;

   (11) $y = \frac{1}{2}(x^2 - 1)$;   (12) $y^2 = x^2 \ln x^2 + 4x^2$.

4. $y = 2e^{-x} + 2x - 2$.

5. (1) $y = (x+1)(e^x + C)$;   (2) $y = \sin^2 x - 2\cos x - 2 + Ce^{\cos x}$;

   (3) $y = 1 - x^2 + Ce^{-x^2}$;   (4) $y = e^{x^2}(\sin x + C)$;

   (5) $y = \frac{4x^3 + 3C}{3(x^2+1)}$;   (6) $y = x^n(e^x + C)$;

(7) $y = 2 + Ce^{-x^2}$; (8) $y = \dfrac{x}{2} + \dfrac{C}{x}$;

(9) $y = x^2(e^x - e)$; (10) $y = 3 - \dfrac{3}{x}$;

(11) $y = (x+2)\left(\dfrac{x^2}{2} + 1\right)$; (12) $y = 1 + \ln x$;

(13) $y = \dfrac{\pi - 1 - \cos x}{x}$; (14) $y = \dfrac{\sqrt{x} - x^3}{5}$.

6. $\ln x + \displaystyle\int \dfrac{g(v)\,dv}{v[f(v) - g(v)]} = C$,再将 $v = xy$ 代入.

7. (1) $y = C_1 e^x + C_2 e^{3x}$; (2) $y = (C_1 + C_2 x)e^{2x}$;

   (3) $y = C_1 \cos 2x + C_2 \sin 2x$; (4) $y = e^{2x}(C_1 \cos 3x + C_2 \sin 3x)$;

   (5) $y = e^{-\frac{x}{2}}\left(C_1 \cos \dfrac{\sqrt{3}}{2}x + C_2 \sin \dfrac{\sqrt{3}}{2}x\right)$; (6) $y = C_1 e^{-\frac{x}{4}} + C_2 x e^{-\frac{x}{4}}$;

   (7) $y = \dfrac{1}{2}e^{2x}$; (8) $y = 2xe^{3x}$;

   (9) $y = 3e^{-2x}\sin 5x$; (10) $y = 3\cos \pi x$.

8. (1) $y = C_1 + C_2 e^{-\frac{5}{2}} + \dfrac{1}{3}x^3 - \dfrac{3}{5}x^2 + \dfrac{7}{25}x$;

   (2) $y = (C_1 \cos 2x + C_2 \sin 2x)e^{3x} + \dfrac{14}{13}$;

   (3) $y = C_1 e^{3x} + C_2 e^{-x} - \dfrac{2}{3}x + \dfrac{1}{9}$;

   (4) $y = C_1 e^x + C_2 e^{-3x} + \dfrac{1}{5}e^{2x}$;

   (5) $y = C_1 e^{-x} + C_2 e^{3x} - \dfrac{1}{8}x\left(x + \dfrac{1}{2}\right)e^{-x}$;

   (6) $y = e^{-x}(C_1 \cos 2x + C_2 \sin 2x) - \dfrac{2}{5}\sin x + \dfrac{1}{5}\cos x$;

   (7) $y = C_1 + C_2 e^{-2x} + e^x\left(\dfrac{6}{5}\sin x - \dfrac{2}{5}\cos x\right)$;

   (8) $y = e^{-2x} + e^{2x} - 1$;

   (9) $y = e^x$;

   (10) $y = e^{-x}(x - \sin x)$;

   (11) $y = \dfrac{1}{3}\sin 2x - \cos x - \dfrac{1}{3}\sin x$;

   (12) $y = \dfrac{1}{51}(3\cos x + 5\sin x) + (C_1 \cos 4x + C_2 \sin 4x)e^{-3x}$.

9. (1) $3x^2 - y^2 = 3$; (2) $2y^2 - 3x^2 = 2$.

10. $A(t) = A_0 e^{-kt}$.

11. 8.4 小时.

12. 设 $y(t)$ 为 t 小时余额,则 $\dfrac{\mathrm{d}y}{\mathrm{d}t} = 0.05y$, $y(10) = 10000\mathrm{e}^{0.5}$(元).

13. $p(t) = 20 - 12\mathrm{e}^{-2t}$.

14. $x(t) = \dfrac{Nx_0 \mathrm{e}^{Nkt}}{N - x_0 + x_0 \mathrm{e}^{Nkt}}$.

15. $P = \left(P_0 - \dfrac{b+1}{a}\right)\mathrm{e}^{-ax} - x + \dfrac{b+1}{a}$.

习题 10

1. (1) 0; (2) $2\cos a\left(n+\dfrac{1}{2}\right)\sin\dfrac{1}{2}a$; (3) $(a-1)a^n$; (4) 0;

    (5) $\ln\dfrac{(n+1)(n+3)}{(n+2)^2}$.

2. (1) 3 阶; (2) 6 阶.

3. (1) $y_{n+1} = y_n + 2$; (2) 46 个; (3) 940 个.

5. $2\mathrm{e} - \mathrm{e}^2$.

6. $y = C_1\left(-\dfrac{1}{2}a\right)^n + C_2 n\left(-\dfrac{1}{2}a\right)^n$.

7. (1) $y = C5^n - \dfrac{1}{2}3^n$;

    (2) $y = C + n(41 - 3x + 2n^2)$;

    (3) $y = C\left(-\dfrac{1}{3}\right)^n + 1$;

    (4) $y = C2^n + n2^{n-1} + 1$.

8. (1) $y_n^* = -\dfrac{3}{4} + \dfrac{37}{12} \cdot 5^n$;

    (2) $y_n^* = \dfrac{1}{3} \cdot 2^n + \dfrac{5}{3}(-1)^n$;

    (3) $y_n^* = \dfrac{1}{2}\left(\dfrac{5}{2}\right)^n - \dfrac{3}{2}\left(\dfrac{1}{2}\right)^n$;

    (4) $y_n^* = -\dfrac{36}{125} + \dfrac{1}{25}n + \dfrac{2}{5}n^2 + \dfrac{161}{125}(-4)^n$.

9. $Y_n = \left(Y_0 - \dfrac{I+\beta}{1-\alpha}\right)\alpha^n + \dfrac{I+\beta}{1-\alpha}$, 其中取 $Y(0) = Y_0$.

    $C_n = \left(Y_0 - \dfrac{I+\beta}{1-\alpha}\right)\alpha^n + \dfrac{\alpha I + \beta}{1-\alpha}$.

10. $\bar{Y}_n = \begin{cases} \left[\left(\dfrac{1}{y_0} - \dfrac{b}{c-a}\right)\left(\dfrac{a}{c}\right)^n + \dfrac{b}{c-a}\right]^{-1}, & \text{当 } c \neq a \text{ 时,} \\ \left(\dfrac{1}{y_0} + \dfrac{b}{a}n\right)^{-1}, & \text{当 } c = a \text{ 时.} \end{cases}$

11. (1) $y_n = 4^n\left(C_1\cos\dfrac{\pi}{3}n + C_2\sin\dfrac{\pi}{3}n\right)$;

(2) $y_n = (\sqrt{2})^n \left(C_1 \cos \dfrac{\pi}{4} n + C_2 \sin \dfrac{\pi}{4} n \right)$;

(3) $y_n = C_1 \left(\dfrac{1-\sqrt{5}}{2}\right)^n + C_2 \left(\dfrac{1+\sqrt{5}}{2}\right)^n$;

(4) $y_n = C_1 (-1)^n + C_2 \cdot 4^n$;

(5) $y_n = C_1 \cos \dfrac{\pi}{3} n + C_2 \sin \dfrac{\pi}{3} n$;

(6) $y_n = (C_1 + C_2 n)(-2)^n$.

12. (1) $y_n = 4 + C_1 \left(\dfrac{1}{2}\right)^n + C_2 \left(-\dfrac{7}{2}\right)^n$;

(2) $y_n = (C_1 + C_2 n) \cdot 2^n + \dfrac{3}{8} n^2 \cdot 2^n$;

(3) $y_n = C_1 + C_2 (-5)^n + \dfrac{1}{6} n^2 - \dfrac{13}{18} n$;

(4) $y_n = C_1 + C_2 (-1)^n + n \left(\cos 2k\pi n - \dfrac{1}{2} \sin 2k\pi n \right)$.

13. $y_m = -2500 + 3500 \times 1.04^m$,

第一年 1000 元,一年后 1140 元,两年后 1285.60 元,三年后 1437.02 元.

14. (1) 略; (2) $P_n = \left(P_0 - \dfrac{2}{3}\right)(-2)^n + \dfrac{2}{3}$.

15. (1) 差分方程为 $y_{n+1} - \dfrac{5}{4} y_n = -3$,解得 $y_n = 12 - 2 \times 1.25^n$;

(2) $\dfrac{\ln 6}{\ln 1.25} \approx 8$ 年.